周 期 表

はじめにおぼえてほしい元素
つぎにおぼえてほしい元素

10	11	12	13	14	15	16	17	18
								2 He 4.0
			B 11	C 12	N 14	O 16	9 F 19	10 Ne 20
			13 Al 27	14 Si 28	15 P 31	16 S 32	17 Cl 35.5	18 Ar 40
28 Ni 59	29 Cu 64	30 Zn 65	31 Ga 70	32 Ge 73	33 As 75	34 Se 79	35 Br 80	36 Kr 84
46 d 06	47 Ag 108	48 Cd 112	49 In 115	50 Sn 119	51 Sb 122	52 Te 128	53 I 127	54 Xe 131
78 t 95	79 Au 197	80 Hg 201	81 Tl 204	82 Pb 207	83 Bi 209	84 Po (210)	85 At (210)	86 Rn (222)
10 s 81)	111 Rg (280)	112 Cn (285)	113 Nh (284)	114 Fl (289)	115 Mc (288)	116 Lv (293)	117 Ts (293)	118 Og (294)

63 u 52	64 Gd 157	65 Tb 159	66 Dy 163	67 Ho 165	68 Er 167	69 Tm 169	70 Yb 173	71 Lu 175
95 m 43)	96 Cm (247)	97 Bk (247)	98 Cf (252)	99 Es (252)	100 Fm (257)	101 Md (258)	102 No (259)	103 Lr (262)

いるものとする。

化学 計算問題
エクササイズ

馬場徳尚・前田由紀子　共著

河合出版

みなさんへ

「化学の計算問題は解きにくい！ なかなか身につかない！」といった受験生の言葉をよく耳にしますが，ほんとうにそうなのでしょうか？答えはNO！です。なぜなら，計算問題がスラスラ解けるくらいになるまで数多くの問題にあたった受験生はほとんどいないからです。また，「あとチョットでマスターできそうなのに同じタイプの問題がない！」「復習して学力を定着させたいけど類題がない！」という声も聞きます。「だったら類題集を作っちゃおう！」ってことで，この本を作りました。

1つの分野の計算方法を習得するためには，**数多くの類題を解いて反復演習**（トレーニング）**をするのが効果的**！ つねに基本に忠実にということが大事ですが，誤解しちゃいけないのは，**基本とは公式を覚えることではない**のです。公式を覚えただけでは計算問題は解けないのです！

公式を覚える前にやらなければいけないこと…それは用語の定義を理解することです。これによって公式のもつ意味をより深く理解することができ，さらにその公式を使って計算することで解答の過程をきちんと把握することができます。このことが学力の定着へとつながるのです。整理して書くと次のようになります。

用語の定義を理解する ⇨ 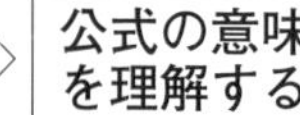 **公式の意味を理解する** ⇨ **公式を使って問題を解く** ⇨ **学力を定着させる**

どんな訓練でも初めは誰でもつらく感じられます。しかし，少しだけガマンしてそれを乗り切ると未来が開けてくるのです。**この問題集で訓練して自分自身の未来を開いてみようじゃありませんか**！ みなさんの健闘を応援していますよ。

まずは「比較的自由な時間のとれる土曜日に学習してみよう‼」くらいの気持ちで 応用 以外の問題に取り組みましょう。

それらが解けるようになったら，いざ 応用 へ！ がんばれ〜

著者より

構成と使い方

■構成

本書は34の章から成る化学の計算問題集です。章の流れは教科書に沿っていて，

まとめ　例題　類題

で構成されています。

・**まとめ**は，章の問題を解くために必要な基本事項を簡潔に整理しました。
・**例題**は，できるだけ典型的な問題を選びました。すぐあとに解答がついています。
・**類題**は，前後2つのブロックに分けました。前半は基本的な問題ばかりですが，後半は入試問題でややレベルアップします。全問に制限時間をつけ，特に手間がかかりそうな問題には「イラスト」を入れました。**類題**の解答は別冊になっています。

■使い方

以下の①～⑤の順で学習すると効果的です。

① **まとめを読み**，基本事項の理解度を確認する。
② 基本事項が理解できたら**例題を解いてみる**。**解けたなら**，そのまま**類題へ進む**。解けなかったなら，基本事項を再確認して，解答を読みながら計算方法を理解する(本書では，計算中単位が変わるごとに計算式に区切りを入れ，その下に単位を明示しているので，式の意味を理解しやすくしています)。そのあと**類題**へ進む。
③ **類題を解いてみる**。制限時間内に**解けたなら**，□(チェック欄)にチェックをして**次の類題へ進む**。解けなかったなら，②の**例題**の場合と同様にする。そのあと次の**類題**へ進む。初めてその章を学習するときは，後半の**類題**(入試問題)はひとまず飛ばして先へ進んでもよい。
④ **類題**を学習し終えたら次の章へ進む。
⑤ 全章ひととおり学習し終えたら，解けなかった**例題**・**類題**をもう一度解いてみる。③で飛ばした**類題**にも挑戦してみる。

本書1冊を完全にモノにするまで繰り返し学習してください。標準レベルまでの化学の計算問題は，ほとんど解けるようになりますよ。

応用 はここまできてから挑戦してください。

もくじ

個々の問題には，原子量と物理定数を与えていない場合がある。計算上必要があれば，原子量は見返しにある周期表の数値を用い，物理定数は次の値を用いるものとする。

アボガドロ定数　6.0×10^{23}〔/mol〕
気体定数　8.3×10^{3}〔Pa・L/(K・mol)〕
ファラデー定数　9.65×10^{4}〔C/mol〕
水のイオン積　$K_W=[H^+][OH^-]=1.0\times10^{-14}$〔mol/L〕^{2}

1　物質の三態

1　三態変化(状態変化)

「熱運動の効果」：粒子がバラバラに離れようとする効果

「粒子間引力の効果」：粒子が集まろうとする効果

この相反する2つの効果の大小で物質の状態がおよそ決められる。

「熱運動の効果＜粒子間引力の効果」 ⟶ 固体

「熱運動の効果≒粒子間引力の効果」 ⟶ 液体

「熱運動の効果＞粒子間引力の効果」 ⟶ 気体

のようになる。

状態変化とそのときの用語を下にまとめておく。

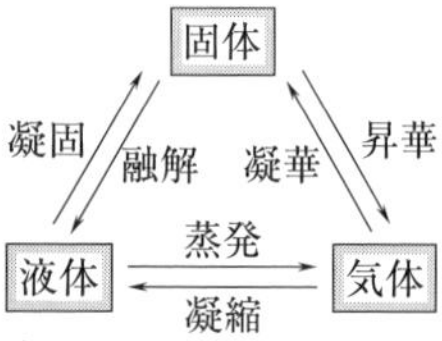

融解：固体から液体になる状態変化

凝固：液体から固体になる状態変化

蒸発：液体の**表面**から分子が飛び出して気体になる状態変化

沸騰：液体の**内部**からも蒸発が起こる状態変化

凝縮：気体から液体になる状態変化

昇華：**固体**から直接**気体**になる状態変化

凝華：**気体**から直接**固体**になる状態変化

固体
凝固
融解
凝華
昇華
液体
蒸発
凝縮
気体

2　三態変化と温度

一定の圧力(普通は 1.013×10^5 Pa)のもとで温度を変化させたとき，融解する温度を**融点**，逆に凝固する温度を**凝固点**という。純物質では，**融点＝凝固点**となる。

一定の圧力(普通は 1.013×10^5 Pa)のもとで温度を変化させたとき，沸騰する温度を**沸点**という。純物質では，**沸点＝凝縮するときの温度**となる。

3 三態変化とエネルギー

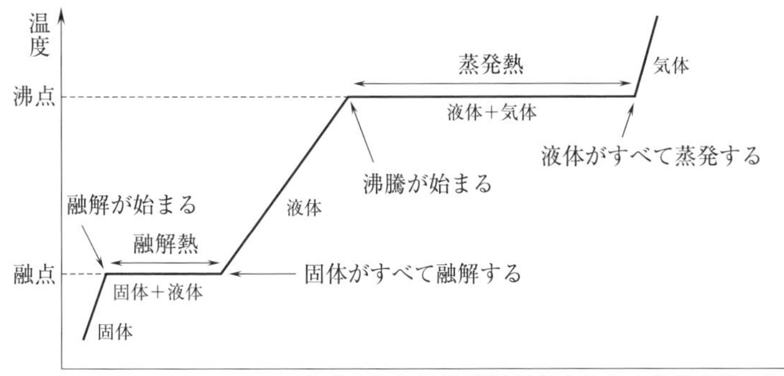

固体から液体への状態変化，液体から気体への**状態変化の際は，加熱しているにもかかわらずその物質の温度の変化はない**。なぜなら，外部から**加えられた熱エネルギー**は，分子の運動エネルギーを大きくするためではなく，もっぱら分子間の平均距離を大きくする(分子間力を弱める)ためだけに使われる(**状態変化のためだけに使っている**)からである。

また，融解熱は**分子間の結合を一部切断する**(ゆるめる)のに必要なエネルギー，蒸発熱は**分子間の結合を完全に切断する**のに必要なエネルギーであるので，必ず**蒸発熱**＞**融解熱**となる。

4 三態変化とエネルギーの種類

状態変化が起きるときには，エネルギーの出入りを伴う。

融解熱とは固体 1 mol がすべて融解するときに吸収する熱量であり，これは，液体 1 mol がすべて**凝固**するときに**放出**する熱量である**凝固熱**と等しい。また，凝固するときは，冷却しているにもかかわらず物質の温度は一定に保たれる。これは，凝固に際し液体が余分にもっていたエネルギーを放出するからである。つまり，凝固熱による発熱量と冷却による吸熱量が等しいためである。

蒸発熱とは液体 1 mol がすべて気体になるときに吸収する熱量であり，これは，気体 1 mol がすべて液体になる(**凝縮**する)ときに**放出**する熱量と等しい。

(注) 融解熱，凝固熱，蒸発熱はそれぞれ融解エンタルピー，凝固エンタルピー，蒸発エンタルピーともいう。

例題 1－1

1.013×10^5 Pa のもとで，ある物質 1 mol に毎分 Q〔kJ〕の熱を与えて加熱したところ，下図のような温度と時間の関係が得られた。次の問に答えよ。

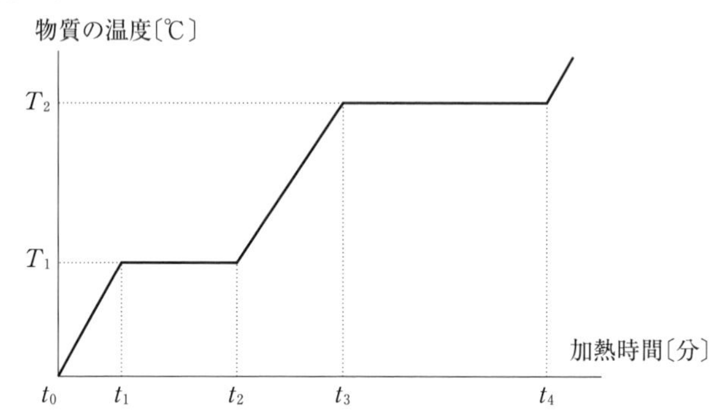

問 1　融点は何 ℃か。文中およびグラフ中の文字を用いた文字式で答えよ。

問 2　時刻 t_1～t_2 および時刻 t_3～t_4 で要する熱量をそれぞれ何というか。また，それぞれ何 kJ/mol か。文中およびグラフ中の文字を用いた文字式で答えよ。

解 答　時刻 t_0～t_1 のとき固体である。t_1 のとき固体の融解が始まり，固体がすべて融解して液体になるまで温度変化はない。したがって，このときの温度が**融点**であり，この時間帯に吸収された熱が**融解熱**である。

グラフより，融解熱は物質 1 mol につき

$$Q〔\mathrm{kJ/分}〕\times (t_2 - t_1)〔分〕= Q(t_2 - t_1)〔\mathrm{kJ}〕$$

時刻 t_2～t_3 のとき液体である。t_3 のとき液体の沸騰が始まり，液体がすべて気体になるまで温度変化はない。したがって，このときの温度が**沸点**であり，この時間帯に吸収された熱が**蒸発熱**である。

グラフより，蒸発熱は物質 1 mol につき

$$Q〔\mathrm{kJ/分}〕\times (t_4 - t_3)〔分〕= Q(t_4 - t_3)〔\mathrm{kJ}〕$$

問 1　T_1 ℃

問 2　時刻 t_1～t_2：**融解熱**，$Q(t_2 - t_1)$〔kJ/mol〕

時刻 t_4～t_3：**蒸発熱**，$Q(t_4 - t_3)$〔kJ/mol〕

例題 1－2

0 ℃ の氷 180 g を加熱して，すべて 100 ℃ の水蒸気にするには何 kJ の熱量が必要か。整数で答えよ。ただし，水の比熱は 4.2 J/(g･K)，融解熱は 6.0 kJ/mol，蒸発熱は 41 kJ/mol とする。

解答　0 ℃ の氷が 100 ℃ の水蒸気になるまでに次のような変化が起こる。

0 ℃ の氷 →(①) 0 ℃ の水 →(②) 100 ℃ の水 →(③) 100 ℃ の水蒸気

①～③のそれぞれに必要な熱量を求める。

①は融解熱(水 1 mol あたり 6.0 kJ の熱が必要)を利用して，

$$6.0\,〔\mathrm{kJ/mol}〕\times\frac{180}{18}\,〔\mathrm{mol}〕=60\,〔\mathrm{kJ}〕$$

②は比熱(1 g の水の温度を 1 K 上げるのに 4.2 J の熱が必要)を利用して，

$$\underbrace{4.2\,〔\mathrm{J/(g\cdot K)}〕\times180\,〔\mathrm{g}〕\times(100-0)\,〔\mathrm{K}〕}_{\mathrm{J}}\times\underbrace{\frac{1}{10^3}}_{\mathrm{kJ}}=75.6\,〔\mathrm{kJ}〕$$

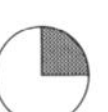

物質に出入りする熱量〔J〕＝比熱×質量×変化した温度ダヨ～！ 14 章を見てね！

③は蒸発熱(水 1 mol あたり 41 kJ の熱が必要)を利用するので，

$$41\,〔\mathrm{kJ/mol}〕\times\frac{180}{18}\,〔\mathrm{mol}〕=410\,〔\mathrm{kJ}〕$$

以上より，60＋75.6＋410＝545.6≒546〔kJ〕

それでは問題を解いてみましょう。今回は初めから**入試問題**です。

(解答編 p. 1)

□類題 1－1　制限時間　3 分

0 ℃ の氷 1 mol が 100 ℃ の水蒸気に変化するとき何 kJ の熱が吸収されるか。最も適切な値を①～⑧の中から選べ。ただし，水について，融解熱は 333 J/g (0 ℃)，蒸発熱は 2260 J/g (100 ℃)，比熱容量は 4.18 J/(g･℃)，H_2O＝18 とする。

①　3.0　②　6.5　③　18.6　④　24.2　⑤　34.7
⑥　39.2　⑦　46.7　⑧　54.2

(日本大・改)

□類題 1−2　制限時間 2分

右図は，ある分子性結晶 1 mol を加熱したときの，加えた熱量と物質の温度の関係を表したものである。領域Cにある物質 1 mol の温度を 1 ℃ 上げるためには，平均何 J の熱量が必要か。①～⑤から選べ。

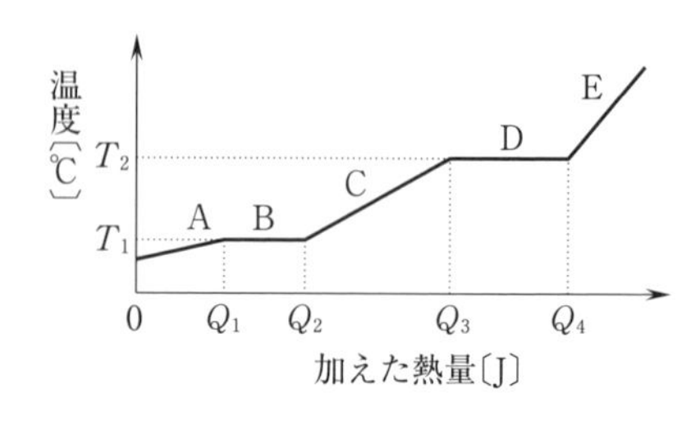

① T_1Q_2　② $T_2Q_3-T_1Q_2$　③ $\dfrac{Q_3-Q_2}{T_2-T_1}$　④ $\dfrac{Q_3}{T_2+273}$　⑤ $\dfrac{Q_3}{T_2-T_1+273}$

（大阪電気通信大）

□類題 1−3　制限時間 3分

右図は氷 90 g に，毎分 5 kJ の割合で熱を加えたときの状態変化を示したものである。次の問に番号で答えよ。$H_2O=18$

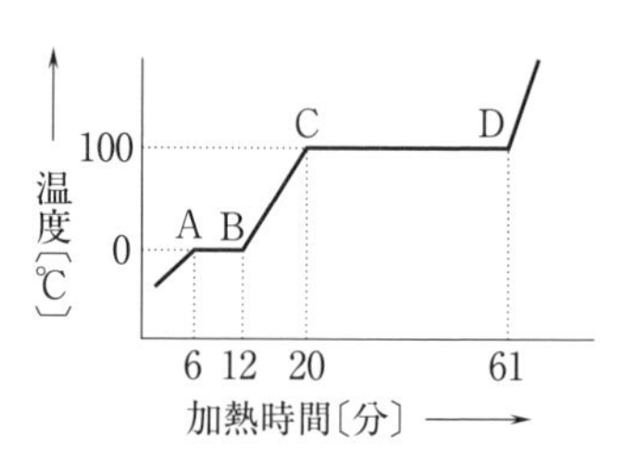

問 1　氷の融解熱〔kJ/mol〕として，最も適当な値はどれか。

① 6　② 12　③ 20　④ 41　⑤ 49　⑥ 55

問 2　0 ℃ の水 90 g を，100 ℃ の水蒸気に変えるために必要な熱量〔kJ〕として，最も適当な値はどれか。

① 38　② 70　③ 128　④ 207　⑤ 245　⑥ 275

（星薬科大・改）

応用 □類題 1−4　制限時間 3分

0 ℃ の氷 100 g を加熱し 40 ℃ の水にするのに，必要な熱量は 50.1 kJ であることから氷の融解熱を有効数字 2 桁で求めよ。ただし 1 g の水の温度を 1 ℃ 上昇させるのに必要な熱量は 4.2 J とする。$H_2O=18$

（岩手大・改）

2 気体 (1) 気体の法則

1 気体分子の熱運動

(1) 気体の温度

気体の温度は絶対温度 T〔K〕を用いることが多い。

絶対温度(ケルビン)T〔K〕＝**セ氏**(セルシウス)**温度** t〔℃〕＋273

(2) 気体の体積

気体の体積は，気体分子が運動できる空間と考える。つまり，

気体の体積＝(気体が封入された)**容器の容積**

である。単位として〔L〕や〔mL〕などを用いる。

$$1\,\mathrm{L} = 10^3\,\mathrm{mL} \qquad 1\,\mathrm{m}^3 = 10^3\,\mathrm{L}$$

(3) 気体の圧力

気体分子が単位面積あたりの**壁に及ぼす衝撃力**を**気体の圧力**という。**気体分子の壁への衝突回数が多いほど，気体の圧力は大きくなる**。単位として〔Pa〕や〔mmHg〕を用いる。

$1.013\times10^5\,\mathrm{Pa}$ (＝1013 hPa)＝760 mmHg (＝76 cmHg)＝1 atm (＝1 気圧)

2 理想気体の法則

(1) 理想気体の状態方程式

n〔mol〕の理想気体が，**温度** T〔K〕，**圧力** P〔Pa〕，**体積** V〔L〕の状態であるとき，これらの間には次の関係が成立する。

$$PV = nRT \quad \cdots① \qquad (R：気体定数)$$

これを**理想気体の状態方程式**という。0 ℃，1.013×10^5 Pa で，気体 1 mol の体積は 22.4 L であるので，式①より

$PV=nRT$
使うときは単位に
注意してネ！

$$R = \frac{PV}{nT} = \frac{1.013\times10^5\times22.4}{1\times(0+273)} = 8.31\times10^3\,〔\mathrm{Pa\cdot L/(K\cdot mol)}〕$$

(2) ボイルの法則

式①で，**物質量 n と温度 T が一定のとき**，式①の右辺は一定(＝k_1)になるので，

$$PV = k_1 \quad (k_1 = nRT) \quad \cdots②$$

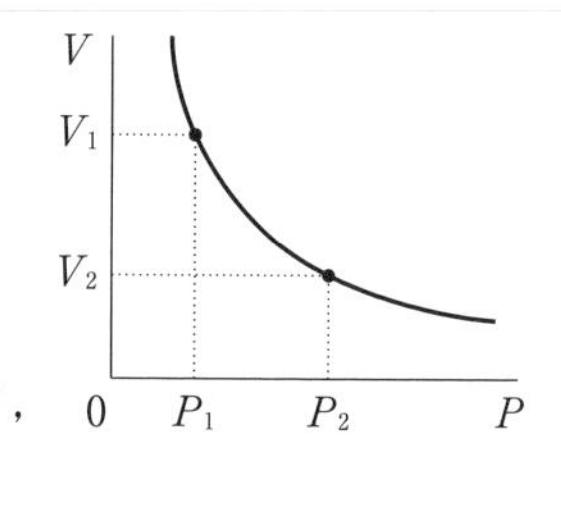

式②より，**物質量一定，温度一定のとき気体の体積は圧力に反比例する**。これを**ボイルの法則**という。物質量一定，温度一定の気体で，圧力 P_1，体積 V_1 の状態が，圧力 P_2，体積 V_2 の状態になったとき式②より，

$$\boldsymbol{P_1V_1=P_2V_2\ (=k_1)}$$

(3)　シャルルの法則

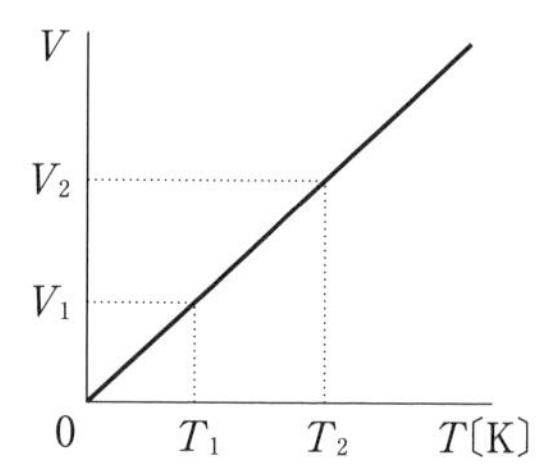

式①で，**物質量 n と圧力 P が一定のとき**，式①を変形した式 $\dfrac{V}{T}=\dfrac{nR}{P}$ の右辺は一定$(=k_2)$になるので，

$$\boldsymbol{\frac{V}{T}=k_2}\quad\left(k_2=\frac{nR}{P}\right)\quad\cdots③$$

式③より，**物質量一定，圧力一定のとき気体の体積は絶対温度に比例する**。これを**シャルルの法則**という。物質量一定，圧力一定の気体で，温度 T_1，体積 V_1 の状態が，温度 T_2，体積 V_2 の状態になったとき式③より，$\boldsymbol{\dfrac{V_1}{T_1}=\dfrac{V_2}{T_2}}\ (=k_2)$

温度の単位は絶対温度〔K〕じゃなきゃダメ！

(4)　ボイル・シャルルの法則

式①で，**物質量 n が一定のとき**，式①を変形すると，

$$\frac{PV}{T}=nR$$

この式の右辺は一定$(=k_3)$なので，$\boldsymbol{\dfrac{PV}{T}=k_3}\quad(k_3=nR)\quad\cdots④$

式④より**物質量一定のとき気体の体積は絶対温度に比例し，圧力に反比例する**。これを**ボイル・シャルルの法則**という。物質量一定の気体で，圧力 P_1，体積 V_1，温度 T_1 の状態が，圧力 P_2，体積 V_2，温度 T_2 の状態になったとき式④より，

$$\boldsymbol{\frac{P_1V_1}{T_1}=\frac{P_2V_2}{T_2}\ (=k_3)}$$

(5) 気体の分子量

物質量 n を質量 w〔g〕と分子量 M を用いて表した式 $n=\dfrac{w}{M}$ を式①に代入して，$PV=\dfrac{w}{M}RT$

これを変形すると，$\dfrac{w}{V}=\dfrac{PM}{RT}$

となる。$\dfrac{w}{V}$〔g/L〕は，気体の密度(＝d)である。ここで，同温・同圧で比較すると，$\dfrac{P}{RT}$ が一定(＝k_4)になり，$d=k_4M$

∴　**同温・同圧で比較すると，気体の密度は分子量に比例する。**

例題 2−1

次の文中の［　　］内にあてはまる数値を有効数字 3 桁で求めよ。ただし気体定数は 8.3×10^3 Pa·L/(K·mol)，760 mmHg＝1.01×10^5 Pa とする。なお，酸素は水銀に溶解しないものとする。

問 1　大気圧 750 mmHg の下で，図 1 および図 2 の装置が設置してある。図 1 の容器に封入された気体の圧力は［ア］mmHg，または［イ］Pa である。また図 2 の容器に封入された気体の圧力は［ウ］mmHg，または［エ］Pa である。

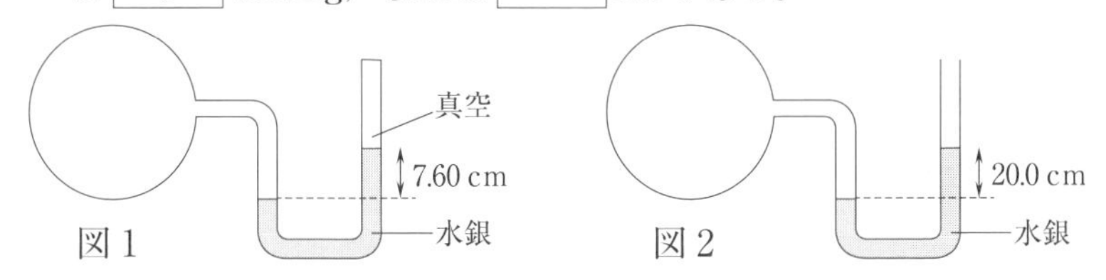

図 1　図 2

問 2　図 3 のような，水銀に断面積 20 cm² のガラス管が倒立された装置が，27 ℃，1.01×10^5 Pa の条件で放置されている。次に適当な方法でガラス管の下から酸素を封入すると，水銀柱の高さが 60.8 cm になった。このときガラス管内の酸素の圧力は［オ］Pa である。またガラス管の上部の空間の高さは［カ］cm であったので，封入された酸素の量は［キ］mol である。

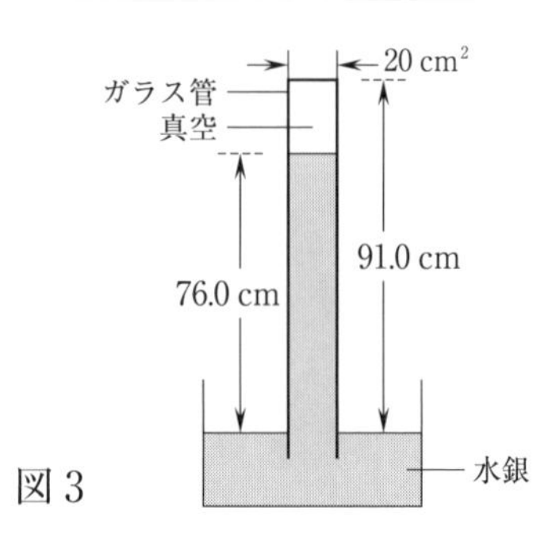

図3

解答 問1 左右の水銀面の高さに差がある場合，低い方の水銀面を基準に圧力のつりあいを考えると，図1では，気体の圧力＝水銀柱の圧力である。気体の圧力を P〔Pa〕とすると，

$$P\,[\text{Pa}]=7.60\,\text{cmHg}=76.0\,\text{mmHg}$$

$$\therefore\quad P=\frac{76.0}{760}\times1.01\times10^5=1.01\times10^4\,[\text{Pa}]$$

∴ ア：**76.0**　　イ：**1.01×10^4**

図1では右のガラス管は閉じられているのに対して，図2では開放されているために右の水銀面には大気圧がかかっている。したがって低い方の水銀面を基準に圧力のつりあいを考えると，気体の圧力＝水銀柱の圧力＋大気圧である。気体の圧力を P〔Pa〕とすると，

$$P\,[\text{Pa}]=20.0\,[\text{cmHg}]+750\,[\text{mmHg}]=200+750=950\,[\text{mmHg}]$$

$$\therefore\quad P=\frac{950}{760}\times1.01\times10^5=1.262\times10^5\fallingdotseq1.26\times10^5\,[\text{Pa}]$$

∴ ウ：**950**　　エ：**1.26×10^5**

問2 水銀にガラス管が倒立してある問題のポイントは，ガラス管の外の圧力とガラス管内の圧力がつりあっていることである。

つまり，**ガラス管の外の圧力＝ガラス管内の圧力**

ガラス管内の酸素の圧力を P_{O_2}〔Pa〕とすると，ガラス管の外の圧力＝ガラス管内の圧力より，

大気圧＝水銀柱の圧力＋酸素の圧力

$$1.01\times10^5\,[\text{Pa}]=60.8\,[\text{cmHg}]+P_{O_2}\,[\text{Pa}]$$

$$\therefore\quad P_{O_2}=1.01\times10^5-\frac{60.8}{76.0}\times1.01\times10^5$$

$$=1.01\times10^5\times(1-0.8)=2.02\times10^4\,[\text{Pa}]$$

∴ オ：**2.02×10^4**

図3より，水銀面より上のガラス管の長さは 91.0 cm なので，ガラス管の上部の空間の高さは

$$91.0-60.8=30.2\ \text{〔cm〕}$$

∴　カ：**30.2**

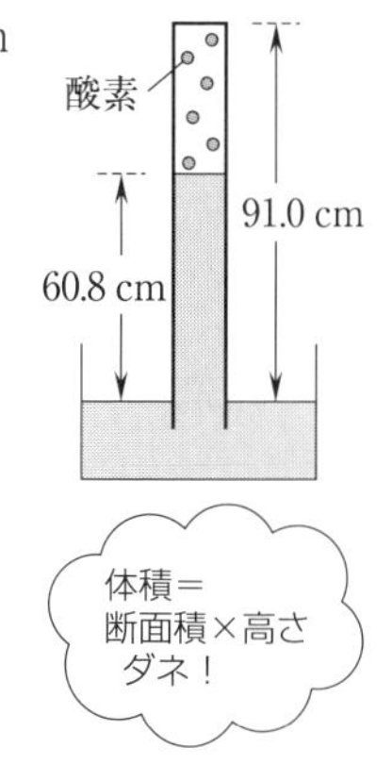

封入された酸素の物質量を n_{O_2}〔mol〕とすると，気体の状態方程式より，

$$2.02\times10^4\times\frac{20\times30.2}{1000}=n_{O_2}\times8.3\times10^3\times(27+273)$$

$$\therefore\quad n_{O_2}=4.899\times10^{-3}\fallingdotseq4.90\times10^{-3}\ \text{〔mol〕}$$

∴　キ：**4.90×10^{-3}**

体積＝
断面積×高さ
ダネ！

例題 2－2

次の問に答えよ。ただし，気体定数は 8.3×10^3 Pa･L/(K･mol)，760 mmHg＝1.0×10^5 Pa とする。問1，5は有効数字2桁，他の答は整数で答えよ。

問1　圧力が 1.0×10^5 Pa で体積が 10 L である気体を，温度一定のまま圧力を 2.0×10^5 Pa にすると体積は何 L になるか。

問2　圧力が 570 mmHg で体積が 0.80 L である気体を，温度一定のまま圧力を 3.0×10^5 Pa にすると体積は何 mL になるか。

問3　温度が 27 ℃，圧力が 2.0×10^5 Pa で体積が 600 mL である気体を，圧力一定のまま体積を 0.80 L にすると温度は何 ℃ になるか。

問4　温度が 127 ℃，圧力が 2.0×10^5 Pa で体積が 400 mL である気体を，圧力を 570 mmHg で体積を 0.80 L にすると温度は何 ℃ になるか。

問5　温度が 27 ℃ でメタン CH_4 32 g を 10 L の容器につめたとき，圧力は何 Pa になるか。有効数字3桁で答えよ。CH_4＝16

問6　温度が 27 ℃，圧力が 2.0×10^5 Pa で密度が 3.54 g/L である気体の分子量はいくらか。

解答 問1　温度一定であるので，ボイルの法則($P_1V_1=P_2V_2$)より，

$$\underbrace{1.0\times10^5}_{\text{Pa}}\times\underbrace{10}_{\text{L}}=\underbrace{2.0\times10^5}_{\text{Pa}}\times\underbrace{V}_{\text{L}}\qquad\therefore\quad V=\mathbf{5.0}\ \text{〔L〕}$$

問2　温度一定であるので，ボイルの法則($P_1V_1=P_2V_2$)より，

$$\underbrace{570}_{\text{mmHg}}\times\underbrace{(0.80_{\text{〔L〕}}\times1000)}_{\text{mL}}=\underbrace{\left(\frac{3.0\times10^5{}_{\text{〔Pa〕}}}{1.0\times10^5}\times760\right)}_{\text{mmHg}}\times\underbrace{V}_{\text{mL}}\qquad\therefore\ V=\mathbf{200}\ \text{〔mL〕}$$

問3　圧力一定であるので，シャルルの法則$\left(\dfrac{V_1}{T_1}=\dfrac{V_2}{T_2}\right)$より，

$$\frac{\overbrace{600}^{\text{mL}}}{\underbrace{27+273}_{\text{K}}}=\frac{\overbrace{0.80_{\text{〔L〕}}\times1000}^{\text{mL}}}{\underbrace{T}_{\text{K}}}\qquad\therefore\quad T=400\ \text{〔K〕}$$

$t+273=400$ より，$t=\mathbf{127}$〔℃〕

問4　ボイル・シャルルの法則$\left(\dfrac{P_1V_1}{T_1}=\dfrac{P_2V_2}{T_2}\right)$より，

$$\frac{\overbrace{\left(\frac{2.0\times10^5{}_{\text{〔Pa〕}}}{1.0\times10^5}\times760\right)}^{\text{mmHg}}\times\overbrace{400}^{\text{mL}}}{\underbrace{127+273}_{\text{K}}}=\frac{\overbrace{570}^{\text{mmHg}}\times\overbrace{(0.80_{\text{〔L〕}}\times1000)}^{\text{mL}}}{\underbrace{T}_{\text{K}}}\qquad\therefore\ T=300\ \text{〔K〕}$$

$t+273=300$ より，$t=\mathbf{27}$〔℃〕

問5　気体の状態方程式($PV=nRT$)を利用して，$CH_4=16$ より，

$$\underbrace{P}_{P}\times\underbrace{10}_{V}=\underbrace{\frac{32}{16}}_{n}\times\underbrace{8.3\times10^3}_{R}\times\underbrace{(27+273)}_{T}\qquad\therefore\ P=\mathbf{4.98\times10^5\fallingdotseq5.0\times10^5}\ \text{〔Pa〕}$$

問6　密度が3.54 g/L であるので，体積1L あたり3.54 g の気体と考える。分子量を M とすると，気体の状態方程式

気体はカル～イので
密度の単位は g/L ナンダ!!

$\left(PV=\dfrac{w}{M}RT\right)$より，$\underbrace{2.0\times10^5}_{P}\times\underbrace{1}_{V}=\underbrace{\dfrac{3.54}{M}}_{n}\times\underbrace{8.3\times10^3}_{R}\times\underbrace{(27+273)}_{T}$

$$M=44.0\qquad\therefore\quad\mathbf{44}$$

例題 2－3

　容器 A(体積 2.0 L)と B(体積 3.0 L)が導管とコックで連結された装置があり，常に 27 ℃ に保たれている。以下の操作を行った。数値は有効数字 2 桁で求めよ。

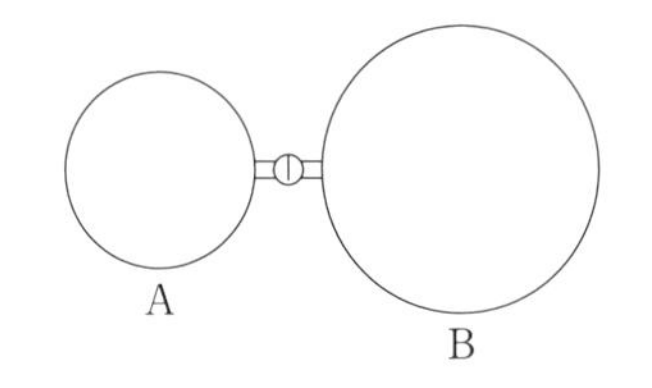

　操作 1　27 ℃，6.0×10^4 Pa で 1.0 L の酸素を，容器 A に入れた。
　操作 2　コックを開けてしばらく放置した。
　操作 3　コックを閉じてしばらく放置した。
　操作 4　コックを開けてしばらく放置した。

問　操作 1 ～ 4 の終了後の容器 A 内の圧力はそれぞれ何 Pa か。

解答

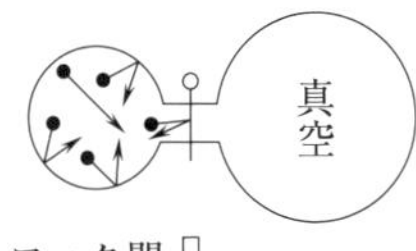

コック開⇩

　操作 1 の O_2 について，A に封入前と封入後の物質量と温度は等しいのでボイルの法則が成立する。操作 1 終了後の A の圧力を P_1〔Pa〕とすると

$$6.0\times10^4\times1.0=P_1\times2.0 \qquad \therefore\ P_1=3.0\times10^4\ \text{〔Pa〕}$$

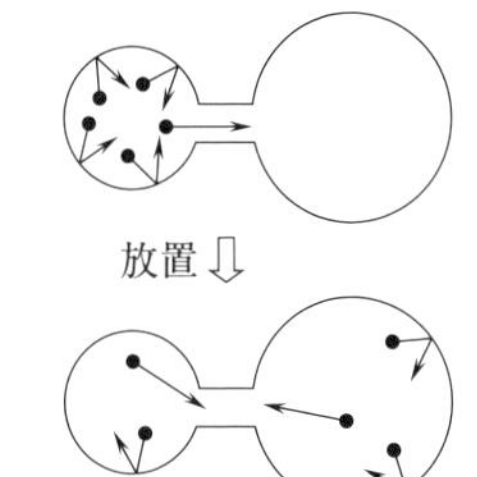

　操作 2 の前後で，O_2 の物質量と温度は等しいので，ボイルの法則が成立する。A 内でも B 内でも O_2 の圧力は同じなので，操作 2 終了後の A の圧力を P_2〔Pa〕とすると

$$3.0\times10^4\times2.0=P_2\times(2.0+3.0) \quad \therefore\ P_2=1.2\times10^4\ \text{〔Pa〕}$$

コック閉⇩

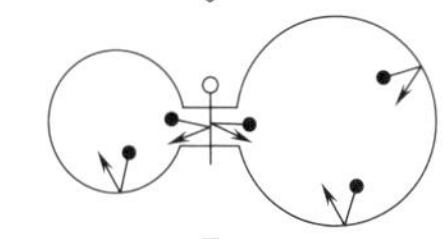

コック開⇩

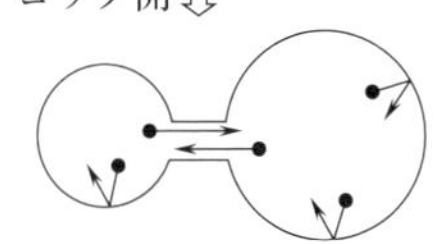

　操作 3 でコックを閉じることにより，1 つの空間を 2 つの空間 A，B に分けた後でも，閉じる前と閉じた後では圧力は変化しない。

$\therefore$　**A の圧力は 1.2×10^4〔Pa〕**

　A も B も同じ圧力なので，操作 4 でコックを開けても圧力は変化せず，操作 2 終了後と同じ。

$\therefore$　**A の圧力は 1.2×10^4〔Pa〕**

［別解］

この問題は状態方程式だけでも解ける。O_2 の物質量を n〔mol〕とすると

$$6.0\times10^4\times1.0=n\times R\times(27+273)\ \text{より}\ n=6.0\times\frac{10^4}{300R}\text{〔mol〕}$$

操作 1 終了後の A の圧力を P_1〔Pa〕とすると

$$P_1\times2.0=\frac{6.0\times10^4}{300R}\times R\times300 \qquad \therefore\ P_1=3.0\times10^4\text{〔Pa〕}$$

操作 2 終了後の A の圧力を P_2〔Pa〕とすると

$$P_2\times(2.0+3.0)=\frac{6.0\times10^4}{300R}\times R\times300 \qquad \therefore\ P_2=1.2\times10^4\text{〔Pa〕}$$

このとき，容器 A に存在する O_2 の物質量を n_A〔mol〕とすると

$$1.2\times10^4\times2.0=n_A\times R\times300 \qquad \therefore\ n_A=\frac{2.4\times10^4}{300R}\text{〔mol〕}$$

操作 3 終了後の A の圧力を P_3〔Pa〕とすると

$$P_3\times2.0=\frac{2.4\times10^4}{300R}\times R\times300$$

$$\therefore\ P_3=1.2\times10^4\text{〔Pa〕}$$

ねぇ！コック閉じても
圧力変化しないでしょ‼

操作 4 終了後は操作 2 終了後と同じ状態なので A の圧力は 1.2×10^4〔Pa〕

それでは，実際に問題を解いてみましょう。

（解答編 p. 2）

□類題 2−1　制限時間　4 分

次の問に整数で答えよ。気体定数は 8.3×10^3 Pa·L/(K·mol) とする。

(1)　圧力が 1.5×10^5 Pa で体積が 4 L である気体を，温度一定のまま圧力を 1.2×10^5 Pa にすると体積は何 L になるか。

(2)　273 K で 5 L の気体を，圧力一定のまま 546 K にすると体積は何 L になるか。

n，P，V，T のうち
何が一定で何が変化
したかみつけよう！

(3)　27 ℃，3.0×10^5 Pa で 1 L の気体を，127 ℃，2.0×10^5 Pa にすると体積は何 L になるか。

(4)　27 ℃，1.5×10^5 Pa で 415 L の気体の物質量は何 mol か。

(5)　47 ℃，380 mmHg で 8.3 L の気体があり，その質量は 5.0 g である。この気体の分子量を求めよ。1.0×10^5 Pa＝760 mmHg

(6)　ある気体の密度は，同温・同圧における酸素の密度の 1.75 倍であった。この気体の分子量を求めよ。O＝16

ここからは**入試問題**です。今までの類題とレベルはほとんど変わらないので，落ち着いて解いてみましょう。

□類題 2－2　制限時間　5分

右図のように，容積が300 mLの丸底フラスコにある液体を入れて，小さな穴をあけたアルミニウム箔で上部を閉じ，沸騰水中のビーカーに浸した。フラスコ内の液体が完全に蒸発して容器内が蒸気で満たされた状態のとき，フラスコ内の温度は77 ℃であり，その蒸気の質量は1.00 gであった。アルミニウム箔にあけた穴から液体の蒸気は失われないものとする。この液体の分子量を①～⑤の中から1つ選べ。ただし，大気圧は1.01×10^5 Pa，気体定数は8.3×10^3 Pa·L/(K·mol)とする。

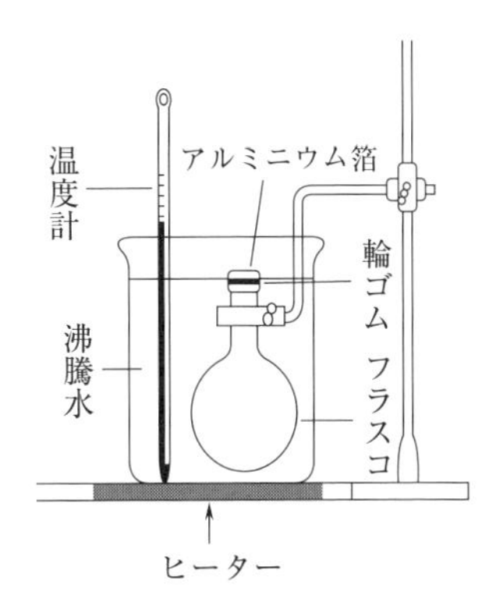

①　58.2　　②　66.5　　③　83.1　　④　95.9　　⑤　112

（東海大・改）

□類題 2－3　制限時間　3分

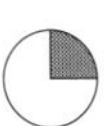

次の問に答えよ。

(1)　一定物質量の理想気体の温度をT_1〔K〕に保ったまま圧力を変化させたとき，気体の体積V〔L〕と圧力P〔Pa〕との関係はどうなるか。VとPの関係を示すグラフとして最も適当なものを，下図に示すグラフのうちから1つ選び，①～⑥の番号で答えよ。

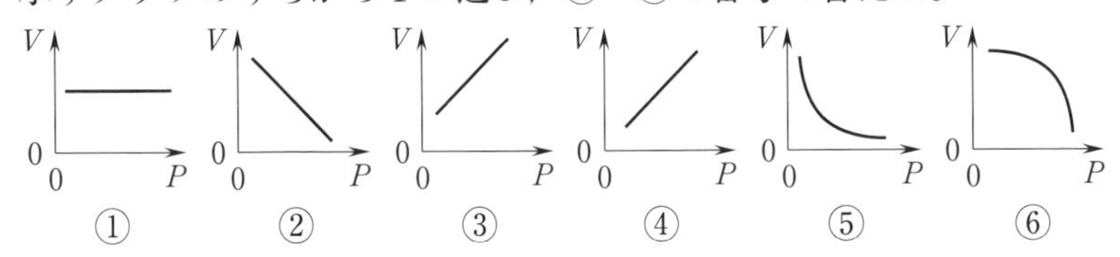

(2) 右図は，一定物質量の理想気体に関して，一定圧力下での気体の体積 V〔L〕と温度 T〔K〕との関係を示したものである。直線AおよびBは，それぞれ圧力 P_1〔Pa〕および P_2〔Pa〕における関係を示している。P_1 と P_2 では，どちらが高圧か。

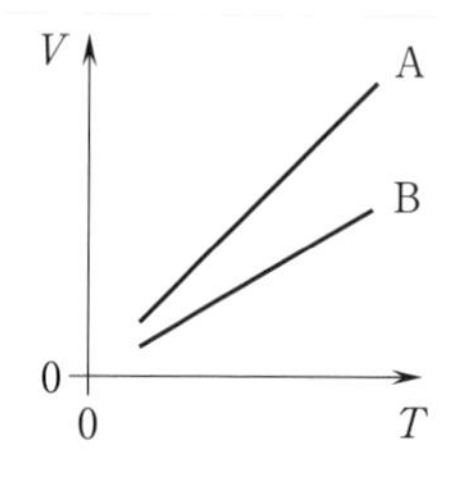

（甲南大）

応用 □類題 2−4　制限時間　6分 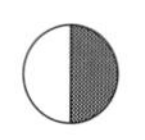 

ある気体を用いて次の(1)～(3)の実験を連続して行った。数値は有効数字2桁で求めよ。

(1) 30 ℃，3.0×10^5 Pa で体積が 1.0 L の気体を，温度一定で体積を 6.0 L にした。

(2) 次いで体積一定で温度を 636 ℃ にした。

(3) 最後に圧力一定で体積を 2.0 L にした。

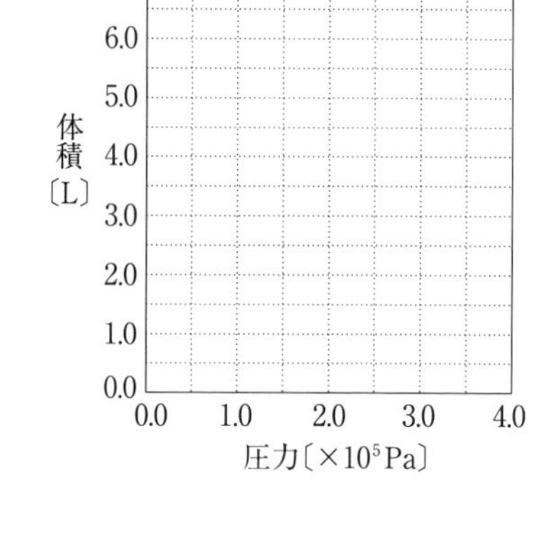

問1　実験(1)終了時の圧力は何 Pa か。

問2　実験(3)終了時の温度は何 ℃ か。

問3　(1)～(3)の連続的な気体の体積変化を，横軸を圧力，縦軸を体積として右上のグラフにかけ。

（防衛大）

応用 □類題 2−5 制限時間 12 分 

図のように断面積が 50 cm^2, 長さ 201 cm の円筒状の容器の内部が, なめらかに移動できる厚さ 1 cm の断熱壁で A 室と B 室に仕切られている。温度は 27 ℃ に保たれている。

次の問にあてはまる最も適当な答をそれぞれ一つずつ選び, 番号で答えよ。ただし, 気体定数は 8.3×10^3 Pa·L/(K·mol) とする。C=12, N=14, O=16

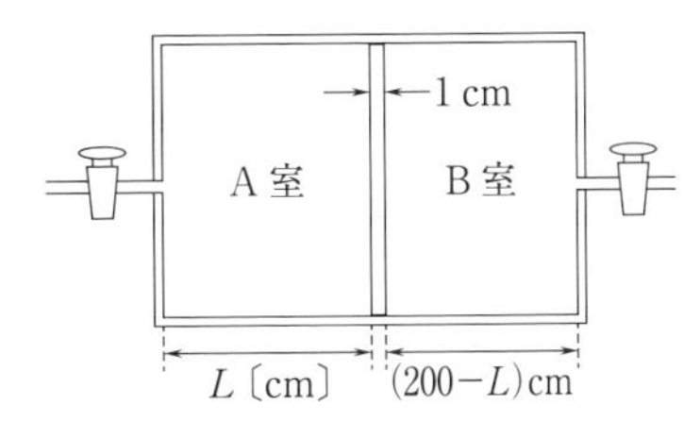

問 1 A 室に窒素 84.0 g を入れ, B 室を真空にしたら, 断熱壁は右端まで移動した。このとき A 室の圧力は何 Pa になるか。

① 2.3×10^5 ② 3.5×10^5 ③ 4.9×10^5
④ 5.6×10^5 ⑤ 7.5×10^5

問 2 問 1 の状態より B 室に二酸化炭素 44.0 g を入れると, 断熱壁が左側に移動し, やがて静止した。

(1) 図中の長さ L は何 cm になるか。

① 25 ② 50 ③ 75 ④ 125 ⑤ 150

(2) A 室の圧力は何 Pa になるか。

① 4.9×10^5 ② 5.6×10^5 ③ 7.5×10^5
④ 1.0×10^6 ⑤ 1.2×10^6

問 3 問 2 の状態から, 次の(1), (2)の操作をして, それぞれ長さ L を 100 cm にしたい。

(1) B 室に二酸化炭素をさらに何 g 追加すればよいか。

① 40 ② 44 ③ 80 ④ 88 ⑤ 120

(2) A 室の温度を 27 ℃ に保ったまま, B 室の温度を何 ℃まで上げればよいか。

① 327 ② 600 ③ 627 ④ 900 ⑤ 954

(日本大・改)

3 気体(2) 混合気体

1 モル分率

混合気体の総物質量に対する1つの成分気体の物質量の割合を**モル分率**といい，次の式で表される。

$$\textbf{モル分率} = \frac{\textbf{成分気体の物質量〔mol〕}}{\textbf{混合気体の総物質量〔mol〕}}$$

一定温度のもとで，一定容積の容器の中に気体Aがn_A〔mol〕，気体Bがn_B〔mol〕封入されているとき，混合気体中の気体Aのモル分率をχ_A，気体Bのモル分率をχ_Bとすると，次の式で表される。

$$\chi_A = \frac{n_A}{n_A + n_B},\quad \chi_B = \frac{n_B}{n_A + n_B}$$

2 分圧の法則

混合気体の示す圧力を**全圧**といい，混合気体中の各成分気体が占める圧力を**分圧**という。

混合気体の全圧＝成分気体の分圧の和

となる。これを**ドルトンの分圧の法則**という。

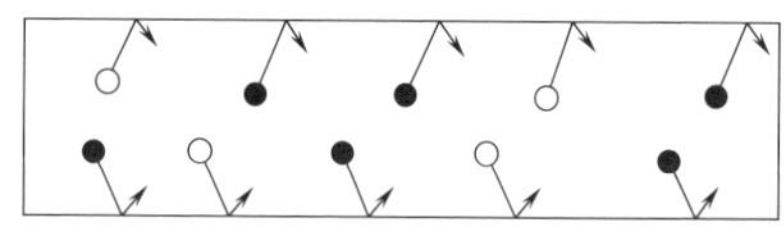

上図より，気体A(○)の分圧(Aが壁に衝突する回数に比例)をP_A，気体B(●)の分圧(Bが壁に衝突する回数に比例)をP_Bとする。

AとBの混合気体の全圧をPとすると，

$$P = P_A + P_B$$

よって，**混合気体の全圧＝成分気体の分圧の和**となる。

気体の状態方程式は各成分気体についても成立する。

$$P_A V = n_A RT \quad \cdots ①$$

$$P_B V = n_B RT \quad \cdots ②$$

①式＋②式より，$(P_A + P_B)V = (n_A + n_B)PT$

$$PV = nRT \quad \cdots ③ \quad (\text{ただし } n_A + n_B = n)$$

AとBは同じ温度の容器に入っているからAとBの飛ぶ速さは同じだよ！

以上より混合気体全体についても，気体の状態方程式は成立する。

①式÷③式より $\dfrac{P_AV}{PV}=\dfrac{n_A}{(n_A+n_B)}\dfrac{RT}{RT}$

$\therefore\ P_A=P\times\dfrac{n_A}{n_A+n_B}$ ∴ **分圧＝全圧×モル分率**

ところで，

$P_A:P_B$＝(A が壁に衝突する回数)：(B が壁に衝突する回数)
＝(A の個数)：(B の個数)
$=n_A:n_B$

つまり，**同温・同体積のとき**，**分圧比＝物質量比**が成り立つ。
また，**同温・同圧のとき**，**体積比＝物質量比**が成り立つ。

3 混合気体の平均分子量(みかけの分子量)

平均分子量＝(成分気体の分子量×成分気体の存在率)の総和
＝(成分気体の分子量×モル分率)の総和

例 体積比で窒素 80 %，酸素 20 % である混合気体の平均分子量は，$N_2=28$，$O_2=32$ より，

$$28\times\frac{80}{100}+32\times\frac{20}{100}=28.8$$

である。

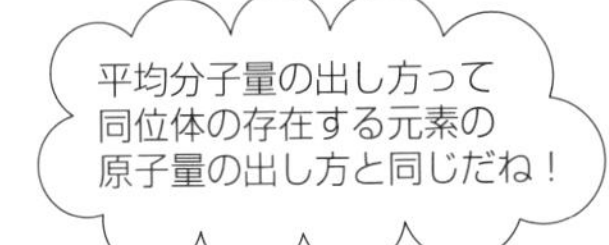

例題 3－1

一定体積の容器に酸素 4 mol，水素 2 mol が入っており，容器内の圧力は1.2×10^5 Pa である。このとき，酸素および水素の分圧を有効数字 2 桁で求めよ。

解答 「分圧＝全圧×モル分率」で求めればよいので，

$$P_{O_2}=\underbrace{1.2\times10^5}_{\text{全圧}}\times\underbrace{\frac{4}{4+2}}_{O_2\text{のモル分率}}=0.8\times10^5\ \text{〔Pa〕}\qquad\therefore\ P_{O_2}=8.0\times10^4\ \text{〔Pa〕}$$

$$P_{H_2}=\underbrace{1.2\times10^5}_{\text{全圧}}\times\underbrace{\frac{2}{4+2}}_{H_2\text{のモル分率}}=0.4\times10^5\ \text{〔Pa〕}\qquad\therefore\ P_{H_2}=4.0\times10^4\ \text{〔Pa〕}$$

例題 3−2

体積比で一酸化炭素 80 %，水素 20 % を占める混合気体の平均分子量を小数第 1 位まで求めよ。H＝1.0，C＝12，O＝16

解答 $CO=28$，$H_2=2.0$ より，

$$28\times\frac{80}{100}+2.0\times\frac{20}{100}=22.8 \qquad \therefore \quad \mathbf{22.8}$$

混合気体ならば同温・同圧のとき，体積比＝物質量比なんだヨ〜

例題 3−3

27 ℃ で2.0×10^5 Paの水素3.0 Lと27 ℃ で3.6×10^5 Paの酸素5.0 Lを，6.0 L の容器に入れ 27 ℃ に保った。この混合気体の全圧および各成分気体の分圧を有効数字 2 桁で，また，この混合気体の平均分子量を小数第 1 位まで求めよ。H＝1.0，O＝16

解答 封入前後で気体の物質量と温度が一定であるので，ボイルの法則が適用できる。6.0 L の容器内の水素の分圧を P_{H_2}〔Pa〕，酸素の分圧を P_{O_2}〔Pa〕とすると，

$$2.0\times10^5\times3.0=P_{H_2}\times6.0 \qquad \therefore \quad P_{H_2}=\mathbf{1.0\times10^5}\text{〔Pa〕}$$

$$3.6\times10^5\times5.0=P_{O_2}\times6.0 \qquad \therefore \quad P_{O_2}=\mathbf{3.0\times10^5}\text{〔Pa〕}$$

また，「全圧＝分圧の和」より，混合気体の全圧は，

$$P_{全}=P_{H_2}+P_{O_2}=1.0\times10^5+3.0\times10^5=\mathbf{4.0\times10^5}\text{〔Pa〕}$$

混合気体中の水素と酸素は 27 ℃ で 6.0 L の容器に入れてあり，同温・同体積であるので，「分圧比＝物質量比」が成り立つ。したがって，

$$n_{H_2}:n_{O_2}=P_{H_2}:P_{O_2}=1.0\times10^5:3.0\times10^5=1:3$$

これより，

$$水素のモル分率=\frac{1}{1+3}=\frac{1}{4}，\quad 酸素のモル分率=\frac{3}{1+3}=\frac{3}{4}$$

$H_2=2.0$，$O_2=32$ より混合気体の平均分子量は

$$2.0\times\frac{1}{4}+32\times\frac{3}{4}=24.5 \qquad \therefore \quad \mathbf{24.5}$$

例題 3−4

容積一定の容器に 27 ℃ で 2.0×10^5 Pa の一酸化炭素と 1.5×10^5 Pa の酸素が入っている。容器内の気体を完全に反応させたあと 27 ℃ に保ったときの容器内の圧力を有効数字 2 桁で求めよ。

解答 反応前後で同温・同体積なので，「分圧比＝物質量比」が成り立つため，物質量の数値のかわりに分圧の数値を用いて計算してもよい。

〔単位：$\times 10^5$ Pa〕	$2CO$	+	O_2	⟶	$2CO_2$	全圧
反応前	2.0		1.5		0	3.5
変化量	−2.0		−1.0		+2.0	
反応後	0		0.5		2.0	2.5

上の表より，反応後容器内に存在している酸素と二酸化炭素について

$$P_{全}=P_{O_2}+P_{CO_2}=0.5\times10^5+2.0\times10^5=\mathbf{2.5\times10^5}\ \text{〔Pa〕}$$

例題 3−5

次図に示した球状容器がある。容器 A には気体 **X** 2.50 g，容器 B には気体 **Y** 3.20 g がそれぞれ封入されている。この 2 つの容器を連結しているコックを開き，両容器内の気体 **X** および **Y** を完全に混合したとき容器内の圧力は，0 ℃ のとき 4.96×10^4 Pa であった。これら気体 **X** および **Y** に関する以下の問に有効数字 3 桁で答えよ。連結部のコックの容積は無視でき，N＝14，気体定数を 8.3×10^3 Pa·L/(K·mol) とする。

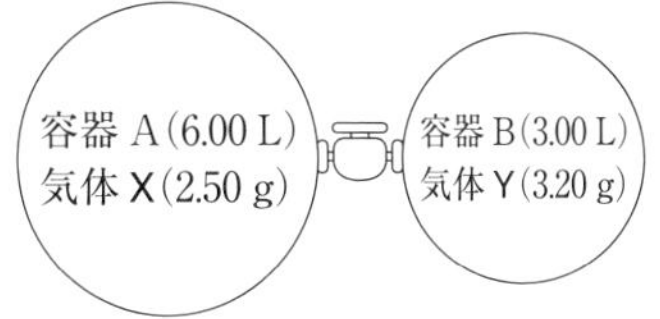

問 1　気体 **X** は窒素であることがわかった。混合する前の 0 ℃ における容器 A 内の圧力を求めよ。

問 2　完全に混合したとき 0 ℃ における気体 **X** の分圧を求めよ。

問 3　完全に混合したとき 0 ℃ における気体 **Y** の分圧を求めよ。

問 4　混合する前の 0 ℃ における容器 B 内の圧力を求めよ。

問 5　容器 B に封入されていた気体 **Y** の分子量を求めよ。

解答 問 1　$N_2=28$ より，$P_A\times6.00=\dfrac{2.50}{28}\times8.3\times10^3\times(0+273)$

$$\therefore\ P_A=3.371\times10^4\fallingdotseq\mathbf{3.37\times10^4}\ \text{〔Pa〕}$$

問 2　ボイルの法則より，$3.371\times10^4\times6.00=P_X\times9.00$

$$\therefore\ P_X=2.247\times10^4\fallingdotseq\mathbf{2.25\times10^4}\ \text{〔Pa〕}$$

問 3　全圧＝分圧の和より，$2.247\times10^4+P_Y=4.96\times10^4$

$$\therefore\ P_Y=2.713\times10^4\fallingdotseq2.71\times10^4\ \text{[Pa]}$$

問 4　Y について，ボイルの法則より，$P_B\times3.00=2.713\times10^4\times9.00$

$$\therefore\ P_B=8.139\times10^4\fallingdotseq8.14\times10^4\ \text{[Pa]}$$

問 5　$8.139\times10^4\times3.00=\dfrac{3.20}{M}\times8.3\times10^3\times(0+273)$　　$\therefore\ M=29.69\fallingdotseq29.7$

それでは問題を解いてみましょう。今回は初めから**入試問題**です。

（解答編 p. 4）

□類題 3－1　制限時間　3 分

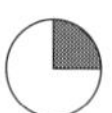

一定温度において，1.01×10^6 Pa の酸素 1.00 L と 5.05×10^4 Pa の窒素 2.40 L を混合して体積を 5.00 L とした。この混合気体の圧力〔Pa〕を，①～⑤の中から 1 つ選べ。

①　1.13×10^5　　②　2.26×10^5　　③　4.52×10^5
④　11.3×10^5　　⑤　22.6×10^5

（東海大）

□類題 3－2　制限時間　4 分

一定温度で 1.5×10^3 hPa の酸素 3.0 L と 3.0×10^3 hPa の窒素 2.0 L を混合したのち，体積を 7.0 L にした。混合気体の全圧，酸素の分圧は何 Pa か。有効数字 2 桁で求めよ。ただし，1 hPa＝100 Pa である。

（東京理科大・改）

□類題 3－3　制限時間　5 分

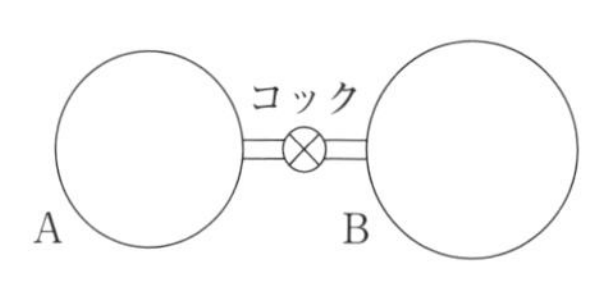

容積が 4 L の容器 A と 7 L の容器 B がコックを閉じた状態で連結されている。150 ℃ で，A に水素，B に窒素がそれぞれ 2.0×10^5 Pa，1.5×10^5 Pa の圧力で詰められている。

温度を 110 ℃ にしてコックを開き放置した。水素と窒素の分圧および容器内の圧力を有効数字 2 桁で求めよ。

（宮城教育大・改）

□類題 3－4　制限時間　5分 

内容積 5.0 L の容器に，0.10 mol の酸素と同一質量の気体 A の混合気体を入れた。A の分圧が酸素の分圧の 2 倍であるとき，A の分子量を整数で，また温度が 300 K のとき容器内の圧力(Pa)を有効数字 2 桁で求めよ。O＝16，気体定数を 8.3×10^3 Pa·L/(K·mol)とする。

（大阪歯科大・改）

□類題 3－5　制限時間　9分 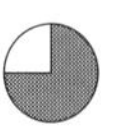

下図のように，容器 A(体積 2.0 L)と容器 B(体積 4.0 L)がコック c で連結され，それぞれに水銀が入った U 字管が連結されている。A，B 内は真空であり，コック a，b，c は閉じられている。次の 1 ～ 4 の操作を行った。下の問に有効数字 2 桁で答えよ。ただし，大気圧は 1.0×10^5 Pa＝760 mmHg であり，温度は 27 ℃ に保たれている。

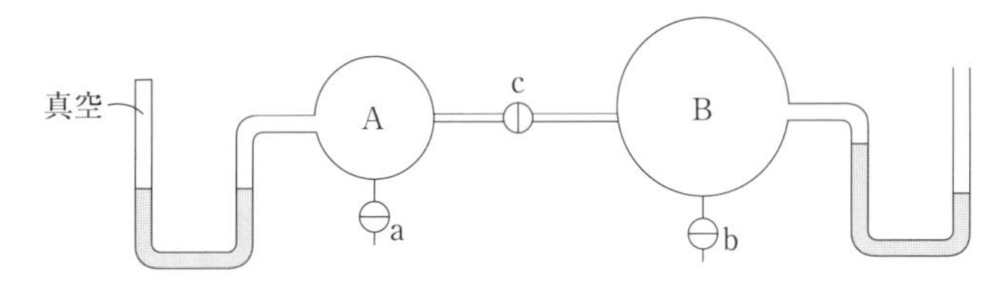

操作 1　a を開け酸素を封入して放置したところ，A 内の圧力は 7.5×10^4 Pa であった。

操作 2　c を開け放置した。

操作 3　c を閉じ，b を開け，B に窒素を封入して放置したところ B 内の圧力は 1.0×10^5 Pa であった。

操作 4　c を開け放置した。

問 1　操作 1 終了後，A に連結した U 字管内の水銀面は，左右どちら側の面が何 cm 高いか。

問 2　操作 2 終了後の B 内の圧力は何 Pa か。

問 3　操作 3 終了後の B 内の窒素の分圧は何 Pa か。

問 4　操作 4 終了後の B 内の圧力は何 Pa か。

問 5　操作 4 終了後，B に連結した U 字管内の水銀面は，左右どちら側の面が何 cm 高いか。

（昭和大・改）

□類題 3−6 制限時間 6分 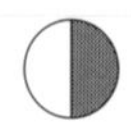

図のようにコックCによって連結された耐圧密閉容器A，Bがある。容器A，容器Bの内容積はそれぞれ3.0 L，4.0 Lであり，それぞれ別の恒温槽に入っているため独立して温度を設定できる。ここで，容器以外の連結部の内容積は無視でき，温度変化によって容器の内容積は変化しないものとする。

次の問に有効数字2桁で答えよ。ただし，気体はすべて理想気体とし，液体の体積および液体に対する気体の溶解は無視できるとする。気体定数は8.3×10^3 Pa·L/(K·mol)とする。

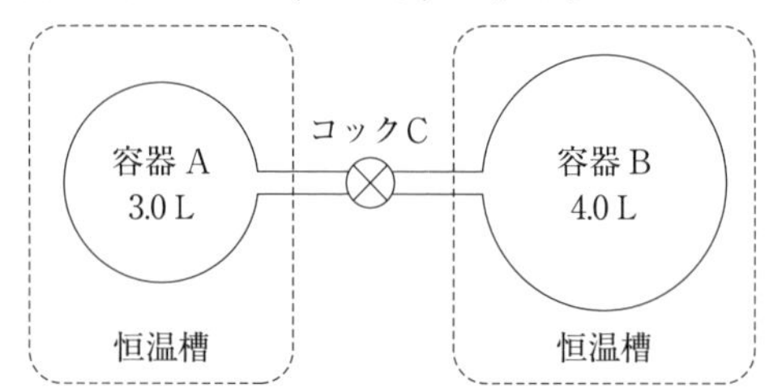

実験1：コックCを閉じた状態で，容器Aに水素0.20 mol，容器Bに酸素0.30 molを入れた後，コックCを開け，7℃に保った。十分に長い時間が経過すると，容器A，容器B内の混合気体の組成は同一となり，圧力も等しくなった(状態1)。

実験2：状態1から，容器Aを27℃に保ち，容器Bの温度を127℃に上げた。十分に長い時間が経過すると，容器A，容器B内の圧力は等しくなった(状態2)。

問1 状態1における容器内の全圧を求めよ。

応用 問2 状態2における容器内の全圧を求めよ。

(青山学院大・改)

4 気体 (3) 飽和蒸気圧

1 気液平衡

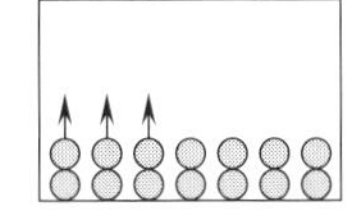

密閉容器に液体を入れると，液体表面から分子が蒸気(気体)となって飛び出していく(蒸発が起こる)。

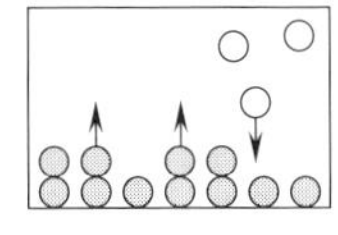

蒸発した分子の一部は液面に衝突して液体になり凝縮するが，当初は，まだ凝縮する分子より蒸発する分子の方が多く，蒸気の分子数は増加するため，蒸気の圧力が**増大する**。

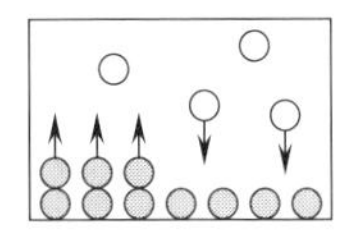

やがて蒸気の分子数が増加するにつれて凝縮する分子数も増加していくので，しだいに単位時間あたりの**蒸発する分子数≒凝縮する分子数**となっていく。

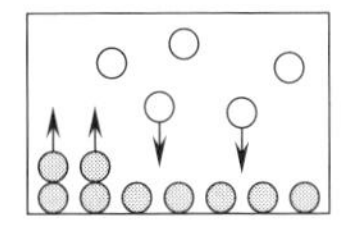

最終的には，単位時間あたりの**蒸発する分子数＝凝縮する分子数**となり，見かけ上，**蒸発も凝縮も起きていないような状態**になる。

この最終的な状態を**気液平衡**といい，このときの気体部分(気相)の圧力を**飽和蒸気圧**または単に**蒸気圧**という。つまり，飽和蒸気圧とは，物質が気体として存在することができるときの圧力の最大値であり，気体の圧力の数値は飽和蒸気圧の数値を超えない。

容器内にたとえ一滴でも液体があったら，容器内の気体の圧力は，その温度における飽和蒸気圧になってるんダ！

また，上図でもわかるように，**気体が液体と共存している場合，気相の圧力はその温度における飽和蒸気圧になっている**。

2 状態図と蒸気圧曲線

ある温度・圧力のもとで，その物質がどのような状態で存在しているかを示した図を**状態図**という。また，液体と気体が共存しているとき，温度と蒸気圧の関係を表した曲線を**蒸気圧曲線**という。

下に水の状態図と蒸気圧曲線を示す。

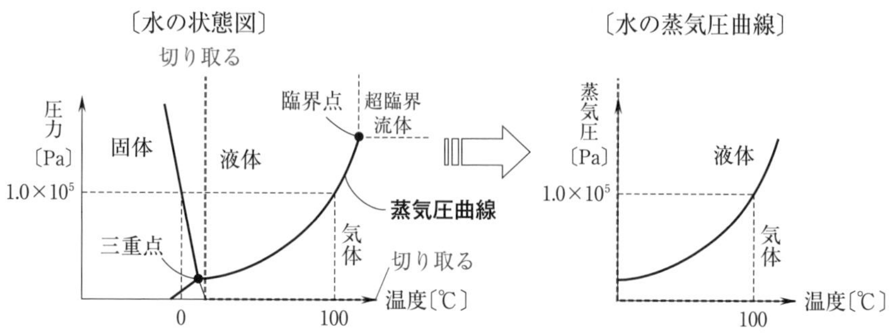

3 飽和蒸気圧と温度

物質の三態図において，液体と気体の境界線が蒸気圧曲線である。右図は，3つの物質 a, b，c の蒸気圧曲線をかき出した図で，a はジエチルエーテル，b はエタノール，c は水である。

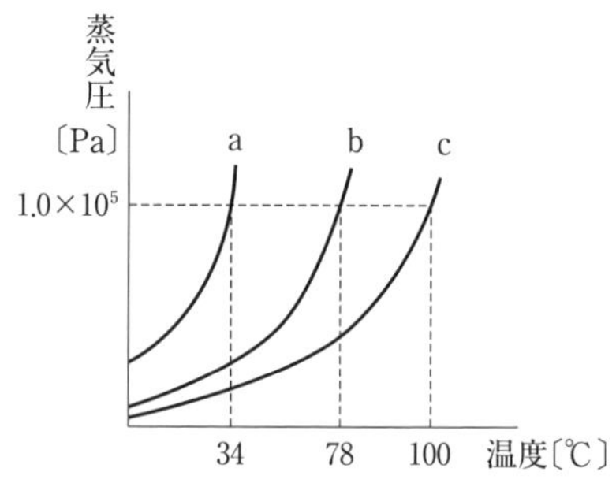

2の状態図から，蒸気圧曲線の下側が気体，上側が液体であることがわかる。また，飽和蒸気圧は温度のみに依存されることもわかる。

飽和蒸気圧が大きい物質ほど蒸気(気体)になりやすいので，**分子間の引力は弱く，沸点は低くなる**。

4 物質の状態と気相の圧力

容器内の物質の状態は，条件が変わると変化するため気相の圧力(容器内の圧力)も変化する。

例えば，温度一定(T〔K〕)，容積一定(V〔L〕) の容器に封入する水の量(n〔mol〕)を変化させた場合を図解すると次のようになる。ただし，T〔K〕における水の飽和蒸気圧を P_0〔Pa〕とする。

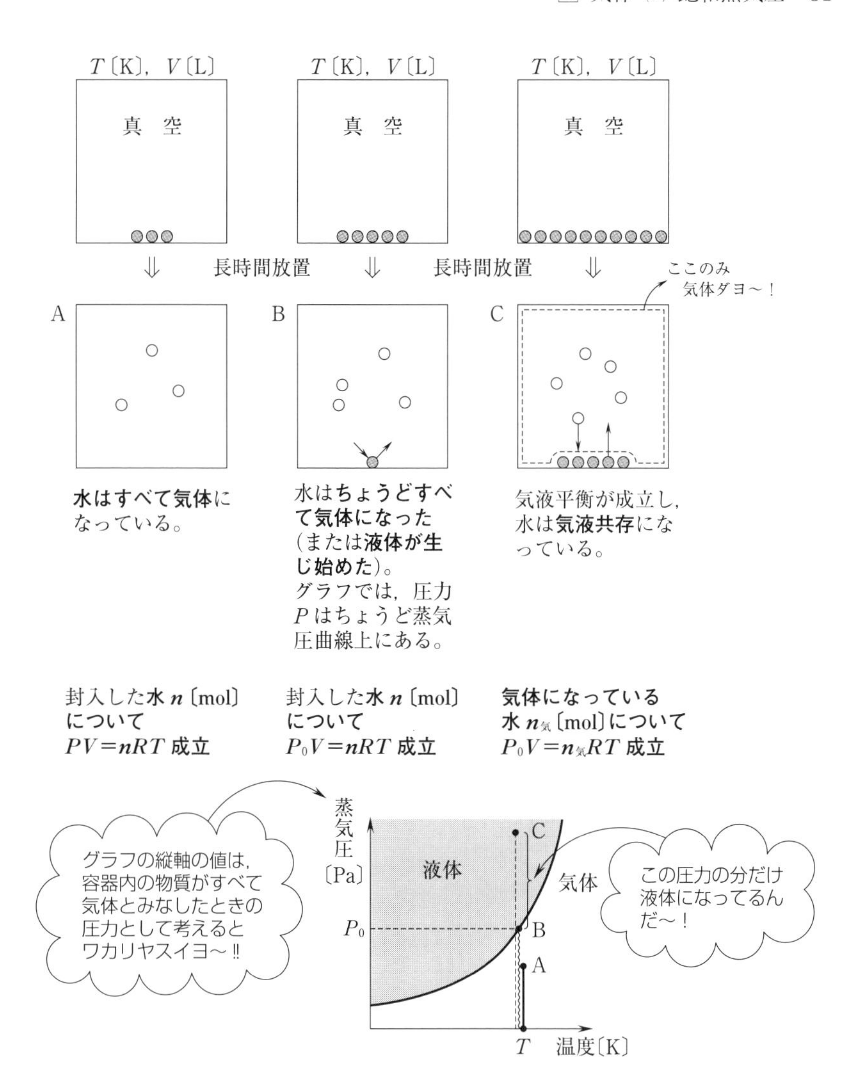
T〔K〕, V〔L〕
真　空
長時間放置
ここのみ気体ダヨ〜！
A
B
C
水はすべて気体になっている。
水はちょうどすべて気体になった(または液体が生じ始めた)。
グラフでは，圧力 P はちょうど蒸気圧曲線上にある。
気液平衡が成立し，水は気液共存になっている。
封入した水 n〔mol〕について PV=nRT 成立
封入した水 n〔mol〕について P0V=nRT 成立
気体になっている水 n気〔mol〕について P0V=n気RT 成立
グラフの縦軸の値は，容器内の物質がすべて気体とみなしたときの圧力として考えるとワカリヤスイヨ〜‼
蒸気圧〔Pa〕
液体
気体
P0
T
温度〔K〕
この圧力の分だけ液体になってるんだ〜！

ココが大事！

容器内の物質の状態が与えられていれば気相の圧力もわかる。例えば「液滴が生じていた」ならば「容器内の圧力は飽和蒸気圧」となるが，与えられていない場合がほとんどなので，**すべて気体か気液共存か判定**しなければならない。

〈判定法〉 容器内の**物質が** T〔K〕**ですべて気体とみなしたときの圧力を** P'〔Pa〕とする（状態方程式やボイル・シャルルの法則より算出される）。また，T〔K〕におけるその物質の飽和蒸気圧を P_0〔Pa〕とする。

(1) $P_0 > P'$ ならば，
物質は**すべて気体**。
気相の圧力 $P_{気} = P'$〔Pa〕

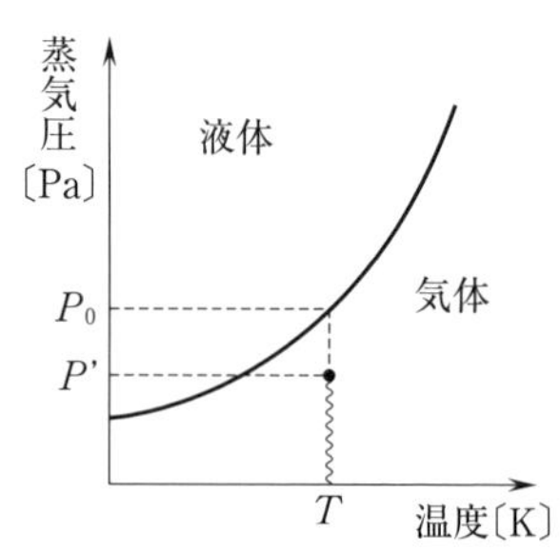

(2) $P_0 < P'$ ならば，
物質は**気液共存**。
気相の圧力 $P_{気} = P_0$〔Pa〕

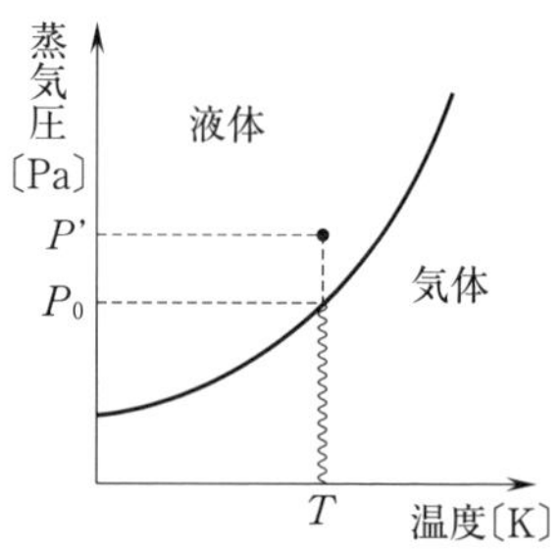

5 液化（凝縮）率

液化率〔%〕

$$= \frac{\text{液体になっている物質の量〔mol〕}}{\text{容器内の物質の全量〔mol〕}} \times 100$$

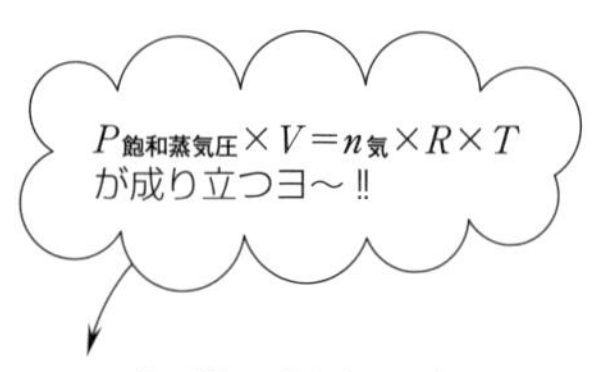

$$= \frac{\text{容器内の物質の全量〔mol〕} - \text{気体になっている物質の量〔mol〕}}{\text{容器内の物質の全量〔mol〕}} \times 100$$

（注）上の式中の単位〔mol〕は質量の単位〔g〕でもよい。

例題 4－1

下図は，メタノールの飽和蒸気圧と温度の関係を表したものである。次の問に番号で答えよ。

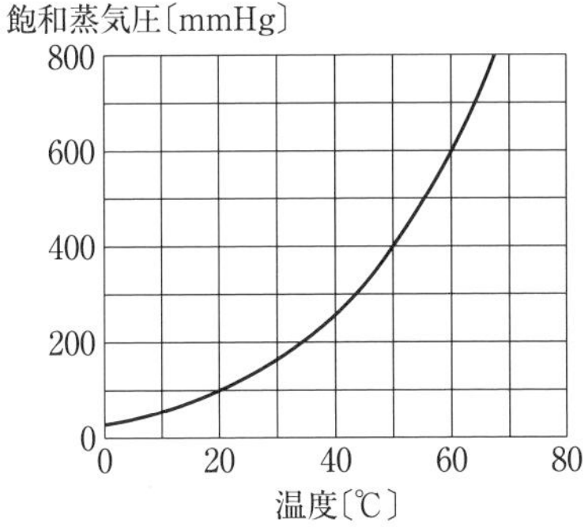

問 1　メタノールの沸点は何 ℃ か。

①　34 ℃　　②　43 ℃

③　55 ℃　　④　65 ℃

問 2　大気圧が 500 mmHg の山頂では，メタノールは何 ℃ で沸騰するか。

①　34 ℃　　②　43 ℃

③　55 ℃　　④　65 ℃

問 3　メタノールを 35 ℃ で沸騰させるには，外圧を何 mmHg にする必要があるか。

①　100 mmHg　②　200 mmHg　③　250 mmHg　④　400 mmHg

問 4　70 ℃ で 300 mmHg のメタノールを冷却していくと，何 ℃ で液滴が生じるか。

①　34 ℃　　②　43 ℃　　③　55 ℃　　④　65 ℃

解答　問 1　沸点とは，液体が沸騰するときの温度であり，一般に物質の飽和蒸気圧が 760 mmHg(大気圧)のときの温度なので，グラフより 65 ℃。

∴　④

問 2　飽和蒸気圧 500 mmHg のときの温度は，グラフより 55 ℃。　∴　③

問 3　35 ℃ のときの飽和蒸気圧は，グラフより 200 mmHg。　∴　②

問 4　グラフより，70 ℃ で 300 mmHg のときメタノールはすべて気体である(A 点とする)。A 点から圧力一定(300 mmHg)で冷却すると，B 点で液滴が生じ始める。そのときの温度は，グラフより 43 ℃。

∴　②

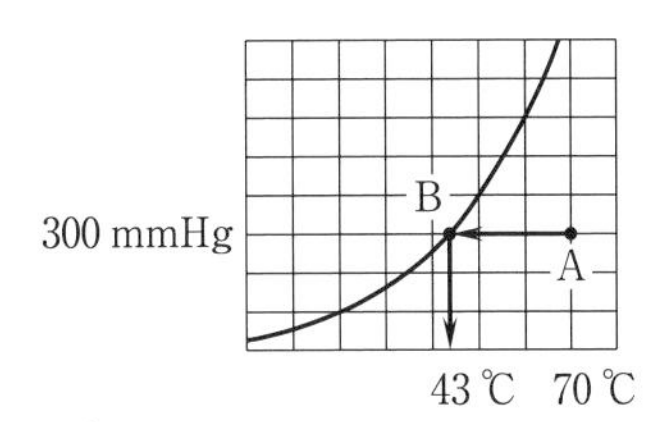

例題 4−2

次の〔　ア　〕〜〔　エ　〕にあてはまる数値を有効数字 3 桁で答え，(　　　) 内は正しい語句を選べ。ただし，ジエチルエーテルの 27 ℃における飽和蒸気圧は 570 mmHg，大気圧は 1.0×10^5 Pa(＝760 mmHg)，気体定数は 8.3×10^3 Pa·L/(K·mol) とする。

体積を変えることができる容器を用いて次の実験を行った。

内容積を 0.83 L にし，この容器を真空にしてジエチルエーテルを 0.010 mol 入れ，27 ℃ に保つと，容器内の圧力は〔　ア　〕Pa となる。このとき，ジエチルエーテルの状態は ①(液体のみ，液体と気体の共存，気体のみ) である。

温度を 27 ℃ に保ったまま，内容積を〔　イ　〕L にしたとき，容器内に液滴が生じ始めた。

さらに同じ温度で内容積を 0.2075 L にすると，容器内の圧力は〔　ウ　〕Pa となる。このとき，ジエチルエーテルの状態は ②(液体のみ，液体と気体の共存，気体のみ) である。またこのとき，ジエチルエーテルの〔　エ　〕% が凝縮している。

解答 〔ア〕 ジエチルエーテルがすべて気体と仮定したときの圧力を P〔Pa〕とすると，気体の状態方程式より，

$$P \times 0.83 = 0.010 \times 8.3 \times 10^3 \times (27 + 273)$$

$$P = 3.00 \times 10^4 \text{〔Pa〕} = \frac{3.00 \times 10^4}{1.0 \times 10^5} \times 760 = 228 \text{〔mmHg〕}$$

この数値は 27 ℃ における飽和蒸気圧 (570 mmHg) よりも小さいので，ジエチルエーテルはすべて気体になっている。　　∴　3.00×10^4

① ∴ **気体のみ**

〔イ〕「容器内に液滴が生じ始めた」ときのジエチルエーテルの圧力は飽和蒸気圧 (570 mmHg) と等しい。そのときの体積を V〔L〕とすると，気体の状態方程式より，

$$\frac{570}{760} \times 1.0 \times 10^5 \times V = 0.010 \times 8.3 \times 10^3 \times (27 + 273)$$

$$V = 0.332 \text{〔L〕} \qquad \therefore \ \mathbf{0.332}$$

〔ウ〕 ジエチルエーテルがすべて気体と仮定したときの圧力を P〔Pa〕とすると，気体の状態方程式より，

$$P \times 0.2075 = 0.010 \times 8.3 \times 10^3 \times (27 + 273)$$

$$P=1.20\times10^5\,〔\mathrm{Pa}〕=\frac{1.20\times10^5}{1.0\times10^5}\times760=912\,〔\mathrm{mmHg}〕$$

この数値は27 ℃ における飽和蒸気圧(570 mmHg)より大きいので，ジエチルエーテルは液体と気体が共存している。したがって，圧力は

$$\frac{570}{760}\times1.0\times10^5=7.50\times10^4\,〔\mathrm{Pa}〕\quad\therefore\ \mathbf{7.50\times10^4}$$

② ∴ **液体と気体の共存**

〔エ〕 ②の状態のとき，容器内で気体になっているジエチルエーテルの物質量を n〔mol〕とすると，気体の状態方程式より，

$$\frac{570}{760}\times1.0\times10^5\times0.2075=n\times8.3\times10^3\times(27+273)\qquad n=0.00625\,〔\mathrm{mol}〕$$

したがって，$\dfrac{0.010-0.00625}{0.010}\times100=37.5\,〔\%〕$　　∴ **37.5**

例題 4－3

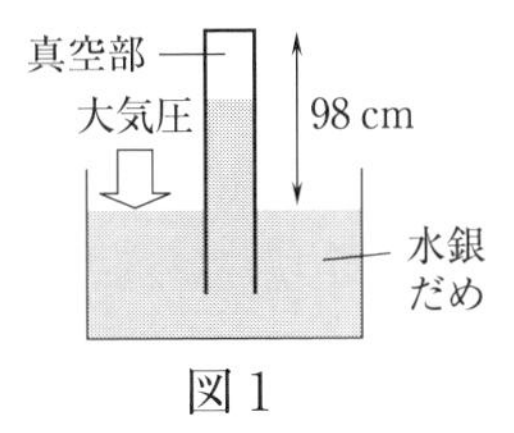

図 1

一端を閉じたガラス管に水銀を満たし，水銀の入った容器中で垂直に倒立させると，図1のように上部に真空部ができた。このとき，水銀だめから出ているガラス管の長さは98 cmであった。次の問に答えよ。

問 1　大気圧が760 mmHgのとき，図1の真空部の長さは何cmか。

問 2　20 ℃ で大気圧が760 mmHgのとき，図2のような蒸気圧曲線を示す①～③の液体を少量ずつ図1のガラス管の下部からそれぞれ注入した。真空部に液体が生じているとき，水銀柱の高さが最も高くなるのは，①～③のうちどれになるか。

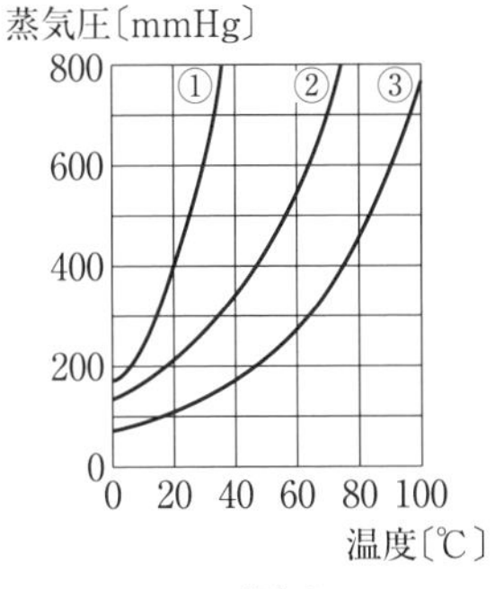

図 2

問 3　液体①を用いて，20 ℃，大気圧600 mmHgで問2の実験を行った。水銀柱の高さは，水銀だめの表面から何cmか。

問 4　液体②を用いて，60 ℃，大気圧800 mmHgで問2の実験を行った。水銀柱の高さは，水銀だめの表面から何cmか。

解答 問1 圧力が760 mmHg(76 cmHg)のとき，水銀柱の高さは76 cmであるので，真空部の長さは，98−76＝22〔cm〕

問2 真空部に液体が入ると，液体は蒸発するが，**液体が生じているのでその気体部分の圧力は飽和蒸気圧になっている**。このとき，ガラス管の外側と内側について，

大気圧＝蒸気の圧力＋水銀柱の圧力

が成立する。気体は圧力(飽和蒸気圧)がかかっている分ガラス管中の水銀部を押し下げるので，飽和蒸気圧が小さい物質を入れた方が水銀柱は高くなる。したがって，20 ℃ での飽和蒸気圧が最小であるものが答。 ∴ ③

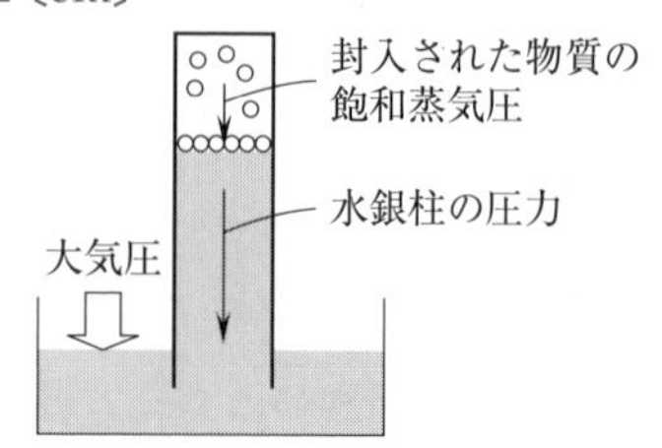

問3 大気圧が600 mmHgのとき，水銀柱の高さは60 cmとなる。この状態のときに液体①を入れると，20 ℃ での①の飽和蒸気圧は400 mmHg(40 cmHg)であるので，水銀柱の高さは，60−40＝20〔cm〕

問4 大気圧が800 mmHgのとき，水銀柱の高さは80 cmとなる。この状態のときに液体②を入れると，60 ℃ での②の飽和蒸気圧は550 mmHg(55 cmHg)であるので，水銀柱の高さは，80−55＝25〔cm〕

それでは問題を解いてみましょう。今回は初めから**入試問題**です。

(解答編 p. 7)

□類題4−1 制限時間 3分 

右図は，化合物A，B，Cの液体の飽和蒸気圧〔Pa〕と温度〔℃〕の関係を示している。

容積を変化させることができる3つの真空容器に，20 ℃ において，A，B，Cの液体をそれぞれ少量ずつ入れたところ，すべて蒸発した。その後，20 ℃ のもとで各容器の容積を小さく

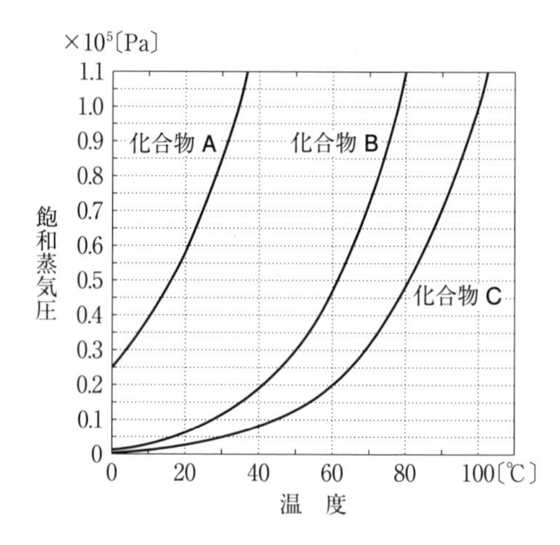

していくと，それぞれ圧力が P_A，P_B，P_C になったときに，A，B，C が凝縮し始めた。P_A，P_B，P_C の大小関係として正しいものを，次の①～⑥のうちから１つ選べ。

① $P_A > P_B > P_C$　② $P_A > P_C > P_B$　③ $P_B > P_A > P_C$
④ $P_B > P_C > P_A$　⑤ $P_C > P_A > P_B$　⑥ $P_C > P_B > P_A$

（センター本試・改）

□類題４－２　制限時間　４分

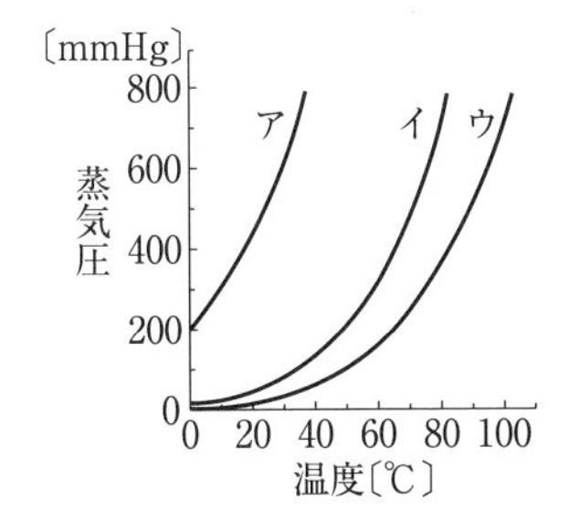

右図は，３種の純粋な液体ア，イ，ウの蒸気圧曲線を示している。次の問に記号で答えよ。

問１　ア，イ，ウのうち，大気圧での沸点が最も低い液体はどれか。

問２　ア，イ，ウのうち，分子間力が最も強いのはどれか。

問３　30 ℃ において，液体ア，イ，ウをそれぞれ 5.0 L，3.0 L，1.0 L の真空の容器に入れて密封したところ，どの物質も一部が液体として容器中に残った。容器内の圧力が高い順に答えよ。

（近畿大・改）

□類題４－３　制限時間　４分

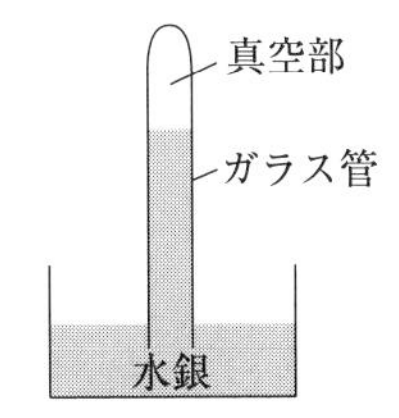

右図のように，ガラス管の上部が真空になっている水銀柱がある。25 ℃ におけるエタノールの飽和蒸気圧を 65 mmHg として，次の問に番号で答えよ。1.0×10^5 Pa＝760 mmHg

問１　外圧 1.0×10^5 Pa，温度 25 ℃ のとき，ガラス管の下部からエタノールを少量注入した。気液平衡状態になると，水銀柱の水銀の高さは何 mm になるか。

① 24 mm　② 41 mm　③ 65 mm　④ 215 mm
⑤ 480 mm　⑥ 521 mm　⑦ 545 mm　⑧ 695 mm
⑨ 736 mm　⑩ 760 mm

問2　問1において，外圧は変わらず温度だけが上昇した場合，水銀柱の水銀の高さはどうなるか。

①　低くなる　　②　高くなる　　③　変わらない

（東京農業大・改）

□類題4−4　制限時間　4分 

20 ℃，1.0×10^5 Pa 下で，一端を封じた長さ 90 cm のガラス管に水銀を満たし，水銀を満たした容器の中で倒立させた。次に，スポイトを使ってエタノールをガラス管の下端に注入したとき，水銀柱の高さは何 mm になるか。整数で答えよ。ただし，水銀柱の上部に残っているエタノールの液体量は無視できるものとし，20 ℃ におけるエタノールの飽和蒸気圧は 58.7 hPa とする。

なお，1.0×10^5 Pa＝760 mmHg，1 hPa＝100 Pa である。

（九州歯科大・改）

応用 □類題4−5　制限時間　8分 

右図は，エタノールの飽和蒸気圧と温度の関係を表したグラフである。

容積一定の容器にエタノールを封入すると，77 ℃ で 3.5×10^4 Pa であった。その後 27 ℃ まで冷却した。次の問に整数で答えよ。

問1　何 ℃ で液滴が生じ始めるか。

問2　27 ℃ で，エタノールの何 % が凝縮しているか。

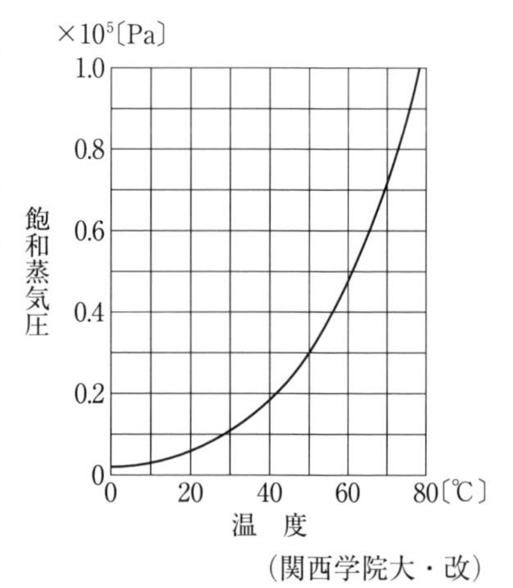

（関西学院大・改）

5 気体(4) 混合気体と蒸気圧

下の(a)，(b)の条件を満たしていれば，混合気体と蒸気圧の両方の分野にまたがった応用問題になっている。

(a) **容器内に2種類(以上)の物質が封入されている。**

⇒ **3 気体(2) 混合気体**の分野

(b) そのうち**1種類だけ蒸気圧曲線**(または飽和蒸気圧の値)**が与えられている。** ⇒ **4 気体(3) 飽和蒸気圧**の分野

(補足) これに該当するのは水，エタノール，ジエチルエーテルが多い。

ココが大事！

・**容器内の気相は混合気体になっている。**⇒混合気体についての公式成立！(特に，「全圧＝分圧の和」はよく用いられる)

・**蒸気圧曲線が与えられている物質は，**条件によっては**すべて気体になったり，気液共存になっていたりする。**

・**蒸気圧曲線が与えられていない物質は，**どんな条件でも**いつも気体になっている。**(したがって，どんな条件でも，その全量について気体の状態方程式 $PV=nRT$，ボイル・シャルルの法則が成立！)

p. 32 **4 気体(3) 飽和蒸気圧**の4**物質の状態と気相の圧力**の
ココが大事！と**〈判定法〉は，ここでも重要!!**

問題文をしっかり読みこんで，容器内で物質がどんな状態になっているかイメージできるようになろう！

例えば，容器内に窒素と水(水の飽和蒸気圧を P_0 とする)が封入されている場合を考えると，次のようになる。

〈水がすべて気体になっている〉

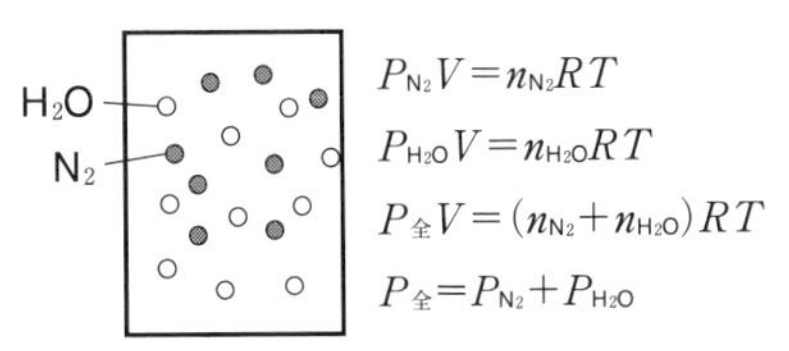

$P_{N_2}V=n_{N_2}RT$

$P_{H_2O}V=n_{H_2O}RT$

$P_{全}V=(n_{N_2}+n_{H_2O})RT$

$P_{全}=P_{N_2}+P_{H_2O}$

〈水は気液共存になっている〉

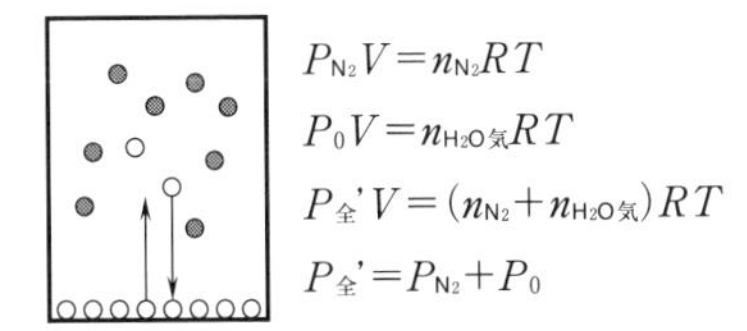

$P_{N_2}V=n_{N_2}RT$

$P_0V=n_{H_2O気}RT$

$P_{全}'V=(n_{N_2}+n_{H_2O気})RT$

$P_{全}'=P_{N_2}+P_0$

例題５−１

容積 10.0 L の容器に，物質量比 1：4 の水蒸気と窒素の混合気体を入れたところ，127 ℃ で全圧が 760 mmHg となった。次に，この容器の温度を 27 ℃ まで下げたところ，水蒸気が一部凝縮した。ただし，27 ℃ での水の飽和蒸気圧を 27 mmHg，大気圧は 1.0×10^5 Pa＝760 mmHg とする。

問１　27 ℃での容器内の圧力は何 mmHg か。整数で答えよ。

問２　27 ℃では水蒸気の何％が凝縮したか。整数で答えよ。

解答　問１　「分圧＝全圧×モル分率」より 127 ℃のときの水蒸気と窒素の分圧はそれぞれ

$$P_{H_2O}=760\times\frac{1}{5}=152\ \text{〔mmHg〕},\ \ P_{N_2}=760\times\frac{4}{5}=608\ \text{〔mmHg〕}$$

27 ℃で水蒸気は一部凝縮したので，その分圧は 27 ℃における飽和蒸気圧 27 mmHg となる。また，問題文より窒素は凝縮せずいつも気体なのでその分圧を P_{N_2}'〔Pa〕とするとボイル・シャルルの法則より，

$$\frac{608\times10.0}{127+273}=\frac{P_{N_2}'\times10.0}{27+273}\qquad\therefore\ \ P_{N_2}'=456\ \text{〔mmHg〕}$$

したがって，全圧は，27＋456＝483〔mmHg〕

問２　127 ℃ で水はすべて水蒸気になっている。容器内の水を n_{H_2O}〔mol〕とすると気体の状態方程式より

$$\frac{152}{760}\times1.0\times10^5\times10.0=n_{H_2O}\times R\times(127+273)\quad\cdots①$$

27 ℃ で水は気液共存になっている。水蒸気を $n_{気}$〔mol〕とすると気体の状態方程式より

$$\frac{27}{760}\times1.0\times10^5\times10.0=n_{気}\times R\times(27+273)\quad\cdots②$$

$$\frac{式②}{式①}\ より\ \frac{27}{152}=\frac{n_{気}\times300}{n_{H_2O}\times400}\qquad\therefore\ \ \frac{n_{気}}{n_{H_2O}}=\frac{9}{38}$$

p. 32 **４ 気体 (3) 飽和蒸気圧**の⑤より液化率は，

$$\frac{n_{液}}{n_{H_2O}}=\frac{n_{H_2O}-n_{気}}{n_{H_2O}}=\frac{38-9}{38}=\frac{29}{38}$$

$$\therefore\ \ \frac{29}{38}\times100=76.3\fallingdotseq76\ \text{〔％〕}$$

例題 5−2

3.0 L の容器に，27 ℃，5.0×10^4 Pa の酸素が入っている。これに 740 mg のジエチルエーテル $C_4H_{10}O$ を注入したところ，ジエチルエーテルは完全に蒸発した。次の問に有効数字 2 桁で答えよ。ただし，H＝1.0，C＝12，O＝16，気体定数は 8.3×10^3 Pa・L/(K・mol) とする。

問 1　容器内の圧力は何 Pa か。

問 2　ジエチルエーテルを燃焼後，容器内を 27 ℃，及び 127 ℃ にしたときの容器内の圧力はそれぞれ何 Pa になるか。ただし，27 ℃ および 127 ℃ での水の飽和蒸気圧を 3.5×10^3 Pa，2.5×10^5 Pa とする。

解答　問 1　ジエチルエーテルはすべて気体になっているので，その全量について気体の状態方程式が成立する。ジエチルエーテルの分圧を $P_{ジ}$〔Pa〕とすると，$C_4H_{10}O$＝74 より

$$P_{ジ}\times3.0=\frac{0.740}{74}\times8.3\times10^3\times(27+273)\qquad\therefore\quad P_{ジ}=0.83\times10^4\ \text{〔Pa〕}$$

$$\therefore\quad P_{全}=P_{O_2}+P_{ジ}=5.0\times10^4+0.83\times10^4=5.83\times10^4\fallingdotseq5.8\times10^4\ \text{〔Pa〕}$$

問 2　ジエチルエーテルの燃焼反応の反応表を下に表す。物質量のかわりに 27 ℃ での分圧の数値を用いる。

〔$\times10^4$ Pa〕	$C_4H_{10}O$	＋	$6O_2$	⟶	$4CO_2$	＋	$5H_2O$
反応前	0.83		5.0		0		0
変化量	−0.83		−4.98		＋3.32		＋4.15
反応後	0		0.02		3.32		4.15

反応の前後で温度と体積が変わらないときは，
モル表示を圧力表示にしてイインダヨー！

水蒸気の分圧 4.15×10^4 Pa は，H_2O がすべて気体とみなしたときの圧力である。これは 27 ℃ における飽和蒸気圧 (3.5×10^3 Pa) を超えているので，H_2O は気液共存になっておりその分圧は，

$$P_{H_2O}=3.5\times10^3=0.35\times10^4\ \text{〔Pa〕}$$

$$\therefore\quad P_{全}=P_{O_2}+P_{CO_2}+P_{H_2O}=0.02\times10^4+3.32\times10^4+0.35\times10^4$$
$$=3.69\times10^4\fallingdotseq3.7\times10^4\ \text{〔Pa〕}$$

生成した H_2O が 127 ℃ ですべて気体とみなしたときの圧力を P_{H_2O}'〔Pa〕とすると，ボイル・シャルルの法則より

$$\frac{4.15\times10^4\times3.0}{27+273}=\frac{P_{H_2O}'\times3.0}{127+273}\qquad\therefore\quad P_{H_2O}'=5.53\times10^4\text{〔Pa〕}$$

これは127℃における飽和蒸気圧(2.5×10^5 Pa)より小さいので，H_2O はすべて気体になっている。127℃での混合気体の全圧を $P_全$〔Pa〕として，混合気体全体についてボイル・シャルルの法則より，

$$\frac{(0.02+3.32+4.15)\times10^4\times3.0}{27+273}=\frac{P_全\times3.0}{127+273}$$

$$\therefore\quad P_全=9.98\times10^4\fallingdotseq1.0\times10^5\text{〔Pa〕}$$

例題５－３

体積を自由に調節できる密閉容器内にヘリウム 0.80 mol とエタノール 0.20 mol の混合気体を入れ 1.0×10^5 Pa，57℃に保った後，次の操作を行った。空欄(a)，(b)に入る最も適切な数値を①～⑤の中からそれぞれ1つ選べ。なお，右図はエタノールの飽和蒸気圧曲線である。

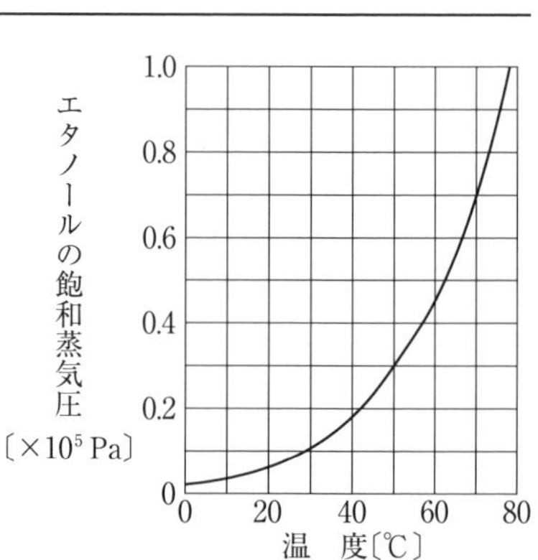

(1)　この混合気体を 1.0×10^5 Paに保ったまま容器全体を徐々に冷却すると，液体のエタノールが生じ始めるのは［ (a) ］℃である。

①　15　　②　23　　③　42　　④　57　　⑤　69

(2)　この混合気体を57℃に保ったまま次第に加圧していくと，液体のエタノールが生じ始めるのは［ (b) ］$\times10^5$ Paのときである。

①　1.1　　②　2.0　　③　3.8　　④　4.6　　⑤　6.4

解答　エタノールのモル分率は $\dfrac{0.20}{0.80+0.20}=0.20$ である。

分圧＝全圧×モル分率よりエタノールの分圧は，$1.0\times10^5\times0.20=0.20\times10^5$ Pa である。

(1)　0.20×10^5 Pa のまま容器全体を徐々に冷却すると，液体のエタノールが生じ始めるのは，次ページ図１より42℃である。　∴　③

(2)　57℃に保ったまま，次第に加圧していくと，

混合気体ならば必ず
分圧＝全圧×モル分率！

気体のエタノールの圧力が飽和蒸気圧になったとき液体が生じ始めるよ！

液体のエタノールが生じ始めるのは，図2より 0.40×10^5 Pa のときである。そのときの混合気体の圧力を P〔Pa〕とすると，分圧＝全圧×モル分率より

$$0.40\times10^5 = P\times0.20 \quad P = 2.0\times10^5\,〔\mathrm{Pa}〕 \quad \therefore\ ②$$

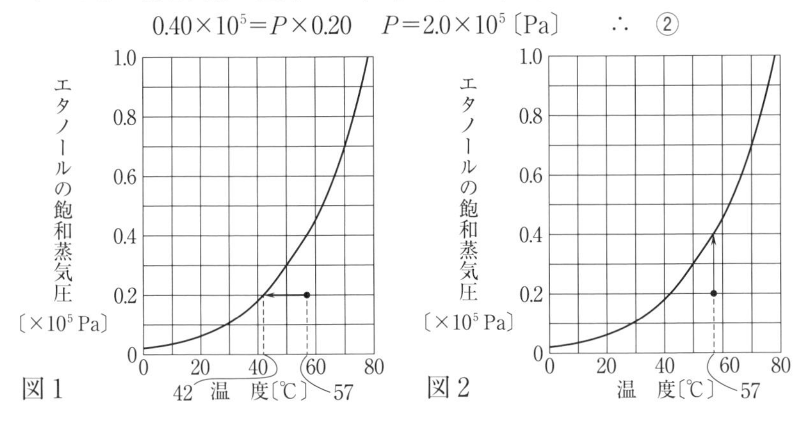

それでは，実際に問題を解いてみましょう。

（解答編 p. 8）

□類題5－1　制限時間　1分 

容器に窒素と少量の水を入れて27 ℃ に保つと，窒素の分圧は600 mmHg，水は一部液体となった。容器内の圧力は何 mmHg か，整数で答えよ。ただし，27 ℃ での水の飽和蒸気圧を 27 mmHg とする。

□類題5－2　制限時間　5分 

右図のように，水上置換法で水素を容器に捕集した。このとき，容器内の水位と水槽の水位を一致させて中の気体の体積を測定したところ 380 mL であった。温度は27 ℃，大気圧は 767 mmHg であった。次の問に答えよ。

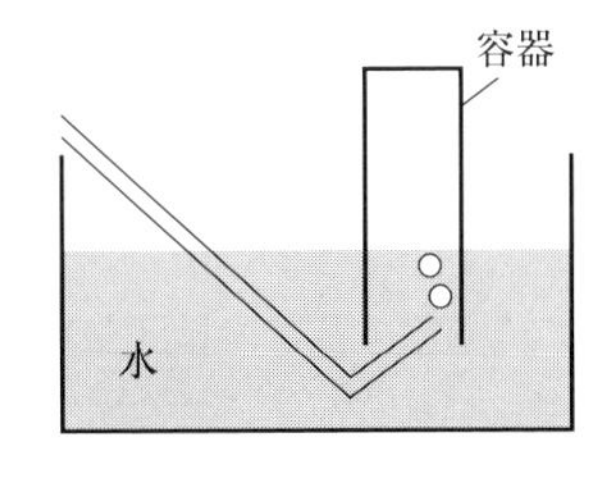

問1　下線部のように水位を一致させる理由を答えよ。

問2　捕集した水素を完全に乾燥すると，標準状態(0 ℃，760 mmHg)で何 mL の体積になるか。整数で答えよ。ただし，27 ℃ での水の飽和蒸気圧を 27 mmHg とする。

ここからは**入試問題**です。今までの類題とレベルはほとんど変わらないので，落ち着いて解いてみましょう。

□類題 5−3　制限時間 6分 

容積 3.1 L の容器に，1.6 g の酸素と 0.060 g の水素を入れ，火花を発生させて反応を完全に進行させたのち，37 ℃ で長時間放置した。37 ℃ における水の飽和蒸気圧は 38 mmHg とする。次の問に有効数字 2 桁で答えよ。H＝1.0，O＝16，気体定数は $R=8.3\times10^3$ Pa·L/(K·mol)，1.0×10^5 Pa＝760 mmHg とする。

問 1　容器内に残っている酸素の圧力は何 Pa か。

問 2　容器内に存在する水分子のうち，気体状態の割合は何% か。

反応後に O_2 が残ってるんだから，反応表を書こうヨ～！

（麻布大・改）

□類題 5−4　制限時間 8分 

下図に示すように，16.6 L の体積をもつ容器 A がピストン付きのシリンダー C とバルブ B によって連結されている。B を閉じた状態で，A には圧力 1.20×10^5 Pa の混合気体(体積比で酸素：窒素＝1：3)が入っており，C には気体のエタノールが 0.0500 mol 入っている。A，C 内の温度は 47.0 ℃ である。また，47.0 ℃ におけるエタノールと水の飽和蒸気圧はそれぞれ 2.60×10^4 Pa および 1.00×10^4 Pa である。以下の問に有効数字 3 桁で答えよ。

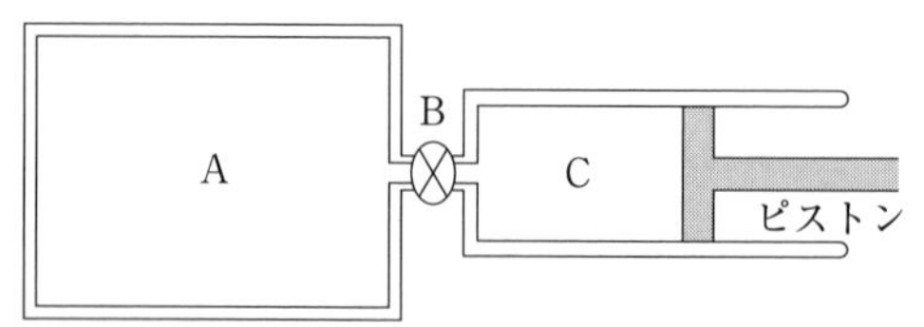

問 1　バルブ B を閉じた状態のとき，容器 A 中の酸素と窒素の分圧をそれぞれ求めよ。

問 2　バルブ B は閉じたまま 47.0 ℃ でシリンダー C のピストンを押し込んでいく。エタノールが凝縮し始めるときの C の体積を求めよ。

問 3　バルブ B を開き温度を 47.0 ℃ に保ちながら，シリンダー C のピストンを押し込んでエタノールをすべて容器 A に移し，十分に放置した。このときの容器 A 中の全圧を求めよ。

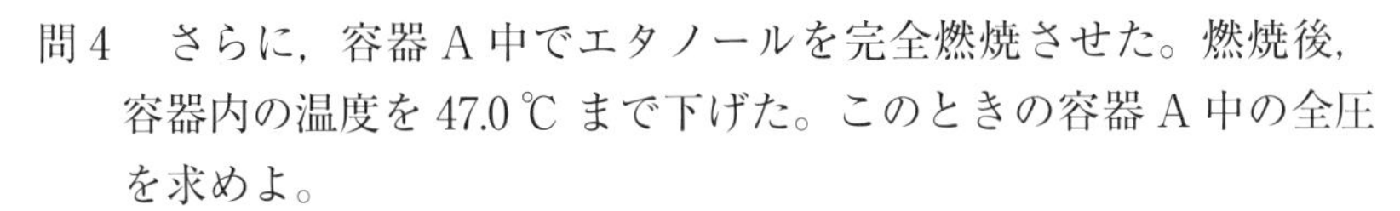

問 4　さらに，容器 A 中でエタノールを完全燃焼させた。燃焼後，容器内の温度を 47.0 ℃ まで下げた。このときの容器 A 中の全圧を求めよ。

（神奈川大・改）

用 □類題 5−5　制限時間　9 分 

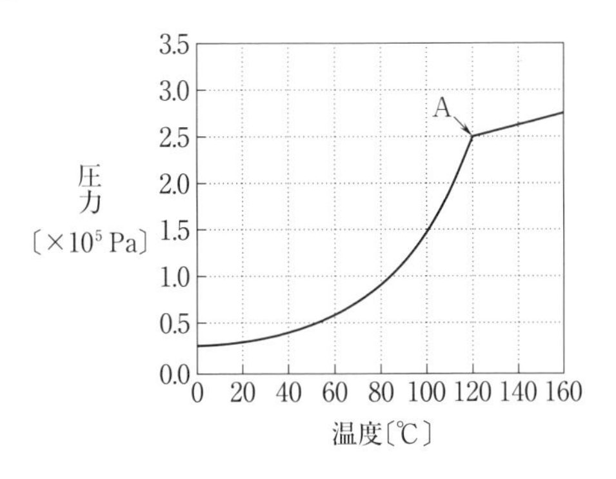

0 ℃ において容積 16.6 L の密閉容器に，ある質量の水と窒素を入れ，容積を一定に保ちながら 160 ℃ までゆっくりと温度を上げた。このとき液体の水が徐々に水蒸気に変化し，容器内部の圧力は右図に示すように，はじめは温度の上昇に伴い曲線的に増大した。

さらに，A 点(120 ℃，2.5×10^5 Pa)を超えると直線的に増加した。ここで，100 ℃ における圧力は 1.5×10^5 Pa である。また，大気圧は 1.0×10^5 Pa，気体はすべて理想気体として取り扱い，空気は水に溶けないものとする。数値は有効数字 2 桁で答えよ。

H＝1.0，N＝14，O＝16，気体定数＝8.3×10^3 Pa·L/(K·mol)

問 1　容器内の窒素の質量は何 g か。

問 2　A 点における水蒸気の分圧を求めよ。

問 3　容器に加えた水の質量は何 g か。

（東京理科大・改）

応用 □類題 5−6　制限時間　8分 

メタノール 0.080 mol と窒素 0.020 mol の混合物をピストンがついた密封容器に入れ，温度を 77 ℃，圧力を 1.0×10^5 Pa にしたところ，容器内はすべて気体であった。圧力を 1.0×10^5 Pa に保ちながら温度を 77 ℃から 37 ℃に変化させたところ，メタノールの一部が凝縮した。温度が 37 ℃のときについて以下の問に有効数字 2 桁で答えよ。ただし，37 ℃，77 ℃におけるメタノールの飽和蒸気圧をそれぞれ 0.30×10^5 Pa，1.60×10^5 Pa とする。気体定数は 8.3×10^3 Pa·L/(K·mol) とする。

問 1　容器中の気体の体積〔L〕を求めよ。

問 2　凝縮したメタノールの物質量〔mol〕を求めよ。

（同志社大・改）

用 □類題 5−7　制限時間 10 分 

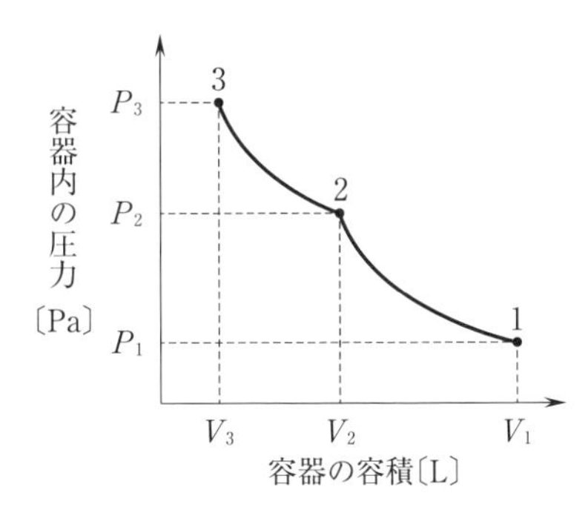

ある圧力以上で凝縮する x〔mol〕の気体Xと，凝縮しない y〔mol〕の気体Yを混合し，温度 T〔K〕に保たれた容器に満たした。平衡が保たれるように注意しながら容器の容積を点1の V_1〔L〕から点3の V_3〔L〕までゆっくりと減少させたところ，容器内の圧力は図のように変化した。このとき，点2で気体Xの一部が凝縮し始めた。また，点3では液体と気体が共存していた。この過程で液体の体積は容器の容積に比べて無視できるほど小さく，凝縮した液体Xへの気体Yの溶解は無視できるものとして以下の問に答えよ。

問1　点1における気体Yの分圧 P_{Y1}〔Pa〕はいくらか。P_1，x，y を用いて表せ。

問2　点2における気体Yの分圧 P_{Y2}〔Pa〕はいくらか。P_{Y1}，V_1，V_2 を用いて表せ。

問3　点2における気体Xの分圧 P_{X2}〔Pa〕はいくらか。P_{Y2}，P_2 を用いて表せ。

問4　点3における気体Xの分圧 P_{X3}〔Pa〕はいくらか。P_{Y2}，P_2 を用いて表せ。

問5　点3における気体Yの分圧 P_{Y3}〔Pa〕はいくらか。P_{Y2}，P_2，P_3 を用いて表せ。

（九州工業大・改）

6 溶液(1) 気体の溶解度

1 温度変化による気体の溶解

圧力一定のとき，一定量の溶媒に溶ける気体の量は，温度が高くなるほど小さくなる。温度が高くなるほど，気体分子の熱運動が激しくなり，溶け込んでいた溶媒中から飛び出しやすくなると考えられる。

2 圧力変化による気体の溶解

水に溶けにくい気体(H_2，O_2，N_2 など)の溶解について，以下に示す**ヘンリーの法則**が成り立つ。

(1) **温度一定のとき，一定量の溶媒に溶ける気体の量(質量〔g〕や物質量〔mol〕)は，その気体の圧力に比例する。**混合気体については，それぞれの気体の分圧に比例する。

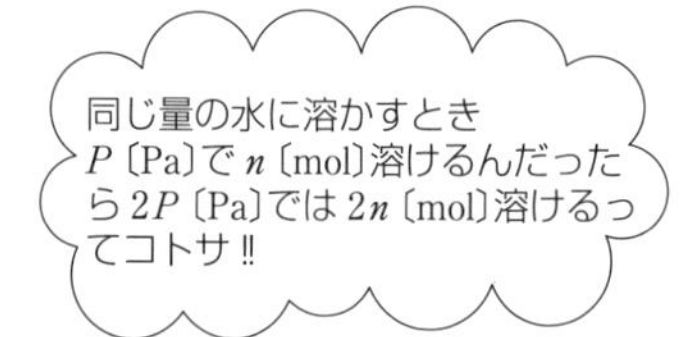

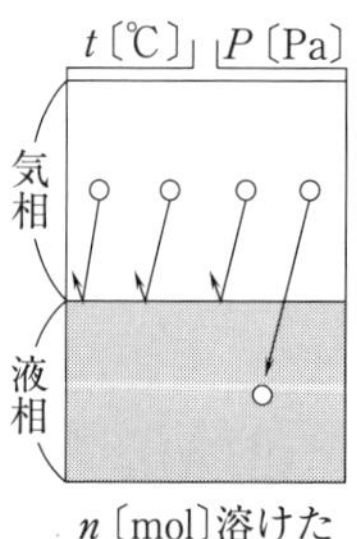

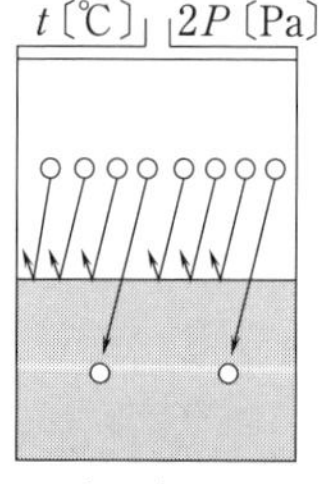

気体の圧力が 2 倍になると，気相中に存在する気体分子数が 2 倍になるので，溶媒に衝突する気体分子数も 2 倍になる。したがって，溶解する気体分子数も 2 倍になる。

(注) **アンモニア NH_3** や**塩化水素 HCl** のように水にかなり溶解する気体については，**ヘンリーの法則は成立しない**。

(2) 温度一定のとき，一定量の溶媒に溶ける気体の量を体積で表す場合，

うーんムズイ‼
①だけワカレバイイカ～！

①標準状態の気体の体積に換算すると，圧力に比例する。

②その気体が溶けている条件(温度，圧力)の気体の体積に換算した場合は一定になる。

3 気体の溶解量の表し方

一般に気体の溶解度は，**標準状態の気体の体積に換算した値**で与えられる場合がほとんどである。

> 意味ワカルカナ？
> **例題 6－2** をみてみよう！

気体の体積は温度や圧力により変化するので，気体の溶解量を体積で表すとわかりにくい場合が多い。しかし，気体の物質量(つまり粒子数)は温度や圧力が変化しても変わらないので，溶解量を物質量で表した方がわかりやすく計算しやすい。

したがって，**気体の溶解度が体積で与えられている場合は，まずその値を物質量に換算してみる**とよい。

(補足) ヘンリーの法則を平衡定数で表してみよう！

温度 T〔K〕，圧力 P〔Pa〕において，物質 X が溶媒(水)に溶けて溶解平衡が成立している。

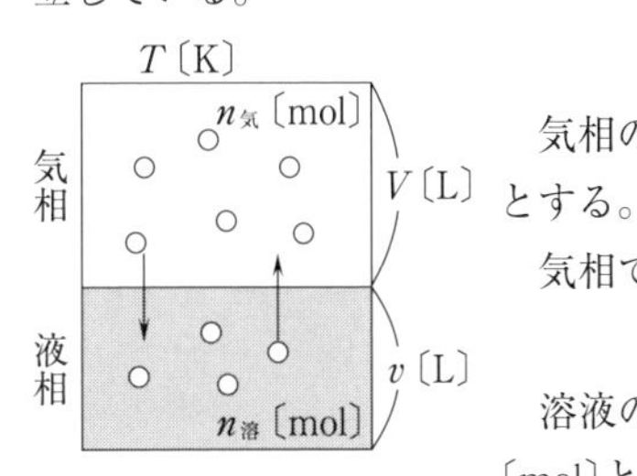

$$\mathrm{X(気)} \rightleftarrows \mathrm{X(溶)} \qquad \cdots ①$$

気相の体積を V〔L〕，気体の X の物質量を $n_{気}$〔mol〕とする。

気相では気体の状態方程式が成立する。

$$PV = n_{気}RT \qquad \cdots ②$$

溶液の体積を v〔L〕，溶解している X の物質量を $n_{溶}$〔mol〕とする。

①に p. 126 **19** **化学平衡 (2) 平衡定数**中の化学平衡の法則を適用し，②を用いて変形すると，

$$K = \frac{[\mathrm{X}_{(溶)}]}{[\mathrm{X}_{(気)}]} = \frac{\dfrac{n_{溶}}{v}}{\dfrac{n_{気}}{V}} = \frac{\dfrac{n_{溶}}{v}}{\dfrac{P}{RT}} = \frac{n_{溶}RT}{Pv} \qquad \therefore\ n_{溶} = \frac{K}{RT}\cdot v\cdot P$$

つまり温度一定のとき，溶媒に溶解している気体の物質量は，気体の圧力と，溶媒の体積に比例する。

∴ 液相では，ヘンリーの法則が成立する。

$$n_{溶} = k\cdot P$$

> 問題文を読んで，基準値に対して，圧力は何倍か，水の体積は何倍か，見つけよう！

例題 6－1

次の問に有効数字 2 桁で答えよ。ただし，20 ℃，1.0×10^5 Pa において，窒素は水 1 L に 20 mg 溶けるものとする。N＝14

問 1　20 ℃，1.0×10^5 Pa の窒素は水 500 mL に何 mg 溶解するか。

問 2　20 ℃，3.0×10^5 Pa の窒素は水 1 L に何 mg 溶解するか。

問 3　20 ℃，1.0×10^5 Pa の空気が水 2 L に接している。この水に溶解している窒素は何 mol か。ただし，空気の成分は，窒素 80 %，酸素 20 % である。

解答　問 1　水の体積は $\frac{1}{2}$ 倍になっているので，$20\times\frac{500}{1000}=10$〔mg〕

1000 mL 分を 500 mL 分に換算

問 2　圧力は 3 倍になっているので，$20\times\frac{3.0\times10^5}{1.0\times10^5}=60$〔mg〕

1.0×10^5 Pa 分を 3.0×10^5 Pa 分に換算

問 3　「分圧＝全圧×モル分率」より，窒素の分圧は，

$$1.0\times10^5\times\frac{80}{100}=0.8\times10^5\text{〔Pa〕}$$

混合気体ならば必ず物質量比＝分圧比！

したがって，水の体積は 2 倍，圧力は 0.8 倍になっているので，溶解している窒素の物質量は，

$$\frac{20\times10^{-3}}{28}\times\frac{2}{1}\times\frac{0.8\times10^5}{1.0\times10^5}=1.14\times10^{-3}\fallingdotseq1.1\times10^{-3}\text{〔mol〕}$$

g を mol に換算　1 L 分を 2 L 分に換算　1.0×10^5 Pa 分を 0.8×10^5 Pa 分に換算

例題 6－2

20 ℃ で，4.0×10^5 Pa の酸素が水 3 L に接している。溶解している酸素は何 g か。有効数字 2 桁で答えよ。ただし，20 ℃，1.0×10^5 Pa で水 1 L に溶解する酸素は，標準状態の気体の体積に換算して 0.031 L である。O＝16

（補足）問題文中の「20 ℃，1.0×10^5 Pa で，水 1 L に溶解する酸素は，標準状態の気体の体積に換算して 0.031 L である」ってどういうことだろう？

次ページの図より，上の文は「20 ℃，1.0×10^5 Pa で，水 1 L に溶解する酸素は $\frac{0.031}{22.4}$ mol である」と言い換えることができる。

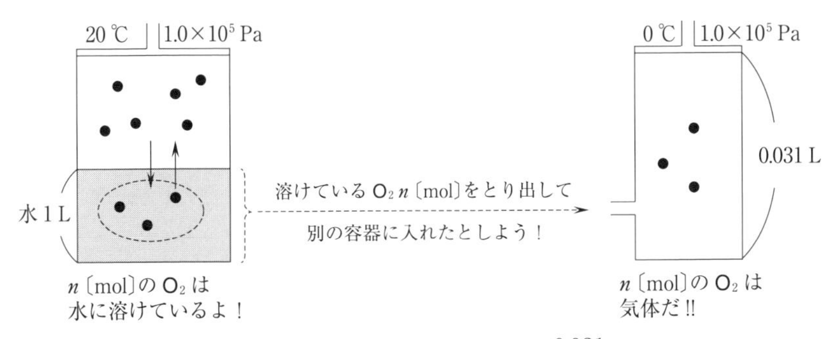

解答 標準状態で 0.031 L である酸素の物質量は $\frac{0.031}{22.4}$ mol であるので，溶解している酸素の質量は，

$$\underset{\text{mol}}{\frac{0.031}{22.4}} \times \underset{\substack{1\,\text{L分を}\\3\,\text{L分に換算}}}{\frac{3}{1}} \times \underset{\substack{1.0\times10^5\,\text{Pa分を}\\4.0\times10^5\,\text{Pa分に換算}}}{\frac{4.0\times10^5}{1.0\times10^5}} \times \underset{\text{molをgに換算}}{32} = 0.531 \fallingdotseq 0.53\ \text{〔g〕}$$

例題 6－3

2.83 L の真空容器に水を 2.00 L 加えた後，気体 A を 0.400 mol 入れて 27 ℃ に保ったときの容器内の圧力($a\times10^5$ Pa)を求めたい。ただし，27 ℃，1.0×10^5 Pa で気体 A は水 1 L に対して 0.050 mol 溶解するものとする。また，27 ℃ での水の飽和蒸気圧は無視でき，気体定数は 8.3×10^3 Pa·L/(K·mol) とする。

(1) 容器内の気相部分の体積を有効数字 2 桁で求めよ。

(2) 気相部分に存在する A の物質量 x を a を用いて分数で記せ。

(3) 水に溶解した A の物質量 y を a を用いて分数で記せ。

(4) A の総物質量($x+y$)が 0.400 mol であることを利用して，a の値を整数で求めよ。

解答 (1) 2.83－2.00＝0.83〔L〕

(2) 気相中の A について，気体の状態方程式より

$$a\times10^5\times0.83 = x\times8.3\times10^3\times(27+273) \qquad x=\frac{1}{30}a\ \text{〔mol〕}$$

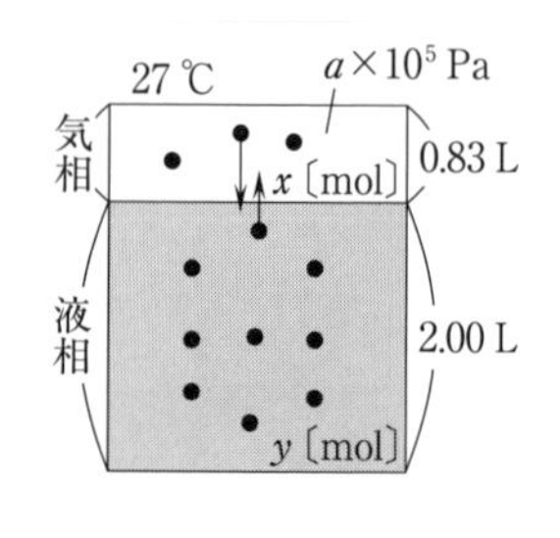

(3)　液相中のAについてヘンリーの法則より

$$y = 0.050 \times \frac{2.00}{1} \times \frac{a \times 10^5}{1.0 \times 10^5} = \frac{1}{10}a \text{〔mol〕}$$

(4)　Aの総物質量＝

気相中のAの物質量＋液相中のAの物質量より

$$0.400 = \frac{1}{30}a + \frac{1}{10}a \qquad \therefore\ a = 3$$

それでは，実際に問題を解いてみましょう。

（解答編 p. 12）

□類題6－1　制限時間　5分

次の問に有効数字2桁で答えよ。ただし20 ℃，1.0×10^5 Paで窒素は水1 Lに20 mg溶けるものとする。N_2＝28

(1)　20 ℃，1.0×10^5 Paで，窒素は水400 mLに何mg溶解するか。

(2)　20 ℃，2.5×10^5 Paで，窒素は水1 Lに何mg溶解するか。

(3)　20 ℃，4.0×10^5 Paで，窒素は水250 mLに何mol溶解するか。

(4)　20 ℃，2.0×10^5 Paで，窒素と酸素の混合気体が水3 Lに接している。この水に溶解している窒素は何mgか。ただし，この混合気体の成分は，窒素60 %，酸素40 %である。

ここからは**入試問題**です。今までの類題とレベルはほとんど変わらないので，落ち着いて解いてみましょう。

□類題6－2　制限時間　2分

酸素は1.0×10^5 Paのもとで1.0 Lの水に対して，4 ℃では2.0×10^{-3} mol，40 ℃では1.0×10^{-3} mol溶ける。40 ℃，2.0×10^5 Paのもとで2.0 Lの水に溶ける酸素の量は，4 ℃，1.0×10^5 Paのもとで1.0 Lの水に溶ける量の何倍か。最も適当な数値を，次の①～⑤のうちから1つ選べ。ただし，酸素は十分な量存在するものとする。

①　0.25　　②　0.50　　③　1.0　　④　2.0　　⑤　4.0

（センター本試）

□類題 6－3 制限時間 6分 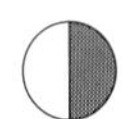

25℃，1.0×10^5 Pa において，窒素および酸素の水に対する溶解度は，それぞれ 1.4×10^{-2}，2.8×10^{-2} である。ここで溶解度は，水1L に溶ける気体の体積〔L〕を標準状態に換算した数値である。これらの気体の溶解に関する次の問に答えよ。

問1 25℃，5.0×10^4 Pa のもとで，窒素を水2L に十分長い時間接触させた。このとき水に溶けている窒素の量として最も適当な数値を，次の①～④のうちから1つ選べ。ただし，窒素の量は，標準状態における体積〔L〕で表すものとする。

① 0.7×10^{-2}　② 1.4×10^{-2}　③ 2.8×10^{-2}　④ 5.6×10^{-2}

問2 窒素と酸素の体積比が2：1である混合気体を，25℃，1.0×10^5 Pa のもとで，水2L に十分長い時間接触させた。このとき水に溶けている窒素と酸素の量を，標準状態における気体の体積比で表したとき，最も適当なものを，次の①～⑤のうちから1つ選べ。

① 3：1　② 2：1　③ 1：1　④ 1：2　⑤ 1：3

(センター追試)

応用 □類題 6－4 制限時間 8分 

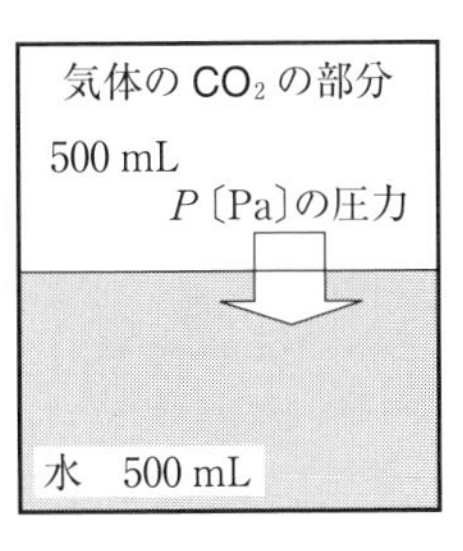

右図のように，自由に伸縮するゴム容器に水 500 mL とドライアイス 4.40 g を入れて空気を除いて密封し，27℃ にしばらく保った。ゴム容器は膨らんで，気体部分と二酸化炭素を飽和した水溶液部分がそれぞれ 500 mL になった。27℃，1.0×10^5 Pa での二酸化炭素の水1L に対する溶解度は，標準状態に換算すると 0.73 L である。ヘンリーの法則が成り立つとして次の問に答えよ。C＝12，O＝16，気体定数は 8.3×10^3 Pa·L/(K·mol) とする。

問1 気体部分の二酸化炭素の分圧 P を $a\times10^5$ Pa とすると，a はいくらか。最も適当な数値を，次の①～⑤のうちから1つ選べ。

① 2.26　② 2.75　③ 3.51　④ 4.49　⑤ 6.25

問2 水溶液中の二酸化炭素のモル濃度〔mol/L〕はいくらか。最も適当な数値を，次の①～⑤のうちから1つ選べ。

① 0.022　② 0.046　③ 0.064　④ 0.090　⑤ 0.111

(川崎医療福祉大・改)

□類題 6－5　制限時間　9分 

次の文を読み，問1は整数で，問2は有効数字2桁で答えよ。

N＝14，O＝16，1 hPa＝100 Pa

問1　下の表は，20℃における窒素 N_2，酸素 O_2 それぞれの水への溶解度を表している。ここで気体の水に対する溶解度とは，水 1.0 L に溶解する気体の体積を標準状態(0℃，1.0×10^5 Pa)に換算した値〔L〕のことである。

	窒素(N_2)	酸素(O_2)
20℃における各気体の水への溶解度〔L〕	0.016	0.032

N_2 と O_2 の体積比が 3：2 である混合気体を 20℃，1.0×10^5 Pa で 1.0 L の水と接触させた。

(1)　水に溶けている N_2 と O_2 の標準状態における体積比を求めよ。

(2)　水に溶けている N_2 と O_2 の質量比を求めよ。

応用 問2　水 1 L に溶ける窒素 N_2 の体積は標準状態(0℃，1.013×10^5 Pa)に換算して，0℃で 0.023 L，80℃で 0.010 L である。

(1)　5065 hPa で，0℃の水 2.0 L に窒素が接している。この水に溶けている窒素の量は，この温度・圧力における気体の体積〔L〕で表すといくらか。

(2)　1013 hPa で，0℃の水 2.0 L に窒素が接している。圧力一定で水の温度が 0℃から 80℃まで変化する間に発生した窒素の全量は，標準状態の体積〔L〕でいくらか。

(3)　1013 hPa の空気が 0℃の水 2.0 L に接している。この水に溶けている窒素の質量〔g〕はいくらか。ただし，空気は窒素と酸素 O_2 の混合気体(体積比 4：1)とする。

(北里大・改)

7 溶液 (2) 溶液の濃度

1 質量モル濃度〔mol/kg〕

溶媒 1 kg 中に含まれる溶質を物質量〔mol〕で表した濃度を**質量モル濃度**〔mol/kg〕という。

$$\text{質量モル濃度〔mol/kg〕}=\frac{\text{溶質の物質量〔mol〕}}{\text{溶媒の質量〔kg〕}}$$

$$=\frac{\text{溶質の質量〔g〕}}{\text{溶質のモル質量〔g/mol〕}}\times\frac{1000}{\text{溶媒の質量〔g〕}}$$

例題 7－1

次の問に有効数字 2 桁で答えよ。尿素の分子量を 60 とする。

(1) 水 200 g に尿素 3.0 g を溶かした溶液の質量モル濃度を求めよ。

(2) 0.20 mol/kg の尿素水溶液を水 500 g を用いてつくりたい。何 g の尿素を溶かせばよいか。

解答 (1) $\dfrac{\dfrac{3.0}{60}\ (\text{mol})}{\dfrac{200}{1000}\ (\text{kg})}=\dfrac{3.0}{60}\times\dfrac{1000}{200}=\mathbf{0.25}$ 〔mol/kg〕

(2) $\underbrace{0.20\times\dfrac{500}{1000}}_{\text{mol}}\times 60=\mathbf{6.0}$ 〔g〕（g）

例題 7－2

0.25 mol/kg の水酸化ナトリウム水溶液の質量パーセント濃度とモル濃度〔mol/L〕を有効数字 2 桁で答えよ。水酸化ナトリウムの式量を 40，水溶液の密度を 1.02 g/cm^3 とする。

解答 質量パーセント濃度：0.25 mol/kg の水酸化ナトリウム水溶液は，水 1 kg (1000 g) に水酸化ナトリウムが 0.25 mol (0.25×40＝10〔g〕) 含まれるので，水溶液は 1000＋10＝1010〔g〕となり，$\dfrac{10}{1000+10}\times100=0.990\fallingdotseq\mathbf{0.99}$〔%〕

モル濃度：0.25 mol/kg の水酸化ナトリウム水溶液の質量は 1010 g であるので，水溶液の体積は，$\dfrac{1010}{1.02}$ mL になる。

したがって，この体積の水溶液中に0.25 molの水酸化ナトリウムが含まれていると考えればよいので，

$$\frac{0.25 \text{ mol}}{\dfrac{\dfrac{1010}{1.02}}{1000} \text{ L}} = 0.25 \times \frac{1000}{\dfrac{1010}{1.02}} = 0.252 \fallingdotseq 0.25 \text{〔mol/L〕}$$

例題 7－3

0.10 mol/L の $CuSO_4$ 水溶液 60 mL と 0.15 mol/L の $Al_2(SO_4)_3$ 水溶液 40 mL を混合した後の水溶液について，Cu^{2+}，Al^{3+} および SO_4^{2-} のモル濃度をそれぞれ有効数字 2 桁で答えよ。ただし，溶液を混合しても体積は変化しないものとする。

解答 $CuSO_4$ 1 mol 中に Cu^{2+} は 1 mol，SO_4^{2-} は 1 mol 含まれる。$Al_2(SO_4)_3$ 1 mol 中に Al^{3+} は 2 mol，SO_4^{2-} は 3 mol 含まれる。
混合後の水溶液の体積は 60＋40＝100〔mL〕である。

Cu^{2+} のモル濃度を x〔mol/L〕とすると，

$$0.10 \times \frac{60}{1000} \times 1 = x \times \frac{100}{1000} \qquad \therefore \quad x = 0.060 \text{〔mol/L〕}$$

Al^{3+} のモル濃度を y〔mol/L〕とすると，

$$0.15 \times \frac{40}{1000} \times 2 = y \times \frac{100}{1000} \qquad \therefore \quad y = 0.12 \text{〔mol/L〕}$$

SO_4^{2-} のモル濃度を z〔mol/L〕とする。混合しても SO_4^{2-} の物質量は変化しないので，

$$0.10 \times \frac{60}{1000} \times 1 + 0.15 \times \frac{40}{1000} \times 3 = z \times \frac{100}{1000} \qquad z = 0.24 \text{〔mol/L〕}$$

それでは，実際に問題を解いてみましょう。

（解答編 p. 15）

□類題 7－1　制限時間　2 分

次の問に答えよ。水酸化ナトリウムの式量を 40 とする。

(1) 水 300 g に水酸化ナトリウム 3.0 g を溶かした溶液の質量モル濃度を有効数字 2 桁で答えよ。

(2)　0.5 mol/kg の水酸化ナトリウム水溶液を水 400 g を用いてつくりたい。何 g の水酸化ナトリウムが必要か，整数で答えよ。

□類題 7−2　制限時間　4 分

0.50 mol/kg の希硫酸について，次の問に有効数字 2 桁で答えよ。硫酸の分子量を 98，水溶液の密度を 1.05 g/cm^3 とする。

(1)　質量パーセント濃度を求めよ。

(2)　モル濃度〔mol/L〕を求めよ。

希硫酸って
H_2SO_4 水溶液のことだったヨネ！

□類題 7−3　制限時間　4 分

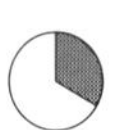

0.20 mol/L の Na_2SO_4 水溶液 50 mL と 0.10 mol/L の $Fe_2(SO_4)_3$ 水溶液 100 mL を混合し水を加えて 500 mL とした水溶液について Na^+，Fe^{3+} および SO_4^{2-} のモル濃度は何 mol/L か。有効数字 2 桁で答えよ。

ここからは**入試問題**です。今までの類題とレベルはほとんど変わらないので，落ち着いて解いてみましょう。

□類題 7−4　制限時間　3 分

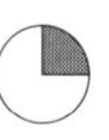

炭酸ナトリウム ($Na_2CO_3 \cdot 10H_2O$) 14.3 g を水 35.7 g に溶かした溶液の質量モル濃度を小数点以下 1 位まで求めよ。Na_2CO_3＝106，H_2O＝18

（昭和薬科大）

□類題 7−5　制限時間　5 分

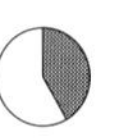

水に含まれる Ca^{2+} と Mg^{2+} の濃度の指標として硬度がある。硬度は水 1.0 L に含まれる Ca^{2+} と Mg^{2+} の物質量の和を同じ物質量の炭酸カルシウムに換算し，炭酸カルシウムの濃度〔mg/L〕で表したものである。ある水道水の，Ca^{2+} と Mg^{2+} の濃度はそれぞれ 8.0 mg/L，1.2 mg/L であった。この水道水の硬度〔mg/L〕を有効数字 2 桁で求めよ。C＝12，O＝16，Mg＝24，Ca＝40

（名古屋工業大・改）

□類題 7−6　制限時間 4 分 

問 1　分子量 M の化合物が溶けている水溶液のモル濃度が a〔mol/L〕で，密度が d〔g/cm^3〕であった。この水溶液の質量モル濃度〔mol/kg〕を表す式は，次の①〜⑤のうちのどれか。

① $\dfrac{a}{d-aM}$　② $\dfrac{1000a}{d-aM}$　③ $\dfrac{a}{1000d-aM}$

④ $\dfrac{1000a}{1000d-aM}$　⑤ $\dfrac{1000a}{d-1000aM}$

（関東学院大）

問 2　a〔%〕の水溶液の質量モル濃度〔mol/kg〕を表す式は次の①〜⑤のうちのどれか。溶質の分子量を M とする。

① $\dfrac{100-a}{1000aM}$　② $\dfrac{1000a}{(100-a)M}$　③ $\dfrac{1000a^2}{(100-a)M}$

④ $\dfrac{(100-a)a}{1000M}$　⑤ $\dfrac{aM}{(100-a)}$

（麻布大・改）

応用 □類題 7−7　制限時間 10 分 

1.0 mol/L の希硫酸 10 mL が付着した布を水 30 mL に浸してすすぎ，引き上げたところ，布には薄まった希硫酸が 10 mL 付着していた。問 1，2，4 は有効数字 2 桁で，問 3 は整数で答えよ。

問 1　薄まった希硫酸の濃度 C_1〔mol/L〕はいくらか。

問 2　下線部の操作を後 2 回（合計 3 回）繰り返したのちの布に付着していた 10 mL の希硫酸の濃度 C_3〔mol/L〕はいくらか。

問 3　下線部の操作で，水 30 mL を 10 mL にした場合，問 2 の濃度と等しくするには，何回すすげばよいか。

問 4　問 3 で必要な水の体積は，問 2 で必要な水の体積の何倍か。

（福岡大・改）

8 溶液(3) 蒸気圧降下・沸点上昇・凝固点降下

希薄溶液で成り立つ法則では，**濃度は溶質の種類に関係なく水溶液中の溶質粒子の総質量モル濃度で決まる**。法則には以下のものがある。

1 蒸気圧降下

不揮発性って
蒸発しないってこと！
つまり気体にならないんだ！

不揮発性の溶質を溶かした**溶液の蒸気圧**(飽和蒸気圧)$P_{溶液}$ **は溶媒の蒸気圧** $P_{溶媒}$ **に比べて低くなる**。この現象を**蒸気圧降下**という。

蒸気圧降下の度合いΔPは**溶質粒子の質量モル濃度** m **に比例する**。

kを溶媒に固有な値とすると次の式が成り立つ。

蒸気圧降下度(＝溶媒の蒸気圧－溶液の蒸気圧)＝k×溶質の質量モル濃度

$$\Delta P(=P_{溶媒} - P_{溶液}) = k \times m$$

2 沸点上昇

不揮発性の溶質を溶かした**溶液の沸点** $t_{b\,溶液}$ **は溶媒の沸点** $t_{b\,溶媒}$ **に比べて高くなる**。この現象を**沸点上昇**という。その度合いである**沸点上昇度は溶質粒子の質量モル濃度** m **に比例する**。

下の式中のK_bはモル沸点上昇(1 mol/kg あたりの沸点上昇度)といい，溶媒に固有な値で，溶媒の種類により異なる。

沸点上昇度(＝溶液の沸点－溶媒の沸点)＝K_b×溶質の質量モル濃度

$$\Delta t_b(=t_{b\,溶液} - t_{b\,溶媒}) = K_b \times m$$

蒸気圧降下と沸点上昇との関係は，下図のようになる。

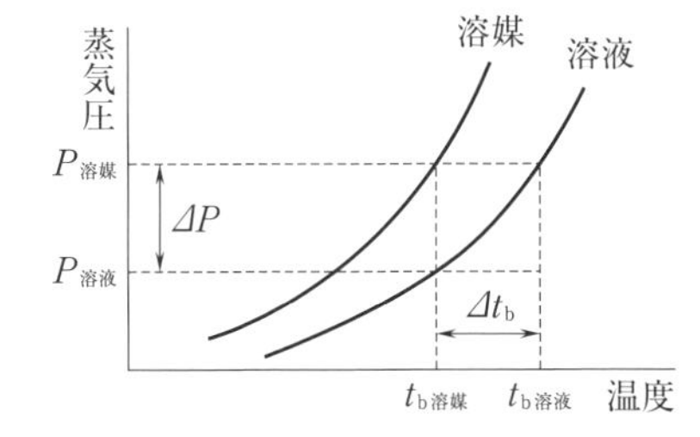

ΔP　：蒸気圧降下度
Δt_b　：沸点上昇度
$P_{溶媒}$：溶媒の蒸気圧
$P_{溶液}$：溶液の蒸気圧
$t_{b\,溶媒}$：溶媒の沸点
$t_{b\,溶液}$：溶液の沸点

3 凝固点降下

溶液の凝固点 $t_{f\,溶液}$ **は溶媒の凝固点** $t_{f\,溶媒}$ **に比べて低くなる**。この現象を**凝固点降下**という。その度合いである**凝固点降下度は溶質粒子の**

質量モル濃度 *m* に比例する。

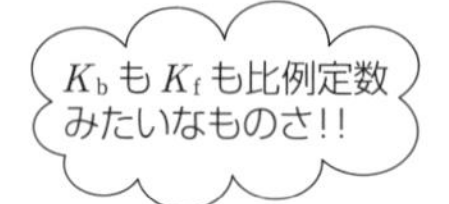

下の式中の K_f はモル凝固点降下(1 mol/kg あたりの凝固点降下度)といい，溶媒に固有な値で，溶媒の種類により異なる。

凝固点降下度(＝溶媒の凝固点－溶液の凝固点)＝K_f×溶質の質量モル濃度

$$\Delta t_f\ (= t_{f\,溶媒} - t_{f\,溶液}) = K_f \times m$$

例題８－１

次の問に答えよ。

硫黄が溶質，
二硫化炭素が
溶媒ダヨ！

問１　二硫化炭素 46 g に硫黄の結晶 0.32 g を溶かした溶液の沸点は，純粋な二硫化炭素の沸点よりも 0.0625 ℃ 高かった。この硫黄の分子量を求めよ。ただし，二硫化炭素のモル沸点上昇を2.3 K･kg/mol とする。

問２　水 200 g に塩化ナトリウム(式量 58.5)の結晶 1.17 g を溶かした溶液の沸点を小数第２位まで求めよ。ただし，塩化ナトリウムは完全に電離しているものとし，水のモル沸点上昇を 0.52 K･kg/mol とする。

解答　問１　$\Delta t_b = K_b m$ より，分子量を M とすると，

$$0.0625 = 2.3 \times \left(\frac{\dfrac{0.32}{M}\ (\text{mol})}{\dfrac{46}{1000}\ (\text{kg})}\ (\text{溶液の mol/kg}) \times 1\ (\text{粒子の mol/kg}) \right) \qquad \therefore \quad M = 256$$

硫黄は
非電解質だから×1

問２　NaCl が水に溶けると次の電離により**粒子数が２倍になる**。

$$\text{NaCl} \longrightarrow \text{Na}^+ + \text{Cl}^-$$

NaCl は電解質！水に溶けると
Na^+ と Cl^- に分かれるヨ！

$\Delta t_b = K_b m$ より，

$$\Delta t_b = 0.52 \times \left(\frac{\dfrac{1.17}{58.5}\ (\text{mol})}{\dfrac{200}{1000}\ (\text{kg})}\ (\text{NaCl 水溶液の mol/kg}) \times 2\ (\text{粒子の mol/kg}) \right) \qquad \therefore \quad \Delta t_b = 0.104$$

したがって，100＋0.104＝100.104〔℃〕　　∴　100.10 ℃

例題 8−2

右図は，水 50 g に尿素(分子量 60) 1.5 g を溶かした溶液を，冷却しながら温度を測定したものである。次の問に答えよ。

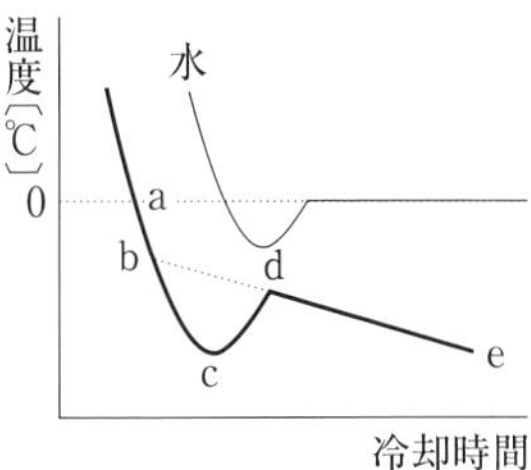

問 1　初めて結晶が生じるのは，a ～ e のどの点か。

問 2　尿素水溶液の凝固点は，a ～ e のどの点か。

問 3　問 2 の凝固点を −0.93 ℃ とすると，水のモル凝固点降下 K_f はいくらか。

問 4　d ～ e で水溶液の温度が下がっているのはなぜか。

解答　溶液を徐々に冷却していくと，溶液の(真の)凝固点(t_f)になっても，凝固しない**過冷却**の状態が起こる。過冷却は不安定なため，ただちに溶媒が凝固し始める(c 点)。溶液の(真の)凝固点を求めるには，d-e 直線を左側へ延長する。延長線が冷却曲線と交わった点(b 点)が溶液の凝固点である。

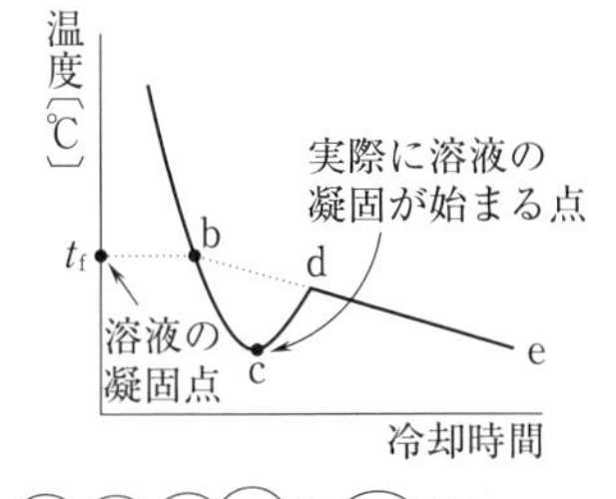

グルコース($C_6H_{12}O_6$＝180)
スクロース($C_{12}H_{22}O_{11}$＝342)
尿素(CH_4N_2O＝60)は
この分野でよく出る非電解質だ！
名前と分子量は覚えとこー！

問 1　c

問 2　b

問 3　$\Delta t_f = K_f m$ より，

$$0-(-0.93)=K_f\times\left(\frac{\overset{\text{mol}}{\dfrac{1.5}{60}}}{\underset{\text{kg}}{\dfrac{50}{1000}}}\underset{\text{尿素水溶液の mol/kg}}{}\times 1\underset{\text{粒子の mol/kg}}{}\right)\qquad \therefore\quad K_f=1.86$$

問 4　凝固するのは水のみである。そのため溶液の濃度が大きくなり水溶液の凝固点降下度が大きくなり，温度が下がっていく。

例題 8−3

水 200 g にグルコース($C_6H_{12}O_6$) 54 g を溶かした溶液をビーカー A に，水 100 g にグルコース 36 g を溶かした溶液をビーカー B に入れた。これら 2 つのビーカーを同じ密閉容器に入れて，

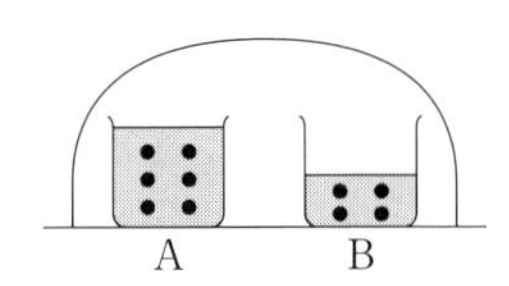

温度を一定に保ちながら放置すると，両水溶液の［ア］が異なるため一方で蒸発した水がもう一方で凝縮し，水の移動が起きた。このとき，水は［イ］へ移動し，長時間放置すると両水溶液の［ウ］が同じになって，移動が終了した。以下の問に答えよ。

H＝1.0，C＝12，O＝16

問１　［ア］～［ウ］にもっとも適当な語句を次から選んで番号で答えよ。ただし，同じ番号を選択してもよい。

(1)　蒸気圧　(2)　温度　(3)　浸透圧　(4)　溶解度

(5)　AからB　(6)　BからA

問２　下線部で，移動した水の質量〔g〕を整数で答えよ。

解答　問１　ビーカーAの水溶液の質量モル濃度は，$\dfrac{\frac{54}{180}}{\frac{200}{1000}}=1.5$〔mol/kg〕

ビーカーBの水溶液の質量モル濃度は，$\dfrac{\frac{36}{180}}{\frac{100}{1000}}=2.0$〔mol/kg〕

これら２つのビーカーの水溶液は質量モル濃度が異なるため，両水溶液の$_{ア}$**(1) 蒸気圧**が異なるので，蒸気圧が等しくなるように水が，一方で蒸発しもう一方で凝縮し，水の移動が起きる。

この問題では，２つのビーカーの水溶液の質量モル濃度はA<Bであるから，蒸気圧降下度もA<Bであるので，水溶液の蒸気圧は，A>Bである。したがって，水は$_{イ}$**(5) AからB**へ移動し，長時間放置すると両水溶液の$_{ウ}$**(1) 蒸気圧**が等しくなり，移動が終了する。

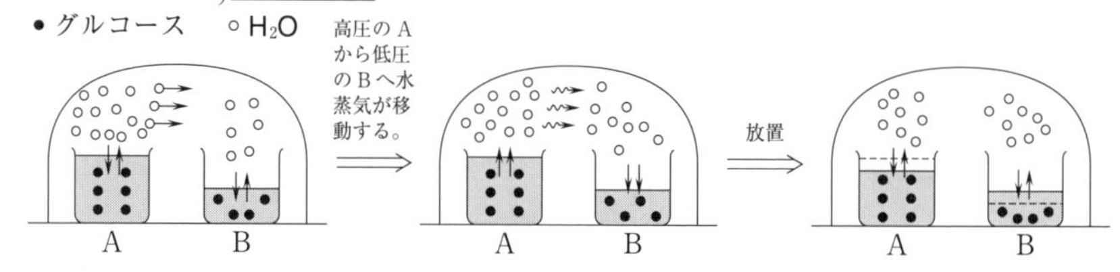

A，B共に気液平衡成立

Aでは水蒸気の量が少なくなるので蒸発が多く起こる。Bでは水蒸気の量が多くなるので凝縮が多く起こる。

A，B共に等しい蒸気圧になったので，水蒸気の移動がとまる。

問２　最終的には両水溶液の質量モル濃度が等しくなると蒸気圧も等しくなるため水蒸気の移動がとまる。

AからBへ移動した水の質量をx〔g〕とすると，

$$\dfrac{\frac{54}{180}}{\frac{200-x}{1000}}=\dfrac{\frac{36}{180}}{\frac{100+x}{1000}} \qquad x=20\text{〔g〕}$$

それでは，実際に問題を解いてみましょう。

(解答編 p. 17)

□類題 8－1　制限時間　4分 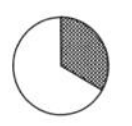

水のモル凝固点降下 K_f を 1.85 K·kg/mol とし，次の問に答えよ。

問1　水 100 g にエチレングリコール(分子量 62) 1.24 g を溶かした溶液は何 ℃ で凝固するか。小数第2位まで答えよ。

問2　問1と同じ凝固点にするには，水 100 g に溶解させる塩化ナトリウム(式量 58.5)が何 g 必要か。ただし，塩化ナトリウムは完全に電離しているものとする。小数第3位まで答えよ。

□類題 8－2　制限時間　5分 

右図は 1 kg の純水に，
グルコース(分子量 180) 18.00 g を溶かした水溶液，
尿素(分子量 60) 7.20 g を溶かした水溶液，
スクロース(分子量 342) 27.36 g を溶かした水溶液

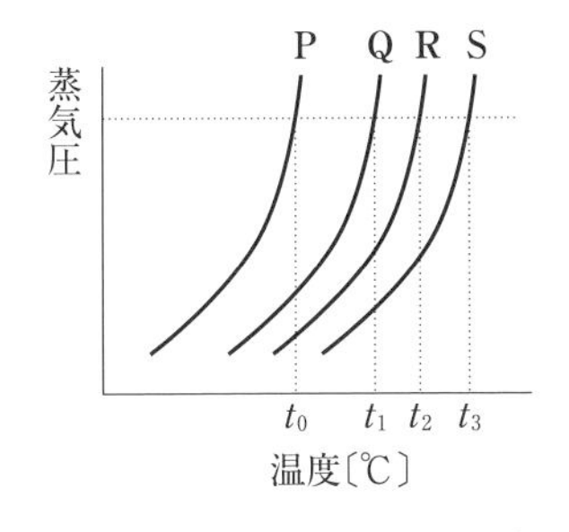

と純水の各飽和蒸気圧曲線を示したもので，t_0 ～ t_3 は 1.013×10^5 Pa の下での水および水溶液の沸点を示している。次の問に答えよ。

問1　水および各水溶液に該当する曲線を P～S の記号で選べ。

問2　t_2 が 100.52 ℃ のとき，t_3 は何 ℃ か。小数第2位まで答えよ。

グルコース($C_6H_{12}O_6$＝180)
スクロース($C_{12}H_{22}O_{11}$＝342)
尿素(CH_4N_2O＝60)は
この分野でよく出る非電解質だ！
名前と分子量は覚えとこー！

問3　グルコース水溶液の沸騰が始まってから，この水溶液の温度はどうなるか，上がる・下がる・変化しないで答えよ。

ここからは**入試問題**です。今までの類題とレベルはほとんど変わらないので，落ち着いて解いてみましょう。

□類題 8－3　制限時間 2分

次に示す濃度 0.10 mol/kg の水溶液 a ～ c について，沸点の高い順に並べたものとして正しいものを，次の①～⑥のうちから1つ選べ。

a：塩化マグネシウム水溶液

b：尿素水溶液

c：塩化カリウム水溶液

蒸気圧降下，沸点上昇，凝固点降下の問題では，まず溶質が電解質か非電解質か区別しよう‼

① a＞b＞c　　② a＞c＞b

③ b＞a＞c　　④ b＞c＞a

⑤ c＞a＞b　　⑥ c＞b＞a

（センター本試）

□類題 8－4　制限時間 3分

水 100 g に次の物質を溶かしたとき，最も凝固点の低いものはどれか。①～⑤の番号で答えよ。ただし，電解質は完全に電離するものとする。また，(　)内はその物質の式量である。

① 塩化ナトリウム(58.5) 1.17 g　　② 塩化マグネシウム(95) 1.9 g

③ グルコース(180) 5.4 g　　④ スクロース(342) 6.84 g

⑤ 硝酸ナトリウム(85) 1.7 g

（麻布大）

□類題 8－5 制限時間 5分  

ベンゼン(C_6H_6)10 g にナフタレン($C_{10}H_8$)を溶かした溶液を冷却しながら，その温度変化を測定したところ，右図のような温度変化曲線が得られた。数値は有効数字2桁で答えよ。

H＝1.0，C＝12

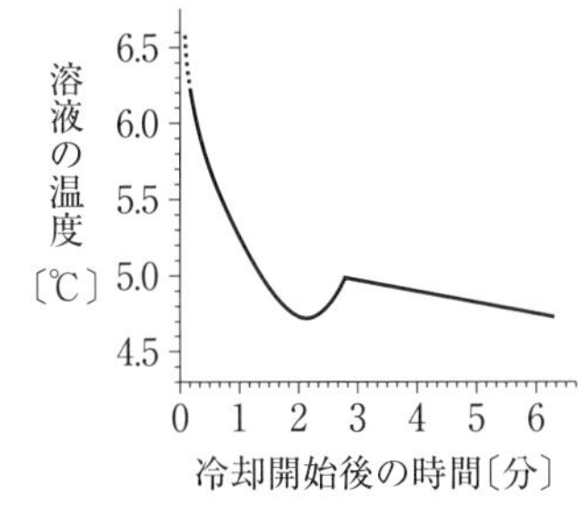

問1 溶液の凝固は冷却開始何秒後に始まったか。

問2 ベンゼン溶液の凝固点は何℃か。

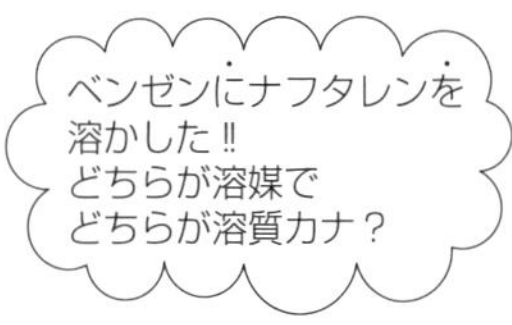

問3 ベンゼン，ナフタレンの凝固点はそれぞれ5.5℃，80.3℃，またモル凝固点降下度はそれぞれ5.12℃，6.94℃である。ベンゼンに溶けているナフタレンは何 g か。

（成蹊大）

□類題 8－6 制限時間 3分 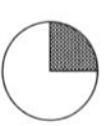

化合物 AB_3 は水に溶けると，次のように一部が電離する。

$$AB_3 \rightleftarrows A^{3+} + 3B^-$$

化合物 AB_3 の水溶液とスクロース水溶液は同じ質量モル濃度 m であり，化合物 AB_3 の水溶液は非電解質のスクロース水溶液の2.05倍の凝固点降下度を示した。AB_3 の電離度を小数第2位まで求めよ。

（鹿児島大・改）

□類題 8－7 制限時間 3分 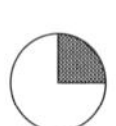

尿素(分子量：60) 15 g を水 130 g に溶解させた。この溶液を冷却しながら温度を測定すると，溶液の温度が－4.625℃になった。このとき，氷は何 g 析出したか。整数で答えよ。ただし，水のモル凝固点降下は 1.85 K·kg/mol とする。

（九州大・改）

応用 □類題 8－8　制限時間　8 分

ベンゼン中で酢酸は次の式のように一部が会合して二量体になっている。

$$2CH_3COOH \rightleftarrows (CH_3COOH)_2 \quad \cdots ①$$

0.25 mol/kg 酢酸のベンゼン溶液の凝固点降下度は 1.02 K であった。この溶液中で全酢酸中における単量体の酢酸の割合〔%〕(単量体のモル%)を整数で答えよ。ただし，ベンゼンのモル凝固点降下 K_f は 5.10 K･kg/mol である。

(東京理科大・改)

応用 □類題 8－9　制限時間　6 分

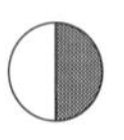

二又試験管の A 側に 0.050 mol のグルコース，B 側に 0.050 mol の塩化カリウムを入れ，両側にそれぞれ水 60 g を加えて密閉した。長時間放置後，A 側に存在する水は何 g か。整数で答えよ。塩化カリウムは水溶液中で完全に電離する。

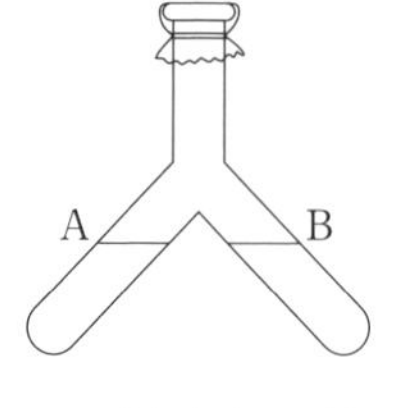

(東京大・改)

応用 □類題 8－10　制限時間　6 分

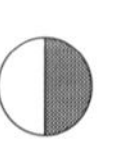

水 100 g に塩化マグネシウム 9.5 g を溶かした水溶液，水 300 g に硝酸銀 8.5 g を溶かした水溶液，水 400 g にショ糖($C_{12}H_{22}O_{11}$) 6.84 g 溶かした水溶液をすべて混合したとき，塩化銀の白色沈殿が生じた。次の問に有効数字 2 桁で答えよ。ただし，水のモル凝固点降下は 1.85 K･kg/mol とし，必要ならば，次の原子量を用いよ。

H＝1，C＝12，N＝14，O＝16，Na＝23，Mg＝24，Cl＝35.5，Ag＝108

問 1　この水溶液中に含まれる溶質粒子の総物質量を求めよ。

問 2　この混合溶液の凝固点は，水の凝固点より何 ℃ 低くなるか。

(東京工科大・改)

9 溶液 (4) 浸透圧・コロイド

1 浸透と浸透圧

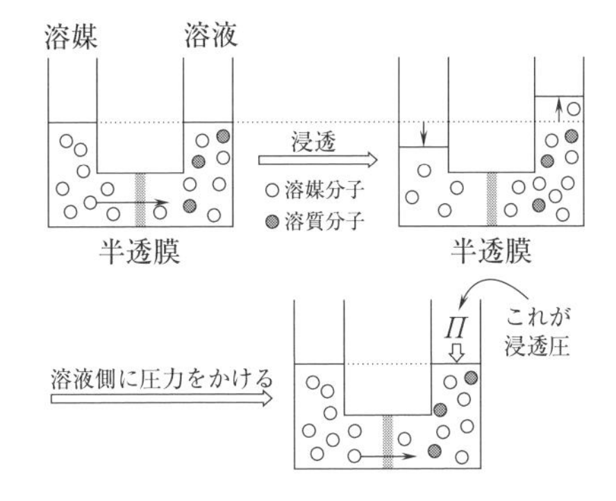

溶液を構成する成分に対して，ある成分は通すが他の成分は通さないような性質をもつ膜を**半透膜**といい，溶液を構成する粒子が半透膜を通過して拡散していく現象を**浸透**という。

溶質粒子を通さない半透膜を隔てて，溶媒と溶液を接触させると，溶液の濃度が小さくなるような方向(**溶媒側から溶液側**)**に向かって溶媒が移動**し，**溶液側の液面が上昇**する。このとき，溶媒が溶液の方に**浸透しないように溶液側に加える圧力**を**浸透圧**という。

浸透圧を Π〔Pa〕，溶液の体積を V〔L〕，溶質粒子の物質量を n〔mol〕，温度を T〔K〕，気体定数を R〔Pa·L/(K·mol)〕とすると，以下のファントホッフの式が成立する。

$$\boldsymbol{\Pi V = nRT}$$

2 浸透圧の求め方

圧力とは「単位面積あたりの力または重さ」と考えられる。高校化学では，重量＝質量とみなしてよいので，

液柱の圧力〔g/cm²〕(正確にいうと液柱の底にかかる圧力)

$$= \frac{\text{液柱の質量〔g〕}}{\text{液柱の断面積〔cm}^2\text{〕}} = \frac{\text{溶液の密度〔g/cm}^3\text{〕} \times \text{液柱の体積〔cm}^3\text{〕}}{\text{液柱の断面積〔cm}^2\text{〕}}$$

$$= \frac{\text{溶液の密度〔g/cm}^3\text{〕} \times \text{液柱の断面積〔cm}^2\text{〕} \times \text{液柱の高さ〔cm〕}}{\text{液柱の断面積〔cm}^2\text{〕}}$$

$$= \textbf{溶液の密度}\text{〔g/cm}^3\text{〕} \times \textbf{液柱の高さ}\text{〔cm〕}$$

となる。

したがって，**液柱の圧力は液柱の高さに比例する**。これを利用して，浸透圧は水銀柱の高さに換算して求めることができる。

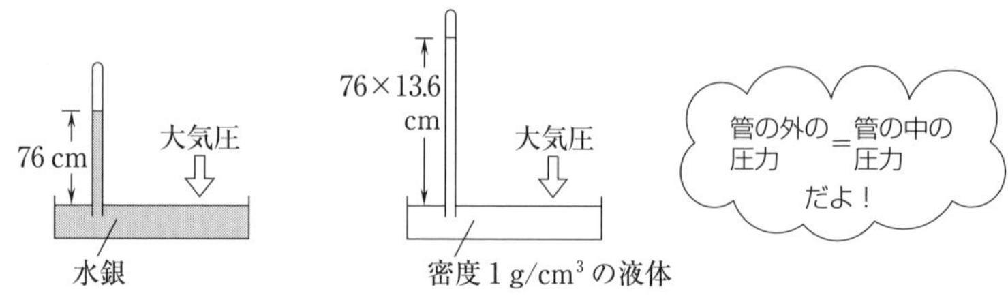

上図より，大気圧(1.0×10^5 Pa)は，高さ 76 cm の水銀柱の圧力，または高さ 76×13.6 cm，密度 1 g/cm^3 の液柱の圧力に相当する。

例題 9－1

右図のようにU字管の中央を半透膜で仕切り，(a)には純水を，(b)にはグルコース(分子量 180)水溶液を，同時にかつ(a)と(b)の液面が同じ高さになるように入れ，27 ℃ に保って放置した。次の問に答えよ。

ただし，水銀の密度を 13.5 g/cm^3，グルコース水溶液の密度を 1.0 g/cm^3，気体定数を 8.3×10^3 Pa·L/(K·mol)とする。

1.0×10^5 Pa＝76 cmHg

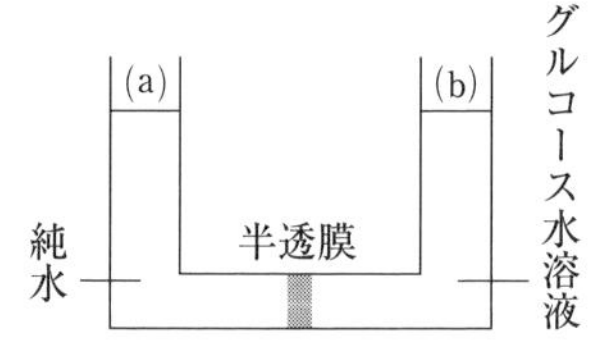

問 1　グルコース 0.12 g を水に溶かして 200 mL にした水溶液の浸透圧は何 Pa か。有効数字 2 桁で答えよ。

問 2　(a)，(b)いずれの液面が上昇するか。また問 1 の浸透圧の値を密度 1.0 g/cm^3 の液柱の高さに換算すると，何 cm か。有効数字 3 桁で答えよ。

解 答　問 1　グルコースは非電解質である。ファントホッフの式より，

$$\Pi\times\frac{200}{1000}=\frac{0.12}{180}\times8.3\times10^3\times(27+273)\qquad\therefore\quad\Pi\fallingdotseq8.3\times10^3\ \text{[Pa]}$$

問 2　濃度の低い溶媒の水が濃度の高いグルコース水溶液側に移動するため，溶液側の液面が上昇する。　　∴　(b)

また，浸透圧 8.3×10^3 Pa を水銀柱の高さ h〔cm〕に換算すると，

76 cmHg：1.0×10^5 Pa＝h cmHg：8.3×10^3 Pa より，

$$h=76\times\frac{8.3\times10^3}{1.0\times10^5}=6.308\ \text{[cm]}$$

となる。これを密度 1.0 g/cm^3 のグルコース水溶液の液柱の高さに換算すればよい。

水銀の底面にかかる圧力とグルコース水溶液の底面にかかる圧力は等しいので，**溶液の密度×液柱の高さ**の値が等しくなる。

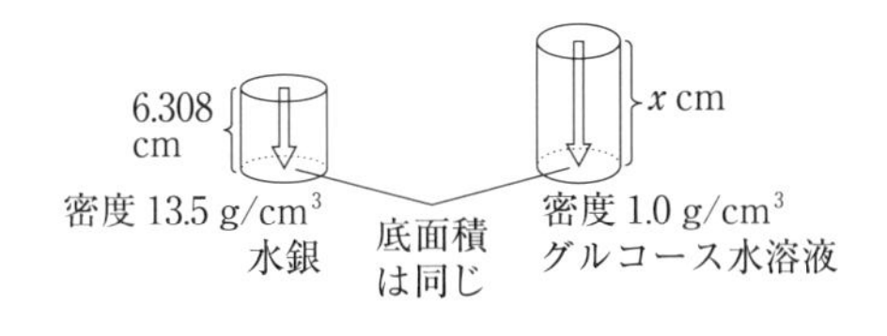

したがって，液柱の高さを x〔cm〕とすると，p. 67 **2浸透圧の求め方**より，

$$13.5\times6.308=1.0\times x \qquad \therefore \quad x=85.15\fallingdotseq85.2\text{〔cm〕}$$

［別解］

1.0×10^5 Pa は，水銀柱(密度 13.5 g/cm³) 76 cm の高さに相当し，液柱(密度 1.0 g/cm³) 76×13.5 cm の高さに相当する。よって，8.3×10^3 Pa に相当する液柱(1.0 g/cm³)の高さは，$\dfrac{8.3\times10^3}{1.0\times10^5}\times76\times13.5\fallingdotseq85.2$〔cm〕となる。

例題 9−2

次の文中の空欄にあてはまる数値，式を入れよ。ただし，〔　ア　〕〜〔　ウ　〕は整数で，〔　エ　〕，〔　キ　〕は式で，〔　オ　〕，〔　カ　〕は分数で，〔　ク　〕は有効数字 2 桁で答えよ。また，密度は水溶液 1.0 g/cm³，水銀 13.5 g/cm³ とし，管の断面積は 1.0 cm²，気体定数は 8.3×10^3 Pa·L/K·mol とする。1.0×10^5 Pa＝76 cmHg

非電解質 A 6.0 mg を純水に溶解して 100 mL とし，右図のような管の左側に入れ，右側には純水を 100 mL 入れた。その後，27 ℃でしばらく放置したら，液面差が 8.0 cm となった。つまり，溶液側の液面が初めより〔　ア　〕cm 上がり，溶液側に浸透した純水は〔　イ　〕cm³ となるため，A の溶液の体積は〔　ウ　〕cm³ となる。

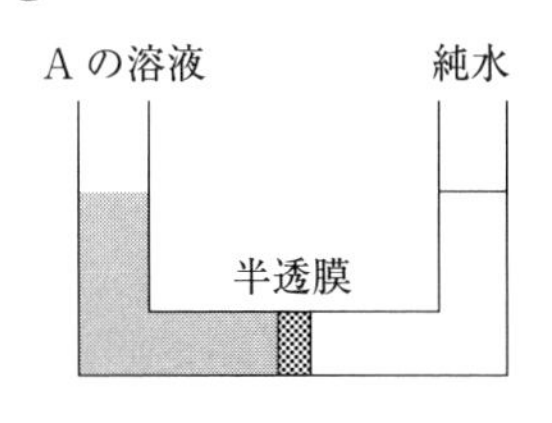

また，8.0 cm の液面差の圧力と溶液の浸透圧がつり合っているので，浸透圧に相当する水銀柱の高さを x cm とすると式〔　エ　〕より，x＝〔　オ　〕cm となる。〔　オ　〕cmHg＝〔　カ　〕Pa であるので，A の分子量を M とすると，浸透圧の式(ファントホッフの式)〔　キ　〕より，M＝〔　ク　〕となる。

解答 〔ア〕 溶媒側が a〔cm〕下がり溶液側が a〔cm〕上がったため液面差が8.0 cmになったので，$a=\frac{8}{2}=4$〔cm〕

1 cm³＝1 mL ダヨ〜ン！

〔イ〕 $1.0\times4=4$〔cm³〕　〔ウ〕 $100+4=104$〔cm³〕

〔エ〕 $13.5\times x=1.0\times8$　〔オ〕 〔エ〕より $\frac{16}{27}$〔cm〕

〔カ〕 $\frac{\frac{16}{27}}{76}\times1.0\times10^5=\frac{4}{27\times19}\times10^5$〔Pa〕

〔キ〕 $\frac{4}{27\times19}\times10^5\times\frac{104}{1000}=\frac{6.0\times10^{-3}}{M}\times8.3\times10^3\times(27+273)$

〔ク〕 $M=1.84\times10^2\fallingdotseq1.8\times10^2$

それでは，実際に問題を解いてみましょう。

（解答編 p. 21）

□類題 9−1 制限時間 4分

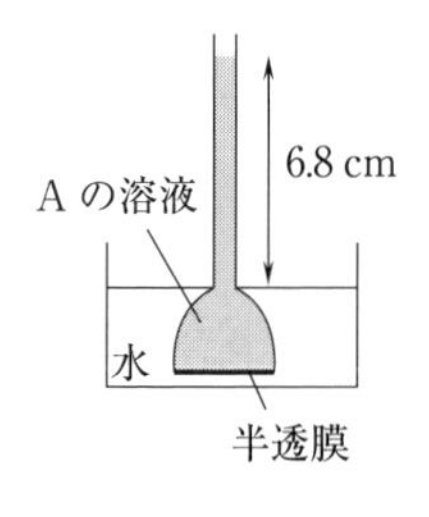

次の文中の空欄〔 ア 〕〜〔 ウ 〕に適切な式，数値を入れよ。

ある化合物Aを溶かした水溶液について，右図のように浸透の実験を行ったところ，ガラス管内の液面が6.8 cm高くなった。Aの水溶液の浸透圧を求めたい。ただし，温度は27 ℃，密度は水溶液1.0 g/cm³，水銀13.6 g/cm³とし，水が浸透しても，溶液の体積は変わらないものとする。1.0×10^5 Pa＝76 cmHg

Aの水溶液の浸透圧は，「溶液の密度×溶液の液柱の高さ」に比例し，密度1.0 g/cm³ の水では6.8 cmの高さになるので，密度13.6 g/cm³ の水銀柱で x cmのとき，式は〔 ア 〕となる。これより，x＝〔 イ 〕cmとなる。水銀柱で〔 イ 〕cmということは〔 ウ 〕mmであるので，水溶液の浸透圧は〔 ウ 〕mmHgとなる。

ここからは**入試問題**です。今までの類題とレベルはほとんど変わらないので，落ち着いて解いてみましょう。

□類題 9−2　制限時間　8 分

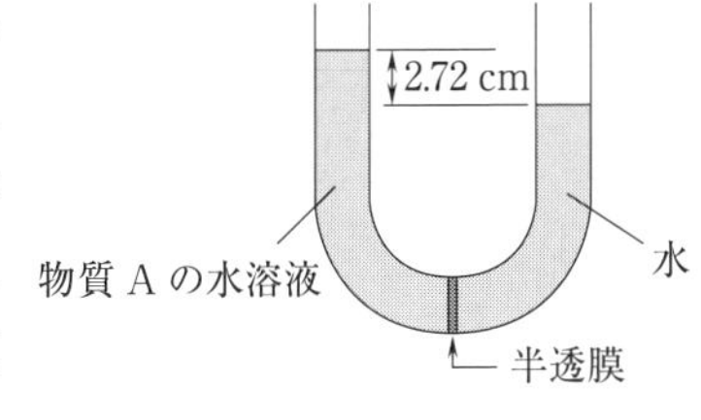

断面積が 10 cm^2 である左右対称の U 字管の中央に半透膜を置き，左側には非電解質である物質 A 0.568 g を溶解した水溶液 100 mL を入れ，右側には水 100 mL を入れた。その後 300 K で平衡状態に達したとき，右図のように液面差は 2.72 cm になった。このとき生じた浸透圧および物質 A の分子量を整数で求めよ。ただし，水溶液の密度は 1.14 g/cm^3，水銀の密度は 13.6 g/cm^3，気体定数を 8.3×10^3 Pa·L(K·mol)とする。1.0×10^5 Pa＝76 cmHg

（京都大・改）

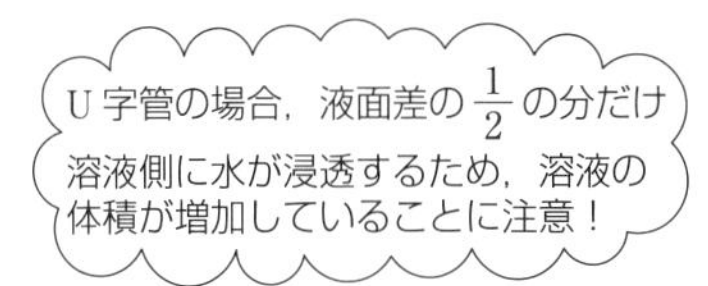

□類題 9−3　制限時間　5 分

半透膜付きの U 字管の一方に 0.15 mol/L の塩化ナトリウム水溶液を 10 mL 入れ，他方に 0.20 g の不揮発性物質 AB(分子量 100)を溶かした水溶液 10 mL を入れた。27 ℃ で一晩放置したところ，両液面に差は生じなかった。ただし，水溶液中の塩化ナトリウムは完全に電離するものとし，物質 AB の一部は水溶液中で以下のように電離するものとする。

$$AB \rightleftarrows A^+ + B^-$$

問 1　物質 AB の水溶液のモル濃度を C，電離度を α とするとき，AB 水溶液中の溶質粒子の総モル濃度を C と α を用いて記せ。

問 2　物質 AB の電離度 α を有効数字 2 桁で求めよ。

（北里大・改）

応用 □類題 9－4　制限時間　6分  

次の文を読んで，問いに答えよ。問2，3は有効数字2桁で，問4は整数で答えよ。ただし，気体定数は8.3×10^3 Pa･L/(K･mol)とする。

実験：ビーカーに入れた水 20 mL を沸騰させ，1.0 mol/L 塩化鉄(Ⅲ)水溶液 1.0 mL をゆっくりとかき混ぜながら加え，さらに水を加えて 25 mL として赤褐色のコロイド溶液を得た。ただし，赤褐色のコロイドの組成式を FeO(OH)とする。

問1　この実験で起こる変化を化学反応式で記せ。

問2　1.0mol/L 塩化鉄(Ⅲ)水溶液 1.0mL 中の Fe^{3+} の物質量を求めよ。

問3　このコロイド溶液 25 mL の浸透圧を測定したところ，27 ℃ で 2.49×10^2 Pa であった。赤褐色のコロイド粒子の物質量を求めよ。

問4　赤褐色のコロイド粒子1個あたり平均何個の Fe^{3+} が含まれるか。

（中央大・改）

10 化学反応と熱(1) エンタルピー

1 エンタルピー

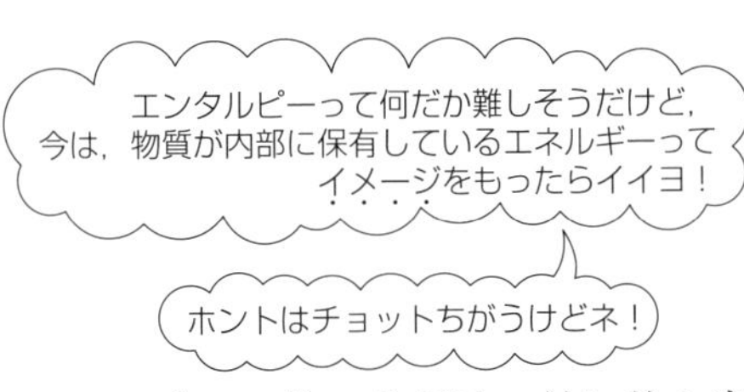

物質はそれぞれ固有のエネルギー(化学エネルギー)をもち，エンタルピー H で表される。一定圧力で化学反応が起こると，それに伴い，反応物と生成物のもつエンタルピーの差の分だけ，外に熱や光などの形でエネルギーが放出または吸収される。このエネルギーの変化量を反応エンタルピーといい，ΔH(単位は J，kJ)で表される。

> **反応エンタルピー ΔH＝(生成物のもつエンタルピーの和)**
> **－(反応物のもつエンタルピーの和)**

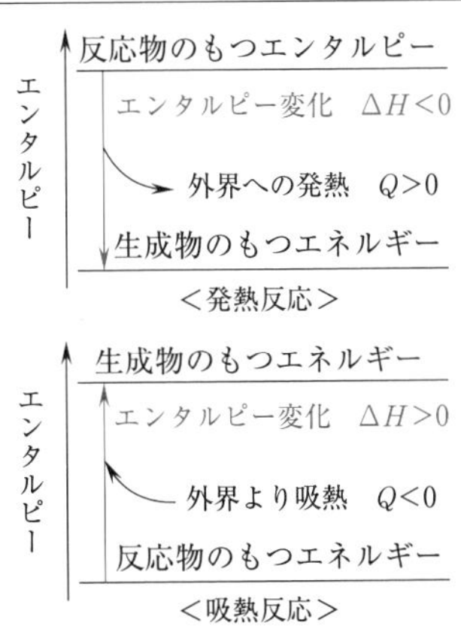

反応に関わる物質(系)とそのまわりの外部(外界)とのエネルギーのやり取りに着目しよう。

生成物のもつエンタルピー＜反応物のもつエンタルピー，つまり**発熱反応の場合，ΔH は負の値**となり，系のもつエネルギーが減少した分は外界に放出されるため，外界がやり取りする**反応熱は正の値**となる。同時に外界の温度は上がる。

生成物のもつエンタルピー＞反応物のもつエンタルピー，つまり**吸熱反応の場合，ΔH は正の値**となり，系のもつエネルギーが増加した分を外界から吸収するので，**反応熱は負の値**となる。同時に外界の温度は下がる。

※エンタルピー変化を表した図をエネルギー図という。

発熱反応ならば ΔH は負の値，反応熱 Q は正の値。
吸熱反応ならば ΔH は正の値，反応熱 Q は負の値。
旧課程で習った諸君！マチガワナイデネ！

例　空気中に置かれた密閉容器(外界)中の CH_4 1 mol と O_2 2 mol の混合気体(系)が燃焼し，CO_2 1 mol と液体の H_2O 1 mol に変化したとき，系のエンタルピーが 896 kJ 減少したとすると，その 896 kJ は外界が受け取るので，密閉容器やまわりの空気の温度が上昇する。この変化は，下の2に従って次のように考える。

$$CH_4(気) + 2O_2(気) \longrightarrow CO_2(気) + 2H_2O(液) \qquad \Delta H = -896\ \text{kJ}$$

2　エンタルピー変化の表し方

化学反応に伴うエンタルピー変化(ΔH)を付した反応式は熱化学方程式(熱化学反応式)ともいい，次の手順で作成される。

手順①　化学反応式を書く。

手順②　着目する物質の係数が 1 になるように①の反応式を書き換える。

手順③　反応式中の物質の状態(固体，液体，気体)，同素体の種類を化学式の後ろに書く。

原則として 25 ℃，1.0×10^5 Pa での状態を記す。H_2O は通常液体とする。炭素の単体としては黒鉛とすることが多い。

(注)本書では，物質の状態が明記されていない場合は気体の状態としている。

手順④　反応式の後ろに反応エンタルピー(ΔH＝○○kJ)を加える。

例　一酸化炭素 CO 1 mol を完全燃焼したときの ΔH は−283 kJ である。(発熱反応)

手順①　$2CO + O_2 \longrightarrow 2CO_2$

手順②　$\underset{\sim\sim}{CO} + \frac{1}{2}O_2 \longrightarrow CO_2$

手順③　$CO(気) + \frac{1}{2}O_2(気) \longrightarrow CO_2(気)$

手順④　$CO(気) + \frac{1}{2}O_2(気) \longrightarrow CO_2(気) \qquad \Delta H = -283\ \text{kJ}$

図で表すと，右上のようになる。

例 窒素 N_2 と酸素 O_2 から一酸化窒素 1 mol が生成したときの ΔH は 90 kJ である。(吸熱反応)

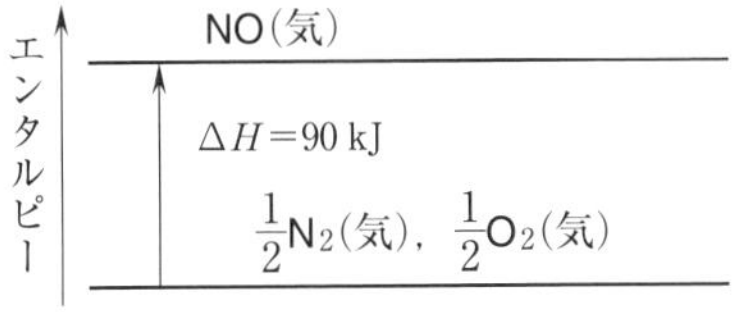

手順① $N_2 + O_2 \longrightarrow 2NO$

手順② $\frac{1}{2}N_2 + \frac{1}{2}O_2 \longrightarrow \underset{\sim\sim}{NO}$

手順③ $\frac{1}{2}N_2$(気) $+ \frac{1}{2}O_2$(気) $\longrightarrow$ NO(気)

手順④ $\frac{1}{2}N_2$(気) $+ \frac{1}{2}O_2$(気) $\longrightarrow$ NO(気)　$\Delta H = 90$ kJ

図で表すと，右上のようになる。

エンタルピー
NO(気)
$\Delta H = 90$ kJ
$\frac{1}{2}N_2$(気)，$\frac{1}{2}O_2$(気)

3 いろいろな反応エンタルピー

反応エンタルピーは，化学反応式に着目する物質 1 mol あたりのエンタルピー変化 ΔH(単位は kJ/mol)を併記して表す。

(1) 生成エンタルピー(生成熱)

1 mol の化合物が成分元素の単体から生成するときの反応エンタルピー。このとき単体の生成エンタルピーは 0(kJ/mol)として扱う。

例 液体のエタノール C_2H_5OH の生成エンタルピーは $\Delta H = -277$ kJ/mol である。

2C(黒鉛) $+ 3H_2$(気) $+ \frac{1}{2}O_2$(気) $\longrightarrow C_2H_5OH$(液)　$\Delta H = -277$ kJ

(2) 燃焼エンタルピー(燃焼熱)

1 mol の物質が完全燃焼するときに発生する反応エンタルピー。このとき燃焼は常に発熱反応なので，燃焼エンタルピーの値は常に負である。

例 気体のアセチレン C_2H_2 の燃焼エンタルピーは $\Delta H = -1300$ kJ/mol である。

C_2H_2(気) $+ \frac{5}{2}O_2$(気) $\longrightarrow 2CO_2$(気) $+ H_2O$(液)　$\Delta H = -1300$ kJ

(3) 溶解エンタルピー(溶解熱)

1 molの物質が十分多量の溶媒に溶解するときに発生または吸収する反応エンタルピー。溶解は反応ではないが，広い意味で反応エンタルピーとして扱う。溶解エンタルピーでは，**多量の水をaq**で表し溶質が水和した状態は溶質の化学式の後に**aq**をつけて表す。

例 塩化ナトリウムの溶解エンタルピーは$\Delta H=3.9$ kJ/molである。

$$NaCl(固) + aq \longrightarrow NaClaq \quad \Delta H=3.9 \text{ kJ}$$

または $NaCl(固) + aq \longrightarrow Na^{+}aq + Cl^{-}aq \quad \Delta H=3.9 \text{ kJ}$

(4) 中和エンタルピー(中和熱)

酸と塩基が中和して1 molの水が生成するときに発生する反応エンタルピー。

例 塩酸HClと水酸化ナトリウムNaOH水溶液の中和エンタルピーは$\Delta H=-56.5$ kJ/molである。

$$HClaq + NaOHaq \longrightarrow NaClaq + H_2O(液) \quad \Delta H=-56.5 \text{ kJ}$$

（補足）強酸と強塩基の中和では，次のように表すこともできる。

$$H^{+}aq + OH^{-}aq \longrightarrow H_2O(液) \quad \Delta H=-56.5 \text{ kJ}$$

4 状態変化とエンタルピー変化

物質の状態が変化しても，エンタルピーが変化する。その際のエンタルピー変化には次のようなものがある。

(1) 融解エンタルピー(融解熱)

1 molの固体が融解するときに吸収する熱量。

例 氷の融解エンタルピーは$\Delta H=6.0$ kJ/molである。

$$H_2O(固) \longrightarrow H_2O(液) \quad \Delta H=6.0 \text{ kJ}$$

(2) 蒸発エンタルピー(蒸発熱)

1 molの液体が蒸発するときに吸収する熱量。

例 氷の蒸発エンタルピーは$\Delta H=44$ kJ/molである。

$$H_2O(液) \longrightarrow H_2O(気) \quad \Delta H=44 \text{ kJ}$$

(3) 昇華エンタルピー(昇華熱)

1 molの固体が昇華するときに吸収する熱量。

例 ドライアイスCO_2の昇華エンタルピーは$\Delta H=25$ kJ/molである。

$$CO_2(固) \longrightarrow CO_2(気) \quad \Delta H=25 \text{ kJ}$$

例題 10－1

次の(1)～(3)の変化を，エンタルピー変化を付した反応式で表せ。

(1) 液体のメタノール CH_3OH の生成エンタルピーは－239 kJ/mol である。

(2) アセチレン C_2H_2 の燃焼エンタルピーは－1300 kJ/mol である。

(3) メタン CH_4 1.0 g を完全燃焼すると 56 kJ の熱が発生した。CH_4＝16

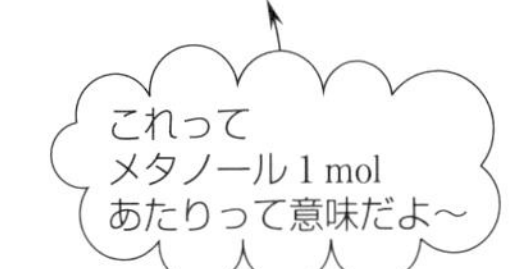

解答 p. 74 2 **エンタルピー変化の表し方**の手順を参照しよう。

(1) **手順①** C(黒鉛)と H_2 と O_2 から CH_3OH が生成する化学反応式を書く。

$$2C(黒鉛)+4H_2+O_2 \longrightarrow 2CH_3OH$$

手順② $$C(黒鉛)+2H_2+\frac{1}{2}O_2 \longrightarrow CH_3OH$$

手順③ $$C(黒鉛)+2H_2(気)+\frac{1}{2}O_2(気) \longrightarrow CH_3OH(液)$$

手順④ $$\mathbf{C(黒鉛)+2H_2(気)+\frac{1}{2}O_2(気) \longrightarrow CH_3OH(液)}\quad \Delta H=-239\ \mathrm{kJ}$$

(2) **手順①** C_2H_2 が完全燃焼する化学反応式を書く。

$$2C_2H_2+5O_2 \longrightarrow 4CO_2+2H_2O$$

手順② $$C_2H_5+\frac{5}{2}O_2 \longrightarrow 2CO_2+H_2O$$

手順③ $$C_2H_5(気)+\frac{5}{2}O_2(気) \longrightarrow 2CO_2(気)+H_2O(液)$$

手順④ $$\mathbf{C_2H_2(気)+\frac{5}{2}O_2(気) \longrightarrow 2CO_2(気)+H_2O(液)}\quad \Delta H=-1300\ \mathrm{kJ}$$

(3) CH_4＝16 より，メタン 1.0 g を完全燃焼すると 56 kJ の熱が発生するので，メタンの燃焼エンタルピーは $\Delta H=-\dfrac{56}{\frac{1.0}{16}}=-896$〔kJ/mol〕

手順① CH_4 が完全燃焼する化学反応式を書く。

$$CH_4+2O_2 \longrightarrow CO_2+2H_2O$$

手順③ $$CH_4(気)+2O_2(気) \longrightarrow CO_2(気)+2H_2O(液)$$

手順④ $$\mathbf{CH_4(気)+2O_2(気) \longrightarrow CO_2(気)+2H_2O(液)}\quad \Delta H=-896\ \mathrm{kJ}$$

例題 10－2

次のエネルギー図より，(1)～(3)をエンタルピー変化を付した反応式で記せ。

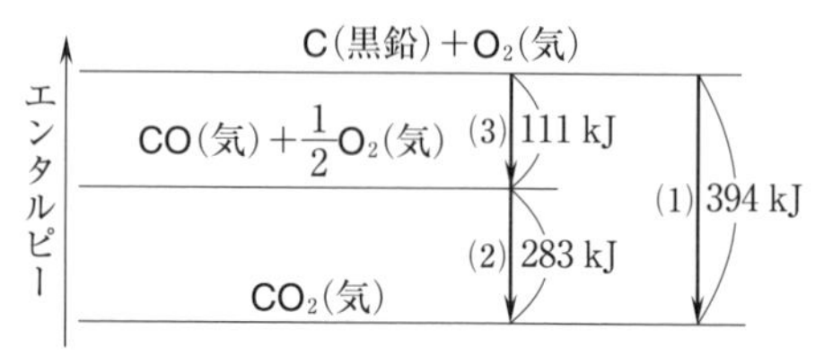

解答 上図の下向きの矢印↓は発熱反応であるので，

(1) C(黒鉛) ＋ O_2(気) ⟶ CO_2(気)　$\Delta H = -394$ kJ

(2) CO(気) ＋ $\frac{1}{2}O_2$(気) ⟶ CO_2(気)　$\Delta H = -283$ kJ

(3) C(黒鉛) ＋ O_2(気) ⟶ CO(気) ＋ $\frac{1}{2}O_2$(気)　$\Delta H = -111$ kJ

両辺の O_2 を整理して

C(黒鉛) ＋ $\frac{1}{2}O_2$(気) ⟶ CO(気)　$\Delta H = -111$ kJ

それでは，実際に問題を解いてみましょう。

(解答編 p. 23)

□類題 10－1　制限時間 6 分 

次の反応をエンタルピー変化を付した反応式で表せ。ただし，生成する水は液体とする。H＝1.0，C＝12，O＝16，Na＝23

(1) 二酸化窒素 NO_2 の生成エンタルピーは 33 kJ/mol である。

(2) エチレン C_2H_4 の燃焼エンタルピーは－1410 kJ/mol である。

(3) 水酸化ナトリウム NaOH(固)の溶解エンタルピーは－45 kJ/mol である。

(4) 液体のメタノール CH_3OH 0.800 g が完全燃焼すると 18.2 kJ の熱が発生した。

(5) エチレン 7.0 g が黒鉛と水素から生成するとき 13 kJ の熱を吸収した。

(6) 水酸化ナトリウム 1.0 g を水に溶解すると 1.1 kJ の熱を発生した。

□類題 10－2 制限時間 3分 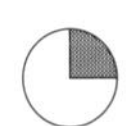

次のエネルギー図より，(1)～(4)をエンタルピー変化を付した反応式で記せ。

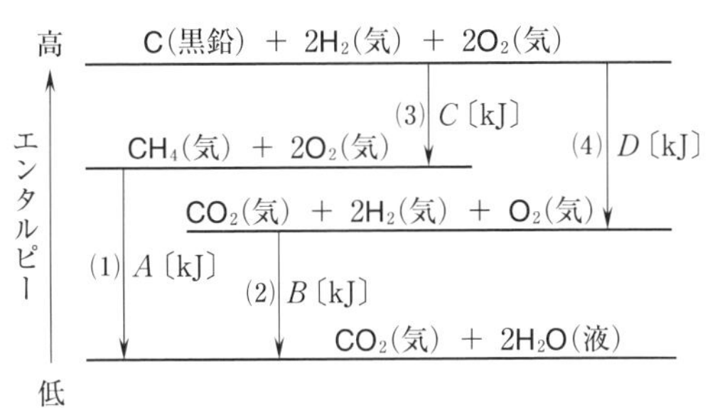

次の**類題 10－3** は入試問題です。今までの類題とレベルはほとんど変わらないので，落ち着いて解いてみましょう。

□類題 10－3 制限時間 3分 

標準状態で 11.2 L のアセチレン(C_2H_2)を完全燃焼させたとき，650 kJ の熱が発生した。一方，標準状態で 5.60 L のプロパン(C_3H_8)を完全燃焼させたときには，555 kJ の熱が発生した。また二酸化炭素(気体)の生成エンタルピーは－394 kJ/mol である。次の(1)～(3)をエンタルピー変化を付した反応式で記せ。

(1) 炭素(黒鉛)と酸素(気体)から二酸化炭素(気体)が得られる反応。

(2) アセチレンが完全燃焼するときの反応。

(3) プロパンが完全燃焼するときの反応。

(長崎大・改)

11 化学反応と熱(2) 反応エンタルピーの求め方

反応エンタルピーの計算では，エンタルピー変化を付した化学反応式を利用し，**比**で計算することが多い。

例題 11－1

エチレン C_2H_4 の燃焼エンタルピーを付した反応式を次に表す。

C_2H_4(気) ＋ $3O_2$(気) ⟶ $2CO_2$(気) ＋ $2H_2O$(液)　$\Delta H = -1410\,\text{kJ}$

(1) 標準状態で 11.2 L のエチレンを完全燃焼させたときに発生する熱量は何 kJ か。

(2) 発熱量が 470 kJ のとき，生じた水は何 g か。H＝1.0，O＝16

解答 (1) 発生する熱量を Q〔kJ〕とすると，そのときのエンタルピー変化は $-Q$〔kJ〕となる。

C_2H_4(気) ＋ $3O_2$(気) ⟶ $2CO_2$(気) ＋ $2H_2O$(液)　$\Delta H = -1410\,\text{kJ}$

反応式より　1 mol　　　　-1410 kJ

問題文より　$\dfrac{11.2\,〔\text{L}〕}{22.4\,〔\text{L/mol}〕} = 0.50\,\text{mol}$　　　　$-Q$ kJ

$\therefore\quad -Q = -1410 \times \dfrac{0.5\,〔\text{mol}〕}{1\,〔\text{mol}〕} = \mathbf{-705\,〔kJ〕}$　したがって，705 kJ 発熱する。

(2) H_2O＝18，生じた水を x〔g〕とすると，そのときのエンタルピー変化は -470 kJ。

C_2H_4(気) ＋ $3O_2$(気) ⟶ $2CO_2$(気) ＋ $2H_2O$(液)　$\Delta H = -1410\,\text{kJ}$

反応式より　　　　2 mol　　-1410 kJ

問題文より　　　　$\dfrac{x}{18}$ mol　　-470 kJ

$\therefore\quad x = \dfrac{-470 \times 2}{-1410} \times 18$ より $x = 12$〔g〕

例題 11－2

標準状態で 22.4 L の，メタンとプロパンの混合気体を完全燃焼すると 1688 kJ の発熱があった。この混合気体中のメタンの体積百分率〔%〕を整数で求めよ。ただし，メタンとプロパンの燃焼エンタルピーはそれぞれ -890 kJ/mol，-2220 kJ/mol である。

解答 『化学基礎　計算問題エクササイズ』の **17** **例題17** のように二つの反応が同時に起こっているので，メタンとプロパンの物質量を文字で置き，連立方程式を立てる。

メタン x〔mol〕，プロパン y〔mol〕とすると，混合気体の体積が 22.4 L より，

$$x+y=\frac{22.4\,〔\mathrm{L}〕}{22.4\,〔\mathrm{L/mol}〕}=1\,〔\mathrm{mol}〕\quad \cdots①$$

燃焼エンタルピーの値より，メタン x〔mol〕で 890 x〔kJ〕の発熱，プロパン y〔mol〕で 2220 y〔kJ〕の発熱になるので，

$$890\,x+2220\,y=1688\,〔\mathrm{kJ}〕\quad \cdots②$$

①，②より，$x=0.4$〔mol〕　したがって，この混合気体中の

メタンの体積百分率は，$\dfrac{0.4\times22.4}{22.4}\times100=40$〔%〕

それでは，実際に問題を解いてみましょう。

(解答編 p. 24)

□類題 11－1　制限時間 2分

プロパンの燃焼エンタルピーを付した反応式は次のとおりである。

$$C_3H_8 + 5O_2 \longrightarrow 3CO_2 + 4H_2O(液) \qquad \Delta H=-2220\,\mathrm{kJ}$$

(1) 標準状態で 5.6 L のプロパンが完全燃焼すると何 kJ の熱が発生するか。

(2) プロパンの完全燃焼によって 4440 kJ の発熱量を得るには，標準状態で何 L の酸素が必要か。

ここからは**入試問題**です。まず，基本的なものから解いてみましょう。

□類題 11－2　制限時間　4分

次の問に答えよ。H＝1.0，C＝12

(1)　プロパンが完全燃焼したとき，標準状態で 1.40 L の酸素が消費され，27.7 kJ の熱が発生した。プロパンの燃焼エンタルピーは何 kJ/mol か。整数で答えよ。

（神戸学院大・改）

(2)　エタン C_2H_6 および水素の燃焼エンタルピーは，それぞれ－1560 kJ/mol および－286 kJ/mol である。エタン 1.0 g の燃焼エンタルピーは水素 1.0 g の燃焼エンタルピーの何倍になるか。有効数字 2 桁で答えよ。

（東海大・改）

□類題 11－3　制限時間　5分

プロパン C_3H_8，メタン CH_4，メタノール CH_3OH の燃焼エンタルピーは，それぞれ－2220 kJ/mol，－890 kJ/mol，－726 kJ/mol である。次の問に答えよ。H＝1.0，C＝12，O＝16

問1　同じ質量の各物質を燃焼させた場合，エンタルピー変化が最も大きい物質の化学式を記せ。

問2　同じエンタルピー変化の場合，発生する二酸化炭素の物質量が最も小さい物質の化学式を記せ。

（センター追試・改）

ここからはやや複雑になります。頑張ってチャレンジしてください！

□類題 11－4　制限時間　3分

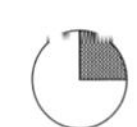

水素H_2，一酸化炭素CO，メタンCH_4の燃焼エンタルピーを付した反応式を次に示す。

H_2(気) ＋ $\frac{1}{2}O_2$(気) ⟶ H_2O(液)　$\Delta H = -286$ kJ

CO(気) ＋ $\frac{1}{2}O_2$(気) ⟶ CO_2(気)　$\Delta H = -283$ kJ

CH_4(気) ＋ $2O_2$(気) ⟶ CO_2(気) ＋ $2H_2O$(液)　$\Delta H = -890$ kJ

体積百分率が，H_2 50.0 %，CO 30.0 %，CH_4 10.0 %，CO_2 10.0 %の混合気体がある。標準状態で22.4 Lの混合気体を完全燃焼させたとき，発生する熱量〔kJ〕を，次の①～⑤のうちから一つ選べ。

①　317　　②　545　　③　1000　　④　1460　　⑤　2030

（センター追試・改）

□類題 11－5　制限時間　3分

エタンとプロパンの混合気体がある。標準状態に換算して44.8 Lのこの混合気体を完全に燃焼させたところ4044 kJの熱量が発生した。この混合気体の体積の何%がエタンか。次の①～⑤のうちから一つ選べ。ただし，エタンとプロパンの燃焼エンタルピーを，それぞれ－1560 kJ/mol，－2220 kJ/molとする。

①　15　　②　30　　③　60　　④　75　　⑤　90

（北里大・改）

思考 □類題 11－6　制限時間　3分

黒鉛12.0 gが不完全燃焼して，一酸化炭素7.00 gと二酸化炭素33.0 gを生成した。このとき発生した熱量として最も適当な数値を，次の①～⑥のうちから一つ選べ。ただし，黒鉛および一酸化炭素の燃焼エンタルピーは，それぞれ－394 kJ/molおよび－283 kJ/molである。

C＝12，O＝16

①　111　　②　283　　③　323　　④　394　　⑤　505　　⑥　677

（センター追試・改）

12 化学反応と熱(3) ヘスの法則

1 ヘスの法則(総熱量保存の法則)

物質の変化に伴って**出入りする反応エンタルピーの総和は，化学反応における最初と最後の物質とその状態によって決まり，物質が変化する過程にかかわらず一定**である。これを**ヘスの法則**という。

例えば，黒鉛を燃焼するとき，一気に二酸化炭素まで燃焼したときに変化する反応エンタルピーを ΔH，黒鉛をいったん一酸化炭素まで燃焼したときに変化する反応エンタルピーを ΔH_1，生成した一酸化炭素をさらに燃焼して二酸化炭素が生成するときに変化する反応エンタルピーを ΔH_2 とすると，以下の関係が成り立つ。

$$\boldsymbol{\Delta H = \Delta H_1 + \Delta H_2}$$

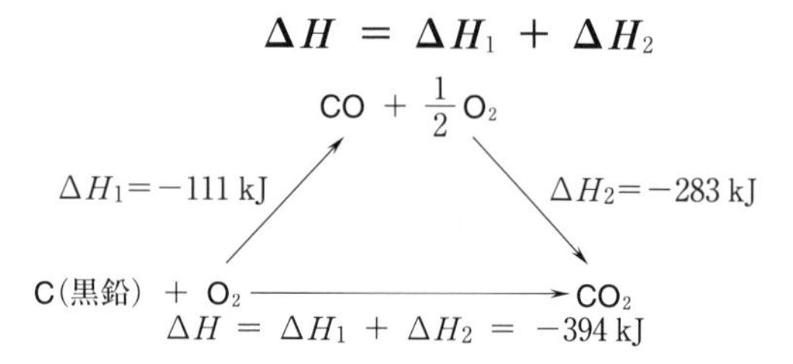

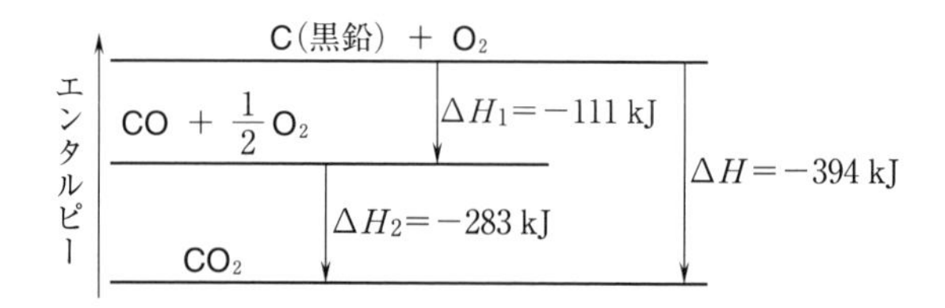

2 生成エンタルピーと反応エンタルピー

生成エンタルピーと反応エンタルピーとの間には次の関係がある。

公式 **(反応エンタルピー)＝(生成物(右辺)の生成エンタルピーの総和)**
−(反応物(左辺)の生成エンタルピーの総和)

例 H_2O(液)，CO_2(気)，CH_4(気)の生成エンタルピーは，それぞれ −286 kJ/mol，−394 kJ/mol，−75 kJ/mol である。これらの生成エンタルピーから，メタン CH_4 が完全に燃焼して二酸化炭素 CO_2 と水 H_2O(液)になるときの反応エンタルピー(燃焼エンタルピー)

は次のようにして求められる。

(解法 1) メタンの燃焼エンタルピーを Q〔kJ/mol〕とすると

CH_4(気) ＋ $2O_2$(気) ⟶ CO_2(気) ＋ $2H_2O$(液) $\Delta H = Q$ kJ…①

H_2O(液)，CO_2(気)，CH_4(気)の生成エンタルピーをそれぞれ熱化学反応式で表すと，

H_2(気) ＋ $\frac{1}{2}O_2$(気) ⟶ H_2O(液) $\Delta H = -286$ kJ …②

C(黒鉛) ＋ O_2(気) ⟶ CO_2(気) $\Delta H = -394$ kJ …③

C(黒鉛) ＋ $2H_2$(気) ⟶ CH_4(気) $\Delta H = -75$ kJ …④

与えられた②，③，④より①を作成してみよう。

④の CH_4 は右辺にあるが，求める①では左辺にあるので，逆向きになるように④を下の④'のように変形する。

③の CO_2 も①の CO_2 も右辺にあるのでそのまま。

②の H_2O も①の H_2O も右辺にあるので，②をそのまま 2 倍する。

したがって，②×2＋③＋④×(−1)より①が求められる。

	$2H_2$(気) ＋ O_2(気) ⟶ $2H_2O$(液)	$\Delta H = -286\times2$〔kJ〕	…②
	C(黒鉛) ＋ O_2(気) ⟶ CO_2(気)	$\Delta H = -394$〔kJ〕	…③
＋)	CH_4(気) ⟶ C(黒鉛) ＋ $2H_2$(気)	$\Delta H = 75$〔kJ〕	…④'
	CH_4(気) ＋ $2O_2$(気) ⟶ CO_2(気) ＋ $2H_2O$(液)	ΔH	

$= (-286\times2) + (-394) + 75$

$= -891$ kJ ∴ -891〔kJ/mol〕

(解法 2) ①に p. 84 2 の 公式 を適用する。

CH_4の燃焼エンタルピー＝(CO_2と $2H_2O$ の生成エンタルピーの和)

−(CH_4と $2O_2$の生成エンタルピーの和)

$Q = \{(-394) + 2\times(-286)\} - \{(-75) + 2\times0\} = -891$〔kJ/mol〕

単体 O_2 の生成エンタルピーは 0 kJ/mol だよ！

（補足）①〜④のエンタルピーの関係を次図に表わす。

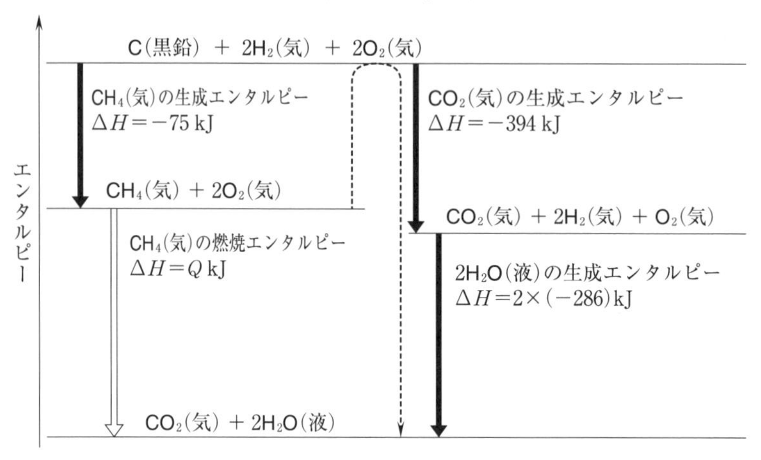

例題 12−1

二酸化炭素 CO_2，水 H_2O(液体)，エタノール C_2H_5OH(液体)の生成エンタルピーは，それぞれ−394 kJ/mol，−286 kJ/mol，−277 kJ/mol である。エタノールの燃焼エンタルピーを求めよ。

解答 （解法 1） CO_2，H_2O(液)，C_2H_5OH(液)の生成エンタルピーは，

$$\mathrm{C(黒鉛)} + \mathrm{O_2(気)} \longrightarrow \mathrm{CO_2(気)} \qquad \Delta H = -394\ \mathrm{kJ} \qquad \cdots ①$$

$$\mathrm{H_2(気)} + \frac{1}{2}\mathrm{O_2(気)} \longrightarrow \mathrm{H_2O(液)} \qquad \Delta H = -286\ \mathrm{kJ} \qquad \cdots ②$$

$$2\mathrm{C(黒鉛)} + 3\mathrm{H_2(気)} + \frac{1}{2}\mathrm{O_2(気)} \longrightarrow \mathrm{C_2H_5OH(液)} \qquad \Delta H = -277\ \mathrm{kJ} \qquad \cdots ③$$

また，エタノールの燃焼エンタルピーを Q〔kJ/mol〕とすると，

$$\mathrm{C_2H_5OH(液)} + 3\mathrm{O_2(気)} \longrightarrow 2\mathrm{CO_2(気)} + 3\mathrm{H_2O(液)} \quad \Delta H = Q\ 〔\mathrm{kJ}〕 \qquad \cdots ④$$

①×2＋②×3＋③×(−1)より，④が求められる。

$$
\begin{array}{llll}
 & 2C(黒鉛) + 2O_2(気) \longrightarrow 2CO_2(気) & & \Delta H = -394 \times 2\ \text{kJ} \\
 & 3H_2(気) + \frac{3}{2}O_2(気) \longrightarrow 3H_2O(液) & & \Delta H = -286 \times 3\ \text{kJ} \\
+) & C_2H_5OH(液) \longrightarrow 2C(黒鉛) + 3H_2(気) + \frac{1}{2}O_2(気) & & \Delta H = -277 \times (-1)\ \text{kJ} \\
\hline
 & C_2H_5OH(液) + 3O_2(気) \longrightarrow 2CO_2(気) + 3H_2O(液) & & \Delta H
\end{array}
$$

$$= (-394 \times 2) + (-286 \times 3) + (-277) \times (-1)$$

$$= -1369\ \text{kJ}$$

$$\therefore\ -1369\ 〔\text{kJ/mol}〕$$

(解法 2)

④に p. 84 2 の 公式 を適用すると,

C_2H_5OH(液)の燃焼エンタルピー=($2CO_2$(気)+$3H_2O$(液)の生成エンタルピーの和)

−(C_2H_5OH(液)+$3O_2$(気)の生成エンタルピーの和)

$Q = \{2 \times (-394) + 3 \times (-286)\} - \{(-277) + 3 \times 0\}$ $\therefore\ Q = -1369$ 〔kJ/mol〕

それでは,実際に問題を解いてみましょう。

(解答編 p. 27)

□類題 12−1 制限時間 6分 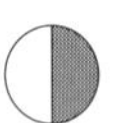

(1) 二酸化炭素,水(液体),エタン C_2H_6(気体)の生成エンタルピーは,それぞれ−394 kJ/mol,−286 kJ/mol,−84 kJ/mol である。エタンの燃焼エンタルピーを求めよ。

(2) 黒鉛,水素,メタノール CH_3OH(液体)の燃焼エンタルピーは,それぞれ−394 kJ/mol,−286 kJ/mol,−728 kJ/mol である。メタノールの生成エンタルピーを求めよ。

ここからは**入試問題**です。今までの類題とレベルはほとんど変わらないので，落ち着いて解いてみましょう。

□類題 12－2　制限時間　3分

水素(気)，黒鉛の燃焼エンタルピーは，それぞれ－286 kJ/mol，－394 kJ/mol であり，メタン(気)の生成エンタルピーは－74 kJ/mol である。これらの値からメタンの燃焼エンタルピーを求めよ。

(北里大・改)

□類題 12－3　制限時間　3分

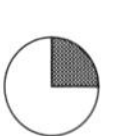

CO_2(気)，H_2O(液)，C_2H_5OH(液)の生成エンタルピーは，それぞれ－394 kJ/mol，－286 kJ/mol，－277 kJ/mol である。C_2H_5OH 1.00 g を燃焼させたとき得られる熱量は何 kJ か。有効数字3桁で答えよ。$C_2H_5OH=46$

(大阪産業大・改)

□類題 12－4　制限時間　5分

次の式(1)の反応エンタルピー Q を，熱化学反応式(ア)～(ウ)を用いて求め，その数値として最も適当なものを下の①～⑥から1つ選べ。

$2CO$(気) ＋ $2H_2$(気) ⟶ CH_3COOH(液)　$\Delta H = Q$ kJ　…(1)

CH_3COOH(液) ＋ $2O_2$(気) ⟶ $2CO_2$(気) ＋ $2H_2O$(液)　$\Delta H = -874$ kJ　…(ア)

CO(気) ＋ $\frac{1}{2}O_2$(気) ⟶ CO_2(気)　$\Delta H = -283$ kJ　…(イ)

H_2(気) ＋ $\frac{1}{2}O_2$(気) ⟶ H_2O(液)　$\Delta H = -286$ kJ　…(ウ)

①　264　②　132　③　21　④　－21　⑤　－132　⑥　－264

(センター本試・改)

13 化学反応と熱 (4) 結合エネルギー

1 結合エネルギー(結合エンタルピー)

気体分子内のある共有結合 1 mol を切断してばらばら(気体状態)の原子にするとき吸収されるエネルギーを**結合エネルギー**(**結合エンタルピー**)という。このエネルギーは，ばらばらの原子から共有結合 1 mol が生成されるとき放出されるエネルギーに等しい。結合エネルギーの値が大きいものほど共有結合は強い。結合エネルギーは次のように表される。

例　水素分子の水素原子間の結合エネルギーは 436 kJ/mol である。

H_2(気) ⟶ 2H(気)　　$\Delta H = 436$ kJ

H－H ⟹ H　H（436 kJ）

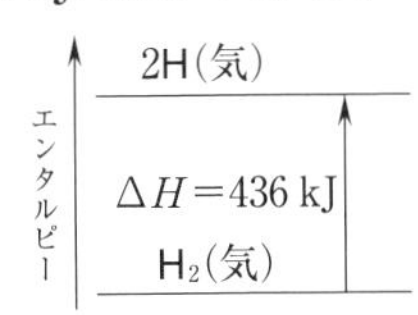

結合エネルギーの値は，水素原子(2H)より水素分子(H_2)の方が 436 kJ/mol だけエンタルピーが低く安定であることを示す。

結合エネルギーは
必ず正の値だよ！
なぜだろう？

(補足) **解離エネルギー**

1 mol の気体分子内の**すべての**共有結合を切断してばらばらの原子にするとき吸収されるエネルギーを**解離エネルギー**という。解離エネルギーはその分子内のすべての共有結合の結合エネルギーの和である。

結合してるときの方
がしてないときより
エンタルピー量は少ないよ！

例　水素分子(H_2)の解離エネルギーは 436 kJ/mol である。

これは，1の例の H－H 結合の結合エネルギーと同じ値になる。

例　アンモニア(NH_3)の解離エネルギーは 1170 kJ/mol である。

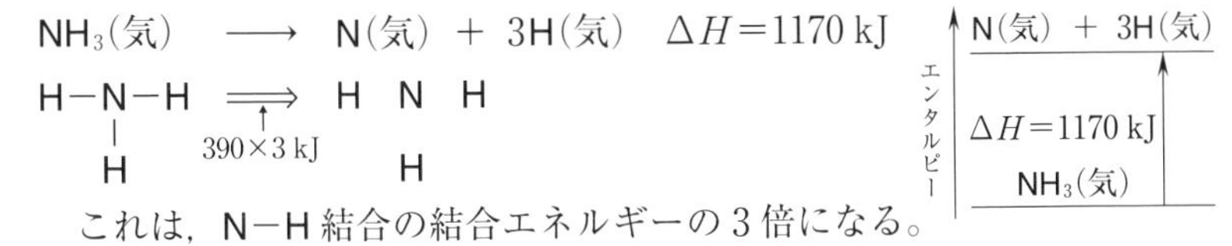

これは，N－H 結合の結合エネルギーの 3 倍になる。

アンモニアの解離エネルギーを用いて N－H 結合の結合エネルギーを求めることもできる。N－H 結合の結合エネルギーを x〔kJ/mol〕とすると，構造式より

$3 \times x = 1170$　　∴　$x = 390$〔kJ/mol〕

2 結合エネルギーと反応エンタルピー

左辺の物質も右辺の物質もすべて気体の場合，結合エネルギーと反応エンタルピーとの間には次の関係がある。

公式 **(反応エンタルピー)＝(反応物(左辺)の結合エネルギーの総和)**
－(生成物(右辺)の結合エネルギーの総和)

例題 13－1

水素1molと塩素1molから塩化水素2molが生成するときの反応エンタルピーをQ〔kJ〕，H－H結合の結合エネルギーを436kJ/mol，Cl－Cl結合の結合エネルギーを244kJ/mol，およびH－Cl結合の結合エネルギーを432kJ/molとする。反応エンタルピーQの値を求めよ。

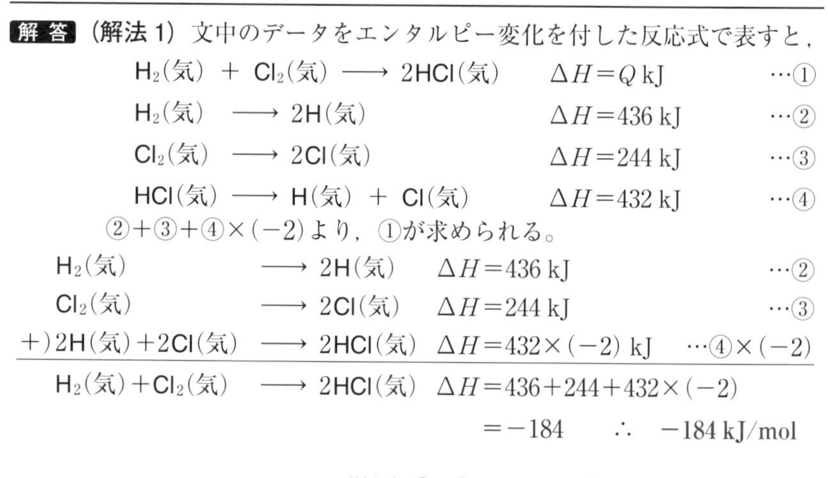

解答 **(解法1)** 文中のデータをエンタルピー変化を付した反応式で表すと，

H_2(気) ＋ Cl_2(気) ⟶ 2HCl(気)　$\Delta H = Q$ kJ　…①
H_2(気) ⟶ 2H(気)　$\Delta H = 436$ kJ　…②
Cl_2(気) ⟶ 2Cl(気)　$\Delta H = 244$ kJ　…③
HCl(気) ⟶ H(気) ＋ Cl(気)　$\Delta H = 432$ kJ　…④

②＋③＋④×(－2)より，①が求められる。

H_2(気) ⟶ 2H(気)　$\Delta H = 436$ kJ　…②
Cl_2(気) ⟶ 2Cl(気)　$\Delta H = 244$ kJ　…③
＋) 2H(気)＋2Cl(気) ⟶ 2HCl(気)　$\Delta H = 432 \times (-2)$ kJ　…④×(－2)

H_2(気)＋Cl_2(気) ⟶ 2HCl(気)　$\Delta H = 436 + 244 + 432 \times (-2)$
$= -184$　∴　-184 kJ/mol

(補足) ①～④のエンタルピーの関係を下図に表わす。

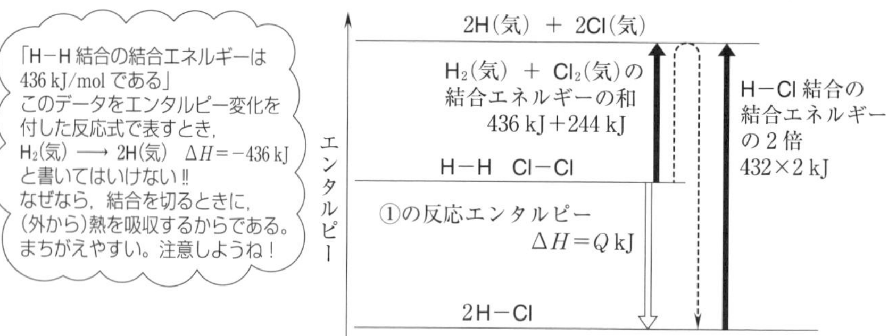

(解法 2)　①式に，p. 90 **2** の 公式 を適用すると，

反応エンタルピー Q={(H−H)と(Cl−Cl)の結合エネルギーの総和}

−{2×(H−Cl)の結合エネルギーの総和}

=(436+244)−(2×432)　∴　Q=−184〔kJ〕

それでは，実際に問題を解いてみましょう。

(解答編 p. 28)

□類題 13−1　制限時間　4 分

(1)　N≡N，N−H，H−H の結合エネルギーがそれぞれ 946 kJ/mol，391 kJ/mol，436 kJ/molであるとき，アンモニアの生成エンタルピーを求めよ。

(2)　メタンCH_4の生成エンタルピーは −74 kJ/mol，黒鉛の昇華エンタルピーは 717 kJ/mol，H−H の結合エネルギーは 436 kJ/mol である。メタン分子中の C−H の結合エネルギーを整数で求めよ。

```
    H
    |
H — C — H
    |
    H
```
メタンの構造式

ここからは**入試問題**です。今までの類題とレベルはほとんど変わらないので，落ち着いて解いてみましょう。

□類題 13−2　制限時間　4 分

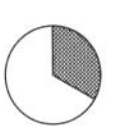

H_2 の結合エネルギーは436 kJ/mol，N_2 の結合エネルギーは946 kJ/mol である。N−H の結合エネルギーに関する次の反応式(1)が与えられたとき，反応式(2)の数値 Q として正しいものを，下の①〜⑥のうちから 1 つ選べ。

NH_3(気) ⟶ N(気) ＋ 3H(気)　　ΔH=1173 kJ　(1)

N_2(気) ＋ $3H_2$(気) ⟶ $2NH_3$(気)　　ΔH=Q kJ　(2)

①　92　　②　209　　③　4600　　④　−92

⑤　−209　　⑥　−4600

(センター追試・改)

□類題 13－3　制限時間　4 分

炭素(黒鉛)と水素からのエタンの生成エンタルピーを－84 kJ/mol，エタンの C－H 結合の結合エネルギーを 411 kJ/mol，水素分子の H－H 結合エネルギーを432 kJ/mol，黒鉛の昇華エンタルピーを 717 kJ/mol として，エタン分子の C－C 結合の結合エネルギーを有効数字 3 桁で求めよ。

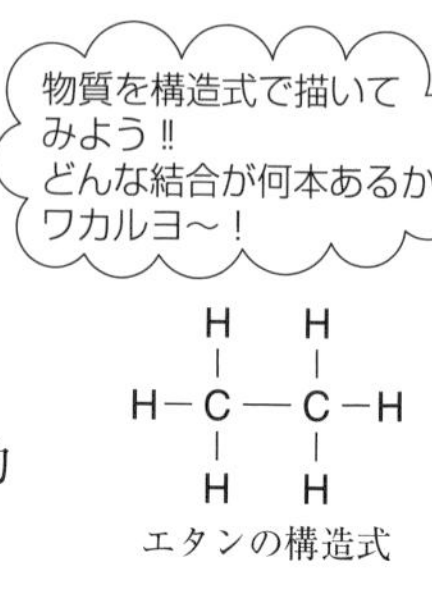

エタンの構造式

（山梨医科大・改）

□類題 13－4　制限時間　6 分

右の表を用いて，次の問に答えよ。

結合	結合エネルギー〔kJ/mol〕
H－H	436
O=O	496
O－H	463

H_2O の構造式　H－O－H

問 1　液体の水が蒸発するとき 44 kJ/mol の熱量が必要である。このときの変化をエンタルピー変化を付した反応式で記せ。

問 2　水素 0.60 g を燃焼させて H_2O(液体)が生じたとき，何 kJ の発熱があるか。有効数字 2 桁で求めよ。H＝1.0

（琉球大・改）

□類題 13－5　制限時間　6 分

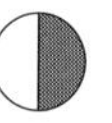

次の反応式(a)～(d)を利用すれば，アセチレン C_2H_2 中の C≡C 三重結合の結合エネルギーを求めることができる。

$$2C(固) + H_2(気) \longrightarrow C_2H_2(気) \quad \Delta H = 231\ \mathrm{kJ} \quad \cdots(a)$$
$$C(固) \longrightarrow C(気) \quad \Delta H = 718\ \mathrm{kJ} \quad \cdots(b)$$
$$H_2(気) \longrightarrow 2H(気) \quad \Delta H = 436\ \mathrm{kJ} \quad \cdots(c)$$
$$C(気) + 4H(気) \longrightarrow CH_4(気) \quad \Delta H = -1670\ \mathrm{kJ} \quad \cdots(d)$$

問 1　反応式(a)～(c)を用いて反応式(e)の反応エンタルピー Q を求めよ。

$$2C(気) + 2H(気) \longrightarrow C_2H_2(気) \quad \Delta H = Q\ \mathrm{kJ} \quad \cdots(e)$$

問2 反応式(d)と(e)を用いて，アセチレン C_2H_2 中の C≡C 結合の結合エネルギーを求めよ。ただし，C−H 結合の結合エネルギーは分子が変わっても不変であるとする。

（青山学院大・改）

用 □類題 13−6 制限時間 12 分 

1 mol のイオン結晶を，それを構成する気体状態のイオンにするのに必要なエネルギーを格子エネルギーといい，NaCl 結晶の場合，(a)の熱化学反応式で表される。次の問に答えよ。

(a) 式：NaCl(固) ⟶ Na^+(気) ＋ Cl^-(気)　$\Delta H = X$ kJ

意味：NaCl 結晶の格子エネルギーは X〔kJ/mol〕である。

(b) 式：Na(固) ⟶ Na(気)　$\Delta H = 100$ kJ

意味：Na の〔　1　〕は 100 kJ/mol である。

(c) 式：Na(気) ⟶ Na^+(気) ＋ e^-　$\Delta H = 500$ kJ

意味：Na の〔　2　〕は 500 kJ/mol である。

(d) 式：Cl_2(気) ⟶ 2Cl(気)　$\Delta H = 240$ kJ

意味：Cl_2 の〔　3　〕は 240 kJ/mol である。

(e) 式：Cl(気) ＋ e^- ⟶ Cl^-(気)　$\Delta H = -350$ kJ

意味：Cl の〔　4　〕は 350 kJ/mol である。

(f) 式：Na(固) ＋ $\frac{1}{2}Cl_2$(気) ⟶ NaCl(固)　$\Delta H = -415$ kJ

意味：NaCl(固)の〔　5　〕は −415 kJ/mol である。

問1 文中の〔　1　〕～〔　5　〕に適当な語句を書け。

問2 文中の X に適当な数値を整数で答えよ。

問3 Na^+(気)の水和エンタルピーを −405 kJ/mol とすると，その熱化学反応式は，

Na^+(気) ＋ aq ⟶ Na^+aq　$\Delta H = -405$ kJ

である。Cl^-(気)の水和エンタルピーを −375 kJ/mol とするときの熱化学反応式を記せ。

問4 NaCl(固)の溶解エンタルピーを整数で記せ。

（工学院大・改）

14 化学反応と熱 (5) 反応エンタルピーの測定

溶解エンタルピー，中和エンタルピーは，実験で求められる。

比熱：物質 1 g の温度を 1 K(1 ℃)上昇させるのに必要な熱量を，
その物質の**比熱**という。単位は J/(g·K)である。

ある変化によって発生した熱量を物質が受け取ったとすると，

発熱量 q〔J〕＝物質の質量 m〔g〕×比熱 c〔J/(g·K)〕×温度変化 Δt〔K〕

例題 14−1

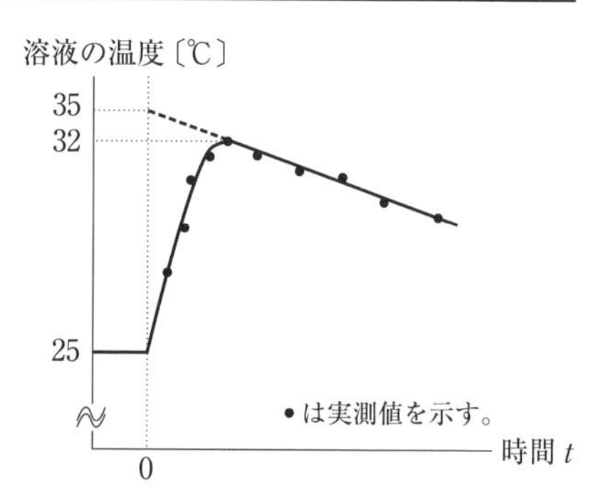

水酸化ナトリウムの溶解エンタルピーを測定するため，25 ℃の室温のもとで，水酸化ナトリウム 2.0 g を 25 ℃ の水 50 g の入った密閉容器に入れて溶解させ，よくかき混ぜながら温度変化を調べた。混合の瞬間からの時間 t に対して，溶液の温度を表したグラフは右図のようになった。溶液の比熱を 4.2 J/(g·K)とするとき，水酸化ナトリウムの溶解エンタルピー Q〔kJ/mol〕を有効数字 3 桁で求めよ。NaOH＝40

解答 水溶液の質量 m は 2.0＋50＝52〔g〕，NaOH の物質量は $\frac{2.0}{40}$＝0.050〔mol〕

固体の水酸化ナトリウムを溶解するとき，その表面から徐々に溶解するため徐々に発熱する。また容器の外へは絶えず放熱しているため，測定した最高温度(グラフの 32 ℃)から温度変化を読み取ってはいけない。正しい，真の温度変化を調べるには，上図の点線のようにグラフの直線部分を時間 t=0 まで延長する。

グラフより，温度変化 Δt は 35−25＝10〔℃〕＝10〔K〕

したがって，水酸化ナトリウム 2.0 g を溶解したときの発熱量は，

$$\underbrace{52\times4.2\times10}_{\text{J}}\times\underbrace{\frac{1}{10^3}}_{\text{kJ}}=2.184\text{〔kJ〕}$$

このときのエンタルピー変化は $\Delta H = -2.184$ kJ である。水酸化ナトリウムの溶解エンタルピーを Q〔kJ/mol〕とすると，

$$Q = -\frac{2.184\,〔\mathrm{kJ}〕}{\dfrac{2.0}{40}\,〔\mathrm{mol}〕} = -43.68 \fallingdotseq -43.7\,〔\mathrm{kJ/mol}〕$$

例題 14-2

固体の水酸化ナトリウム NaOH 1 mol を，塩化水素 HCl 1 mol を含む塩酸に加えて反応させたときの発熱量は 101.0 kJ である。0.50 mol/L の水酸化ナトリウム水溶液 400 mL と，0.80 mol/L の塩酸 200 mL を反応させると何 kJ の熱が発生するか。次の①～⑧のうちから選べ。ただし水酸化ナトリウムの溶解エンタルピーは−44.5 kJ/mol とする。

① 3.0　② 6.0　③ 9.0　④ 12
⑤ 15　⑥ 18　⑦ 21　⑧ 24

解答　問題文より，101.0 kJ 発熱したので，このときのエンタルピー変化は $\Delta H = -101.0$ kJ

この変化では NaOH(固)が徐々に溶解し，その後 NaOH と HCl の中和反応が起こる。

NaOH 水溶液と塩酸の中和反応の中和エンタルピーを Q〔kJ/mol〕とすると，

エンタルピー変化＝NaOH(固) 1 mol の溶解エンタルピー
＋H_2O 1 mol が生成する中和エンタルピーより，

$$-101.0 = 1 \times (-44.5) + 1 \times Q \qquad \therefore \quad Q = -56.5\,〔\mathrm{kJ/mol}〕$$

また，$n_{\mathrm{NaOH}} = 0.50 \times \dfrac{400}{1000} = \dfrac{200}{1000}$〔mol〕，$n_{\mathrm{HCl}} = 0.80 \times \dfrac{200}{1000} = \dfrac{160}{1000}$〔mol〕

HCl ＋ NaOH ⟶ NaCl ＋ H_2O の反応より，生成する H_2O は HCl と同じ $\dfrac{160}{1000}$〔mol〕である。求める発熱量は，$56.5 \times \dfrac{160}{1000} = 9.04$〔kJ〕　∴ ③

それでは問題を解いてみましょう。今回は初めから**入試問題**です。

（解答編 p. 31）

□類題 14－1　制限時間　7分 

(1)　水酸化ナトリウム 2.0 g を，20 ℃ で 0.10 L の水に溶解させたところ，水溶液の温度は25 ℃ になった。この水溶液について，比熱は4.2 J/(g·K)，密度は 1.0 g/mL とする。水酸化ナトリウムの添加による体積変化は無視する。NaOH＝40

問1　この溶解に伴うエンタルピー変化〔kJ〕を小数第1位まで求めよ。

問2　この実験結果から，水酸化ナトリウムの溶解エンタルピー〔kJ/mol〕を整数で求めよ。

（青山学院大・改）

(2)　断熱容器に 0.50 mol/L の水酸化ナトリウム水溶液 100 mL を入れ，25.0 ℃ に保った。そこに同じ温度の 0.50 mol/L の塩酸 100 mL を一度に加えてかくはんしたところ，溶液の温度は a〔℃〕まで上昇した。a として正しい数値は次の①～⑤のうちのどれか。ただし，このときの中和エンタルピーを－56 kJ/mol，この水溶液 1.0 g の温度を 1.0 K 上げるのに必要な熱量を 4.2 J とする。また，すべての水溶液の密度は 1.0 g/cm^3 であり，温度の上昇は中和による発熱によるもののみとし，生じた熱量はすべて溶液の温度上昇に使われるものとする。

①　25.8　　②　26.7　　③　28.3　　④　31.6　　⑤　38.2

（北里大・改）

□類題 14－2　制限時間　5分

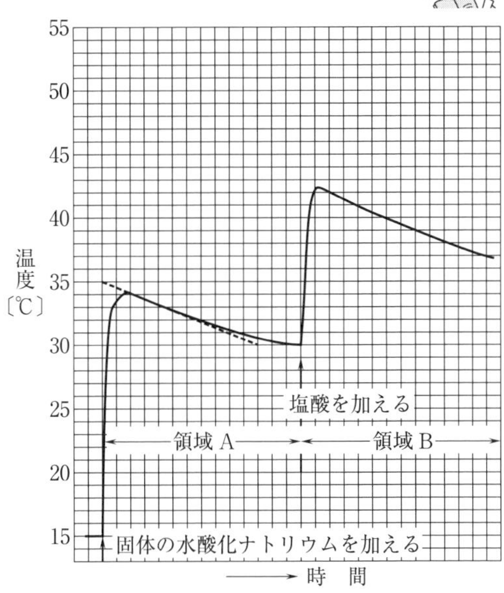

ある容器に15℃の水500 mLを入れ，そこに固体の水酸化ナトリウム1.0 molを加えてすばやく溶解させると，溶液の温度は図の領域Aの変化を示した。逃げた熱の補正をすると，溶液の温度は35℃まで上昇したことになる。溶液の温度が30℃になったとき，同じ温度の2.0 mol/L塩酸500 mLをすばやく加えたところ，再び温度が上昇して領域Bの温度変化を示した。この図より，

$$\text{HCl aq} + \text{NaOH(固)} \longrightarrow \text{NaCl aq} + H_2O \quad \cdots(1)$$

の反応エンタルピーとして最も適当な数値を，次の①～⑤のうちから1つ選べ。ただし，固体の水酸化ナトリウムの溶解や中和反応による溶液の体積変化はないものとし，溶液の密度は1.0 g/mL，比熱は4.2 J/(g·K)とする。

①　−55　　②　−97　　③　−139　　④　−181　　⑤　−223

（センター本試・改）

□類題 14－3　制限時間 9分 

固体の水酸化ナトリウムの水への溶解，および塩酸と固体の水酸化ナトリウムとの反応は，それぞれ次の熱化学反応式で表される。

$NaOH$(固) ＋ aq ⟶ $NaOH$ aq　　$\Delta H = -44.5$ kJ

HCl aq ＋ $NaOH$(固) ⟶ $NaCl$ aq ＋ H_2O　　$\Delta H = -100.9$ kJ

次の問に答えよ。答は小数点以下第1位まで求めよ。$NaOH = 40$

問1　塩酸と水酸化ナトリウム水溶液との反応をエンタルピー変化を付した反応式で記せ。

問2　1.0 mol/L 塩酸 100 mL と 1.0 mol/L 水酸化ナトリウム水溶液 50 mL を断熱容器の中でかき混ぜた。この中和反応で発生した熱量を求めよ。また，発生した熱がすべて溶液の温度上昇に使われたとすると，溶液の温度は何℃上昇するか。ただし，反応後の溶液の質量を 150 g とし，溶液 1 g の温度を 1 K 上げるのに要する熱量は 4.2 J/(g·K)とする。

問3　問2の溶液にさらに固体の水酸化ナトリウム 2.0 g を入れて完全に溶かした。このとき，溶液の温度はさらに何℃上昇するか。ただし，発生した熱がすべて溶液の温度上昇に使われたとする。

（岡山理科大・改）

応用 □類題 14－4　制限時間 4分 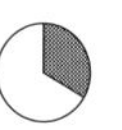

次の文中［　ア　］にあてはまる語句，［　イ　］に適切な数値を小数第一位まで求めよ。ただし，溶液の比熱を 4.2 J/(g·K)とする。

$H = 1$，$N = 14$，$O = 16$

硝酸アンモニウムが水に溶解するときの熱化学方程式は

NH_4NO_3(固) ＋ aq ⟶ NH_4NO_3 aq　　$\Delta H = 26$ kJ

で，溶解に伴って熱を［　ア　］する。NH_4NO_3 8.0 g を 20.0 ℃，100 g の水に溶かしたときの溶解直後の溶液の温度は［　イ　］℃である。

（北里大・改）

15　化学反応と光

熱と同様に光もエネルギーの一種であり，化学反応に伴い光が発生したり，光が吸収されたりする。前者を化学発光，後者を光化学反応ともいう。ホタルが光るのは化学発光の一種であり，植物の光合成の一部は光化学反応の一種である。

例題 15－1

次の問に有効数字 2 桁で答えよ。アボガドロ定数を 6.0×10^{23}/mol とする。

問　次の文中の［　1　］，［　2　］にあてはまる数値を求めよ。

トウモロコシは 8 個の光子を吸収して 1 個の炭水化物（CH_2O）をつくる。光子 1 個がもつエネルギーを 3.6×10^{-19} J とすると，光子 8 mol がもつエネルギーは［　1　］kJ となる。光合成が起こる際，光エネルギーが化学エネルギーに変換され，炭水化物という形で保存されるが，その変換効率は 100 % ではない。炭水化物の燃焼エネルギーは 528 kJ/mol であり，光合成におけるエネルギー変換効率は［　2　］% となる。

解答　［1］　光子 8 mol（$8\times6.0\times10^{23}$〔個〕）分のエネルギーは，

$$\underbrace{3.6\times10^{-19}\times(8\times6.0\times10^{23})}_{J}\underbrace{\times10^{-3}}_{kJ}=1728\fallingdotseq1.7\times10^{3}\text{〔kJ〕}$$

［2］　トウモロコシは 8 mol の光子を吸収して 1 mol の炭水化物（CH_2O）をつくり，そのエネルギーは 1728 kJ である。炭水化物（CH_2O）の燃焼熱は 528〔kJ/mol〕であるから，

$$\frac{528}{1728}\times100=30.5\fallingdotseq31\text{〔%〕}$$

それでは問題を解いてみましょう。今回は初めから**入試問題**です。

（解答編 p. 34）

□類題 15－1　制限時間　3分 

下の式(1)は光合成における変化を示している。

$6CO_2$(気)$+6H_2O$(液) ⟶ $C_6H_{12}O_6$(固)$+6O_2$(気)　　$\Delta H = 2880$ kJ　…(1)

式(1)より光合成は吸熱反応であり，光エネルギーが 2800 kJ の化学エネルギーに変換されることを意味する。光合成で酸素 1 mol あたり 1400 kJ の光エネルギーが必要とすると，この光エネルギーの何% が化学エネルギーに変換されるか。有効数字 3 桁で答えよ。

（日本女子大・改）

□類題 15－2　制限時間　4分 

太陽光のエネルギーを 1 m^2 あたり毎秒 1.0 kJ とする。光の進行方向に対し垂直に 1.0 cm^2 の葉を置き，3.6×10^3 秒間太陽光に当てた。何 g のグルコースが合成されるか。有効数字 2 桁で答えよ。ただし，葉に照射された太陽光のエネルギーの 7.0 % がグルコースの合成に使われるものとする。また，グルコース 1 mol を合成するために 2800 kJ のエネルギーが必要である。H＝1.0，C＝12，O＝16

（鳥取大・改）

16 反応速度(1) 活性化エネルギー

化学反応は原子の結合の組み合わせが変化することである。反応物中の古い結合が切れて原子の状態になり，新しい結合が形成され生成物ができると考えてよい。つまり，化学反応が起きるためには，反応物中の結合エネルギーの和と同じエネルギーが必要になると考えられるが，実際の反応はそれほど多くのエネルギーを必要とせず起きていることが多い。化学反応では何が起こっているのだろう？

1 活性化エネルギー

化学反応が起こるときのエネルギーの高い状態を**遷移状態**(活性化状態)といい，遷移状態になるために必要な最小のエネルギーを**活性化エネルギー**という。活性化エネルギー以上のエネルギーをもつ分子どうしが衝突することによって化学反応が起こる。活性化エネルギーが小さい反応ほど，反応速度は大きくなる。

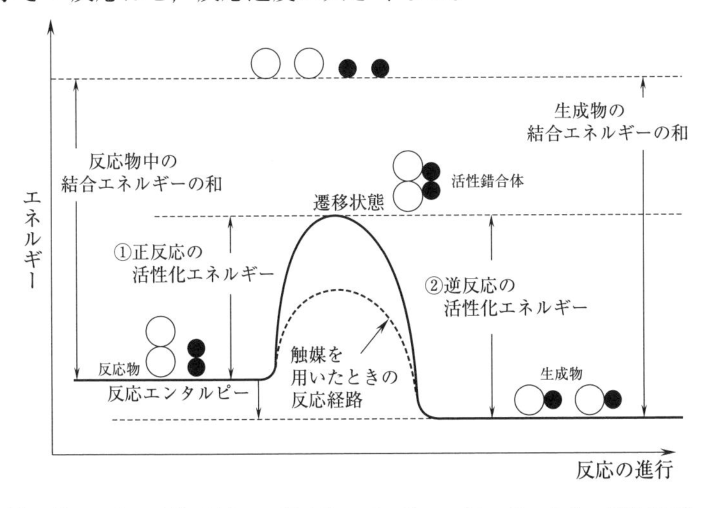

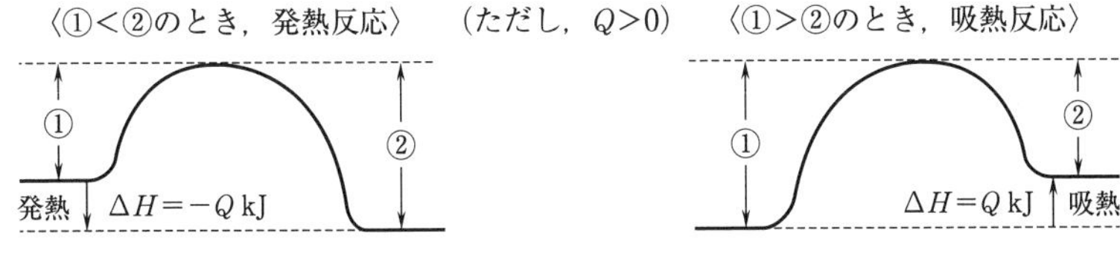

2 反応速度を決定する要因

(1) 濃度の影響

温度一定のとき，**反応物の濃度が大きいほど**分子どうしの衝突回数が多くなるため，**反応速度は大きくなる**。

(2) 圧力の影響

温度一定のとき，**圧力を大きく**(して体積を小さく)**すると**反応物の濃度が増加するため，**反応速度は大きくなる**。

(注)この効果は気体を含む反応において著しい。

(3) 温度の影響

反応物の濃度一定のとき，温度が高くなると活性化エネルギー以上のエネルギーをもつ分子の数が増えるため，**温度が高いほど反応速度は大きくなる**。

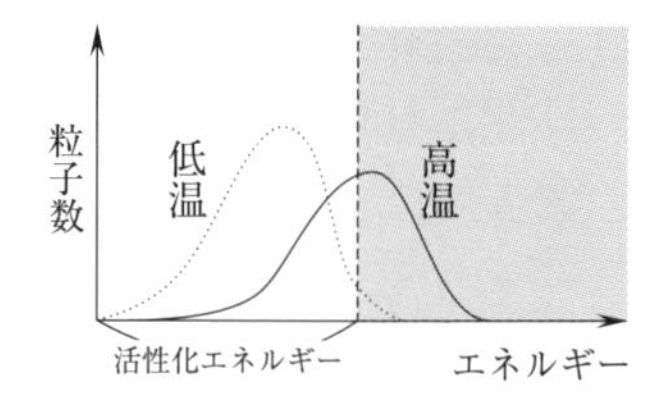

(4) 触媒の影響

触媒は反応の前後でみると変化していないが，反応速度に影響を与える物質。**触媒を用いると，用いないときよりも活性化エネルギーの小さい反応経路で反応が進むため，反応速度が大きくなる**。

反応速度を大きくする触媒を**正触媒**(ふつう触媒といえばこれを意味する)，小さくする触媒を**負触媒**という。

また触媒は，そのはたらき方で**均一触媒**と**不均一触媒**に分類される。

均一触媒は，反応物と均一に混じり合ってはたらく。過酸化水素水に加える塩化鉄(Ⅲ)(中の Fe^{3+})や酵素など。

不均一触媒は反応物と均一に混じり合うことなくはたらく。過酸化水素水に加える固体の酸化マンガン(Ⅳ)など。

例題 16－1

右図は，ある反応のエネルギー変化についての図である。以下の問に答えよ。

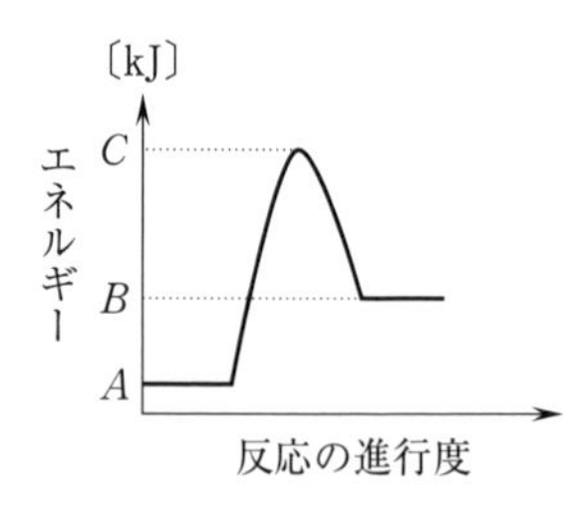

問1　この反応は発熱反応か，吸熱反応か。

問2　正反応の活性化エネルギーは何 kJ か。

問3　この反応の反応エンタルピーは何 kJ か。

問4　触媒を用いたときのエネルギー変化について，図に書き入れよ。

解 答　問1　反応物の保有するエネルギーよりも生成物の保有するエネルギーの方が大きいので，**吸熱反応**である。

問2　遷移状態のときのエネルギーと反応物の保有するエネルギーとの差であるので，**$C-A$〔kJ〕**

問3　反応エンタルピー＝(生成物の持つエンタルピーの和)
－(反応物の持つエンタルピーの和)
＝$B-A$〔kJ〕

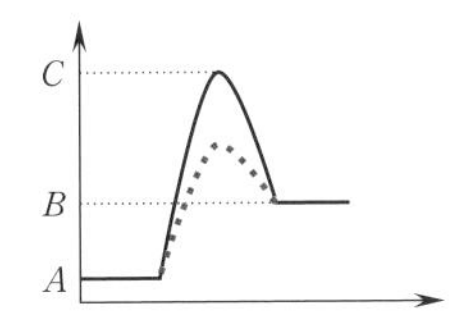

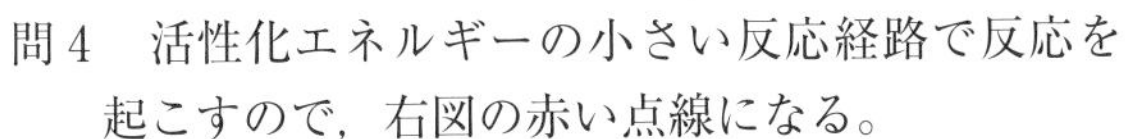

問4　活性化エネルギーの小さい反応経路で反応を起こすので，右図の赤い点線になる。

それでは，実際に問題を解いてみましょう。

(解答編 p. 34)

□類題 16－1　制限時間　3分

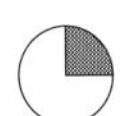

次の文中の〔　ア　〕～〔　オ　〕には適当な語句または数値を入れ，①～③は(　　)内の語句の正しい方を選べ。

化学反応が進行する場合，反応物が生成物になる途中で〔　ア　〕とよばれる不安定な状態を通る。この〔　ア　〕になるのに必要なエネルギーを〔　イ　〕といい，反応物は〔　イ　〕以上のエネルギーをもたないと生成物にはなれない。

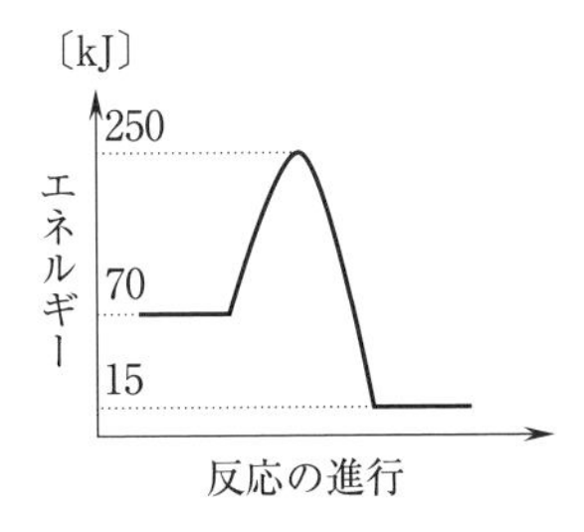

また，図より正反応は①(発熱反応，吸熱反応)で，正反応の活性化エネルギーは〔　ウ　〕kJ，反応エンタルピーは〔　エ　〕kJである。

触媒は反応前後でそれ自身②(が変化し，は変化せず)，活性化エネルギーを③(大きく，小さく)する役割をもつ。

いま，触媒を用いたときの正反応の活性化エネルギーを135 kJとすると，逆反応の活性化エネルギーは〔　オ　〕kJである。

□類題 16－2　制限時間　1分

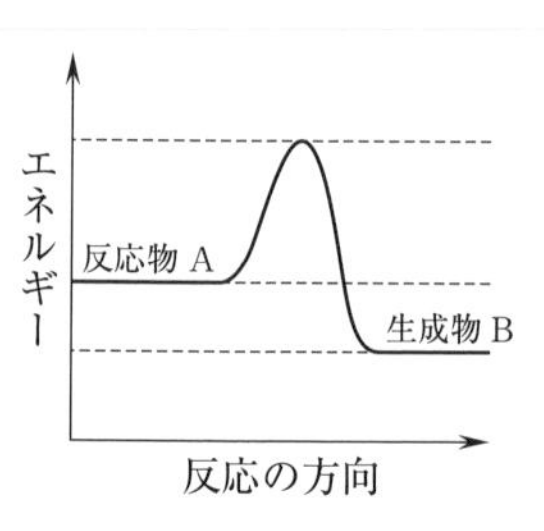

右図は，酵素がないときの分解反応に伴うエネルギー変化のようすを示している。酵素によって分解が促進されているときのグラフを(ア)～(エ)から一つ選び，記号で記せ。

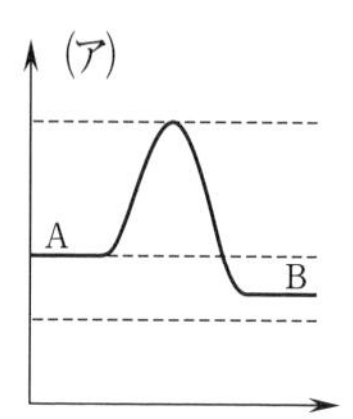

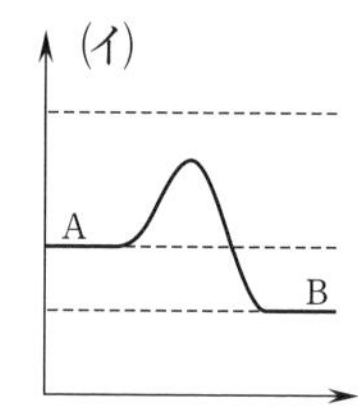

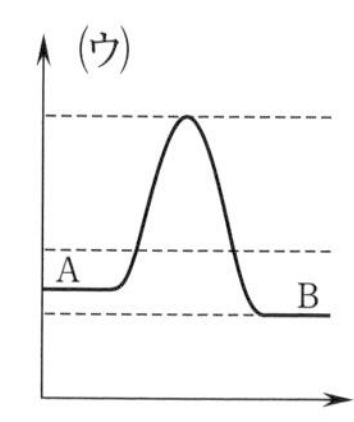

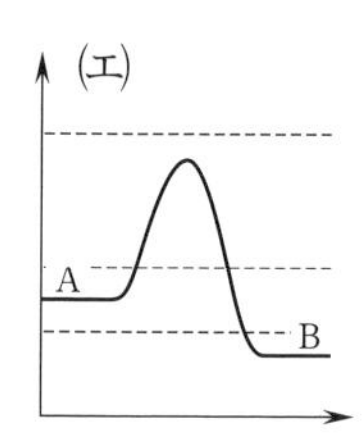

ここからは**入試問題**です。今までの類題とレベルはほとんど変わらないので，落ち着いて解いてみましょう。

□類題 16－3　制限時間　3分

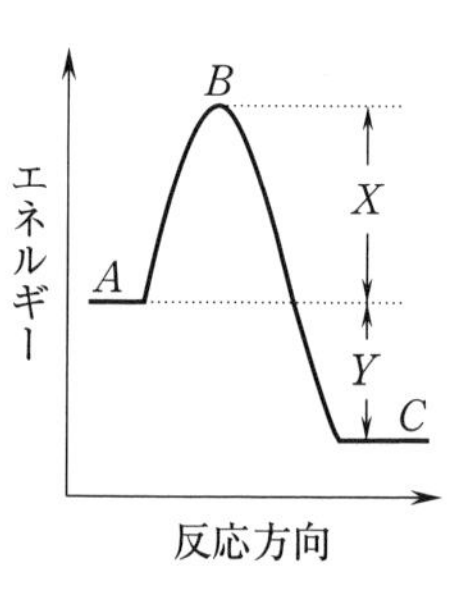

右図は $H_2 + I_2 \longrightarrow 2HI$ の進行とそのエネルギー変化を表している。A，B，C，X，Y はそれぞれ何を表しているか。最も適当なものを次の①～⑧のうちから選べ。

①　エンタルピー変化
②　HI がもつエネルギー
③　H_2 がもつエネルギー
④　遷移状態がもつエネルギー
⑤　$H_2 + I_2$ がもつエネルギー
⑥　活性化エネルギー
⑦　I_2 がもつエネルギー
⑧　2HI がもつエネルギー

（神奈川大・改）

□類題 16−4 制限時間 2分 

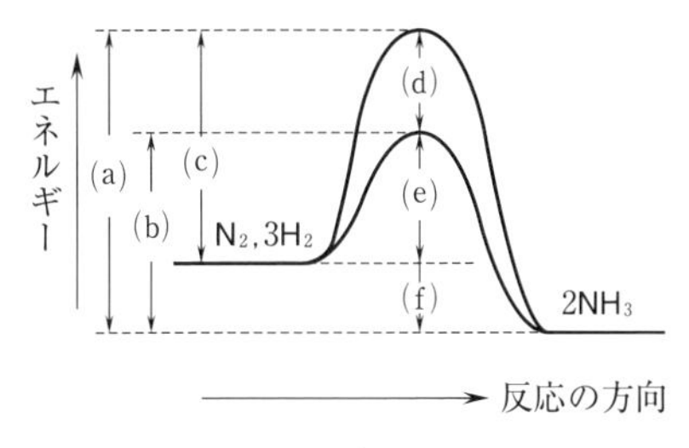

右図は $N_2 + 3H_2 \longrightarrow 2NH_3$ の反応について，触媒を用いた場合と用いない場合のエネルギー変化を表したものである。

触媒を用いない場合の活性化エネルギー，触媒を用いた場合の活性化エネルギー，触媒を用いた場合の反応エンタルピーを順に図中の(a)〜(f)で表せ。

(愛知工業大・改)

□類題 16−5 制限時間 5分 

下図は $2HI \rightleftarrows H_2 + I_2$ の反応についてヨウ化水素，水素およびヨウ素の結合エネルギーと，正反応と逆反応の活性化エネルギーの関係を示している。図中の(a)〜(e)の値を整数で答えよ。ただし，水素中の H−H 結合の結合エネルギーは 432 kJ/mol，ヨウ素中の I−I 結合の結合エネルギーは 149 kJ/mol，ヨウ化水素中の H−I 結合の結合エネルギーは 295 kJ/mol である。また，逆反応の活性化エネルギーは 174 kJ/mol である。

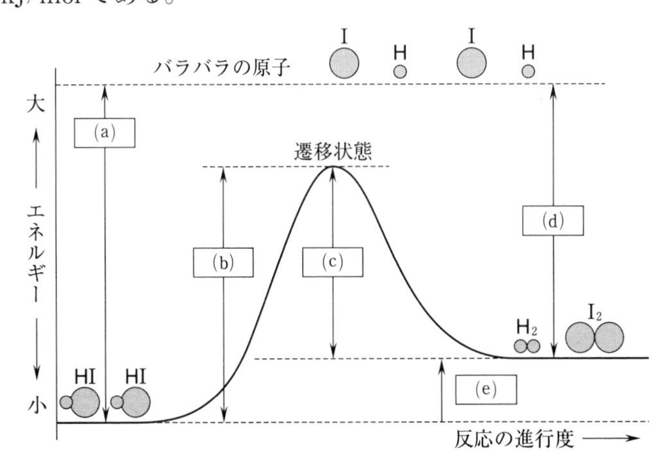

(大分大・改)

17 反応速度(2) 反応速度の表し方

1 反応速度

通常，反応速度は単位時間内での反応による物質の濃度の変化量で表す。時間 t と各モル濃度を用いると，反応速度は正の値で表すので，

① 反応物質は減少するから「－」の符号をつけて，

$$\textbf{減少速度} = -\frac{\textbf{反応物の濃度の変化量}}{\textbf{反応時間}}$$

② 生成物質は増加するから「＋」の符号をつけて，

$$\textbf{生成速度} = +\frac{\textbf{生成物の濃度の変化量}}{\textbf{反応時間}}$$

例えば，次の反応

$$a\mathrm{X} + b\mathrm{Y} \longrightarrow c\mathrm{Z}$$

（X，Y，Z は化学式，a，b，c は係数を表す）

の反応速度は，X の減少速度 v_{X}，Y の減少速度 v_{Y}，Z の生成速度 v_{Z} と 3 種類で表すことができる。

したがって，$v_{\mathrm{X}} = -\dfrac{\Delta[\mathrm{X}]}{\Delta t}$，$v_{\mathrm{Y}} = -\dfrac{\Delta[\mathrm{Y}]}{\Delta t}$，$v_{\mathrm{Z}} = \dfrac{\Delta[\mathrm{Z}]}{\Delta t}$ となる。

「反応速度比＝反応式の係数比」より，$v_{\mathrm{X}} : v_{\mathrm{Y}} : v_{\mathrm{Z}} = a : b : c$

2 反応機構

反応物の濃度が大きいほど，反応物どうしの衝突回数が増え，反応速度も大きくなる。このことを式(**反応速度式**という)で表すと，

$$v = k[\text{反応物のモル濃度}]^n$$

ここで，k は**反応速度定数**(速度定数)といい，温度に依存しており，温度が一定だと一定値になる(温度が高くなると k の値は大きくなる)。また，n は反応の次数という。

(補足)一般に，**反応式の係数と反応の次数は一致しない**。それは，実際の反応がいくつかの段階を経て進む多段階反応になっているためである。したがって，一段階反応(ただ一つの反応で進んでいる場合)のときのみ化学反応式の係数を反応の次数として書くことができる。

例えばaX ＋ bY ⟶ cZ の反応が一段階反応のとき，反応速度は次のように表せる。

$$v=k[\mathrm{X}]^a[\mathrm{Y}]^b$$

この反応は，[X]についてはa次，[Y]についてはb次であり，全体の反応の次数は$a+b$である。

3 アレニウスの式

一般に反応速度定数kと絶対温度T〔K〕には，次のアレニウスの式(1)が成立する。ただしAは比例定数，E_aは活性化エネルギー〔J/mol〕，Rは気体定数8.31〔J/(K·mol)〕，eは自然対数の底である。

$$k=Ae^{-\frac{E_a}{RT}} \qquad \cdots(1)$$

(1)の両辺について対数をとると次のように表すことができる。

$$\log_e k=-\frac{E_a}{R}\times\frac{1}{T}+\log_e A \qquad \cdots(2)$$

4 半減期

化学反応などにおいて，物質の量が半分になる時間を半減期という。ある一次反応において，半減期をT，反応開始時の反応物の濃度をC_0，反応が開始して時間tが経過したときの濃度をCとすると，以下の関係が成立する。

$$C=C_0\left(\frac{1}{2}\right)^{\frac{t}{T}}$$

例題 17－1

20 L の容器に気体Aが入っている。このとき容器内で以下の反応が起きた。

A(気) ⟶ 2B(気)

この反応で，反応開始10秒後のAの物質量が0.90 mol，20秒後のAの物質量が0.50 molに減少していたとき，Aの減少速度とBの増加速度はそれぞれ何mol/(L·s)か。有効数字2桁で答えよ。

解答　Aの減少速度 $v_A = -\frac{反応物の濃度の変化量}{反応時間}$

$$= -\frac{\frac{0.50-0.90}{20}}{20-10} = 2.0\times10^{-3}〔mol/(L\cdot s)〕$$

化学反応式の係数比より，$v_A : v_B = 1 : 2$ であるので，

Bの増加速度 $v_B = 2\times v_A$

$$= 2\times2.0\times10^{-3} = 4.0\times10^{-3}〔mol/(L\cdot s)〕$$

例題 17−2

(1)　次の反応

$$A + B \longrightarrow C + D$$

において，問1～3の条件の場合での反応速度を表す式を，(例)にならってそれぞれ答えよ。比例定数は k とする。(例)　$v=k[A]$

問1　Aの濃度を2倍にしても反応速度は変わらないが，Bの濃度を2倍にすると，反応速度は2倍になる。

問2　Aの濃度またはBの濃度を2倍にすると，反応速度は2倍になる。

問3　Aについては1次反応，Bについては3次反応である。

(2)　一般に，温度が10℃上がるごとに反応速度が2倍になる。温度を50℃上げたとき，反応速度は何倍になるか。

解答　(1)　この反応の反応速度を $v=k[A]^a[B]^b$ とする。

問1　Bの濃度を一定にして，Aの濃度を2倍にしても反応速度は変わらないので，$a=0$

Aの濃度を一定にして，Bの濃度を2倍にすると反応速度は2倍になるので，反応速度はBの濃度に比例している。$b=1$

したがって，$[A]^0=1$，$[B]^1=[B]$

$$\therefore\quad v=k[B]$$

問2　反応速度はAの濃度またはBの濃度に比例するので，$a=1$，$b=1$

$$\therefore\quad v=k[A][B]$$

問3　Aについて1次，Bについて3次であるので，$v=k[A][B]^3$

(2)　温度を50℃上げたとき，10℃ずつ5回上昇したことになるので，反応速度は 2^5 倍になる。　∴　32〔倍〕

例題 17−3

一定温度で，反応物質Aが生成物質Bとなる反応(A ⟶ B)について，各反応時間におけるAの濃度は次のようになった。

反応時間〔min〕	0	2	4	6
Aの濃度〔mol/L〕	0.965	0.855	0.755	0.665

問1　0〜2 min，2〜4 min，4〜6 minの各区間における反応物質Aの平均の反応速度($\overline{v}$)として最も近い値を次の①〜⑩から選べ。

① 0.030　② 0.035　③ 0.040　④ 0.045　⑤ 0.050
⑥ 0.055　⑦ 0.060　⑧ 0.065　⑨ 0.070　⑩ 0.075

問2　問1と同じ区間での反応物質Aの平均濃度($\overline{C}$)として最も近い値を次の①〜⑩から選べ。

① 0.50　② 0.55　③ 0.60　④ 0.65　⑤ 0.70
⑥ 0.75　⑦ 0.80　⑧ 0.85　⑨ 0.90　⑩ 0.95

問3　この反応の反応速度定数(k〔1/min〕)として最も近い値を次の①〜⑩から選べ。

① 0.03　② 0.04　③ 0.05　④ 0.06　⑤ 0.07
⑥ 0.08　⑦ 0.09　⑧ 0.10　⑨ 0.11　⑩ 0.12

解答　この反応の反応速度 v は，$v=k[\text{A}]$ と表せる。

問1　0〜2 min：$-\dfrac{0.855-0.965}{2-0}=0.055$〔mol/(L·min)〕　∴ ⑥

2〜4 min：$-\dfrac{0.755-0.855}{4-2}=0.050$〔mol/(L·min)〕　∴ ⑤

4〜6 min：$-\dfrac{0.665-0.755}{6-4}=0.045$〔mol/(L·min)〕　∴ ④

問2　0〜2 min：$\dfrac{0.965+0.855}{2}=0.910$〔mol/L〕　∴ ⑨

2〜4 min：$\dfrac{0.855+0.755}{2}=0.805$〔mol/L〕　∴ ⑦

4〜6 min：$\dfrac{0.755+0.665}{2}=0.710$〔mol/L〕　∴ ⑤

問3　$k=\frac{v}{[\mathrm{A}]}$ より $\frac{\overline{v}}{\overline{C}}$ を求める。

$0 \sim 2\ \mathrm{min}：\frac{0.055}{0.910}=0.060$〔1/min〕

$2 \sim 4\ \mathrm{min}：\frac{0.050}{0.805}=0.062$〔1/min〕

$4 \sim 6\ \mathrm{min}：\frac{0.045}{0.710}=0.063$〔1/min〕

これら3つの平均値は，$\frac{0.060+0.062+0.063}{3}=0.061$〔1/min〕　∴　④

反応時間	[A]	$\overline{v}$	$\overline{C}$	$k\left(=\frac{\overline{v}}{\overline{C}}\right)$
0	0.965			
		0.055	0.910	0.060
2	0.855			
		0.050	0.805	0.062
4	0.755			
		0.045	0.710	0.063
6	0.665			

応用 例題 17−4

化学反応の反応速度定数 k はその反応の活性化エネルギー E_a〔J/mol〕，温度 T〔K〕，気体定数 R〔J/(K·mol)〕を用いて次のアレニウスの式で表される。

$$\log_{10}k=-\frac{E_a}{2.30\,RT}+\log_{10}A \quad (A\text{ は定数})$$

ある反応では27℃における反応速度定数は17℃における反応速度定数の2倍であった。この反応の活性化エネルギー E_a〔J/mol〕を有効数字3桁で求めよ。ただし，測定温度の範囲では活性化エネルギー E_a および定数 A は一定とみなせるものとする。必要ならば気体定数：$R=8.31$〔J/(K·mol)〕，$\log_{10}2=0.301$ を用いよ。

解答　17 ℃において，$\log_{10}k = -\dfrac{E_a}{2.30R\times290} + \log_{10}A$　…①

27 ℃において，$\log_{10}2k = -\dfrac{E_a}{2.30R\times300} + \log_{10}A$　…②

②−①より，$\log_{10}2k - \log_{10}k = -\dfrac{E_a}{2.30R\times300} + \dfrac{E_a}{2.30R\times290}$

$$\log_{10}2 = \frac{E_a}{2.30R}\left(\frac{1}{290} - \frac{1}{300}\right)$$

$$\therefore\ E_a = \frac{\log_{10}2\times2.30R\times290\times300}{10}$$

$$= 0.301\times2.30\times8.31\times29\times300 = 50051 \fallingdotseq 5.01\times10^4\ \text{〔J/mol〕}$$

応用 例題 17−5

一次反応において，反応時間 t とそのときの反応物の濃度[A]との関係は，反応物の初濃度を$[\mathrm{A}]_0$，反応速度定数を k とすると，以下の式で表される。また，[A]が$[\mathrm{A}]_0$の $\dfrac{1}{2}$ になるのに要する時間〔min〕を半減期という。

$$\log_e[\mathrm{A}] = -kt + \log_e[\mathrm{A}]_0 \quad \cdots(1)$$

問 1　A の半減期を有効数字 3 桁で求めよ。ただし，$k = 1.01\times10^{-2}$，$\log_e 2 = 0.693$ とする。

問 2　A の濃度が $\dfrac{1}{2}$ になった状態から，更に $\dfrac{1}{4}$ になるまでに要する時間は，問 1 で求めた時間の何倍になるか。有効数字 3 桁で求めよ。

解答　問 1　[A]の半減期の値を T とすると，(1)より

$$\log_e\left(\frac{1}{2}[\mathrm{A}]_0\right) = -kT + \log_e[\mathrm{A}]_0 \quad \text{より}$$

$$\log_e\left(\frac{1}{2}[\mathrm{A}]_0\right) - \log_e[\mathrm{A}]_0 = \left(\log_e\frac{1}{2}\right) = -kT \qquad \therefore\ \log_e 2 = kT$$

$$\therefore\ T = \frac{\log_e 2}{k} = \frac{0.693}{1.01\times10^{-2}} = 68.61 \fallingdotseq 68.6\ \text{〔min〕}$$

問 2　問 1 の半減期の値 $\left(\dfrac{\log_e 2}{k}\right)$ は A の濃度に依存しないので一定である。

$\therefore$　1.00 倍

それでは，実際に問題を解いてみましょう。

（解答編 p. 35）

□類題 17－1　制限時間　3 分

10 L の容器に A を入れると

$$2A(気) \longrightarrow 3B(気)$$

の反応が起こった。反応開始 10 秒後の A の物質量が 2.9 mol，40 秒後の A の物質量が 1.4 mol に減少していたとき，A の減少速度 v_A と B の増加速度 v_B はそれぞれ何 mol/(L･s)か。

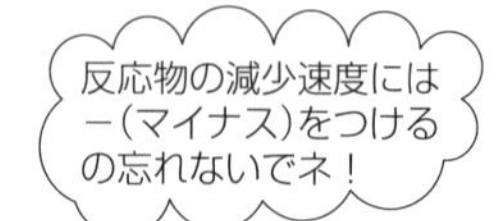

□類題 17－2　制限時間　4 分

反応 A＋B ⟶ C＋D について，次の問に答えよ。問 1 ～ 3 は反応速度を表す式を，(例)にならってそれぞれ答えよ。比例定数は k とする。(例)　$v=k[A]$

問 1　A の濃度を 2 倍にすると反応速度は 2 倍になり，B の濃度を 3 倍にすると，反応速度は 9 倍になった。

問 2　次の表から求めよ。

	A の濃度	B の濃度	反応速度
実験 1	1.0×10^{-2} mol/L	3.0×10^{-2} mol/L	1.0×10^{-2} mol/(L･s)
実験 2	3.0×10^{-2} mol/L	3.0×10^{-2} mol/L	9.0×10^{-2} mol/(L･s)
実験 3	1.0×10^{-2} mol/L	6.0×10^{-2} mol/L	2.0×10^{-2} mol/(L･s)

問 3　A については 3 次反応，B については 2 次反応である。

問 4　問 3 で，A の濃度を 4 倍，B の濃度を $\frac{1}{2}$ 倍にしたとき，反応速度は何倍になるか。

□類題 17−3　制限時間 4分 

一般に，温度が10℃上がるごとに反応速度が2倍になる。30℃における反応速度が0.20 mol/(L·s)である反応について，次の問1～4の温度条件にしたときの反応速度はそれぞれ何 mol/(L·s)か。

問1　温度を50℃上げたとき。

問2　温度を50℃に上げたとき。

問3　温度を10℃下げたとき。

問4　温度を10℃に下げたとき。

ここからは**入試問題**です。今までの類題とレベルはほとんど変わらないので，落ち着いて解いてみましょう。

□類題 17−4　制限時間 2分 

ある一定温度において物質Aと物質Bから物質Cが生成する反応を考える。

この反応の反応速度 v は，Aのモル濃度を[A]，Bのモル濃度を[B]，反応速度を k とすると，

$$v=k[\mathrm{A}]^a[\mathrm{B}]^b \quad (a,\ b\ \text{は一定の指数})$$

と表される。

次ページの図1は，[B]が0.1 mol/Lで一定のときの，Cの生成速度と[A]の関係を示す。また，図2は，[A]が1 mol/Lで一定のときの，Cの生成速度と[B]の関係を示す。[A]と[B]がそれぞれある値のときのCの生成速度を v_0 とする。[A]と[B]をいずれも2倍にすると，Cの生成速度は v_0 の何倍になるか。最も適当な数値を，次の①～④のうちから一つ選べ。ただし，Cの生成速度は，いずれの場合も反応開始直後の生成速度である。

①　2倍　　②　4倍　　③　8倍　　④　16倍

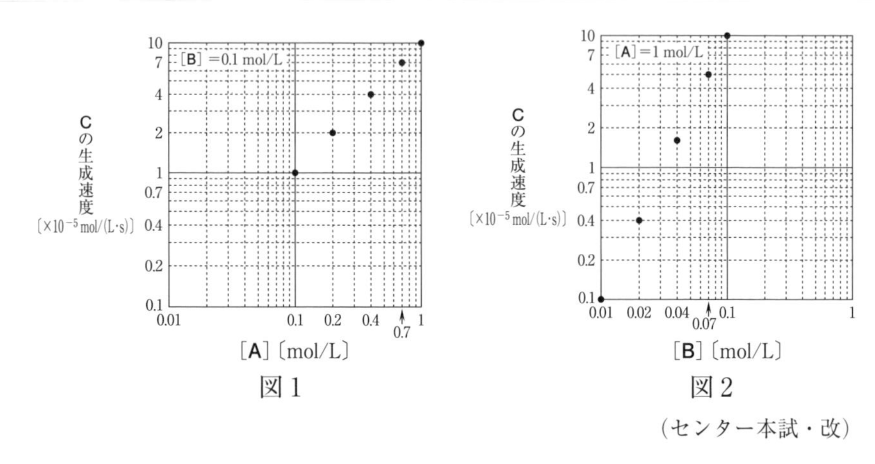

図1　　図2

(センター本試・改)

□類題 17−5　制限時間　8分 

20℃，大気圧の条件下で，1.50 mol/L の過酸化水素水 10.0 mL に酸化マンガン(Ⅳ)の粉末を加えると，次の反応が起き酸素が発生した。

$$2H_2O_2 \longrightarrow 2H_2O + O_2 \quad \cdots ①$$

酸素を水上置換で捕集し，その体積から各反応時間における過酸化水素の濃度を求めた。各反応時間における過酸化水素水濃度$[H_2O_2]$，分解速度 v,平均過酸化水素濃度$[\overline{H_2O_2}]$を求めた結果を次表に示した。

<table>
<tr><th>反応時間〔s〕</th><th>$[H_2O_2]$〔mol/L〕</th><th>v〔mol/(L·s)〕</th><th>$[\overline{H_2O_2}]$〔mol/L〕</th></tr>
<tr><td rowspan="2">0</td><td rowspan="2">1.50</td><td colspan="2"></td></tr>
<tr><td rowspan="2">5.0×10^{-3}</td><td rowspan="2">1.35</td></tr>
<tr><td rowspan="2">60</td><td rowspan="2">1.20</td></tr>
<tr><td rowspan="2">4.0×10^{-3}</td><td rowspan="2">(イ)</td></tr>
<tr><td rowspan="2">120</td><td rowspan="2">0.960</td></tr>
<tr><td rowspan="2">(ア)</td><td rowspan="2">0.865</td></tr>
<tr><td rowspan="2">180</td><td rowspan="2">0.770</td></tr>
<tr><td colspan="2"></td></tr>
</table>

問1　空欄 (ア) は有効数字2桁，空欄 (イ) は有効数字3桁で，空欄に入る値を求めよ。

問2　式①について，酸化マンガン(Ⅳ)を加えることにより，過酸化水素の分解速度を増加させることができる。このように反応前後では変化しないが，反応速度を大きくする物質の名称を書け。また，分解速度が増加する理由を「活性化エネルギー」という語句を用いて30字以内で書け。

問3　反応①について，酸化マンガン(Ⅳ)を加えるのと同様に，過酸化水素の分解速度が大きくなる実験条件を次の(a)～(e)からすべて選び，記号で答えよ。

(a)　過酸化水素水の濃度を3.00 mol/Lとする。
(b)　過酸化水素水に蒸留水を10 mL加える。
(c)　反応開始時の酸素の分圧を2倍にする。
(d)　反応温度を50 ℃とする。
(e)　塩化鉄(Ⅲ)水溶液を加える。

問4　実験結果より，$[H_2O_2]$とvの関係は$[H_2O_2]=1.35$ mol/Lのとき$v=5.0\times10^{-3}$ mol/(L·s)である直線の式で表せることがわかった。この反応の反応速度定数k〔/s〕を有効数字2桁で求めよ。

（岩手大・改）

□類題 17−6　制限時間　6分 

1.08 mol/Lの過酸化水素水100 mLに酸化マンガン(Ⅳ)の粉末を加え，発生する酸素の物質量を2分おきに測定した。酸素の物質量は時間の経過とともに次のように変化した。

時間 t〔min〕	0	2	4	6	8
酸素の物質量〔mol〕	0	0.018	0.030	0.038	0.0435

問1　6分後の過酸化水素の濃度〔mol/L〕を有効数字2桁で答えよ。

問2　この反応の速度定数〔1/分〕の平均値を有効数字2桁で答えよ。

（麻布大・改）

応用 □類題 17－7　制限時間 12 分 

多量の希塩酸中で温度を一定に保ち，式(1)のような酢酸メチルの加水分解反応を行った。反応開始前と反応を開始してから 20 分毎に，反応液 10.00 mL をとり，これを 0.100 mol/L の水酸化ナトリウム水溶液で滴定したところ，下表のような結果を得た。数値は有効数字 3 桁で答えよ。

$$CH_3COOCH_3 + H_2O \longrightarrow CH_3COOH + CH_3OH \quad \cdots(1)$$

反応時間〔分〕	0	20	40	60	80	反応完了時
滴定値〔mL〕	10.19	10.91	11.62	12.33	13.02	62.49

問 1　反応開始前の酢酸メチルのモル濃度を求めよ。

問 2　反応開始 20 分後および 40 分後の酢酸メチルのモル濃度をそれぞれ求めよ。

問 3　反応開始 20 分後から 40 分後までの平均の反応速度を求めよ。

問 4　この反応の速度 v は酢酸メチルのモル濃度 $[CH_3COOCH_3]$ に比例することが知られている。速度定数を k として反応速度式を k と $[CH_3COOCH_3]$ を用いて求めよ。

問 5　問 2 と問 3 で求めた値から反応開始 20 分後から 40 分後までの速度定数 k を求めよ。

（岩手医科大・改）

応用 □類題 17－8　制限時間 10 分 

反応速度定数に対する温度の影響は，次のアレニウスの式で表される。

$$\log_e k = -\frac{E_a}{R}\cdot\frac{1}{T} + \log_e A \quad \cdots(1)$$

ここで，k は反応速度定数，E_a は活性化エネルギー，R は気体定数，T は絶対温度，A は頻度因子である。ただし，頻度因子は反応に固有の定数である。

反応温度 17 ℃，27 ℃ および 37 ℃ でそれぞれ実験を行ったところ，次に示す直線とその関係式が得られた。

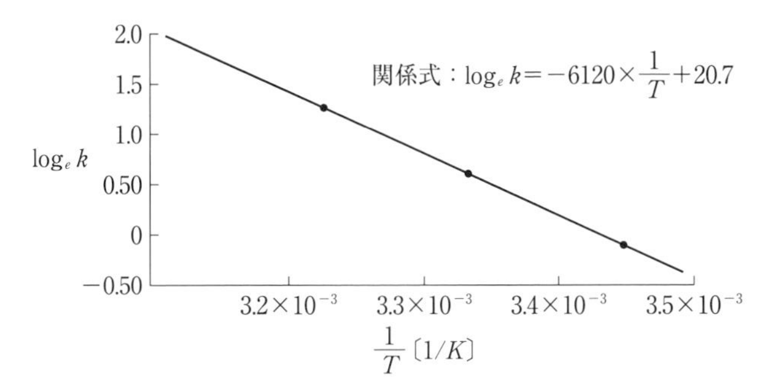

問1　この反応の活性化エネルギー〔kJ/mol〕を整数で答えよ。気体定数は $R=8.3$〔J/(K·mol)〕とする。

問2　温度が17℃と47℃のときの反応速度定数をそれぞれ k_{17} と k_{47} とすると，$\log_e \frac{k_{47}}{k_{17}}$ の値を整数で答えよ。

（福岡大・改）

応用 □類題 17−9　制限時間 10分 

化学反応の速度は，一般に時間 t に対する反応物質濃度 C の変化として表される。したがって，化学反応の速度 v は，時間の変化量を dt，濃度変化量を dC とすると，

$$v = -\frac{dC}{dt} = kC^n \qquad \cdots\cdots 式1$$

となる。k は反応速度定数である。式1から，化学反応の速度は，C の n 乗に比例する。

0次反応では，$n=0$ であるので，式1は，

$$v = -\frac{dC}{dt} = 〔\quad ア \quad〕 \qquad \cdots\cdots 式2$$

となる。反応物質の初濃度を C_0 とすると，時間 t 経過後の C は，式3で表される。

$$C = C_0 - kt \qquad \cdots\cdots 式3$$

濃度 C が初濃度 C_0 の $\frac{1}{2}$ になるまでの時間は半減期 T で，式 3 から T を C_0 と k で表すと，

T=〔　イ　〕　　　　……式 4

となり，半減期は初濃度に比例する。一方，1 次反応では，式 1 より，

$v=-\frac{dC}{dt}$=〔　ウ　〕　　　　……式 5

となり，さらに次の式 6 が成立する。

$$\log_{10}\frac{C}{C_0}=-\frac{kt}{2.3}$$ ……式 6

式 6 より 1 次反応の半減期 T は，0 次反応と同様にして式 7 が導かれる。

T=〔　エ　〕　　　　……式 7

　したがって，1 次反応では，半減期は初濃度に依存されない。

問 1　文章中の〔　ア　〕～〔　エ　〕に入る式を下記から選び番号で答えよ。必要ならば，$\log_{10}2=0.30$ を用いてもよい。

① k　② kC　③ $\frac{C_0}{k}$　④ $\frac{C_0}{2k}$　⑤ $\frac{C_0}{3k}$

⑥ $\frac{0.69}{k}$　⑦ $\frac{0.35}{k}$

問 2　ある薬物 A を一定の条件下に保存すると，1 次反応によって分解しその半減期は 28 年であった。(1)，(2)について有効数字 2 桁で答えよ。必要ならば，$\log_{10}0.8=-0.10$，$\log_{10}2=0.30$ を用いてもよい。

(1)　A の分解における反応速度定数 k〔年$^{-1}$〕はいくらか。

(2)　A を同じ条件で保存して，A の 80 %以上が残存している期間は何年か。

（東北医科薬科大・改）

18 化学平衡(1) 平衡移動

1 可逆反応と不可逆反応

化学反応において，反応物から生成物ができる反応(正反応)と，生成物から反応物ができる反応(逆反応)が両方とも起こるとき，これを**可逆反応**という。一方，正反応のみが存在し，逆反応がほとんど認められないような反応を**不可逆反応**という。

例 可逆反応：$N_2 + 3H_2 \rightleftarrows 2NH_3$

不可逆反応：$Mg + 2HCl \longrightarrow MgCl_2 + H_2$ (気体 H_2 が発生)

$AgNO_3 + NaCl \longrightarrow AgCl + NaNO_3$ (沈殿 AgCl が生成)

2 化学平衡

密閉した容器内で可逆反応が起こって十分時間が経過すると，**正反応の反応速度 v_1 と逆反応の反応速度 v_2 が等しくなり，見かけ上反応が停止したような状態となる**(つまり，見かけの反応速度 $v_1 - v_2$ は0である)。このような状態を**化学平衡の状態(平衡状態)**という。

このとき，容器内の反応物と生成物のモル濃度や分圧，容器内の温度および全圧(または体積)が一定となる。

3 平衡の移動

(1) ルシャトリエの原理(平衡移動の原理)

平衡状態である系の条件を外部から変化させると，その変化を和らげる方向に平衡が移動する。

(2) 条件の変化と平衡移動

① 温度の影響

外から熱を与えて**温度を上昇させると**，その影響を和らげる方向(**吸熱方向**)**に平衡が移動する**。

② 濃度の影響

温度を一定にして，平衡状態である系中のいずれかの物質，あるいはすべての物質の**濃度を増加させると**，その影響を和らげる方向(その物質の濃度，あるいは物質の**総濃度が減少する方向**)**に平衡が移動する**。

③　**圧力の影響**

気相平衡において，温度を一定にして圧縮することにより平衡状態である系の**圧力を増加させると**，その影響を和らげる方向(気体の**総物質量が減少する方向**)**に平衡が移動する**。

④　**触媒の影響**

触媒は反応の速さに影響をおよぼすだけで，**平衡を移動させることはできない**。

(注)一般に可逆反応のエンタルピー変化は正反応のエンタルピー変化を表す。

例題 18−1

次の反応が平衡に達しているとき，以下の問に答えよ。

$$2SO_2(気) + O_2(気) \rightleftarrows 2SO_3(気) \qquad \Delta H = -193\,\mathrm{kJ}$$

問1　この反応の正・逆反応は，どのような状態であるか。①，②から選べ。

①　ともに停止している。　　②　速さはともに等しい。

問2　問1の状態で次の変化を与えると，平衡は左右どちらに移動するか。

(1)　酸素を加える。

(2)　温度を一定にして圧力を小さくする。

(3)　圧力を一定にして温度を高くする。

解答　反応式に物質量と ΔH より発熱・吸熱方向を書き入れる。

$$\underbrace{2SO_2(気) + O_2(気)}_{3\,\mathrm{mol}} \underset{吸熱}{\overset{発熱}{\rightleftarrows}} \underbrace{2SO_3(気)}_{2\,\mathrm{mol}} \qquad \Delta H = -193\,\mathrm{kJ}$$

問1　平衡状態とは，正反応の反応速度と逆反応の反応速度が等しくなっている状態で，反応速度が0になったわけではない。　∴　②

問2　(1)　外部から酸素を加えると，ルシャトリエの原理より，酸素が減少する方向(酸素を消費する方向)に平衡が移動する。したがって，**右**向きに平衡が移動する。

(2)　圧力を小さく(気体が壁に衝突する回数が減少)すると，その変化を打ち消す方向，つまり圧力を大きく(気体が壁に衝突する回数が増加)する方向に平衡が移動する。したがって，気体の総物質量が増える方向である**左**向きに平衡が移動する。

(3) 温度を高くすると，その変化を打ち消す方向(吸熱方向)に平衡が移動する。したがって，左向きに平衡が移動する。

例題 18−2

次の(1)〜(3)の反応で化学平衡が成立している。生成量と圧力，温度との関係を表すグラフで最も適しているものを下の①〜⑥の中から選べ。ただし，温度は $T_1 < T_2$ とする。

(1) $3H_2 + N_2 \rightleftarrows 2NH_3$　　$\Delta H = -93\ \mathrm{kJ}$

(2) $N_2 + O_2 \rightleftarrows 2NO$　　$\Delta H = 181\ \mathrm{kJ}$

(3) C(黒鉛) + $CO_2 \rightleftarrows 2CO$　　$\Delta H = 172\ \mathrm{kJ}$

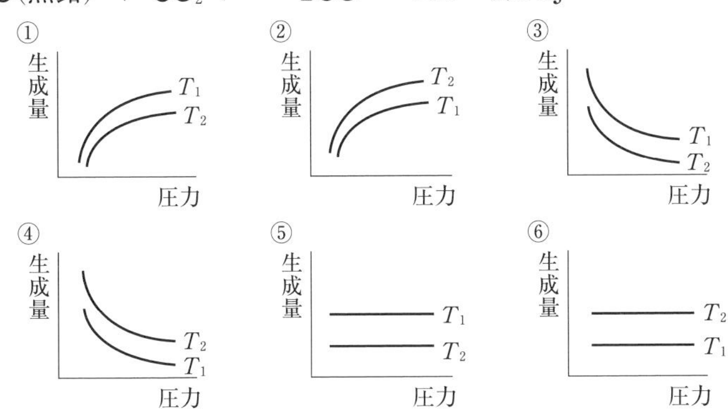

解答 まず，一定温度での圧力変化を考えて，次に，圧力一定での温度変化を考えてみる。

(1) $\underbrace{3H_2 + N_2}_{4\ \mathrm{mol}} \underset{\text{吸熱}}{\overset{\text{発熱}}{\rightleftarrows}} \underbrace{2NH_3}_{2\ \mathrm{mol}}$　　$\Delta H = -93\ \mathrm{kJ}$

圧力を高くすると平衡は右へ移動し生成量は増加するので，①または②
温度を高くすると平衡は左へ移動し生成量は減少するので，①

(2) $\underbrace{N_2 + O_2}_{2\ \mathrm{mol}} \underset{\text{発熱}}{\overset{\text{吸熱}}{\rightleftarrows}} \underbrace{2NO}_{2\ \mathrm{mol}}$　　$\Delta H = 181\ \mathrm{kJ}$

圧力を高くしても平衡は移動せず生成量は変化しないので，⑤または⑥
温度を高くすると平衡は右へ移動し生成量は増加するので，⑥

(3) C(黒鉛) + $\underbrace{CO_2}_{1\ \mathrm{mol}} \underset{\text{発熱}}{\overset{\text{吸熱}}{\rightleftarrows}} \underbrace{2CO}_{2\ \mathrm{mol}}$　　$\Delta H = 172\ \mathrm{kJ}$

黒鉛は気体
じゃないヨー

圧力を高くすると平衡は左へ移動し生成量は減少するので，③または④
温度を高くすると平衡は右へ移動し生成量は増加するので，④

例題 18−3

容積可変の容器にAを0.4 mol，Bを0.2 mol加えて温度を T〔K〕に，圧力を a〔Pa〕に保ち長時間置いたとき，次の反応が起こり平衡に達した。ここでA，B，Cは気体で，a，b，c は反応式の係数を表す。

$$a\mathrm{A} + b\mathrm{B} \rightleftarrows c\mathrm{C} \quad \Delta H = -Q\ \mathrm{kJ} \quad (Q>0,\ a+b>c) \quad \cdots(1)$$

下図の太線(曲線④)は，上記の条件のときの反応時間とCの生成量の変化を示している。次に，圧力を a〔Pa〕のまま温度を T〔K〕より高くして反応させたとき，反応時間とCの生成量の変化を表す曲線を決定したい。下の文章中の〔　ア　〕～〔　ク　〕に適当な語句，曲線の番号を入れよ。

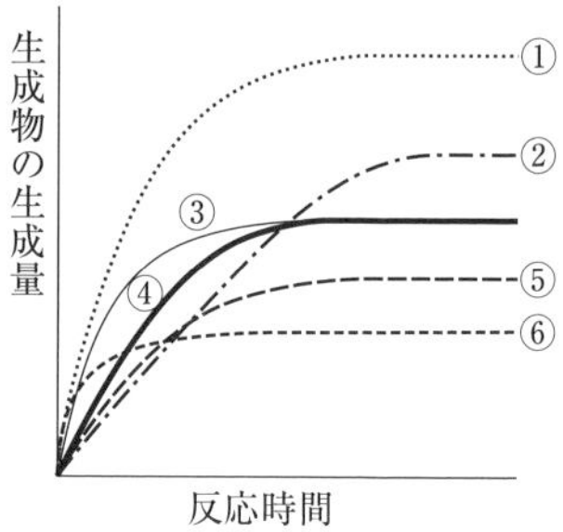

生成物の生成量
①
②
③
④
⑤
⑥
反応時間

右図について，反応開始直後のときのグラフ，つまりグラフが右上がりになっている部分では反応速度を考える。反応時間が長くなったとき，つまり生成物の生成量が一定になっている部分では平衡移動を考える。

まず反応速度を考える。はじめの条件よりも温度を高くすると，反応速度が〔　ア　〕くなる。つまり単位時間あたりの生成物の生成量が〔　イ　〕するのでグラフの傾きが大きくなる。したがって①～⑥の曲線のうち〔　ウ　〕，〔　エ　〕または〔　オ　〕のいずれかである。

次に，平衡移動を考える。はじめの条件より温度を高くすると(1)の平衡は〔　カ　〕に移動するので，生成量が〔　キ　〕する。よって，曲線は⑤，⑥のいずれかである。∴　曲線は〔　ク　〕と決定できる。

解 答　このようなグラフが出題された場合は，条件(温度，圧力など)を変化させたとき，反応速度はどうなるか，平衡移動はどうなるかの二点を考慮しなければならない。

温度を高くすると反応速度が$_{ア}$<u>大き</u>くなるため，反応開始直後では生成物の生成量は④より$_{イ}$**増加**する。したがってこのときのグラフの傾きが④より大きくなる。これに該当するのは$_{ウ}$①，$_{エ}$③，$_{オ}$⑥（ウ，エ，オは順不同）。また平衡に達する(グラフが水平になるまでの)時間は④より短くなる。

また温度を高くすると平衡は吸熱方向に移動する。したがって(1)の平衡は$_{カ}$**左**に移動する。つまり生成物の生成量は④より$_{キ}$**減少**する。これに該当するのは⑤，⑥。∴　反応速度と平衡移動の両方にあてはまる曲線は$_{ク}$⑥である。

それでは，実際に問題を解いてみましょう。

（解答編 p. 40）

□類題 18－1　制限時間 6分 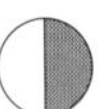

次の反応で化学平衡が成立している。①および②の操作を行ったとき平衡はそれぞれ左右どちらに移動するか。右側に移動するときは→，左側に移動するときは←，どちらにも移動しないときは×を記せ。

(1)　$3H_2 + N_2 \rightleftarrows 2NH_3$　　$\Delta H = -93$ kJ

① 定温下で加圧する。　② 定温下でH_2を加える。

(2)　$N_2 + O_2 \rightleftarrows 2NO$　　$\Delta H = 181$ kJ

① 定圧下で冷却する。　② 定温下で減圧する。

(3)　$2SO_2 + O_2 \rightleftarrows 2SO_3$　　$\Delta H = -193$ kJ

① 定温下で加圧する。　② 触媒を加える。

(4)　$N_2O_4 \rightleftarrows 2NO_2$　　$\Delta H = 57$ kJ

① 定圧下で加熱する。　② 定温下で加圧する。

(5)　$CH_3COOH \rightleftarrows CH_3COO^- + H^+$

① 酢酸ナトリウムを固体のまま加える。

② アルカリを加える。

(6)　$2CrO_4^{2-} + 2H^+ \rightleftarrows Cr_2O_7^{2-} + H_2O$

① 水溶液を酸性にする。　② 水溶液を塩基性にする。

(7)　C(黒鉛) + CO_2(気) $\rightleftarrows$ 2CO(気)　　$\Delta H = 181$ kJ

① 定温下で加圧する。　② 定温下でCO_2を加える。

応用 (8)　$2SO_2 + O_2 \rightleftarrows 2SO_3$　　$\Delta H = -193$ kJ

① 定温，定容積下でArを加える。

② 定温，定圧下でArを加える。

□類題 18−2　制限時間　2分

次の反応で化学平衡が成立している。

$$2SO_2 + O_2 \rightleftarrows 2SO_3 \qquad \Delta H = -193\,\text{kJ}$$

このとき，SO_3の生成量を増加させるには温度と圧力をどのように変化させればよいか。温度と圧力それぞれについて番号で答えよ。

①　高くする　　②　低くする

□類題 18−3　制限時間　1分

次の反応が平衡状態になっているときに温度を上げると混合気体の色が濃くなった。Qの値は正か負か答えよ。

$$\underset{(\text{無色})}{N_2O_4(\text{気})} \rightleftarrows \underset{(\text{赤褐色})}{2NO_2} \qquad \Delta H = Q\,\text{kJ} \qquad \cdots(1)$$

□類題 18−4　制限時間　4分

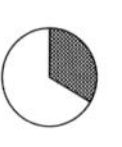

次の反応で化学平衡が成立している。ここで，a，b，cは反応式の係数，A，B，Cは気体状態の物質を表す。

$$a\text{A} + b\text{B} \rightleftarrows c\text{C} \qquad \Delta H = Q\,\text{kJ}$$

次の(1)～(4)のグラフは，温度と圧力をいくつかの値に変化させて平衡にしたときのCの生成量の変化を示している。それぞれのグラフは①～⑥の条件のうち，どれにあてはまるか。

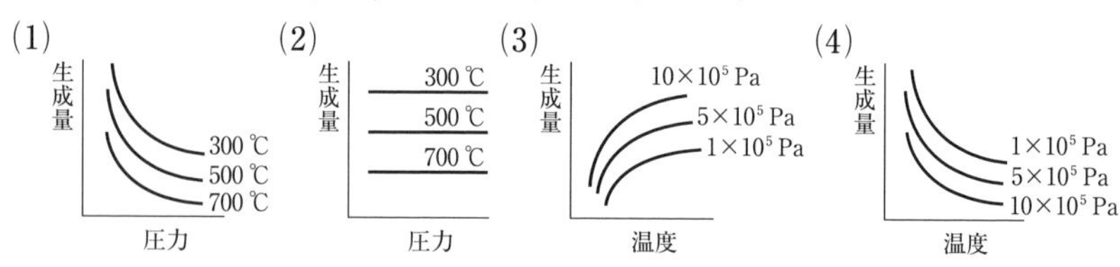

①　$a+b=c$，$Q>0$　　②　$a+b=c$，$Q<0$

③　$a+b>c$，$Q>0$　　④　$a+b>c$，$Q<0$

⑤　$a+b<c$，$Q>0$　　⑥　$a+b<c$，$Q<0$

□類題 18−5　制限時間 3分 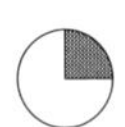

窒素と水素からアンモニアを合成する場合,次の反応が起こっている。

$$N_2 + 3H_2 \rightleftarrows 2NH_3$$

また,アンモニアが生じるときの反応は次のように発熱反応である。

$$N_2 + 3H_2 \longrightarrow 2NH_3 \quad \Delta H = -92\ \mathrm{kJ}$$

反応時間とアンモニアの生成率との間には右図の実線の関係がある。このとき次の(1)~(3)のように条件を変えると，実線はどのように変化するか。右図の破線 a ~ c の中から適当なものを選び，その記号を記せ。

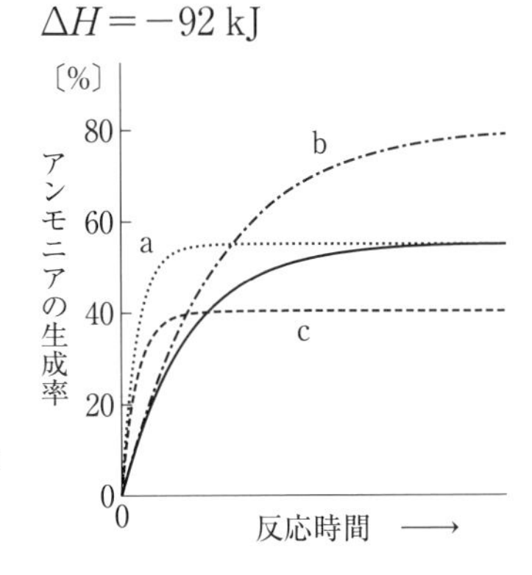

(1)　温度を変化させずに触媒を用いる。
(2)　温度を高くする。
(3)　圧力を高くする。

(京都薬科大・改)

19 化学平衡(2) 平衡定数

1 化学平衡(質量作用)の法則

下の可逆反応について，各成分のモル濃度を[A]，[B]，[X]，[Y]とする。

$$a\mathrm{A} + b\mathrm{B} \rightleftarrows x\mathrm{X} + y\mathrm{Y}$$

この反応が平衡状態にあるとき，下の式で表されるKは，温度が一定ならば一定の値をとる。この関係を**化学平衡(質量作用)の法則**といい，Kを**平衡定数**という。

$$K=\frac{[\mathrm{X}]^x[\mathrm{Y}]^y}{[\mathrm{A}]^a[\mathrm{B}]^b}$$

(補足)平衡状態とは，可逆反応において正反応のみが起きたとみなしたとき，正反応が途中で止まってしまい，反応物も生成物もともに存在している状態であるとみなしてよい。

2 平衡定数と反応速度定数の関係

例として水素とヨウ素からヨウ化水素が生成する反応を考える。

$$\mathrm{H_2}(気) + \mathrm{I_2}(気) \rightleftarrows 2\mathrm{HI}(気) \quad \cdots(1)$$

1の**化学平衡の法則**より，(1)の平衡定数Kは次の(2)で表される。

$$K=\frac{[\mathrm{HI}]^2}{[\mathrm{H_2}][\mathrm{I_2}]} \quad \cdots(2)$$

正反応の反応速度v_1は$\mathrm{H_2}$と$\mathrm{I_2}$のモル濃度に比例するので，反応速度定数をk_1とすると，次の(3)のように表される。

$$v_1=k_1[\mathrm{H_2}][\mathrm{I_2}] \quad \cdots(3)$$

また逆反応の反応速度v_2はHIのモル濃度の二乗に比例するので，反応速度定数をk_2とすると，次の(4)のように表される。

$$v_2=k_2[\mathrm{HI}]^2 \quad \cdots(4)$$

平衡状態では$v_1=v_2$であるので，$k_1[\mathrm{H_2}][\mathrm{I_2}]=k_2[\mathrm{HI}]^2$より

$$K=\frac{[\mathrm{HI}]^2}{[\mathrm{H_2}][\mathrm{I_2}]}=\frac{k_1}{k_2}$$

平衡定数の値は，$\frac{k_1}{k_2}$でも求められるよ！

例題 19−1

容器に少量の硫酸を加えて酢酸とエタノールを反応させると，次の反応により酢酸エチルが生成する。

$$CH_3COOH + C_2H_5OH \rightleftarrows CH_3COOC_2H_5 + H_2O$$

問1　容器の体積を V〔L〕として，酢酸 1.0 mol とエタノール 1.8 mol の混合物に少量の濃硫酸を加えた後，t〔℃〕で反応させたところ酢酸エチルが 0.90 mol 生じて平衡に達した。

(1)　平衡時の各成分の物質量を求めよ。

(2)　平衡定数 K を(例)にならって成分のモル濃度の記号を用いた式で表せ。また，平衡定数の値を求めよ。

(例)　物質 A のモル濃度：[A]

問2　10 L の容器に酢酸 2.0 mol とエタノール 2.0 mol を混合して少量の濃硫酸を加えた後，t〔℃〕で反応させた。平衡に達したときの酢酸エチルのモル濃度を求めよ。

解答　問1　(1)　平衡時に酢酸エチルが 0.90 mol 生じていたので，次の関係が成り立つ。

〔mol〕	CH_3COOH	+	C_2H_5OH	$\rightleftarrows$	$CH_3COOC_2H_5$	+	H_2O
反応前	1.0		1.8		0		0
変化量	−0.90		−0.90		+0.90		+0.90
平衡時	0.10		0.90		0.90		0.90

平衡時には**酢酸** 0.10 mol，**エタノール** 0.90 mol，**酢酸エチル** 0.90 mol，**水** 0.90 mol が存在している。

(2)　化学平衡の法則より，

$$K = \frac{[CH_3COOC_2H_5][H_2O]}{[CH_3COOH][C_2H_5OH]}$$

化学平衡の計算問題では反応表を書く場合がほとんど！

この式に平衡時の各成分のモル濃度を代入して，

$$K = \frac{\dfrac{0.90}{V} \times \dfrac{0.90}{V}}{\dfrac{0.10}{V} \times \dfrac{0.90}{V}} = 9.0$$

(注)　この反応は，水溶液中での電離平衡とはちがい，H_2O が多量に存在しているわけではないので，必ず[H_2O]を K の式中に書いておくこと。

問２　平衡時の酢酸エチルの物質量をx〔mol〕とおくと，次の関係が成り立つ。

〔mol〕	CH_3COOH ＋	C_2H_5OH $\rightleftarrows$	$CH_3COOC_2H_5$ ＋	H_2O
反応前	2.0	2.0	0	0
変化量	$-x$	$-x$	$+x$	$+x$
平衡時	$2.0-x$	$2.0-x$	x	x

平衡時には酢酸$(2.0-x)$ mol，エタノール$(2.0-x)$ mol，酢酸エチルx〔mol〕，水x〔mol〕が存在している。

問１と温度が同じ平衡状態なので，化学平衡の法則より，

$$\frac{[CH_3COOC_2H_5][H_2O]}{[CH_3COOH][C_2H_5OH]}=9.0$$

が成り立つ。この式に各成分のモル濃度を代入して，

$$\frac{\frac{x}{10}\times\frac{x}{10}}{\frac{2.0-x}{10}\times\frac{2.0-x}{10}}=9.0 \qquad \frac{x^2}{(2.0-x)^2}=9$$

$0<x<2$より両辺正なので，$\frac{x}{2.0-x}=3$　　∴　$x=1.5$〔mol〕

したがって平衡時の酢酸エチルのモル濃度は

$$[CH_3COOC_2H_5]=\frac{1.5}{10}=0.15\ \text{〔mol/L〕}$$

例題 19−2

次の文を読んで，問に答えよ。数値は有効数字２桁で答えよ。

温度が一定に保たれた体積 10 L の密封容器に，はじめに水素 1.0 mol とヨウ素 1.0 mol を入れて反応させると，反応途中のある時刻tにおいて容器中のヨウ素は減少して 0.50 mol であった。この気体反応は式(1)で示される可逆反応で，正反応速度v_1と逆反応速度v_2は正反応の反応速度定数k_1，逆反応の反応速度定数k_2，および物質の濃度を用いてそれぞれ式(2)と式(3)で表される。

$$H_2(\text{気}) + I_2(\text{気}) \rightleftarrows 2HI(\text{気}) \quad \cdots(1)$$

$$v_1=k_1[H_2][I_2] \quad \cdots(2)$$

$$v_2=k_2[HI]^2 \quad \cdots(3)$$

この条件においては，$k_1=5.39\times10^{-2}$〔L/(mol·s)〕，$k_2=1.10\times10^{-3}$〔L/(mol·s)〕である。

問1　時刻 t において，容器中に存在するヨウ化水素の物質量〔mol〕を求めよ。

問2　時刻 t における正反応速度 v_1 を求めよ。

問3　時刻 t における逆反応速度 v_2 を求めよ。

問4　この条件における(1)式の平衡定数 K を求めよ。

解答　問1　時刻 t におけるそれぞれの物質量を求めると，

〔mol〕	H_2(気) ＋	I_2(気) ⟶	$2HI$(気)
反応前	1.0	1.0	0
変化量	−0.50	−0.50	＋1.0
時刻 t	0.50	0.50	1.0

∴　1.0〔mol〕

問2　式(2)に問1の値を代入して，

$$v_1 = 5.39\times10^{-2}\times\frac{0.50}{10}\times\frac{0.50}{10} = 1.34\times10^{-4} \fallingdotseq 1.3\times10^{-4}\ \text{〔mol/(L·s)〕}$$

問3　式(3)に問1の値を代入して，

$$v_2 = 1.10\times10^{-3}\times\left(\frac{1.0}{10}\right)^2 = 1.10\times10^{-5} \fallingdotseq 1.1\times10^{-5}\ \text{〔mol/(L·s)〕}$$

（注）　時刻 t においては $v_1 \neq v_2$ であるので，まだ平衡に達していない。

問4　平衡状態では $v_1 = v_2$ より，$k_1[H_2][I_2] = k_2[HI]^2$，

$$\therefore\quad K = \frac{[HI]^2}{[H_2][I_2]} = \frac{k_1}{k_2} = \frac{5.39\times10^{-2}}{1.10\times10^{-3}} = 49$$

例題 19−3

容積 5.0 L の密閉容器に，H_2 5.0 mol と I_2 5.0 mol を入れ一定温度に保ったところ，次の式(1)で表される反応が起こり時間 t_e において平衡状態に達した。

$$H_2 + I_2 \rightleftarrows 2HI \quad \cdots(1)$$

また，この反応における時間経過に伴う HI の生成量〔mol〕の変化は，右図に示す通りで，t_e において HI は 8.0 mol 生成していた。

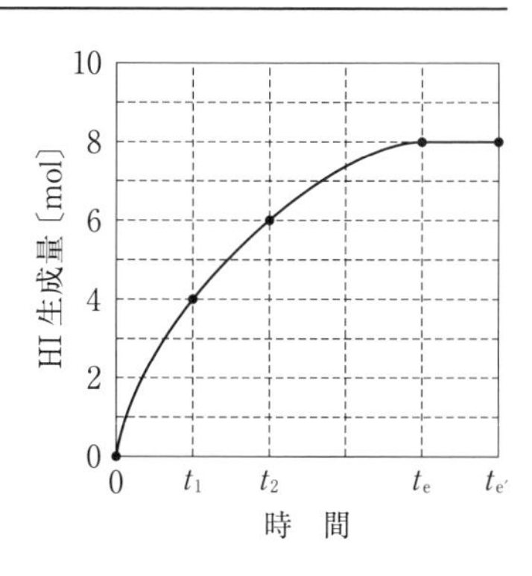

問1　前ページの図にH_2の変化を点線で描け。

問2　この反応の平衡時の平衡定数Kを求め，有効数字2桁で答えよ。

問3　同一温度で，容積2.5 Lの別の密閉容器に，H_2 5.0 molとI_2 5.0 molとを入れて平衡に達したとき，平衡定数の値は，問2の平衡定数の値と比べてどのようになるか。次の(ア)～(ウ)のうちからもっとも適切なものを一つ選び，記号で答えよ。

(ア)　問1の平衡定数の値より大きくなる。

(イ)　問1の平衡定数の値より小さくなる。

(ウ)　問1の平衡定数の値と同じになる。

問4　$t_{e'}$における平衡状態で，さらにH_2 7.0 molを加え，同一温度に保った。再び平衡状態に達したとき，HIは何molか。有効数字2桁で答えよ。

問5　$t_{e'}$における平衡状態で，水素とヨウ化水素をさらに2.0 molずつ加え同一温度に保ったところ，新しい平衡状態に達した。新しい平衡時におけるH_2，I_2，HIの物質量はt_eのときに比べてそれぞれどのように変化するか。次の(a)～(c)のうちもっとも適切なものを一つ選び，それぞれ記号で答えよ。

(a)　増加。　　(b)　変化しなかった。　　(c)　減少。

解答　問1　t_eにおけるそれぞれの物質の物質量は以下のようになる。

〔mol〕	H_2	+	I_2	$\rightleftarrows$	2HI
反応前	5.0		5.0		0
変化量	−4.0		−4.0		+8.0
平衡時	1.0		1.0		8.0

反応開始後からt_eまで反応物も生成物も(1)の係数比で変化していく。したがってグラフは次ページの図のようになる。

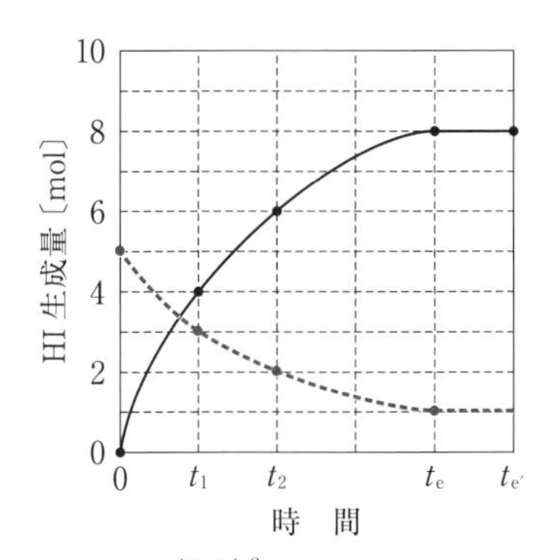

問 2　$K=\dfrac{[\mathrm{HI}]^2}{[\mathrm{H_2}][\mathrm{I_2}]}$ より $K=\dfrac{\left(\dfrac{8.0}{5.0}\right)^2}{\dfrac{1.0}{5.0}\times\dfrac{1.0}{5.0}}=64$

問 3　温度が一定であるので，平衡定数は変化しない。よって，(ウ)

問 4　t_e の平衡状態(H_2 1.0 mol，I_2＝1.0 mol，HI＝8.0 mol)でさらに H_2 を 7.0 mol 加えてから達した新しい平衡状態は，はじめ H_2 12.0 mol，I_2 5.0 mol の状態から反応を開始させた後に達する平衡状態と同じである。はじめの状態から減少した H_2 の物質量を x〔mol〕とすると，以下のようになる。また温度は変化していないので問 2 で求めた平衡定数 K＝64 を用いて，

〔mol〕	H_2	＋	I_2	⟶	2HI
反応前	5.0＋7.0		5.0		0
変化量	$-x$		$-x$		$+2x$
平衡時	$12.0-x$		$5.0-x$		$2x$

$K=\dfrac{\left(\dfrac{2x}{5.0}\right)^2}{\dfrac{12.0-x}{5.0}\times\dfrac{5.0-x}{5.0}}=64$　　$0<x<5$ より，$x=\dfrac{24}{5.0}=4.8$〔mol〕

したがって，HI＝2×4.8＝9.6〔mol〕

問 5　水素とヨウ化水素をさらに 2.0 mol ずつ加えた直後のそれぞれの物質量は，H_2＝3.0 mol，I_2＝1.0 mol，HI＝10.0 mol

このとき，$\dfrac{[\mathrm{HI}]^2}{[\mathrm{H_2}][\mathrm{I_2}]}=\dfrac{\left(\dfrac{10.0}{5.0}\right)^2}{\dfrac{3.0}{5.0}\times\dfrac{1.0}{5.0}}\fallingdotseq 33$

$\dfrac{[\mathrm{HI}]^2}{[\mathrm{H_2}][\mathrm{I_2}]}$ の値は，平衡定数の値になるように平衡が移動するので，濃度比 33 を 64 にする方向，つまり，分母(左辺)の数値を小さく，分子(右

辺)の数値を大きくするように反応が進行する。したがって，反応は右向きに進行するので，H_2：(c) **減少**，I_2：(c) **減少**，HI：(a) **増加**となる。

応用 例題 19−4

次の文中 [1] ～ [9] は有効数字３桁で答え，[10] は解答群から一つ選べ。必要であれば，次の計算結果を用いよ。

$1 \div 256 = 0.00391$

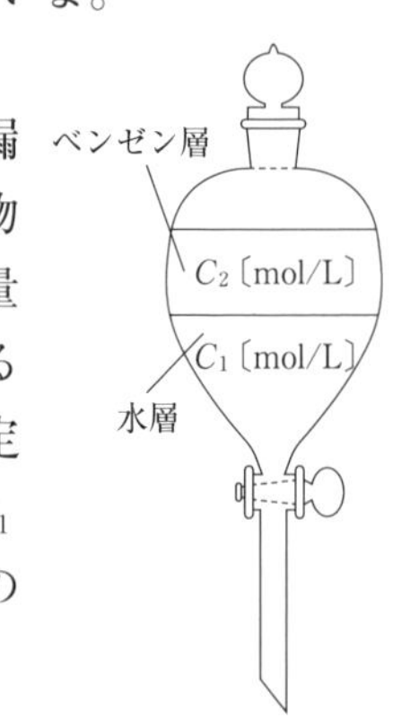

ある溶質の希薄水溶液にベンゼンを加え，分液漏斗中でよく振り混ぜてから静置すると，液体混合物は水層とベンゼン層の２層に完全に分離し，一定量の溶質がベンゼン層に抽出される。このとき，ある温度での２層中の溶質のモル濃度の比はつねに一定である。溶質Ａの場合，25℃での水層中の濃度 C_1〔g/mL〕に対するベンゼン層中の濃度 C_2〔g/mL〕の比 P は，$P = \dfrac{C_2}{C_1} = 8.00$ とする。

(1)　1.00 g の溶質Ａを含む 100 mL の水溶液に，100 mL のベンゼンを加え，25℃で上述の抽出操作を行った。このとき，ベンゼン層に抽出された溶質Ａは [1] g となる。

(2)　1.00 g の溶質Ａを含む 100 mL の水溶液に，50.0 mL のベンゼンを加え 25℃で上述の抽出操作を行った。このとき，ベンゼン層に抽出された溶質Ａは [2] g となり，水層に残った溶質Ａは最初の量(1.00 g)の [3] % である。この後，100 mL の水層を別の分液漏斗に移し，これに 50.0 mL のベンゼンを新たに加え，抽出操作を再度行った。このとき，２層に分離した後の水層には，１回目の抽出後の水層に残った量の [4] % の溶質Ａが残り，この２回の抽出操作で得られた合計 100 mL のベンゼン層に抽出された溶質Ａは [5] g となる。

(3)　1.00 g の溶質Ａを含む 100 mL の水溶液に，12.5 mL のベンゼンを加え，25℃で上述の抽出操作を行った。このとき，ベンゼン層に抽出された溶質Ａは [6] g となり，水層に残った溶質Ａは最初の量(1.00 g)の [7] % となる。この後，100 mL の水層を別の分液漏斗に移し，これに 12.5 mL のベンゼンを新たに加え，抽出操作を再度行った。このとき，2 層に分離した後の水層には，1 回目の抽出後の水層に残った量の [8] % の溶質 A が残る。このような抽出操作をくり返し，合計 8 回の操作を行った後に得られた合計 100 mL のベンゼン層に抽出された溶質 A は [9] g となる。

以上から，この操作で溶質 A を同じ総液量のベンゼンに抽出する場合，[10] ことがわかる。

解答群 [10]

① 抽出回数が多いほど，溶質 A の総抽出量は多くなる
② 抽出回数が多いほど，溶質 A の総抽出量は少なくなる
③ 抽出回数に関係なく，溶質 A の総抽出量はつねに同じである
④ 抽出回数と溶質 A の総抽出量との間に相関関係はない
⑤ 抽出回数と溶質 A の総抽出量との間に相関関係があるか否か不明である

解答 [1] 抽出された溶質 A の量を a〔g〕とすると，

〔g〕	A(水層)	⟶	A(ベンゼン層)
反応前	1.00		0
変化量	$-a$		$+a$
反応後	$1.00-a$		a

$$P=\frac{\frac{a}{100}}{\frac{1.00-a}{100}}=8.00$$ より，$a=0.8888 \fallingdotseq 0.889$〔g〕

[2] [1] と同様に，

$$P=\frac{\frac{a}{50.0}}{\frac{1.00-a}{100}}=8.00$$ より，$a=0.800$〔g〕

[3] 水層に残った A は，$1.00-0.800=0.200$〔g〕より，

$$\frac{0.200}{1.00}\times 100=20.0\ 〔\%〕$$

[4] [2] と同様に，

$$P=\frac{\frac{a}{50.0}}{\frac{0.200-a}{100}}=8.00 \text{ より，} a=0.160\,\text{〔g〕}$$

水層に残ったAは，0.200－0.160＝0.040〔g〕より，よって，

$$\frac{0.040}{0.200}\times100=\mathbf{20.0}\,\text{〔\%〕}$$

したがって，水100 mLに対してベンゼンを50 mL用いて抽出するとき，水層にAは20％ずつ残ることがわかる。

[5] 0.800＋0.160＝**0.960**〔g〕

[6] [1] と同様に，

$$P=\frac{\frac{a}{12.5}}{\frac{1.00-a}{100}}=8.00 \text{ より，} a=\mathbf{0.500}\,\text{〔g〕}$$

[7] 水層に残ったAは，1.00－0.500＝0.500 gより，

$$\frac{0.500}{1.00}\times100=\mathbf{50.0}\,\text{〔\%〕}$$

[8] したがって，水100 mLに対してベンゼンを12.5 mL用いて抽出するとき，水層にAは50％ずつ残ることがわかるので，1回目の抽出後の水層に残った量の**50.0**〔%〕の溶質Aが残っている。

[9] [8] より，1回目でベンゼン層に抽出された溶質Aは全体の50％，2回目でベンゼン層に抽出された溶質Aは1回目の抽出で水層に残った量の50％，3回目でベンゼン層に抽出された溶質Aは2回目の抽出で水層に残った量の50％……となるので，

$$\underbrace{1.00\times\frac{50}{100}}_{\text{1回目の抽出量}}+\underbrace{\left(1.00\times\frac{50}{100}\right)\times\frac{50}{100}}_{\text{2回目の抽出量}}+\underbrace{\left(1.00\times\frac{50}{100}\times\frac{50}{100}\right)\times\frac{50}{100}\cdots\cdots}_{\text{3回目の抽出量}}$$

$$=\frac{1}{2}+\left(\frac{1}{2}\right)^2+\left(\frac{1}{2}\right)^3+\left(\frac{1}{2}\right)^4+\left(\frac{1}{2}\right)^5+\left(\frac{1}{2}\right)^6+\left(\frac{1}{2}\right)^7+\left(\frac{1}{2}\right)^8$$

$$=\frac{\frac{1}{2}\left\{1-\left(\frac{1}{2}\right)^8\right\}}{1-\frac{1}{2}}=1-0.00391=0.99609\fallingdotseq\mathbf{0.996}\,\text{〔g〕}$$

初項$\frac{1}{2}$，公比$\frac{1}{2}$の等比数列の和だよ！

[10] 以上より，抽出回数が多いほど，溶質Aの総抽出量は多くなる。

∴ ①

それでは問題を解いてみましょう。今回は初めから**入試問題**です。

（解答編 p. 43）

□類題 19－1 制限時間 3分 

常温付近では，NO_2 と N_2O_4 には次式のような可逆反応が起こり，平衡状態が成り立つ。

$$2NO_2(気) \rightleftarrows N_2O_4(気)$$

容積 5.0 L の容器に NO_2 と N_2O_4 の混合気体を入れた。平衡状態に達したとき，容器内には 4.0 mol の NO_2 と 2.0 mol の N_2O_4 が存在した。

問 1　NO_2 のモル濃度 $[NO_2]$ および N_2O_4 のモル濃度 $[N_2O_4]$ を用いて，平衡定数 K を記せ。

問 2　平衡定数 K を有効数字 2 桁で求めよ。単位も記せ。

（大阪工業大・改）

□類題 19－2 制限時間 6分 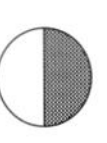

以下の問に答えよ。H＝1.0，C＝12，O＝16，平衡定数を $K=4.0$ とする。数値は有効数字 2 桁で答えよ。

問 1　酢酸とエタノールから酢酸エチルが生成する反応を化学反応式で示せ。

問 2　酢酸 1.0 mol とエタノール 1.0 mol を反応させ平衡に達したとき，生成する酢酸エチルは何 mol か。

問 3　酢酸 120 g，エタノール 46 g を反応させ平衡に達した。酢酸エチルが何 g 生成するか。ただし，$\sqrt{3}=1.7$ とする。

（関西学院大）

□類題 19－3 制限時間 5分 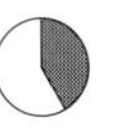

2.5 L の密閉容器中で，窒素 10 mol と水素 30 mol を反応させた。次の反応 $N_2 + 3H_2 \rightleftarrows 2NH_3$ で平衡状態に達したとき，気体混合物中のアンモニアの割合は体積百分率で 60 % であった。平衡定数を有効数字 2 桁で求めよ。

（東北大・改）

□類題 19−4　制限時間　5分 

水溶液中で化合物Aが化合物Bに変化する反応は式(1)で示される可逆反応であり，十分な時間が経過すると平衡状態になる。この反応では，正反応速度 v_1 と逆反応速度 v_2 は正反応の反応速度定数 k_1，逆反応の反応速度定数 k_2，および物質の濃度を用いてそれぞれ式(2)と式(3)で表される。

$$A \rightleftarrows B \quad \cdots(1)$$

$$v_1 = k_1[A] \quad \cdots(2)$$

$$v_2 = k_2[B] \quad \cdots(3)$$

ある温度において1.2 molのAを水に溶かして2.0 Lの溶液とし，十分な時間が経過して平衡状態になったとき，Aのモル濃度を有効数字2桁で答えよ。ただし，この反応では，水溶液の体積と温度は変化しないものとし，$k_1 = 5.0/s$，$k_2 = 1.0/s$ とする。

（センター本試・改）

□類題 19−5　制限時間　3分 

5.0 Lの反応容器に水素3.0 molと窒素1.0 molを入れ，温度一定，触媒存在下で反応させたところ，次の式(1)で表される平衡状態に達した。

$$3H_2 + N_2 \rightleftarrows 2NH_3 \quad \cdots(1)$$

右の図は，この反応の反応時間と窒素の物質量との関係を示したものである。

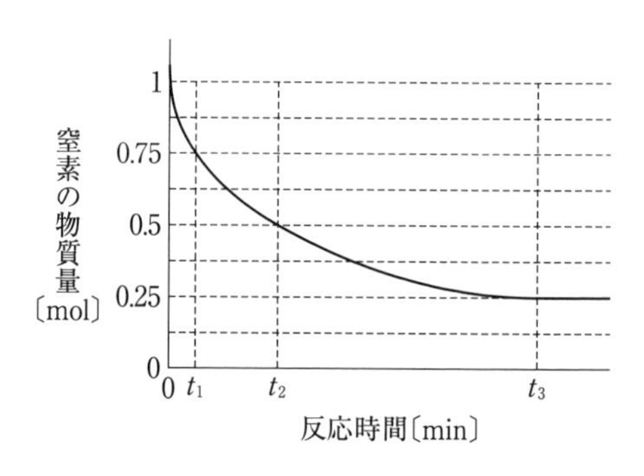

時間 t_3 以降では，窒素の物質量は一定になり，平衡に達した。このときの平衡定数 K を，有効数字2桁で単位を含めて答えよ。

（島根大・改）

□類題 19−6 制限時間 8分

容積 V〔L〕の密閉できる容器 X に気体 A，気体 B を入れて温度を一定に保つと，気体 C を生成する反応が進み，次式のように表される平衡状態に達する。次の問に答えよ。

$$\mathrm{A(気)} + \mathrm{B(気)} \rightleftarrows 2\mathrm{C(気)}$$

問 1　容器 X に A，B，C を，それぞれ 1.0 mol，2.0 mol，2.0 mol 入れて温度を T_1〔K〕に保つと，平衡状態に達した。温度 T_1〔K〕での濃度平衡定数の値が 4.0 であるとき，容器 X 内の A のモル分率を有効数字 2 桁で求めよ。

問 2　容器 X に A，B，C を入れて温度を T_2〔K〕に保つと，A，B，C の物質量が，それぞれ 1.0 mol，4.0 mol，8.0 mol となって平衡状態に達した。この状態から A を 3.0 mol 加えた後，温度を T_2〔K〕に保つと，再び平衡状態に達した。このときの容器内の A の物質量を有効数字 2 桁で求めよ。

(関西大・改)

□類題 19−7 制限時間 12分

水と油は互いに溶け合わずに二層に分離する。このような二つの液体に一定の温度で薬物を溶解するとき，水層中の薬物濃度 C_W〔mg/mL〕と油層中の薬物濃度 C_O〔mg/mL〕の比 P は一定となる。P を分配係数といい，式(1)で表される。

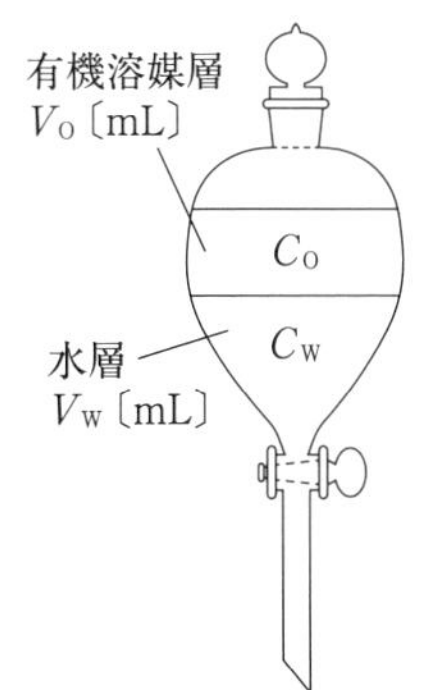

$$P = \frac{C_O}{C_W} \qquad \cdots(1)$$

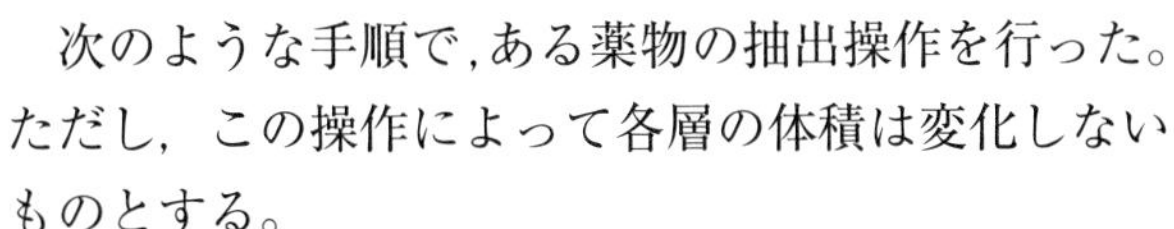

次のような手順で，ある薬物の抽出操作を行った。ただし，この操作によって各層の体積は変化しないものとする。

薬物が W〔mg〕溶けている水溶液 V_W〔mL〕を分液ロートに入れ，水と互いに混じり合わない有機溶媒 V_O〔mL〕を加えてよく振り混ぜて静置し，薬物の一部を有機溶媒層に抽出する。この抽出操作により

薬物が W_1〔mg〕だけ水層に残るとすると，抽出後の C_W は $\boxed{\quad 1 \quad}$，C_O は $\boxed{\quad 2 \quad}$ となる。

これらの値を式(1)に代入して整理すると，1回目の抽出操作で水層に残った薬物量 W_1 を求める式は式(2)となる。

$$W_1 = W \times \boxed{\quad 3 \quad} \qquad \cdots(2)$$

次に，薬物が溶解した有機溶媒層のみを取り除き，薬物が W_1〔mg〕溶けている水溶液 V_W〔mL〕に新たに有機溶媒 V_O〔mL〕を加えて再度抽出操作を行う。2回目の抽出操作で水層中に残る薬物量 W_2〔mg〕は，式(3)で求められる。

$$W_2 = W_1 \times \boxed{\quad 3 \quad} = W \times \boxed{\quad 3 \quad}^2 \qquad \cdots(3)$$

同様に，この抽出操作を n 回繰り返したとき，水層中に残る薬物量 W_n〔mg〕は式(4)で求められる。

$$W_n = W \times \boxed{\quad 3 \quad}^n \qquad \cdots(4)$$

問1　$\boxed{\quad 1 \quad}$ ～ $\boxed{\quad 3 \quad}$ にあてはまる文字式を求めよ。

問2　薬物 1.0 g を溶かした水溶液 100 mL がある。ここに有機溶媒 50 mL を加えて抽出操作を1回行ったとき，水層に残る薬物量 W_1〔mg〕はいくらか。次の①～⑥から選べ。ただし，この薬物の分配係数 P を 8.0 とする。

① 60　② 70　③ 100　④ 200　⑤ 330　⑥ 500

問3　この方法で抽出操作を繰り返したとき，最初に溶けていた薬物の 99 %以上を有機溶媒に抽出するためには，抽出操作を何回以上繰り返す必要があるか。整数で答えよ。$\log_{10} 2 = 0.3$ とする。

（武庫川女子大・改）

20 化学平衡 (3) 圧平衡定数

1 圧平衡定数

気体が関与する平衡では，モル濃度の代わりに分圧で表した平衡定数が用いられることがある。この平衡定数を**圧平衡定数**といい，K_p で表す。以下の可逆反応について，

$$aA + bB \rightleftarrows xX + yY \quad \cdots①$$

物質がすべて気体のとき，A，B，X，Y の分圧をそれぞれ P_A，P_B，P_X，P_Y とすると，圧平衡定数 K_p は次の式で表される。

$$K_p = \frac{(P_X)^x(P_Y)^y}{(P_A)^a(P_B)^b} \quad \cdots②$$

2 圧平衡定数と濃度平衡定数との関係

圧平衡定数に対して，モル濃度で表した平衡定数を**濃度平衡定数**といい K_c で表す。圧平衡定数 K_p と濃度平衡定数 K_c との関係式を以下の手順で求めてみよう。

①の反応について温度を T〔K〕,容器の体積を V〔L〕,平衡状態における成分気体 A の物質量を n_A〔mol〕，A の分圧を P_A〔Pa〕として，成分気体 A について気体の状態方程式 $P_AV = n_ART$ と $[A]$〔mol/L〕$= \dfrac{n_A}{V}$ より

$$P_A = [A]RT$$

と表すことができる。

気体の場合
圧力とモル
濃度は比例
してるんだ！

同様にして，成分気体 B，X，Y に対しても

$$P_B = [B]RT,\quad P_X = [X]RT,\quad P_Y = [Y]RT$$

と表すことができる。これらを②式に代入すると，

$$K_p = \frac{([X]RT)^x([Y]RT)^y}{([A]RT)^a([B]RT)^b} = \frac{[X]^x[Y]^y}{[A]^a[B]^b}(RT)^{(x+y)-(a+b)}$$

また，物質 A，B，X，Y についての濃度平衡定数 K_c は

$K_c = \dfrac{[X]^x[Y]^y}{[A]^a[B]^b}$ であるので，$\boldsymbol{K_p = K_c(RT)^{(x+y)-(a+b)}}$

例題 20−1

温度一定,体積一定の容器の中で次の反応が平衡状態になっている。

$$N_2 + 3H_2 \rightleftarrows 2NH_3$$

濃度平衡定数 K_c と圧平衡定数 K_p をそれぞれ求め，K_c と K_p の関係式を導け。ただし，物質 X のモル濃度を[X]，物質 X の分圧を P_X とする。

解答 平衡時の窒素，水素，アンモニアのモル濃度をそれぞれ$[N_2]$，$[H_2]$，$[NH_3]$とすると，濃度平衡定数 K_c は，

$$K_c = \frac{[NH_3]^2}{[N_2]^1[H_2]^3} \text{ より，} K_c = \frac{[NH_3]^2}{[N_2][H_2]^3} \quad \cdots①$$

また，平衡時の窒素，水素，アンモニアの分圧をそれぞれ P_{N_2}，P_{H_2}，P_{NH_3} とすると，圧平衡定数 K_p は，

$$K_p = \frac{(P_{NH_3})^2}{(P_{N_2})^1(P_{H_2})^3} \text{ より，} K_p = \frac{(P_{NH_3})^2}{(P_{N_2})(P_{H_2})^3} \quad \cdots②$$

温度を T〔K〕，容器の体積を V〔L〕としたときの平衡状態における窒素の物質量を n_{N_2}〔mol〕，分圧を P_{N_2}〔Pa〕として，窒素について気体の状態方程式を用いると，$P_{N_2}V = n_{N_2}RT$ より，

$$P_{N_2} = \frac{n_{N_2}}{V}RT$$

ここで，$\frac{n_{N_2}}{V} = [N_2]$〔mol/L〕とすると，

$$P_{N_2} = [N_2]RT$$

と表すことができる。

同様にして，水素，アンモニアに対しても

$$P_{H_2} = [H_2]RT, \quad P_{NH_3} = [NH_3]RT$$

と表すことができるので，これらを式②に代入すると，

$$K_p = \frac{([NH_3]RT)^2}{([N_2]RT)([H_2]RT)^3} = \frac{[NH_3]^2}{[N_2][H_2]^3}(RT)^{2-(1+3)}$$

これに式①を代入すると，

$$K_p = K_c(RT)^{-2}$$

例題 20−2

容積が可変な容器に N_2O_4 n〔mol〕を入れ温度 T〔K〕，圧力 P〔Pa〕に保つと，式(1)の反応が起こり平衡に達した。

$$N_2O_4 \rightleftarrows 2NO_2 \quad \cdots(1)$$

次の文中の〔　ア　〕～〔　キ　〕にあてはまる最も適当な数値あるいは式を答えよ。

平衡状態における，容器内の N_2O_4 および NO_2 の物質量を N_2O_4 の解離度 α を用いて表せば，N_2O_4 は〔　ア　〕mol，NO_2 は〔　イ　〕mol であるので，容器内の気体の総物質量は〔　ウ　〕mol になる。各成分の分圧を α と P を用いて表せば，式(2)と式(3)が得られる。

$P_{N_2O_4}$＝〔　エ　〕P〔Pa〕　…(2)　　P_{NO_2}＝〔　オ　〕P〔Pa〕　…(3)

平衡状態で存在する N_2O_4 および NO_2 の濃度をそれぞれ $[N_2O_4]$，$[NO_2]$ とすると，濃度平衡定数 K_c は式(4)で表される。

$$K_c = \frac{[NO_2]^2}{[N_2O_4]} \quad \cdots(4)$$

式(2)，(3)より，濃度平衡定数 K_c を，α と P および気体定数 R〔Pa・L/(mol・K)〕を用いて表せば，式(5)が得られる。

$$K_c = \frac{P}{RT} \times 〔\ \text{カ}\ 〕 \quad \cdots(5)$$

一方，圧平衡定数 K_p は式(6)で表される。

$$K_p = \frac{(P_{NO_2})^2}{P_{N_2O_4}} \quad \cdots(6)$$

式(2)，(3)より，圧平衡定数 K_p を α と P で表すことができる。この K_p を式(5)の濃度平衡定数 K_c と比較すれば，K_p と K_c の間に式(7)の関係があることがわかる。

$$K_p = K_c \times 〔\ \text{キ}\ 〕 \quad \cdots(7)$$

解答　反応前の N_2O_4 の物質量を n〔mol〕，解離度を α とすると，

〔mol〕	N_2O_4	$\rightleftarrows$	$2NO_2$	合計
反応前	n		0	
変化量	$-n\alpha$		$+2n\alpha$	
平衡時	ア $n(1-\alpha)$		イ $2n\alpha$	ウ $n(1+\alpha)$

$$P_{N_2O_4}=P\times\left(\frac{1-\alpha}{1+\alpha}\right)=_{\text{エ}}\frac{1-\alpha}{1+\alpha}P\ (\text{Pa}),$$

$$P_{NO_2}=P\times\left(\frac{2\alpha}{1+\alpha}\right)=_{\text{オ}}\frac{2\alpha}{1+\alpha}P\ (\text{Pa})$$

容積 V〔L〕として N_2O_4 についての気体の状態方程式 $P_{N_2O_4}V=n_{N_2O_4}RT$ より

$$[N_2O_4]=\frac{n_{N_2O_4}}{V}=\frac{P_{N_2O_4}}{RT}=\frac{1}{RT}\times\frac{1-\alpha}{1+\alpha}P\ (\text{mol/L})$$

同様に, $P_{NO_2}V=n_{NO_2}RT$ より, $[NO_2]=\frac{n_{NO_2}}{V}=\frac{P_{NO_2}}{RT}=\frac{1}{RT}\times\frac{2\alpha}{1+\alpha}P$〔mol/L〕

式(4)に代入して整理すると,

$$K_c=\frac{P}{RT}\times_{\text{カ}}\frac{4\alpha^2}{1-\alpha^2} \qquad \cdots(8)$$

次に, 式(2)と式(3)を式(6)に代入して K_p を α と P で表すと,

$$K_p=\frac{(P_{NO_2})^2}{P_{N_2O_4}}=\frac{\left(\frac{2\alpha}{1+\alpha}P\right)^2}{\frac{1-\alpha}{1+\alpha}P}=\frac{4\alpha^2}{1-\alpha^2}P$$

$$\therefore\quad \frac{4\alpha^2}{1-\alpha^2}=\frac{K_p}{P} \qquad \cdots(9)$$

式(9)を式(8)に代入すると,

$$K_c=\frac{K_p}{RT}$$

したがって, $K_p=K_c\times_{\text{キ}}RT$

例題 20−3

四酸化二窒素 N_2O_4 は次のように解離する。

$$N_2O_4 \rightleftarrows 2NO_2$$

いま, ある温度で N_2O_4 を容器に封入し, 容器内の圧力を 2.1×10^5 Pa に保ったところ, その 40 % が解離し平衡状態になった。圧平衡定数を単位も含めて求めよ。

解答 封入したN_2O_4の物質量をn〔mol〕とおいて，解離度が40％のときの反応表を書く。

〔mol〕	N_2O_4	$\rightleftarrows$	$2NO_2$	合計
反応前	n		0	
変化量	$-0.4\,n$		$+0.8\,n$	
平衡時	$0.6\,n$		$0.8\,n$	$1.4\,n$

気相平衡の問題では，平衡時の混合気体の総物質量を求めておくと何かとベンリだよ〜！

混合気体の全圧をP〔Pa〕とすると，「分圧＝全圧×モル分率」より，各成分気体の分圧はそれぞれ

$$P_{N_2O_4}=P\times\frac{0.6\,n}{1.4\,n}=\frac{3}{7}P\text{〔Pa〕}$$

$$P_{NO_2}=P\times\frac{0.8\,n}{1.4\,n}=\frac{4}{7}P\text{〔Pa〕}$$

である。

したがって，圧平衡定数は単位も含めて，

$$K_p=\frac{(P_{NO_2})^2}{P_{N_2O_4}}=\frac{\left(\frac{4}{7}P\right)^2\text{〔Pa〕}^2}{\frac{3}{7}P\text{〔Pa〕}}=\frac{16}{21}P\text{〔Pa〕}$$

ここで，$P=2.1\times10^5$〔Pa〕を代入して，

$$K_p=\frac{16}{21}\times2.1\times10^5=1.6\times10^5\text{〔Pa〕}$$

それでは問題を解いてみましょう。今回は初めから**入試問題**です。

（解答編 p. 47）

□類題 20－1 制限時間 4分 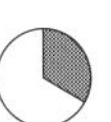

X(気) ＋ $3Y$(気) $\rightleftarrows$ $2Z$(気)の平衡反応について，次の問に答えよ。

問1 この平衡反応における圧平衡定数K_pと濃度平衡定数K_cとの関係を，気体定数Rと絶対温度Tを用いて表せ。

問2 1.0 molの気体ZをV〔L〕の容器に入れてT〔K〕にすると，気体Zは0.20 molになり全圧が9.0×10^5 Paで平衡に達した。この温度での圧平衡定数K_pを，有効数字2桁で単位も明記して求めよ。

（東邦大・改）

□類題 20−2　制限時間　9分 

次の気体反応について，以下の問に答えよ。ただし温度を27℃，全圧を1.0×10^5 Pa，気体定数を8.3×10^3〔Pa·L/(mol·K)〕とし，答は有効数字3桁で示せ。

$$N_2O_4 \rightleftarrows 2NO_2$$

問1　平衡に達したとき，NO_2は体積百分率で28.0％存在した。このときのN_2O_4の解離度αを求めよ。

問2　各成分気体の分圧〔Pa〕を用いて表した平衡定数K_pを単位も含めて求めよ。

問3　各成分気体のモル濃度を用いて表した平衡定数K_cを単位も含めて求めよ。

（日本医科大・改）

□類題 20−3　制限時間　9分 

赤熱したコークス(炭素，固体)に二酸化炭素を反応させると，次の反応式にしたがって一酸化炭素を生成する。

$$C(固) + CO_2(気) \rightleftarrows 2CO(気)$$

また，圧平衡定数K_pは各気体の分圧P_{CO_2}，P_{CO}を用いて次の式で表される。

$$K_p = \frac{(P_{CO})^2}{P_{CO_2}}$$

問1　気密容器に炭素1 mol，二酸化炭素1 molを入れ，全圧P〔Pa〕，温度T〔K〕の条件で平衡状態にした。このとき反応した炭素の物質量をx〔mol〕として，次の表の空欄(ア)〜(オ)にあてはまる数値あるいは式を記せ。

	C	CO_2	CO	気体の物質量の合計
反応前〔mol〕	1	1	0	
平衡時〔mol〕	$1-x$	(ア)	(イ)	(ウ)
平衡時の分圧〔Pa〕		(エ)	(オ)	P

問2　問1の状態における圧平衡定数 K_p〔Pa〕を，x と P を用いて表せ。

問3　問1の実験を，全圧 1.0×10^5 Pa，温度 1000 K の条件で行った。$\sqrt{2}=1.41$，$\sqrt{3}=1.73$，気体定数を 8.3×10^3〔Pa・L/(mol・K)〕，K_p を 8.0×10^5 Pa とする。

(1)　反応した炭素の物質量を有効数字2桁で求めよ。

(2)　このとき気体の占める体積を有効数字2桁で求めよ。

（名古屋工業大・改）

用 □類題 20－4　制限時間　9分 

プロパンからプロペンと水素が生成する反応は，次のとおりである。

$$C_3H_8(\text{気体}) \rightleftarrows C_3H_6(\text{気体}) + H_2(\text{気体})$$

一定温度のもとで，容積一定の反応容器にプロパンを 1.0 mol 入れたところ，圧力は 2.0×10^5 Pa であった。この容器に触媒を加えて反応を開始させ，化学平衡に達するまで反応させた。このとき，反応したプロパンの物質量は何 mol か。また，平衡時の全圧は何 Pa か。それぞれ有効数字2桁で答えよ。ただし，この反応の，この温度における圧平衡定数 K_p を 1.0×10^5 Pa とし，加えた触媒の体積は無視する。

（帝京大・改）

21 電離平衡(1) 1価の弱酸・弱塩基

1 電離平衡

水溶液中で，弱電解質は陽イオンと陰イオンに電離して平衡に達している。これを**電離平衡**という。

$$XY \rightleftarrows X^+ + Y^-$$

弱電解質は，電離度 α が1に比べて極めて小さい($\alpha \ll 1$)ので，水溶液中ではそのほとんどは電離していない状態(XY)で存在し，イオン(X^+ と Y^-)になっている分はごくわずかである。

$$[XY] \gg [X^+] = [Y^-]$$

したがって，$\alpha \ll 1$ であるから **$1-\alpha \fallingdotseq 1$** と近似してよい。

2 弱酸水溶液の水素イオン濃度の求め方

弱酸 HA が水溶液中で式①の電離平衡になっているとき，

$$HA \rightleftarrows H^+ + A^- \quad \cdots ①$$

化学平衡の法則より，酸の電離定数 K_a は次の式で定義され，K_a の値は温度が一定ならば一定である。

$$K_a = \frac{[H^+][A^-]}{[HA]} \quad \cdots ②$$

C_a〔mol/L〕の弱酸 HA の水溶液の$[H^+]$は，次のようにして求める。

水溶液中における HA の電離度を α とすると，式①より，

〔mol/L〕	HA	$\rightleftarrows$	H^+	+	A^-
反応前	C_a		0		0
変化量	$-C_a\alpha$		$+C_a\alpha$		$+C_a\alpha$
平衡時	$C_a(1-\alpha)$		$C_a\alpha$		$C_a\alpha$

平衡状態における各成分のモル濃度を式②に代入すると，

$$K_a = \frac{C_a\alpha \times C_a\alpha}{C_a(1-\alpha)} = \frac{C_a\alpha^2}{1-\alpha}$$

$\alpha \ll 1$ より $1-\alpha \fallingdotseq 1$ と近似すると，

$$K_a = \frac{C_a\alpha^2}{1-\alpha} \fallingdotseq C_a\alpha^2 \qquad \therefore \ \boldsymbol{\alpha = \sqrt{\frac{K_a}{C_a}}}$$

これを$[H^+]=C_a\alpha$ に代入して整理すると，**$[H^+]=\sqrt{C_aK_a}$** となる。

3 弱塩基水溶液の水素イオン濃度の求め方

弱塩基Bが水溶液中で

$$B + H_2O \rightleftarrows BH^+ + OH^- \quad \cdots③$$

の電離平衡にあるとき，塩基の電離定数 K は次の式で定義される。

$$K=\frac{[BH^+][OH^-]}{[B][H_2O]}$$

H_2O は溶媒として多量に存在しており，水溶液中における電離平衡では，α はかなり小さいため弱塩基Bと反応して減少する H_2O の量は無視できる。したがって，$[H_2O]$ は一定と考えてよい。

上式中の $[H_2O]$ を左辺に移項し，$K[H_2O]$ を K_b で表すと，

$$K_b=\frac{[BH^+][OH^-]}{[B]} \quad \cdots④$$

C_b〔mol/L〕の弱塩基Bの水溶液の $[H^+]$ を求める場合は，次のようにして，まず $[OH^-]$ を求める。

水溶液中におけるBの電離度を α とすると，式③より，

〔mol/L〕	B	$+ \ H_2O$	$\rightleftarrows$	BH^+	$+ \ OH^-$
反応前	C_b	—		0	0
変化量	$-C_b\alpha$	$-C_b\alpha$		$+C_b\alpha$	$+C_b\alpha$
平衡時	$C_b(1-\alpha)$	—		$C_b\alpha$	$C_b\alpha$

平衡状態における各成分のモル濃度を式④に代入すると，

$$K_b=\frac{C_b\alpha\times C_b\alpha}{C_b(1-\alpha)}=\frac{C_b\alpha^2}{1-\alpha}$$

$\alpha\ll1$ より $1-\alpha\fallingdotseq1$ と近似すると，

$$K_b=\frac{C_b\alpha^2}{1-\alpha}\fallingdotseq C_b\alpha^2 \qquad \therefore \ \boldsymbol{\alpha}=\sqrt{\frac{K_b}{C_b}}$$

これを $[OH^-]=C_b\alpha$ に代入すると，$[\mathbf{OH^-}]=\sqrt{C_bK_b}$ となる。

次に，水のイオン積 $K_W=[H^+][OH^-]=1.0\times10^{-14}$〔mol/L〕^{2} を利用して $[H^+]$ を求めると，

$$[\mathbf{H^+}]=\frac{K_W}{[OH^-]}=\frac{\mathbf{1.0\times10^{-14}}}{\sqrt{C_bK_b}}$$

4 $[\mathbf{H^+}]$，$[\mathbf{OH^-}]$ と pH，pOH の関係式

$[H^+]=a\times10^{-b}$〔mol/L〕のとき，$\mathrm{pH}=-\log_{10}[H^+]=\boldsymbol{b}-\log_{10}\boldsymbol{a}$

また，$[OH^-]=c\times10^{-d}$〔mol/L〕のとき，$pOH=d-\log_{10}c$
水および水溶液中では，必ず次式が成立する。

$$pH + pOH=14$$

したがって $pH=14-pOH=14-(d-\log_{10}c)$
（注）この方法では，弱塩基の pH の求め方が容易になる。

例題 21－1

次の問に答えよ。なお，問3以降は α は1に比べて十分小さいとする。

問1　濃度 C〔mol/L〕の酢酸の電離度を α としたとき，電離定数 K_a を C と α で表せ。

問2　水素イオン指数(pH)を C と α で表せ。

問3　α を C と K_a で表せ。

問4　pH を C と K_a で表せ。

問5　0.10 mol/L の酢酸の電離定数を $K_a=2.75\times10^{-5}$ mol/L とすると，この酢酸の pH は次の㋐～㋔のうちのどれか。適切なものを1つ選べ。ただし，$\log_{10}2.75=0.44$ とする。

㋐　2.0　　㋑　2.4　　㋒　2.8　　㋓　3.2　　㋔　3.6

解答　問1　C〔mol/L〕の酢酸 CH_3COOH の電離度を α とすると，次の関係が成り立つ。

〔mol/L〕	CH_3COOH	$\rightleftarrows$	CH_3COO^-	＋	H^+
反応前	C		0		0
変化量	$-C\alpha$		$+C\alpha$		$+C\alpha$
平衡時	$C(1-\alpha)$		$C\alpha$		$C\alpha$

平衡状態における各成分のモル濃度を p. 146 ②**弱酸水溶液の水素イオン濃度の求め方**の式②に代入すると，

$$K_a=\frac{C\alpha\times C\alpha}{C(1-\alpha)}=\frac{C\alpha^2}{1-\alpha}$$

問2　反応表より $[H^+]=C\alpha$ であるので，$pH=-\log_{10}[H^+]=\boldsymbol{-\log_{10}C\alpha}$

問3　$\alpha\ll1$ より $1-\alpha\fallingdotseq1$ と近似すると，問1より

$$K_a=\frac{C\alpha^2}{1-\alpha}\fallingdotseq C\alpha^2 \qquad \therefore\ \boldsymbol{\alpha=\sqrt{\frac{K_a}{C}}}$$

問4 問3より，$\alpha=\sqrt{\dfrac{K_a}{C}}$

これを$[H^+]=C\alpha$に代入すると，$[H^+]=\sqrt{CK_a}$となるので，

$$pH=-\log_{10}[H^+]=-\log_{10}\sqrt{CK_a}$$

問5 問4より，

$$pH=-\log_{10}\sqrt{0.10\times2.75\times10^{-5}}=-\log_{10}(2.75\times10^{-6})^{\frac{1}{2}}$$

$$=-\frac{1}{2}\log_{10}(2.75\times10^{-6})=\frac{1}{2}(6-\log_{10}2.75)$$

$$=\frac{1}{2}(6-0.44)=2.78 \qquad \therefore \text{ ㋒}$$

例題 21－2

アンモニアは，水溶液中で次のような電離平衡の状態にある。

$$NH_3 + H_2O \rightleftarrows NH_4^+ + OH^-$$

このとき，アンモニアの電離定数K_bは次のように表される。

$$K_b=\frac{[NH_4^+][OH^-]}{[NH_3]}$$

アンモニアの電離定数K_bを1.8×10^{-5} mol/Lとして，0.020 mol/Lアンモニア水におけるアンモニアの電離度，アンモニア水のpHを計算せよ。ただし，$\log_{10}2=0.30$，$\log_{10}3=0.48$を用い，電離度は有効数字2桁，pHは小数第1位まで記せ。

解答 C〔mol/L〕のアンモニアNH_3の電離度をαとすると，次の関係が成り立つ。

〔mol/L〕	NH_3	＋ H_2O	$\rightleftarrows$	NH_4^+	＋ OH^-
反応前	C	—		0	0
変化量	$-C\alpha$	$-C\alpha$		$+C\alpha$	$+C\alpha$
平衡時	$C(1-\alpha)$	—		$C\alpha$	$C\alpha$

平衡状態における各成分のモル濃度をp. 147 **3 弱塩基水溶水の水素イオン濃度の求め方**の式④に代入すると，

$$K_b=\frac{C\alpha\times C\alpha}{C(1-\alpha)}=\frac{C\alpha^2}{1-\alpha}$$

K_bの値が1.8×10^{-5}とスゴク小さいのでNH_3はほとんど電離していないとみなしてよいよ！

$\alpha \ll 1$ より $1-\alpha \fallingdotseq 1$ と近似すると，$K_b = C\alpha^2$

$$\therefore \quad \alpha = \sqrt{\frac{K_b}{C}} = \sqrt{\frac{1.8\times10^{-5}}{0.020}} = \sqrt{9.0\times10^{-4}} = 3.0\times10^{-2} = \mathbf{0.030}$$

$[OH^-] = C\alpha = \sqrt{CK_b}$ より

$$[OH^-] = \sqrt{0.020\times1.8\times10^{-5}} = 6.0\times10^{-4}\,〔mol/L〕$$

$pOH = 4 - \log_{10}6.0 = 4 - (\log_{10}2 + \log_{10}3) = 4 - (0.30 + 0.48) = 3.22$

したがって，$pH = 14 - pOH = 14 - 3.22 = 10.78$ $\quad\therefore\quad$ **10.8**

［別解］ アンモニアの電離度を α として，$\alpha = \sqrt{\dfrac{K_b}{C}}$ に

$$K_b = 1.8\times10^{-5},\ C = 0.020$$

を代入すると，

$$\alpha = \sqrt{\frac{1.8\times10^{-5}}{0.020}} = \sqrt{9.0\times10^{-4}} = 3.0\times10^{-2} = 0.030$$

また，$[OH^-] = C\alpha$ に

$$C = 0.020,\ \alpha = 0.030$$

を代入すると，

$$[OH^-] = 0.020\times0.030 = 6.0\times10^{-4}\,〔mol/L〕$$

以下，本解と同様にして　$pH = 10.8$

それでは問題を解いてみましょう。今回は初めから**入試問題**です。

（解答編 p. 49）

□類題 21－1　制限時間　4分 

酢酸 0.2 mol を水に溶かして 1 L とした水溶液について，次の問に答えよ。酢酸の電離定数 K_a を 2.0×10^{-5} mol/L，$\log_{10}2 = 0.30$ とする。

問1　電離度 α はいくらか。次の①～⑨のうちから1つ選べ。

① 0.001（単位なし）　② 0.01（単位なし）　③ 0.1（単位なし）
④ 0.001〔mol/L〕　⑤ 0.01〔mol/L〕　⑥ 0.1〔mol/L〕
⑦ 0.001〔L/mol〕　⑧ 0.01〔L/mol〕　⑨ 0.1〔L/mol〕

問2　この溶液の pH はいくらか。次の①～⑩のうちから1つ選べ。

① 1.3　② 1.7　③ 2.3　④ 2.7　⑤ 3.3
⑥ 3.7　⑦ 4.3　⑧ 4.7　⑨ 5.3　⑩ 5.7

（城西大）

□類題 21－2　制限時間　4分

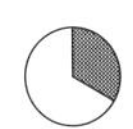

アンモニアの水溶液中では，次の電離平衡が成立している。

$$NH_3 + H_2O \rightleftarrows NH_4^+ + OH^-$$

(1)　4.0×10^{-2} mol/L アンモニア水溶液中のアンモニアの電離度は 2.0×10^{-2} である。この溶液の pH を小数第1位まで求めよ。ただし，$\log_{10}2=0.30$ とする。

(2)　このアンモニア水溶液の電離定数 K_b〔mol/L〕を有効数字2桁で求めよ。

（京都産業大）

□類題 21－3　制限時間　5分

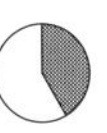

弱酸 HA は，水溶液中で以下の式のように電離する。

$$HA \rightleftarrows H^+ + A^-$$

(1)　電離定数 K_a，および電離度 α を各成分の濃度[HA]，[H^+]，[A^-]で表せ。

(2)　0.20 mol/L の HA 水溶液の pH が 3.7 であった。電離定数 K_a を求めよ。ただし，$\log_{10}2=0.30$ とする。

（近畿大）

□類題 21－4　制限時間　6分

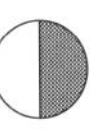

次の文の〔　ア　〕～〔　オ　〕に式または数値を入れよ。

アニリン $C_6H_5NH_2$ の水溶液では，次の平衡が成立している。

$$C_6H_5NH_2 + H_2O \rightleftarrows C_6H_5NH_3^+ + OH^-$$

各化学種の濃度をそれぞれ[$C_6H_5NH_2$]，[$C_6H_5NH_3^+$]，[OH^-]とすると，電離定数 K_b は，K_b=〔　ア　〕で表される。アニリンの全濃度を c〔mol/L〕とし，電離度を α とすると，電離定数は K_b=〔　イ　〕で表される。電離度が小さい場合には，$1-\alpha\fallingdotseq1$ とおけるので，近似的に α=〔　ウ　〕となる。したがって，$K_b=4.0\times10^{-10}$〔mol/L〕とすると，0.25 mol/L のアニリン水溶液では，アニリンの電離度は〔　エ　〕，水溶液の pH は〔　オ　〕となる。

（新潟薬科大・改）

応用 □類題 21−5　制限時間 7分 

濃度 0.18 mol/L のアンモニア水を 100 倍に薄めたときの溶液の pH を以下の手順で求めた。次の問に答えよ。ただし，アンモニアの電離定数 K_b を 1.8×10^{-5} mol/L とする。

(1)　アンモニア水の電離度が 1 に比べ十分に小さいものとした場合，薄めたアンモニア水のアンモニアの濃度$[NH_3]$を計算せよ。

(2)　アンモニウムイオン濃度$[NH_4^+]$と水酸化物イオン濃度$[OH^-]$が等しいとし，この水溶液での水酸化物イオン濃度$[OH^-]$を計算せよ。

(3)　この水溶液の pH を小数点以下第 1 位まで求めよ。
ただし，$\log_{10}1.8=0.26$ とせよ。

（秋田大）

22 電離平衡 (2) 緩衝液

1 緩衝液の定義

少量の強酸や強塩基を加えても水溶液の pH がほとんど変化しない作用を緩衝作用といい，緩衝作用をもつ溶液を**緩衝液**という。弱酸とその弱酸の塩の混合溶液，弱塩基とその弱塩基の塩の混合溶液などが緩衝液として出題される。

2 緩衝液の pH の求め方

C_a mol/L の弱酸 HA とそのナトリウム塩である C_s〔mol/L〕の NaA との混合水溶液は，水溶液中で以下のことが起こっている。

21 電離平衡 (1) 1 価の弱酸・弱塩基で学習したように，C_a〔mol/L〕の弱酸 HA は次のようにわずかに電離して，H^+ と A^- を生じている。

$$HA \rightleftarrows H^+ + A^- \quad \cdots①$$

この溶液に HA のナトリウム塩である C_s〔mol/L〕の NaA を加えると，NaA は塩であるので，水溶液中では式②のように完全に電離し，水溶液中の A^- が増加することになる。

$$NaA \longrightarrow Na^+ + A^- \quad \cdots②$$

その結果，式①の平衡は左に移動し **HA の電離はほとんど起こらなくなっている**($\alpha \ll 1$)。つまり，溶液中には，式①の HA も A^- も多量に存在していることになる。したがってこの混合溶液中の弱酸 HA のモル濃度は C_a〔mol/L〕とみなすことができ，また A^- は NaA の電離に由来する A^- だけと考えてよいので，A^- のモル濃度は NaA のモル濃度である C_s〔mol/L〕とみなすことができる。

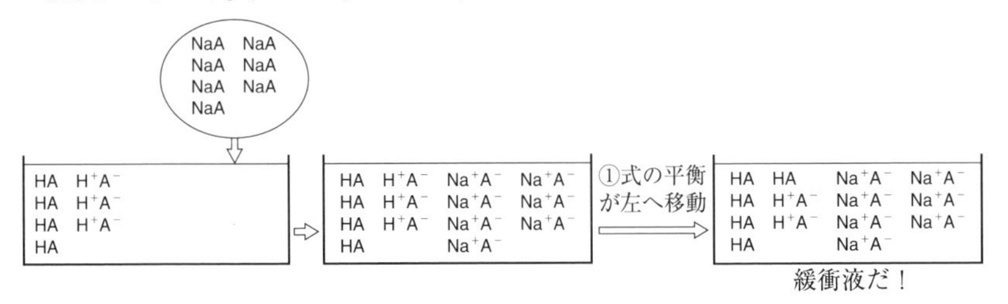

したがって，$[\mathrm{HA}] \fallingdotseq C_a$〔mol/L〕，$[\mathrm{A^-}](=[\mathrm{NaA}]) \fallingdotseq C_s$〔mol/L〕とみなしてよい。式①は混合液のときも成立するので，

$$K_a = \frac{[\mathrm{H^+}][\mathrm{A^-}]}{[\mathrm{HA}]} \fallingdotseq \frac{[\mathrm{H^+}]C_s}{C_a} \qquad \therefore \quad [\mathrm{H^+}] \fallingdotseq K_a\frac{C_a}{C_s} \quad \cdots ③$$

式③より，緩衝液の$[\mathrm{H^+}]$は，その緩衝液中の**弱酸とその塩との濃度比**によって決まる。この$[\mathrm{H^+}]$から pH が得られる。

3 緩衝液の緩衝作用

緩衝液に少量の強酸($\mathrm{H^+}$)を加えると，式①の右辺の $\mathrm{H^+}$ が増えるので，式①の平衡が左に移動する。

$$\mathrm{H^+} + \mathrm{A^-} \longrightarrow \mathrm{HA}$$

その結果，加えた$\mathrm{H^+}$のほとんどが反応して減るため，溶液の$[\mathrm{H^+}]$はほとんど変化しない。つまり，加えた酸の影響を打ち消す。

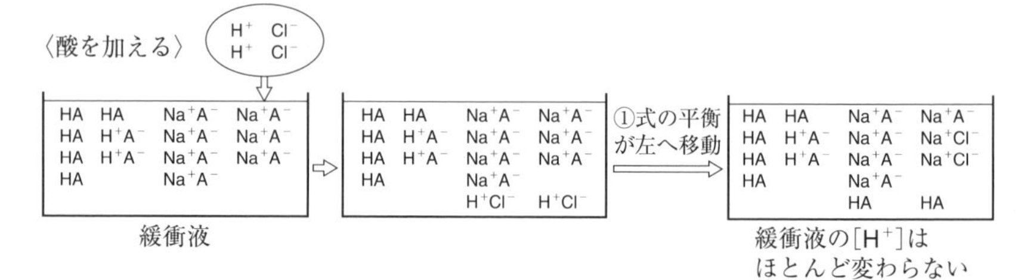

また，緩衝液に少量の強塩基($\mathrm{OH^-}$)を加えると，$\mathrm{H^+}$ と $\mathrm{OH^-}$ が中和反応し式①の右辺の $\mathrm{H^+}$ が減るので，式①の平衡が右に移動する。

$$\mathrm{HA} + \mathrm{OH^-} \longrightarrow \mathrm{A^-} + \mathrm{H_2O}$$

その結果，加えた$\mathrm{OH^-}$が増えることはなく，溶液中の$[\mathrm{H^+}]$はほとんど変化しない。つまり，加えた塩基の影響を打ち消す。

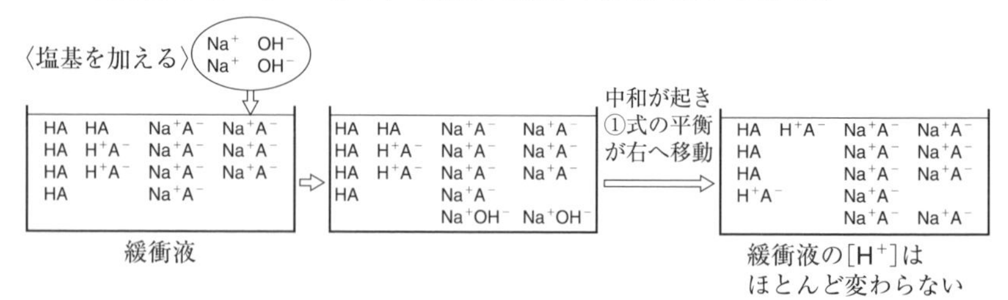

例題 22－1

次の(1)～(4)に示す水溶液の pH を有効数字 3 桁で求めよ。ただし，$\log_{10}2=0.30$，$\log_{10}3=0.48$，酢酸の電離定数を $K_a=2.0\times10^{-5}$〔mol/L〕とする。

(1)　酢酸 0.050 mol と酢酸ナトリウム 0.050 mol を含む水溶液 1 L。

(2)　(1)の水溶液に 5.0 mol/L の塩酸 2.0 mL を加えた溶液。ただし，塩酸を加えても水溶液の体積は変わらないとする。

(3)　(1)の水溶液に 5.0 mol/L の水酸化ナトリウム水溶液 2.0 mL を加えた溶液。ただし，水酸化ナトリウム水溶液を加えても水溶液の体積は変わらないとする。

(4)　4.0×10^{-2} mol/L の酢酸水溶液 100 mL と，4.0×10^{-2} mol/L の水酸化ナトリウム水溶液 60 mL とを混合した水溶液。

解答　(1)　水溶液中の酢酸と酢酸イオンのモル濃度は，次のようにみなしてよい。

$$[CH_3COOH]=0.050\ \text{〔mol/L〕},$$
$$[CH_3COO^-]=[CH_3COONa]=0.050\ \text{〔mol/L〕}$$

また，$K_a=\dfrac{[CH_3COO^-][H^+]}{[CH_3COOH]}$ より，

$$[H^+]=K_a\frac{[CH_3COOH]}{[CH_3COO^-]}=2.0\times10^{-5}\times\frac{0.050}{0.050}=2.0\times10^{-5}\ \text{〔mol/L〕}$$

$$pH=-\log_{10}(2.0\times10^{-5})=5-\log_{10}2=5-0.30=\mathbf{4.70}$$

(2)　初めは，CH_3COOH，CH_3COO^- の物質量はそれぞれ 0.050 mol であった。これに H^+ を $\left(5.0\times\dfrac{2.0}{1000}=\right)$ 0.010 mol 加えたので，CH_3COO^- と H^+ が次のように反応する。

〔mol〕	CH_3COO^-	＋ H^+	⟶ CH_3COOH
反応前	0.050	0.010	0.050
変化量	−0.010	−0.010	＋0.010
反応後	0.040	0	0.060＊

＊印の酢酸は
ホントはごくわずか
電離してるんだよ
でもムシしてよいよ！

水溶液の体積が 1 L なので，濃度は次のようになる。

$$[CH_3COOH]=0.060\ \text{〔mol/L〕},\ [CH_3COO^-]=0.040\ \text{〔mol/L〕}$$

$$[H^+]=K_a\frac{[CH_3COOH]}{[CH_3COO^-]}=2.0\times10^{-5}\times\frac{0.060}{0.040}=3.0\times10^{-5}\ \text{〔mol/L〕}$$

$$pH=-\log_{10}(3.0\times10^{-5})=5-\log_{10}3=5-0.48=\mathbf{4.52}$$

(3) 初めは，CH_3COOH，CH_3COO^- の物質量はそれぞれ 0.050 mol であった。これに OH^- を $\left(5.0\times\frac{2.0}{1000}=\right)$ 0.010 mol 加えたので，CH_3COOH と OH^- が次のように反応する。

〔mol〕	CH_3COOH	+	OH^-	⟶	CH_3COO^-	+	H_2O
反応前	0.050		0.010		0.050		−
変化量	−0.010		−0.010		+0.010		+0.010
反応後	*0.040		0		0.060		−

同じ水溶液に溶けている溶質のモル濃度の比は，物質量の比と等しいので，

$$[CH_3COOH]:[CH_3COO^-]=0.040:0.060=2:3$$

$$[H^+]=K_a\frac{[CH_3COOH]}{[CH_3COO^-]}=2.0\times10^{-5}\times\frac{2}{3}=\frac{4}{3}\times10^{-5}\text{〔mol/L〕}$$

$$pH=-\log_{10}\left(\frac{4}{3}\times10^{-5}\right)=5-(2\log_{10}2-\log_{10}3)$$

$$=5-(2\times0.30-0.48)=4.88$$

(4) CH_3COOH と NaOH の物質量は，以下のとおりで，中和が起こる。

$$CH_3COOH:4.0\times10^{-2}\times\frac{100}{1000}=\frac{4}{1000}\text{〔mol〕}$$

$$NaOH:4.0\times10^{-2}\times\frac{60}{1000}=\frac{2.4}{1000}\text{〔mol〕}$$

〔mol〕	CH_3COOH	+	NaOH	⟶	CH_3COONa	+	H_2O
反応前	$\frac{4}{1000}$		$\frac{2.4}{1000}$		0		−
変化量	$-\frac{2.4}{1000}$		$-\frac{2.4}{1000}$		$+\frac{2.4}{1000}$		$+\frac{2.4}{1000}$
反応後	$*\frac{1.6}{1000}$		0		$\frac{2.4}{1000}$		−

(3)と同様に，

$[CH_3COOH]:[CH_3COO^-]=\frac{1.6}{1000}:\frac{2.4}{1000}=2:3$ より，

$$[H^+]=K_a\frac{[CH_3COOH]}{[CH_3COO^-]}=2.0\times10^{-5}\times\frac{2}{3}$$

$$=\frac{4}{3}\times10^{-5}\text{〔mol/L〕}$$

これは(3)で求めた値と同じなので，pH=4.88

緩衝液中では
$$\frac{C_a}{C_s}=\frac{n_a}{n_s}$$
なんだ!!
モル濃度をわざわざ求めなくても，物質量さえ求めればいいよネ!!

例題 22−2

次の文を読んで問いに答えよ。ただしアンモニア水の電離定数 K_b を 2.0×10^{-5} mol/L，水のイオン積 K_W を 1.0×10^{-14} $(\text{mol/L})^2$，$\log_{10}2=0.30$ とする。

アンモニアを水に溶かすと，次のような電離平衡が成立する。

$$NH_3 + H_2O \rightleftarrows NH_4^+ + OH^-$$

このときの電離定数 K_b は以下のように表される。

$$K_b=\frac{[NH_4^+][OH^-]}{[NH_3]} \quad \cdots①$$

アンモニア水に塩化アンモニウム水溶液を加えて緩衝液をつくることができる。この水溶液に少量の酸 H^+ や塩基 OH^- を加えても水素イオン濃度の変化は少なく，反応式はそれぞれ次のように表される。

(酸を加えた場合)　［　(ア)　］

(塩基を加えた場合)　［　(イ)　］

問1　空欄［(ア)］，［(イ)］について必要な化学式を用いてイオン反応式を記せ。

問2　0.10 mol/L のアンモニア水 50.0 mL に濃度未知の塩酸を加えていったところ，次図のような滴定曲線を得た。この図を参考にして(1)〜(3)の問いに答えよ。ただし，このアンモニア水の電離定数 K_b を 2.0×10^{-5} mol/L としてよい。

(1)　塩酸のモル濃度を小数第二位まで求めよ。

(2)　このアンモニア水 50.0 mL に塩酸を 10.0 mL 加えた水溶液の pH を小数第一位まで求めよ。

(3)　このアンモニア水 50.0 mL に塩酸を 30.0 mL 加えた水溶液の pH を小数第一位まで求めよ。

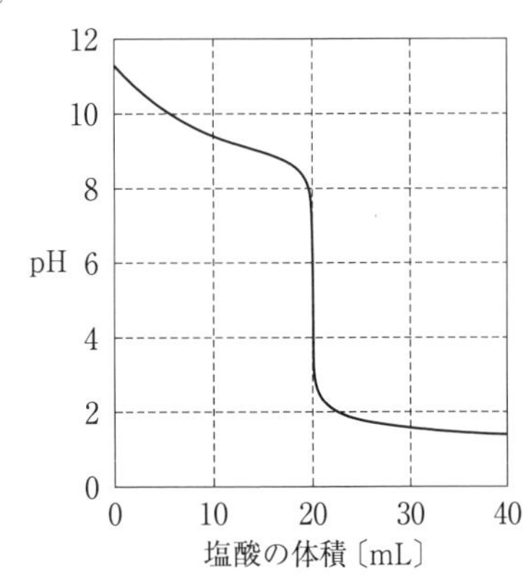

解答 問1　アンモニア水に塩化アンモニウム水溶液を加えた溶液中では，NH_3 はほとんど電離せず，また NH_4Cl は完全に電離しており，NH_3 と NH_4^+ が多量に存在している緩衝液になっている。この水溶液に少量の酸 H^+ を加えると，次の反応により加えた酸の影響が打ち消され pH はほとんど変化しない。

(ア)　$H^+ + NH_3 \longrightarrow NH_4^+$

また，この水溶液に少量の塩基 OH^- を加えると，次の反応により加えた塩基の影響が打ち消され pH はほとんど変化しない。

(イ)　$OH^- + NH_4^+ \longrightarrow NH_3 + H_2O$

問2(1)　塩酸 20 mL を滴下したときに丁度中和しているので，塩酸のモル濃度を x〔mol/L〕とすると

$$x \times \frac{20}{1000} \times 1 = 0.10 \times \frac{50.0}{1000} \times 1 \qquad \therefore \quad x = 0.25〔\text{mol/L}〕$$

(2)　中和反応前に，NH_3，HCl はそれぞれ次のように存在している。

$$n_{NH_3} = 0.10 \times \frac{50.0}{1000} = \frac{5}{1000}\ \text{mol},\quad n_{HCl} = 0.25 \times \frac{10.0}{1000} = \frac{2.5}{1000}\ \text{mol}$$

〔mol〕	NH_3	+	HCl	$\longrightarrow$	NH_4Cl
反応前	$\frac{5}{1000}$		$\frac{2.5}{1000}$		0
変化量	$-\frac{2.5}{1000}$		$-\frac{2.5}{1000}$		$+\frac{2.5}{1000}$
反応後	$\frac{2.5}{1000}$		0		$\frac{2.5}{1000}$

混合後の溶液は NH_3 と NH_4Cl の混合溶液となっているので，緩衝液である。したがって，NH_3 と NH_4^+ の濃度比を求めればよい。NH_3 と NH_4^+ はともに水溶液(50.0＋10.0＝)60.0 mL 中に存在しているので，**例題 22－1** と同様に $[NH_3]=[NH_4^+]$ となる。

したがって，①式を変形して，

$$[OH^-] = K_b \frac{[NH_3]}{[NH_4^+]} = K_b = 2.0 \times 10^{-5}\ \text{mol/L}$$

$pOH = 5 - \log_{10} 2.0$ より，

$$pH = 14 - (5 - \log_{10} 2.0) = 9 + \log_{10} 2.0 = 9.30 \fallingdotseq 9.3$$

(3) 反応前の $n_{NH_3}=0.10\times\frac{50.0}{1000}=\frac{5}{1000}$ mol, $n_{HCl}=0.25\times\frac{30.0}{1000}=\frac{7.5}{1000}$ mol

〔mol〕	NH_3	＋ HCl	$\longrightarrow$ NH_4Cl
反応前	$\frac{5}{1000}$	$\frac{7.5}{1000}$	0
変化量	$-\frac{5}{1000}$	$-\frac{5}{1000}$	$+\frac{5}{1000}$
反応後	0	$\frac{2.5}{1000}$	$\frac{5}{1000}$

反応後の溶液中には HCl が残っているので，水溶液は強酸性なので NH_4Cl の加水分解により生じる H^+(H_3O^+)は無視してよい。混合後の体積は(50.0＋30.0＝)80.0mL より

$$[H^+]=\frac{2.5}{1000}\times\frac{1000}{80.0}=\frac{1}{32}=2^{-5}\,〔mol/L〕$$

$$pH=-\log_{10}2^{-5}=5\log_{10}2=1.5$$

それでは問題を解いてみましょう。今回は初めから**入試問題**です。

(解答編 p. 50)

□類題 22－1 制限時間 9分 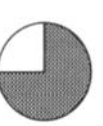

以下の問題について，有効数字 2 桁で記せ。

(1) 0.20 mol/L の酢酸水溶液と 0.20 mol/L の酢酸ナトリウム水溶液を体積比 1：1 で混合した溶液の pH を求めよ。ただし，酢酸の電離定数を $K_a=2.8\times10^{-5}$ mol/L, $\log_{10}2.8=0.45$ とする。

(共立薬科大)

(2) 0.10 mol/L のアンモニア水溶液と 0.10 mol/L の塩化アンモニウム水溶液を等量ずつ混合した溶液の pH を求めよ。ただし，アンモニアの電離定数を $K_b=2.0\times10^{-5}$ mol/L, $\log_{10}2=0.30$ とする。

(近畿大・改)

(3) 0.10 mol/L の酢酸水溶液 100 mL に酢酸ナトリウム(式量 82)を 0.82 g 溶解した溶液では pH＝〔 1 〕となる。さらに，2.0 mol/L の塩酸を 2.0 mL 加えると pH＝〔 2 〕となる。ただし，これらの操作をしても溶液の体積は 100 mL とし，酢酸の電離定数を $K_a=1.8\times10^{-5}$ mol/L, $\log_{10}2=0.30$, $\log_{10}3=0.48$, $\log_{10}7=0.85$ とする。

(東京理科大・改)

□類題 22－2　制限時間　6 分 

(1)　0.10 mol/L の酢酸水溶液 1.0 L に酢酸ナトリウム(式量 82)を溶解して，pH 5.0 の緩衝液をつくりたい。必要な酢酸ナトリウムの質量を有効数字 2 桁で求めよ。ただし，酢酸ナトリウムは水溶液中で完全に電離し，溶解による水溶液の体積変化はないものとする。また，酢酸の電離定数 K_a を 1.8×10^{-5} mol/L とする。

（岡山大）

(2)　0.025 mol/L の酢酸水溶液 20 mL に 0.05 mol/L の水酸化ナトリウム水溶液を加えて，pH 4.7 の緩衝液になるようにしたい。加える水酸化ナトリウム水溶液の体積〔mL〕として最も適当なものを，次の①～⑤のうちから選べ。ただし，$\log_{10}2=0.30$，酢酸の電離定数 K_a を 2.0×10^{-5} mol/L とする。

①　5　　②　10　　③　15　　④　20　　⑤　40

（北海道医療大）

応用 □類題 22－3　制限時間　3 分 

アンモニア水に塩化アンモニウムを加えて pH 9.0 の水溶液を調製したい。0.20 mol/L のアンモニア水 100 mL に対して，塩化アンモニウムを何 g 加えればよいか。有効数字 3 桁で答えよ。ただし，$NH_4Cl=53.5$，$K_b=2.0\times10^{-5}$ mol/L とし，溶液の体積変化はないものとする。

（山梨大・改）

□類題 22−4 制限時間 6 分 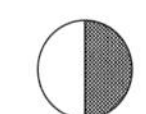

0.25 mol/L のアンモニア水 400 mL に 0.20 mol/L の塩化アンモニウム水溶液を 100 mL 加えた。

問 1 混合後のアンモニア水および塩化アンモニウム水溶液のモル濃度を有効数字 2 桁で答えよ。

問 2 アンモニア水の濃度を A mol/L，およびアンモニウムイオンの濃度を B mol/L としたときの濃度の比 ($A:B$) を整数で求めよ。

問 3 問 2 および K_b の値を利用して，この水溶液の pH を小数第 1 位まで求めよ。ただし，$K_b=2.0\times10^{-5}$ mol/L とする。

問 4 溶液中の全アンモニアに対して何 % のアンモニアが電離しているか。有効数字 2 桁で答えよ。

(昭和大・改)

応用 □類題 22−5 制限時間 10 分 

酢酸 0.1 mol と酢酸ナトリウム 0.05 mol を含む緩衝液 1 L をつくった。この緩衝液に関する以下の問に答えよ。ただし，酢酸の電離定数を $K_a=1.8\times10^{-5}$ mol/L とし，酸や塩基を加えることによる水溶液の体積変化は無視できるものとする。なお，$\log_{10}2=0.30$，$\log_{10}3=0.48$ とし，答は小数第 1 位まで求めよ。

(1) 下線で示した緩衝液に 0.02 mol の塩化水素ガスを溶かした。この混合水溶液の pH を求めよ。

(2) 下線で示した緩衝液に 0.05 mol の水酸化ナトリウムを溶かした。この混合水溶液の pH を求めよ。

(3) 下線で示した緩衝液に 0.15 mol の水酸化ナトリウムを溶かした。この混合水溶液の pH を求めよ。ただし，酢酸イオンと水の反応は無視できるものとする。

(青山学院大)

23 電離平衡(3) 塩の水溶液，多段階電離，指示薬の電離平衡

1 塩の加水分解

弱酸の塩や弱塩基の塩の水溶液の pH は必ずしも 7 にはならない。弱酸の陰イオン(CH_3COO^- など)や弱塩基の陽イオン(NH_4^+ など)は，水溶液中でわずかにもとの弱酸や弱塩基にもどる。この現象を**塩の加水分解**という。

たとえば C_s〔mol/L〕の酢酸ナトリウム水溶液において，酢酸ナトリウムは次のように完全に電離している。

$$CH_3COONa \longrightarrow CH_3COO^- + Na^+$$

生成した CH_3COO^- は以下のように加水分解する。

$$CH_3COO^- + H_2O \rightleftarrows CH_3COOH + OH^- \quad \cdots ①$$

式①の平衡定数 K は，$K=\dfrac{[CH_3COOH][OH^-]}{[CH_3COO^-][H_2O]}$ と表される。

通常，式①の反応で消費される H_2O はごくわずかなので，$[H_2O]$ の値はほぼ一定である。

したがって $K[H_2O]=K_h$ とおくと，K_h は次のように表される。

$$K_h=\frac{[CH_3COOH][OH^-]}{[CH_3COO^-]} \quad \cdots ②$$

また C_s〔mol/L〕の酢酸ナトリウム水溶液において，

〔mol/L〕	CH_3COO^-	+	H_2O	⇄	CH_3COOH	+	OH^-
反応前	C_s		$-$		0		0
変化量	$-C_sh$		$-C_sh$		$+C_sh$		$+C_sh$
平衡時	$C_s(1-h)$		$-$		C_sh		C_sh

上の反応表中の h は加水分解度($0\leqq h\leqq 1$)といい，次のように表される。$h=\dfrac{\text{加水分解した溶質の量}}{\text{溶けた溶質の量}}$

反応表の値より K_h は次のように表される。

$$K_h=\frac{[CH_3COOH][OH^-]}{[CH_3COO^-]}=\frac{C_sh\times C_sh}{C_s(1-h)}$$

塩の加水分解はわずかしか起きないので，$1-h\fallingdotseq 1$ とみなしてよい。
したがって

$$K_h=\frac{C_sh\times C_sh}{C_s(1-h)}\fallingdotseq\frac{C_sh\times C_sh}{C_s}=C_sh^2$$ より

$$h=\sqrt{\frac{K_h}{C_s}} \quad \cdots③$$

反応表より，$[OH^-]=C_sh=\sqrt{C_sK_h}$ …④

一方，K_h は以下のようにも表される。

$$K_h=\frac{[CH_3COOH][OH^-]}{[CH_3COO^-]}=\frac{[CH_3COOH][OH^-]}{[CH_3COO^-]}\times\frac{[H^+]}{[H^+]}$$

$$=\frac{[CH_3COOH]}{[CH_3COO^-][H^+]}\times[H^+][OH^-]=\frac{K_w}{K_a}$$

$$K_h=\frac{K_w}{K_a} \quad \cdots⑤$$

式④と式⑤より　$[OH^-]=\sqrt{C_sK_h}=\sqrt{\frac{C_sK_w}{K_a}}$ …⑥

2　2価や3価の弱酸の電離平衡

炭酸(H_2CO_3)などの2価の弱酸は次のように2段階で電離する。その際の電離定数 K_1，K_2 を下に表す。

$H_2CO_3 \rightleftarrows H^+ + HCO_3^-$ …①　　$K_1=\frac{[H^+][HCO_3^-]}{[H_2CO_3]}$ …③

$HCO_3^- \rightleftarrows H^+ + CO_3^{2-}$ …②　　$K_2=\frac{[H^+][CO_3^{2-}]}{[HCO_3^-]}$ …④

式①に比べて式②はほとんど起こらないため，式①の電離度 α_1 と式②の電離度 α_2 について，$\alpha_1 \gg \alpha_2$ と言える。

このような酸の水溶液の pH を求める際には，$\alpha_1 \gg \alpha_2$ より，式①のみが起こっていると考えてよい。したがって p. 146 21 電離平衡 (1) 2 の1価の弱酸の場合のように以下の式⑤が成立する。

$$[H^+]\fallingdotseq\sqrt{C_aK_1} \quad \cdots⑤$$

また水溶液中の$[CO_3^{2-}]$を求める場合には，中間生成物である HCO_3^- を消去するため，K_1 と K_2 より，

$$K_1\times K_2=\frac{[H^+][HCO_3^-]}{[H_2CO_3]}\times\frac{[H^+][CO_3^{2-}]}{[HCO_3^-]}=\frac{[H^+]^2[CO_3^{2-}]}{[H_2CO_3]}$$

$$\therefore \quad [CO_3^{2-}]=\frac{K_1K_2[H_2CO_3]}{[H^+]^2}$$

炭酸の濃度と溶液の pH($[H^+]$)がわかれば，$[CO_3^{2-}]$は求められる。

3 指示薬の電離平衡

中和反応の指示薬として用いられるメチルオレンジやフェノールフタレインは，水溶液中で電離平衡が成立している。たとえばメチルオレンジは，次の式①のような電離平衡が成立している。ここではメチルオレンジを MH，それから電離したイオンを M^- と表す。

$$\underset{(\text{赤色})}{MH} \rightleftarrows H^+ + \underset{(\text{黄色})}{M^-} \quad \cdots①$$

水溶液が酸性になると式①の平衡は左に移動し水溶液の色は赤く，塩基性になると式①の平衡は右に移動し水溶液の色は黄色になる。

式①の電離定数は次の式②で表される。

$$K=\frac{[M^-][H^+]}{[MH]} \quad \cdots②$$

[MH]と$[M^-]$の比がおよそ 10^{-1} ～10 のとき明確な色を呈さなくなり，そのときの pH の範囲が変色域になる。

例題 23－1

0.14 mol/L の酢酸ナトリウム水溶液の$[OH^-]$を求めたい。〔　ア　〕～〔　ケ　〕に適当な語句や式，数値を入れよ。ただし，酢酸の電離定数 K_a＝2.8×10^{-5} mol/L，水のイオン積 K_w＝1.0×10^{-14} $(mol/L)^2$，$\log_{10}2$＝0.30 とする。

酢酸ナトリウムは次のように電離する。

$$CH_3COONa \longrightarrow CH_3COO^- + Na^+ \quad \cdots①$$

式①より生じた CH_3COO^- の一部が次式のように加水分解して OH^- を生じるので，酢酸ナトリウムの水溶液は〔　ア　〕性を示す。

$$CH_3COO^- + H_2O \rightleftarrows CH_3COOH + OH^- \cdots②$$

この電離定数を K とすると，化学平衡の法則より K＝〔　イ　〕が成り立つ。

加水分解に使われている H_2O は，ごくわずかであるので，H_2O のモル濃度$[H_2O]$は一定とみなし，$K[H_2O]=K_h$ とおくと，

K_h＝〔　ウ　〕　　　　　　　　　　　　　　　　　…③

式②より，$[CH_3COOH]=[OH^-]$であるので式③を変形して$[OH^-]$を$[CH_3COO^-]$とK_hで表すと，

$[OH^-]=\sqrt{〔\quad エ \quad〕}$　…④

また，式③の分母と分子にそれぞれ$[H^+]$をかけて，K_hをK_aとK_wで表すと，

$K_h=$〔　オ　〕　…⑤

式⑤を式④に代入すると，

$[OH^-]=\sqrt{〔\quad カ \quad〕}$　…⑥

$[CH_3COO^-]=[CH_3COONa]=0.14$ mol/L であるので，K_a，K_w の数値から式⑥より，

$[OH^-]=$〔キ：分数〕$\times 10^{-〔ク〕}$ mol/L

したがって，pH=〔ケ：小数第2位まで〕となる。

解 答　ア：(弱)塩基　イ：$\dfrac{[CH_3COOH][OH^-]}{[CH_3COO^-][H_2O]}$

ウ：イより，$K[H_2O]=\dfrac{[CH_3COOH][OH^-]}{[CH_3COO^-]}$

よって，$K_h=\dfrac{[CH_3COOH][OH^-]}{[CH_3COO^-]}$

エ：ウより，$K_h=\dfrac{[OH^-][OH^-]}{[CH_3COO^-]}=\dfrac{[OH^-]^2}{[CH_3COO^-]}$

よって，$[OH^-]=\sqrt{[CH_3COO^-]K_h}$

オ：$K_h=\dfrac{[CH_3COOH][OH^-]}{[CH_3COO^-]}\times\dfrac{[H^+]}{[H^+]}$

$=\dfrac{[CH_3COOH]}{[CH_3COO^-][H^+]}\times[OH^-][H^+]=\dfrac{K_w}{K_a}$

カ：エより，$[OH^-]=\sqrt{[CH_3COO^-]K_h}=\sqrt{\dfrac{[CH_3COO^-]K_w}{K_a}}$

キ，ク：カより，$[OH^-]=\sqrt{\dfrac{0.14\times1.0\times10^{-14}}{2.8\times10^{-5}}}=\sqrt{\dfrac{1}{2}}\times10^{-5}$〔mol/L〕

キ：$\sqrt{\dfrac{1}{2}}$　ク：5

ケ：$pOH=5-\log_{10}\sqrt{\dfrac{1}{2}}$ より，

$pH=14-\left(5-\log_{10}\sqrt{\dfrac{1}{2}}\right)=9-\dfrac{1}{2}\log_{10}2=9-\dfrac{1}{2}\times0.30=8.85$

例題 23－2

二酸化炭素はわずかに水に溶け，そのごく一部は水分子と反応する。水に溶けた CO_2 はすべて H_2CO_3 になっているとし，生成した H_2CO_3 は式(1)のように電離する。

$$H_2CO_3 \rightleftarrows H^+ + HCO_3^- \quad \cdots(1)$$

式(1)の電離定数 K_1 は，$[H_2CO_3]$，$[H^+]$，$[HCO_3^-]$ を用いて次のように表すことができる。

$$K_1 = \boxed{\quad 1 \quad} \quad \cdots(2)$$

さらに，HCO_3^- の一部は式(3)のように電離するが，その電離定数 K_2 は K_1 に比べて極めて小さいので無視する。

$$HCO_3^- \rightleftarrows H^+ + CO_3^{2-} \quad \cdots(3)$$

式(2)の対数をとり，$-\log_{10}[H^+] = pH$，$-\log_{10}K_1 = pK_1$ とおくと，式(4)のように表される。

$$pH = \boxed{\quad 2 \quad} \quad \cdots(4)$$

問1　$\boxed{\quad 1 \quad}$，$\boxed{\quad 2 \quad}$ にあてはまる式を記せ。

問2　ある水溶液において，$[H_2CO_3] = 1.2 \times 10^{-3}$ mol/L，$[HCO_3^-] = 2.4 \times 10^{-3}$ mol/L である。$pK_1 = 6.1$ とするとき，この水溶液の pH を小数第1位まで求めよ。$\log_{10}2 = 0.30$

解答　問1　$\boxed{\quad 1 \quad}$：$K_1 = \dfrac{[H^+][HCO_3^-]}{[H_2CO_3]}$

$\boxed{\quad 2 \quad}$：式(2)の両辺の対数をとると

$$-\log_{10}K_1 = -\log_{10}[H^+] - \log_{10}\frac{[HCO_3^-]}{[H_2CO_3]} \text{ より，}$$

$$pK_1 = pH - \log_{10}\frac{[HCO_3^-]}{[H_2CO_3]} \qquad pH = pK_1 + \log_{10}\frac{[HCO_3^-]}{[H_2CO_3]}$$

$pK_1 = 6.1$ って
$K_1 = 1.0 \times 10^{-6.1}$
ってこと！

問2　式(4)に $pK_1 = 6.1$，$[H_2CO_3] = 1.2 \times 10^{-3}$ mol/L，$[HCO_3^-] = 2.4 \times 10^{-3}$ mol/L を代入すると

$$pH = 6.1 + \log_{10}\frac{2.4 \times 10^{-3}}{1.2 \times 10^{-3}} = 6.1 + \log_{10}2 = 6.40 \fallingdotseq 6.4$$

例題 23－3

中和滴定に用いる指示薬であるメチルオレンジ HM は，水溶液中で異なった色を示すイオン M^- と，次の式(1)のような電離平衡の状態にある。

$$\underset{(赤色)}{HM} \rightleftarrows \underset{(黄色)}{M^-} + H^+ \qquad \cdots(1)$$

HM と M^- のモル濃度をそれぞれ[HM]，$[M^-]$で表し，水素イオン濃度を$[H^+]$で表すと，式(1)の電離定数 K_a は式(2)のようになる。

$$K_a = \frac{[M^-][H^+]}{[HM]} = 3.2\times10^{-4}\ mol/L \qquad \cdots(2)$$

式(2)より[HM]と$[M^-]$が等しいときの水溶液の pH は（　①　）となる。この pH の前後では[HM]と$[M^-]$の大小関係が逆転しそれにともなって水溶液の色は著しく変化する。メチルオレンジでは，[HM]が$[M^-]$の 2.0 倍を超えると HM の色(赤色)だけが確認でき，$[M^-]$が[HM]の8.0倍を超えると,M^- の色(黄色)だけが確認できるものとする。このように仮定すると，水溶液中の$[M^-]$と[HM]の濃度比が

（　②　）$\leqq \dfrac{[M^-]}{[HM]} \leqq$（　③　）の範囲で変動するとき水溶液の色調は変化して見えることになる。この領域の pH がメチルオレンジの変色域となる。

問 1　（　①　）～（　③　）に入る数値を，小数第 1 位まで求めよ。
　$\log_{10}2.0 = 0.30$

問 2　水溶液中の[HM]が$[M^-]$の 2.0 倍となるときの pH を小数第 1 位まで求めよ。

問 3　メチルオレンジの変色域を小数第 1 位まで求めよ。

解答　問 1 ①：$[HM]=[M^-]$のとき，式(2)より，

$K_a = [H^+] = 3.2\times10^{-4} = 2.0^5\times10^{-5}\ mol/L$

$pH = -\log_{10}(2.0^5\times10^{-5}) = 5 - \log_{10}2.0^5 = 5 - 5\log_{10}2.0 = 3.5$

②　題意より，$[HM] = 2.0[M^-]$　　$\therefore\ \dfrac{[M^-]}{[HM]} = \dfrac{1}{2.0} = 0.5$

③　題意より，$[M^-] = 8.0[HM]$　　$\therefore\ \dfrac{[M^-]}{[HM]} = 8.0$

問2　題意より$[HM]=2.0[M^-]$のとき

$$K_a=\frac{[M^-][H^+]}{[HM]}=\frac{1}{2.0}[H^+]=3.2\times10^{-4}\ \text{mol/L}$$ より，

$$[H^+]=64\times10^{-5}=2.0^6\times10^{-5}\ \text{mol/L}$$

$$pH=-\log_{10}(2.0^6\times10^{-5})=5-\log_{10}2.0^6=5-6\log_{10}2.0=3.2$$

問3　問2と同様に$[M^-]=8.0[HM]$のとき，

$$K_a=\frac{[M^-][H^+]}{[HM]}=8.0[H^+]=3.2\times10^{-4}\ \text{mol/L}$$ より，$[H^+]=4.0\times10^{-5}\ \text{mol/L}$

$$pH=-\log_{10}(4.0\times10^{-5})=5-\log_{10}4.0=5-2\log_{10}2.0=4.4\quad\therefore\ 3.2\leqq pH\leqq4.4$$

それでは，実際に問題を解いてみましょう。

（解答編 p. 55）

□類題 23－1　制限時間　6分

0.20 mol/L の酢酸水溶液 10 mL を 0.10 mol/L の水酸化ナトリウム水溶液で中和した水溶液の pH を小数第2位まで求めよ。ただし，酢酸の電離定数$K_a=2.0\times10^{-5}$ mol/L，水のイオン積$K_w=1.0\times10^{-14}$ $(\text{mol/L})^2$，$\log_{10}2=0.30$，$\log_{10}3=0.48$とする。

□類題 23－2　制限時間　6分

0.20 mol/L の塩化アンモニウム NH_4Cl 水溶液の pH を求めたい。次の文を読み，〔　ア　〕には適切な語句，〔　イ　〕～〔　オ　〕には適切な文字式，〔　カ　〕，〔　キ　〕には適切な数値を有効数字2桁で答えよ。なお，生じたアンモニウムイオンの一部は加水分解している。ただし，アンモニアの電離定数を$K_b=2.0\times10^{-5}$ mol/L，水のイオン積を$K_w=1.0\times10^{-14}$ $(\text{mol/L})^2$とする。

水溶液中で塩化アンモニウムは次のように電離する。

$$NH_4Cl \longrightarrow NH_4^+ + Cl^- \qquad \cdots①$$

式①より生じたNH_4^+の一部が次式のように電離して$H_3O^+(H^+)$を生じるので，塩化アンモニウムの水溶液は〔　ア　〕性を示す。

$$NH_4^+ + H_2O \rightleftarrows NH_3 + H_3O^+ \qquad \cdots②$$

式②の$[H_3O^+]$を$[H^+]$で表すと，式②の平衡定数K_hは次のようになる。

$$K_h = \frac{[NH_3][H^+]}{[NH_4^+]} \quad \cdots\cdots ③$$

式②より〔　イ　〕＝$[H^+]$であるので，式③を変形すると，

$$[H^+] = \sqrt{〔\quad ウ \quad〕} \quad \cdots\cdots ④$$

また式③の分母，分子に$[OH^-]$をかけて，K_h を K_b と K_w で表すと

$$K_h = 〔\quad エ \quad〕 \quad \cdots\cdots ⑤$$

式⑤を式④に代入すると，$[H^+] = \sqrt{〔\quad オ \quad〕} \quad \cdots\cdots ⑥$

式①より塩化アンモニウムは水溶液中で完全電離するため$[NH_4^+]$ ＝0.20 mol/L であるので，式⑥は，$[H^+]$＝〔　カ　〕となる。

したがって，pH＝〔　キ　〕

（立教大・改）

□類題 23－3　制限時間 12 分 

次の図は 0.10 mol/L の酢酸水溶液 20 mL を濃度不明の水酸化ナトリウム水溶液で滴定したときの滴定曲線である。次の問に有効数字 2 桁で答えよ。ただし，$K_w = 1.0 \times 10^{-14}$ (mol/L)^2，$K_a = 2.0 \times 10^{-5}$ mol/L，$\log_{10} 2 = 0.30$，$\log_{10} 3 = 0.48$ である。

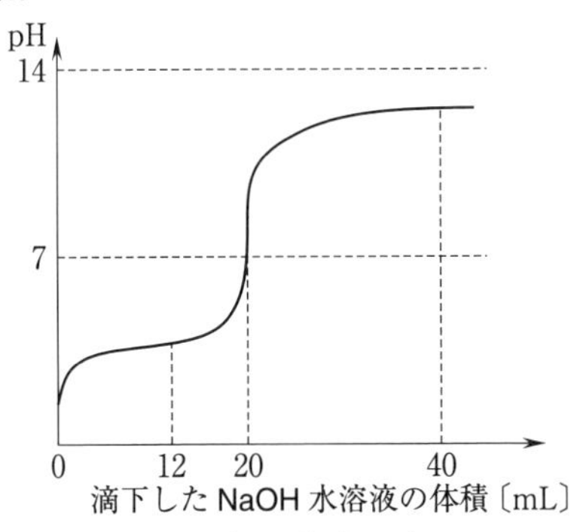

問 1　水酸化ナトリウム水溶液の濃度は何 mol/L か。

問 2　0.10 mol/L の酢酸水溶液の pH はいくらか。

問 3　水酸化ナトリウム水溶液を 12 mL，20 mL，40 mL 滴下したときの pH はそれぞれいくらか。

問 4　水酸化ナトリウム水溶液を 20 mL 滴下した溶液に 0.10 mol/L の希塩酸を 8 mL 滴下した水溶液の pH はいくらか。

（東邦大・改）

□類題 23－4　制限時間　4 分 

25 ℃で，1.2×10^{-5} mol/L の炭酸水がある。さらに水に溶解した二酸化炭素はすべて水と反応して炭酸になるものとする。

25 ℃ での電離定数を以下とする。$\log_{10}2=0.30$

$$H_2CO_3 \rightleftarrows H^+ + HCO_3^- \quad K_1=4.0\times10^{-7}\ \text{mol/L}$$

$$HCO_3^- \rightleftarrows H^+ + CO_3^{2-} \quad K_2=4.0\times10^{-11}\ \text{mol/L}$$

純水 1.0 L を 25 ℃，1.0×10^5 Pa 下で，大気と平衡状態にした。

(1)　この溶液の炭酸の電離度を有効数字 2 桁で記せ。ただし，第一段階の電離度は 1 に対して無視できないが，第二段階における電離や水の電離は第一段階に対して無視できるものとする。

(2)　この溶液の pH を小数第 1 位まで記せ。

（昭和大・改）

応用 □類題 23－5　制限時間　6 分 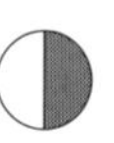

シュウ酸は 2 価の酸であり，その水溶液は次の式(1)と式(2)のように 2 段階の電離平衡が成り立つ。

$$H_2C_2O_4 \rightleftarrows HC_2O_4^- + H^+$$

$$K_1=\frac{[H^+][HC_2O_4^-]}{[H_2C_2O_4]}=5.0\times10^{-2}\ \text{mol/L} \quad \cdots(1)$$

$$HC_2O_4^- \rightleftarrows C_2O_4^{2-} + H^+$$

$$K_2=\frac{[H^+][C_2O_4^{2-}]}{[HC_2O_4^-]}=5.0\times10^{-5}\ \text{mol/L} \quad \cdots(2)$$

シュウ酸は電離度が小さく，水溶液中でその一部の分子が電離し，残りの大部分は分子のままで溶けている。水溶液中に含まれるシュウ酸の全量の濃度$[H_2C_2O_4]_{total}$は式(3)のように表すことができる。

$$[H_2C_2O_4]_{total} = [H_2C_2O_4] + [HC_2O_4^-] + [C_2O_4^{2-}] \quad \cdots(3)$$

$[H_2C_2O_4]_{total}$は，シュウ酸水溶液を調製する際に用いたシュウ酸が電離しないと仮定した濃度に等しい。

問 1　式(1)，式(2)の電離定数をそれぞれ K_1，K_2 として，水溶液中のシュウ酸の全量の濃度$[H_2C_2O_4]_{total}$を，K_1，K_2，$[H^+]$および$[C_2O_4^{2-}]$を用いて表せ。

問2　1.0×10^{-2} mol/L のシュウ酸水溶液の pH は 2.0 であった。この溶液中の $C_2O_4{}^{2-}$ の濃度を有効数字2桁で求めよ。

(長崎大・改)

通 □**類題 23－6**　制限時間　6分 

リン酸 H_3PO_4 は3価の酸であり，次のように三段階に電離する。

$$H_3PO_4 \rightleftarrows H_2PO_4{}^- + H^+$$

$$K_1=\frac{[H_2PO_4{}^-][H^+]}{[H_3PO_4]}=1.0\times10^{-2}\,\text{[mol/L]} \quad \cdots①$$

$$H_2PO_4{}^- \rightleftarrows HPO_4{}^{2-} + H^+$$

$$K_2=\frac{[HPO_4{}^{2-}][H^+]}{[H_2PO_4{}^-]}=6.0\times10^{-8}\,\text{[mol/L]} \quad \cdots②$$

$$HPO_4{}^{2-} \rightleftarrows PO_4{}^{3-} + H^+$$

$$K_3=\frac{[PO_4{}^{3-}][H^+]}{[HPO_4{}^{2-}]}=4.0\times10^{-13}\,\text{[mol/L]} \quad \cdots③$$

0.20 mol/L のリン酸水溶液(A 液とする)では，第一段階の電離度は1に対して無視できないが，第二段階および第三段階における電離や水の電離は第一段階の電離に対して無視できる。

また，第二段階の電離の電離定数の式から両辺の対数をとり，$-\log[H^+]=\text{pH}$，$-\log K_2=\text{p}K_2$ とおくと，次の式が得られる。

$$\text{pH}=\text{p}K_2+\log_{10}\frac{[HPO_4{}^{2-}]}{[H_2PO_4{}^-]}$$

(1)　A 液の第一段階の電離度を求めよ。

(2)　A 液 10 mL に，0.10 mol/L の水酸化ナトリウム水溶液を 30 mL 加えた水溶液中の$[H_2PO_4{}^-]$，$[HPO_4{}^{2-}]$および pH を小数第2位まで求めよ。$\log_{10}2.0=0.30$，$\log_{10}3.0=0.48$

□**類題 23－7**　制限時間　4分 

中和滴定の指示薬として色素分子 HA を用いることを考える。この色素分子は弱酸であり，水中で次のように一部が電離する。

$$HA \rightleftarrows H^+ + A^- \quad \cdots①$$

この反応の電離定数 K は，1.0×10^{-6} mol/L である。水溶液中で HA

は赤色，A^- は黄色を呈するため，この反応の平衡が左辺あるいは右辺のどちらにかたよっているかを，溶液の色で見分けることができる。なお，HA と A^- のモル濃度の比 $\frac{[HA]}{[A^-]}$ が 10 以上または 0.1 以下のときに,確実に赤色あるいは黄色であることを見分けられるとする。次図の滴定曲線**ア**～**エ**のうち，この色素を指示薬として使うことができる中和滴定の滴定曲線はどれか。正しく選択しているものを，あとの①～⑥のうちから一つ選べ。

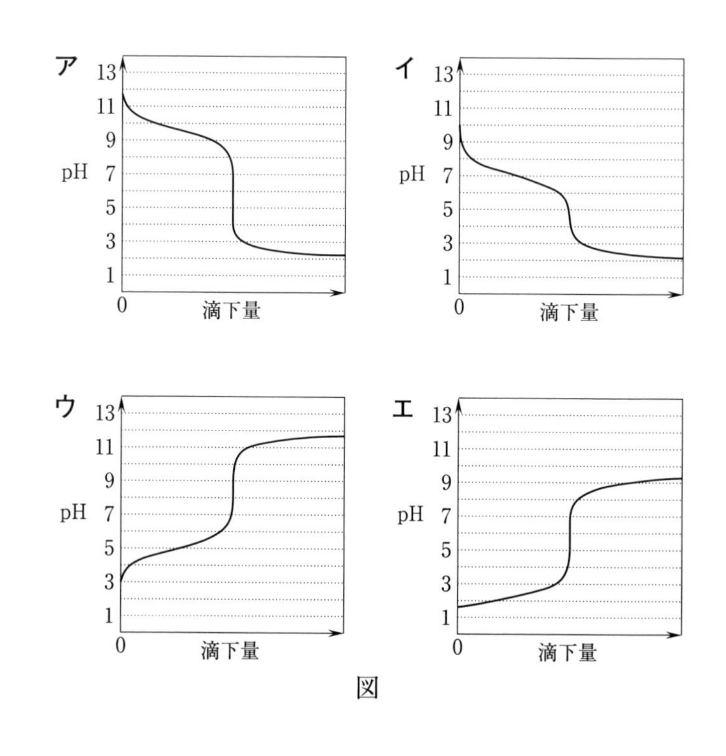

図

① **ア**，**イ**	② **ア**，**ウ**	③ **ア**，**エ**
④ **イ**，**ウ**	⑤ **イ**，**エ**	⑥ **ウ**，**エ**

（センター本試・改）

24 溶解度積(1) 溶解度積

1 溶解度積(難溶性電解質の電離平衡)

水に対する溶解度が小さい電解質を水に溶かすと，極めてわずかに溶けて飽和溶液になる。このとき溶液中では，イオン結晶の固体(沈殿という)とそれより生じたイオンの間に平衡が成立する。すなわち，イオンが固体から溶液中に移行する溶解速度と，イオンが固体にもどる析出速度が等しい溶解平衡となっている。

例えば，塩化銀 AgCl を水に溶かした場合，次のような平衡が成立する。

$$\mathrm{AgCl(固)} \rightleftarrows \mathrm{Ag^+} + \mathrm{Cl^-}$$

飽和溶液
Ag⁺ Cl⁻
AgCl

このときの平衡定数は，

$$K=\frac{[\mathrm{Ag^+}][\mathrm{Cl^-}]}{[\mathrm{AgCl(固)}]} \quad \cdots(1)$$

と表すことができる。

K は温度が一定ならば一定である。また，このとき AgCl はほとんど溶けていないので，固体の濃度[AgCl(固)]は一定と考えてよい。そこで式(1)を次のように変形して，

$$K[\mathrm{AgCl(固)}]=[\mathrm{Ag^+}][\mathrm{Cl^-}]$$

K[AgCl(固)]を新しい定数 K_{sp} で表すと，

$$K_{sp}=[\mathrm{Ag^+}][\mathrm{Cl^-}] \quad \cdots(2)$$

[Ag⁺]と[Cl⁻]は反比例の関係だね！濃度は必ずしも等しくなくていいんだよ！

K_{sp} を塩化銀 AgCl の**溶解度積**(solubility product)という。

2 沈殿が生じるか生じないかの判定法

加えた AgCl がすべて溶けたとみなしたときの陽イオン $\mathrm{Ag^+}$ と陰イオン $\mathrm{Cl^-}$ のモル濃度の積を$[\mathrm{Ag^+}][\mathrm{Cl^-}]$とすると，

(1) **$[\mathrm{Ag^+}][\mathrm{Cl^-}] \leqq K_{sp}$ のとき，沈殿は生じていない。**

(2) **$[\mathrm{Ag^+}][\mathrm{Cl^-}] > K_{sp}$ のとき，沈殿は生じている。**

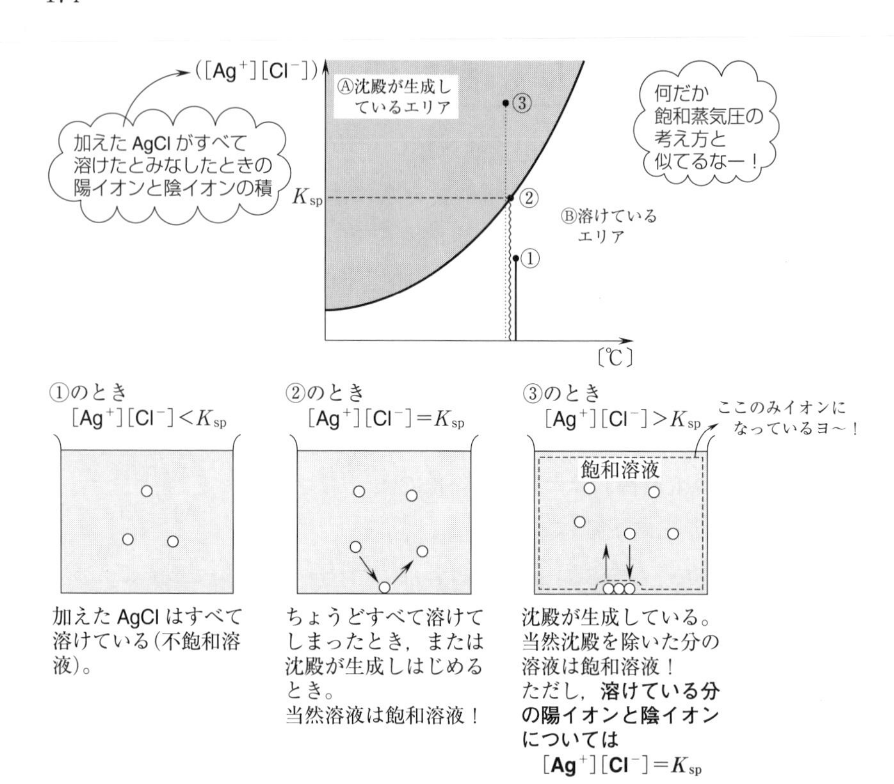

3 溶解度積（K_{sp}）と溶解度（C〔mol/L〕）との関係

例　AgCl が溶けて沈殿が生じず，ちょうど飽和溶液になったとすると，

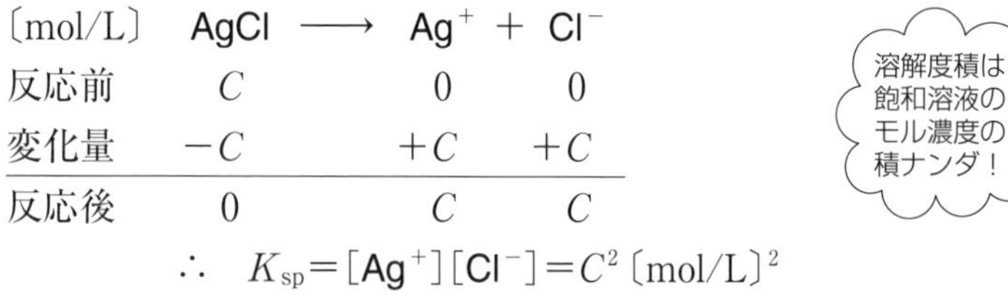

〔mol/L〕	AgCl	⟶	Ag^+	＋	Cl^-
反応前	C		0		0
変化量	$-C$		$+C$		$+C$
反応後	0		C		C

$$\therefore \quad K_{sp}=[Ag^+][Cl^-]=C^2\text{〔mol/L〕}^2$$

（補足）一般に，溶解度が C〔mol/L〕の A_aB_b について

$$A_aB_b \rightleftarrows aA^{b+} + bB^{a-}$$

（aC〔mol/L〕）　（bC〔mol/L〕）

の電離平衡が成立するので，

$$K_{sp}=[A^{b+}]^a[B^{a-}]^b=(aC)^a\times(bC)^b=C^{a+b}\times a^a\times b^b=a^ab^bC^{a+b}$$

例題 24－1

Cu^{2+} と Zn^{2+} の濃度がともに 1.0×10^{-4} mol/L である水溶液がある。これに H_2S を吹き込み $[S^{2-}]$ が 1.0×10^{-16} mol/L となったとき，CuS および ZnS は沈殿しているか。ただし，CuS の $K_{sp}=6.0\times10^{-36}$ $(mol/L)^2$，ZnS の $K_{sp}=2.0\times10^{-18}$ $(mol/L)^2$ とする。

解答　沈殿が生じていないと仮定して $[Cu^{2+}][S^{2-}]$ を計算すると 1.0×10^{-20} となり，この値は CuS の $K_{sp}(6.0\times10^{-36})$ より大きいので，**CuS は沈殿する**。また，$[Zn^{2+}][S^{2-}]$ も 1.0×10^{-20} となり，この値は ZnS の $K_{sp}(2.0\times10^{-18})$ より小さいので，**ZnS は沈殿しない**。

例題 24－2

1.0×10^{-4} mol/L の硝酸銀水溶液が 99 mL ある。これに 1.0×10^{-4} mol/L の塩酸を 1 mL 加えて 100 mL の水溶液を調製したとき，AgCl は沈殿するか。ただし，AgCl の $K_{sp}=1.8\times10^{-10}$ $(mol/L)^2$ とする。

解答　AgCl の沈殿が生じていないと仮定すると，水溶液中の $[Ag^+]$ は，

$$[Ag^+]=\underbrace{1.0\times10^{-4}\times\frac{99}{1000}}_{AgNO_3\text{ の mol}}\underbrace{\times1}_{Ag^+\text{ の mol}}\underbrace{\times\frac{1000}{100}}_{Ag^+\text{ の mol/L}}=9.9\times10^{-5}\,\text{〔mol/L〕}$$

また，水溶液中の $[Cl^-]$ は，塩酸から生じる Cl^- の量に比べて，もともと存在していた Cl^- の量は非常に小さいので，この水溶液中の Cl^- は塩酸から生じる Cl^- のみであるとみなしてよいので，

$$[Cl^-]=\underbrace{1.0\times10^{-4}\times\frac{1}{1000}}_{HCl\text{ の mol}}\underbrace{\times1}_{Cl^-\text{ の mol}}\underbrace{\times\frac{1000}{100}}_{Cl^-\text{ の mol/L}}=1.0\times10^{-6}\,\text{〔mol/L〕}$$

以上より，沈殿が生じていないと仮定して $[Ag^+][Cl^-]$ を計算すると，

$$9.9\times10^{-5}\times1.0\times10^{-6}=0.99\times10^{-10}$$

となる。この値は AgCl の $K_{sp}(1.8\times10^{-10})$ より小さいので **AgCl は沈殿しない**。

例題 24－3

難溶性の塩である AgCl と $Cu(OH)_2$ の飽和水溶液の濃度をそれぞれ c_1，c_2〔mol/L〕とすると，それらの溶解度積 K_{sp} は，それぞれどのように表されるか。〔　ア　〕～〔　オ　〕に適当な文字式を入れよ。

AgClは次のように電離する。

$$AgCl \rightleftarrows Ag^+ + Cl^- \quad \cdots①$$

AgClの飽和水溶液の濃度がc_1〔mol/L〕のとき，式①より

$[Ag^+]=[Cl^-]=$〔　ア　〕mol/Lとなる。

$$\therefore \quad K_{sp}=[Ag^+][Cl^-]=〔\quad イ \quad〕(mol/L)^2$$

同様に，

$$Cu(OH)_2 \rightleftarrows Cu^{2+} + 2OH^- \quad \cdots②$$

$Cu(OH)_2$の飽和水溶液の濃度がc_2〔mol/L〕のとき，式②より

$[Cu^{2+}]=$〔　ウ　〕mol/L，$[OH^-]=$〔　エ　〕mol/Lとなる。

$$\therefore \quad K_{sp}=[Cu^{2+}][OH^-]^2=〔\quad オ \quad〕(mol/L)^3$$

解答　ア：式①より，$[Ag^+]=[Cl^-]=c_1$〔mol/L〕

イ：　$\therefore \quad K_{sp}=[Ag^+][Cl^-]=c_1\times c_1=\boldsymbol{c_1^2}$〔mol/L〕^{2}

ウ，エ：式②より，$[Cu^{2+}]={}_{ウ}\boldsymbol{c_2}$〔mol/L〕，$[OH^-]={}_{エ}\boldsymbol{2c_2}$〔mol/L〕

オ：　$\therefore \quad K_{sp}=[Cu^{2+}][OH^-]^2=c_2\times(2c_2)^2=\boldsymbol{4c_2^3}$〔mol/L〕^{3}

例題 24－4

硫化水素は水に少し溶け，水溶液中では下に示すように2段階に電離し，硫化物イオンを生じる。金属の硫化物が示す水への溶解度の差を利用して，水溶液中の金属イオンを分離することができる。

$$H_2S \rightleftarrows HS^- + H^+ \quad \cdots(1) \quad (K_1=1.0\times10^{-7}\ mol/L)$$

$$HS^- \rightleftarrows S^{2-} + H^+ \quad \cdots(2) \quad (K_2=1.0\times10^{-14}\ mol/L)$$

式(1)，式(2)の反応を組み合わせると，式(3)が得られる。

$$H_2S \rightleftarrows S^{2-} + 2H^+ \quad \cdots(3)$$

また，水が硫化水素で飽和されているとき，硫化水素の濃度$[H_2S]$は0.10 mol/Lとする。

問1　水が硫化水素で飽和されているとき，その硫化水素水のpHを小数第1位まで答えよ。ここでは，$K_1 \gg K_2$より，第2段階の電離は無視できると考えてよい。

問2　式(3)の電離定数Kを有効数字2桁で答えよ。

問3　硫化水素水のpHが1.0のときの硫化物イオンの濃度〔mol/L〕を有効数字2桁で答えよ。

問4　4種類の金属イオン，Ag^{+}，Cu^{2+}，Zn^{2+}，Mn^{2+} がそれぞれ 1.0×10^{-1} mol/L の濃度で含まれている25 ℃ の水溶液に，強酸を加えて硫化水素を 1.0×10^{-1} mol/L の濃度になるまで溶かして pH 1.0 に調製した。このとき，硫化物として沈殿する金属イオンをすべてイオン式で答えよ。

金属硫化物の溶解度積(25 ℃ での値)

金属硫化物	Ag_2S	CuS	ZnS	MnS
溶解度積	6.1×10^{-44} mol³/L³	6.5×10^{-30} mol²/L²	2.2×10^{-18} mol²/L²	5.1×10^{-9} mol²/L²

解答　問1から問3では，p. 163 **23 電離平衡 (3)** の **2 2価や3価の弱酸の電離平衡**を参照してほしい。

問1　式(1)より，$[H^{+}]=\sqrt{[H_2S]K_1}=\sqrt{0.10\times1.0\times10^{-7}}=1.0\times10^{-4}$ mol/L

pH＝4.0

問2　$K=\dfrac{[H^{+}]^2[S^{2-}]}{[H_2S]}$ の分母，分子に $[HS^{-}]$ をかけると，

$$K=\frac{[H^{+}][HS^{-}]}{[H_2S]}\times\frac{[H^{+}][S^{2-}]}{[HS^{-}]}=K_1\times K_2$$

$$K_1\times K_2=(1.0\times10^{-7})\times(1.0\times10^{-14})=\mathbf{1.0\times10^{-21}}\ \text{〔mol/L〕}^2$$

問3　pH が1.0より $[H^{+}]=1.0\times10^{-1}$ mol/L，また，$[H_2S]=1.0\times10^{-1}$ mol/L

式(3)より，

$$\therefore\quad [S^{2-}]=\frac{[H_2S]K}{[H^{+}]^2}=\frac{(1.0\times10^{-1})\times(1.0\times10^{-21})}{(1.0\times10^{-1})^2}=\mathbf{1.0\times10^{-20}}\ \text{〔mol/L〕}$$

問4　この章のp. 173 **2 沈殿が生じるか生じないかの判定法**を参照してほしい。

硫化物がすべて溶けているとみなしたときの陽イオンと陰イオンの積について

Ag_2S：$[Ag^{+}]^2[S^{2-}]=(1.0\times10^{-1})^2\times(1.0\times10^{-20})=1.0\times10^{-22}>6.1\times10^{-44}$

$\therefore$　Ag_2S は沈殿する。

CuS：$[Cu^{2+}][S^{2-}]=(1.0\times10^{-1})\times(1.0\times10^{-20})=1.0\times10^{-21}>6.5\times10^{-30}$

$\therefore$　CuS は沈殿する。

ZnS：$[Zn^{2+}][S^{2-}]=(1.0\times10^{-1})\times(1.0\times10^{-20})=1.0\times10^{-21}<2.2\times10^{-18}$

$\therefore$　ZnS は沈殿しない。

MnS：$[Mn^{2+}][S^{2-}]=(1.0\times10^{-1})\times(1.0\times10^{-20})=1.0\times10^{-21}<5.1\times10^{-9}$

$\therefore$　MnS は沈殿しない。

以上より，沈殿する金属イオンは，$\mathbf{Ag^{+}}$，$\mathbf{Cu^{2+}}$

それでは問題を解いてみましょう。今回は初めから**入試問題**です。

（解答編 p. 61）

□類題 24－1　制限時間　2 分

AgI，AgCl の飽和溶液ではそれぞれ$[Ag^+][I^-]=1\times10^{-16}$ (mol/L)^2，$[Ag^+][Cl^-]=2\times10^{-10}$ (mol/L)^2 が成立する。塩化物イオンとヨウ化物イオンの濃度がそれぞれ 1×10^{-2} mol/L の混合水溶液に硝酸銀溶液を滴下すると，初めに何が沈殿してくるか。

（東京女子医科大・改）

□類題 24－2　制限時間　2 分

バリウムイオンおよびカルシウムイオンをともに 0.01 mol/L 含む混合溶液に硫酸イオンを加えた。$BaSO_4$ の $K_{sp}=1.0\times10^{-10}$ mol^2/L^2，$CaSO_4$ の $K_{sp}=2.4\times10^{-5}$ mol^2/L^2 とすると，カルシウムイオンが沈殿を生じ始めるときの硫酸イオン濃度は，バリウムイオンが沈殿を生じ始めるときの硫酸イオン濃度の何倍になるか。なお，ここでは硫酸イオンを加えたことによる体積変化はないものとする。

（東京理科大・改）

□類題 24－3　制限時間　3 分

塩化銀の固体を含む 25 ℃ の飽和水溶液 1.0 L には AgCl が何 mg 溶けているかを求めたい。次の文章の〔　ア　〕～〔　ウ　〕にあてはまる適切な文字，数値(有効数字 2 桁)を入れよ。ただし，AgCl＝143.5，AgCl の溶解度積は $K_{sp}=1.0\times10^{-10}$ (mol/L)^2

この飽和水溶液 1.0 L について，AgCl の濃度を x〔mol/L〕とすると，溶解している Ag^+ および Cl^- のモル濃度はともに〔　ア　〕mol/L である。AgCl の飽和水溶液では，溶解平衡が成立しているので，$K_{sp}=[Ag^+][Cl^-]$ (mol/L)^2 となる。したがって，x＝〔　イ　〕mol/L

これより，求める AgCl の質量は〔　ウ　〕mg となる。

（神戸学院大・改）

□類題 24−4 制限時間 4分 

水溶液中での塩化銀の溶解度積(25 ℃)を K_{sp} とするとき，[Ag^+] と $\frac{K_{sp}}{[Ag^+]}$ との関係は図1の曲線で表される。硝酸銀水溶液と塩化ナトリウム水溶液を，表1に示す①～⑤のモル濃度の組合せで同体積ずつ混合した。25 ℃ で十分な時間をおいたとき，塩化銀の沈殿が生じるものをすべて選び，記号で答えよ。

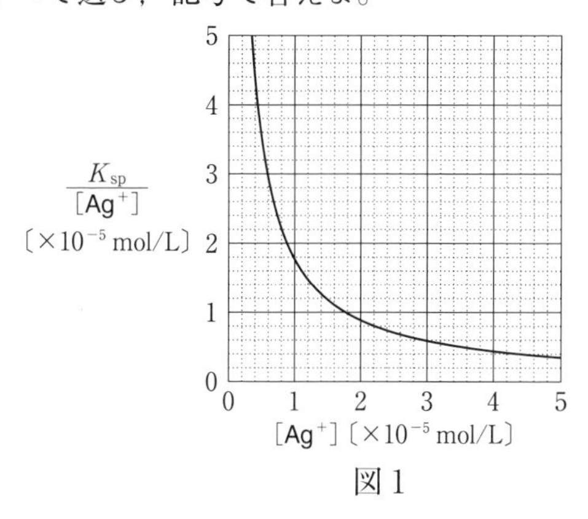

図1

表1

	硝酸銀水溶液のモル濃度〔$\times 10^{-5}$ mol/L〕	塩化ナトリウム水溶液のモル濃度〔$\times 10^{-5}$ mol/L〕
①	1.0	1.0
②	2.0	2.0
③	3.0	3.0
④	4.0	2.0
⑤	5.0	1.0

(センター本試・改)

□類題 24－5　制限時間 10 分 

硫化水素は水にわずかに溶ける。このとき，硫化水素の電離および平衡定数は次のように表される。

$$H_2S \rightleftarrows 2H^+ + S^{2-}$$

$$K=\frac{[H^+]^2[S^{2-}]}{[H_2S]}$$

25 ℃ における平衡定数，CuS の溶解度積，ZnS の溶解度積をそれぞれ $K=1.0\times10^{-22}$〔mol^2/L^2〕，$K_{CuS}=6.0\times10^{-36}$〔$mol^2/L^2$〕，$K_{ZnS}=2.0\times10^{-24}$〔$mol^2/L^2$〕とする。

硫化水素を溶かしても水溶液の体積は変わらず，水溶液中の硫化水素の濃度は常に$[H_2S]=0.10$〔mol/L〕に保たれているものとして，次の問に答えよ。ただし，数値は四捨五入して小数第 1 位まで記せ。

問 1　25 ℃ において，Cu^{2+} および Zn^{2+} の濃度がそれぞれ 1.0×10^{-4} mol/L の希塩酸に，pH を 1.0 に保ちながら，硫化水素を通じていった。硫化水素を通じた後，生じている沈殿があればその化学式を記せ。また，硫化水素を通じた後の水溶液中に溶けている Cu^{2+} と Zn^{2+} の濃度を求めよ。

問 2　25 ℃ において，Cu^{2+} および Zn^{2+} の濃度がそれぞれ 2.0×10^{-5} mol/L の塩基性水溶液（pH＞7）に硫化水素を通じた。このとき生じる沈殿について正しい記述を次の①～④から 1 つ選び，番号で答えよ。

① CuS の沈殿だけが生じる。
② ZnS の沈殿だけが生じる。
③ CuS と ZnS の両方の沈殿が生じる。
④ CuS と ZnS の沈殿はともに生じない。

問 3　25 ℃ において，Cu^{2+} および Zn^{2+} の濃度がそれぞれ 2.0×10^{-4} mol/L である水溶液に硫化水素を通じ飽和させた。この水溶液の pH を調節して CuS の沈殿だけを生成したい。水溶液の pH の範囲をいくら以下に調節する必要があるか。

（青山学院大・改）

25 溶解度積 (2) モール法

1 モール法

溶液中の塩化物イオンの量を定量するために指示薬としてクロム酸イオンを用いる方法をモール法という。下図のように，コニカルビーカーには指示薬としてクロム酸カリウム水溶液を加えた塩化物イオンを含む水溶液を入れ，ビュレットから硝酸銀水溶液を滴下していく。初めに白色の塩化銀の沈殿が生じ，滴下する量が増えるごとに白色沈殿は増えていく。**赤褐色のクロム酸銀の沈殿が生じ始めたところを滴定の終点**とする。

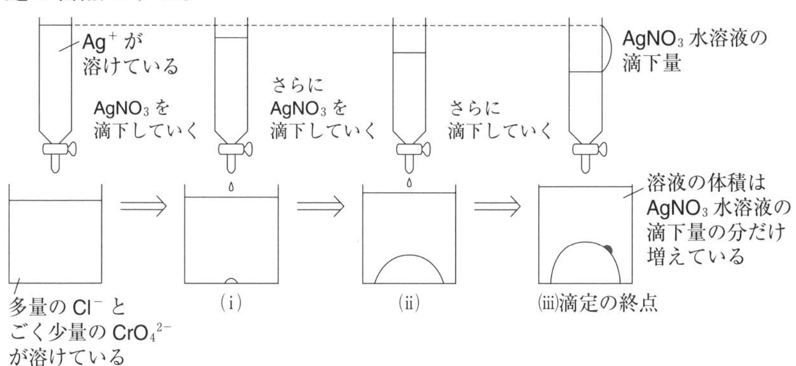

(i) 溶液中に溶けている[Ag^+]と[Cl^-]の積が K_{AgCl} と等しくなったので AgCl の白色沈殿が生じ始める。
(ii) 溶液中の Ag^+ が増えていくので，AgCl の沈殿が増えていく。
(iii) 溶液中に溶けている[Ag^+]と[CrO_4^{2-}]について，[Ag^+]の2乗と[CrO_4^{2-}]の積が $K_{Ag_2CrO_4}$ と等しくなったので Ag_2CrO_4 の赤褐色沈殿が生じ始める。

クロム酸銀の沈殿が生じ始めたとき塩化銀の沈殿も生じているので，水溶液中では次の①，②が成立している。

$$AgCl(固) \rightleftarrows Ag^+ + Cl^- \qquad K_{AgCl}=[Ag^+][Cl^-] \quad \cdots①$$

$$Ag_2CrO_4(固) \rightleftarrows 2Ag^+ + CrO_4^{2-} \qquad K_{Ag_2CrO_4}=[Ag^+]^2[CrO_4^{2-}] \quad \cdots②$$

①，②中の[Ag^+]の値は等しいので，[CrO_4^{2-}]の値がわかれば，[Ag^+]，[Cl^-]の値も求められる。なお，このとき初めに存在していた塩化物イオンはほとんど塩化銀として沈殿していることになる。

例題 25－1

問1～問4に対して有効数字2桁で答えよ。AgCl，Ag_2CrO_4 の溶解度積をそれぞれ，$[Ag^+][Cl^-]=1.0\times10^{-10}$〔$mol^2/L^2$〕，$[Ag^+]^2[CrO_4^{2-}]=1.0\times10^{-12}$〔$mol^3/L^3$〕とし，$AgNO_3$ 溶液を滴下しても，水溶液の体積は変化しないものとする。

1.0 L 中に KCl 1.0×10^{-1} mol と K_2CrO_4 1.0×10^{-4} mol を含む混合水溶液中の$[Cl^-]$は（ ⓐ ）〔mol/L〕である。この溶液に $AgNO_3$ 標準溶液を少しずつ加えていくと，白色の①AgClが沈殿する。さらに $AgNO_3$ 溶液を加え，Cl^- のほぼ全量が AgCl として沈殿した後に，赤褐色の②Ag_2CrO_4 の沈殿が生じ始めるからこの点を滴定の終点とする。

このとき，溶液中に含まれる Cl^- の物質量は $AgNO_3$ 溶液を加える前に存在していた Cl^- の物質量の（ ⓑ ）% にすぎない。よって，Ag_2CrO_4 の沈殿が生じ始める点を滴定の終点としてよいことがわかる。

問1　下線部①で，AgCl の沈殿が生じ始めるとき，溶液中の$[Ag^+]$は何 mol/L か。

問2　下線部②で，Ag_2CrO_4 の沈殿が生じ始めるとき，

(1)　溶液中の$[Ag^+]$は何 mol/L か。

(2)　溶液中の$[Cl^-]$は何 mol/L か。

問3　（ ⓐ ），（ ⓑ ）にあてはまる適当な数値を答えよ。

問4　Cl^- を 99.99 % 沈殿させるためには，$[CrO_4^{2-}]$をどのように調製すればよいか。

解答　問1　KCl は水溶液中で完全電離するので($KCl \rightarrow K^+ + Cl^-$)，AgCl の沈殿が生じ始めるときまでの$[Cl^-]$の値は

$\dfrac{1.0\times10^{-1}}{1.0}=1.0\times10^{-1}$〔mol/L〕である。

AgCl の沈殿が生じ始めたとき，溶液中の$[Ag^+]$と$[Cl^-]$の積は AgCl の溶解度積の値になっているので，$[Ag^+][Cl^-]=1.0\times10^{-10}$

$[Ag^+]\times1.0\times10^{-1}=1.0\times10^{-10}$ より　∴　$[Ag^+]=\mathbf{1.0\times10^{-9}}$〔mol/L〕

問2　(1)　K_2CrO_4 は水溶液中で完全電離するので($K_2CrO_4 \rightarrow 2K^+ + CrO_4^{2-}$)，$Ag_2CrO_4$ の沈殿が生じ始めるときまでの$[CrO_4^{2-}]$の値は

$\dfrac{1.0\times10^{-4}}{1.0}=1.0\times10^{-4}$〔mol/L〕である。

Ag_2CrO_4 の沈殿が生じ始めたとき，溶液中の$[Ag^+]$と$[CrO_4^{2-}]$について次式が成立する。

$[Ag^+]^2[CrO_4^{2-}]=1.0\times10^{-12}$

$[Ag^+]^2\times1.0\times10^{-4}=1.0\times10^{-12}$ より　∴　$[Ag^+]=\mathbf{1.0\times10^{-4}}$〔mol/L〕

(2)　このとき AgCl の沈殿も生じているので，溶液中の$[Ag^+]$と$[Cl^-]$についても次式が成立する。

$[Ag^+][Cl^-]=1.0\times10^{-10}$

$1.0\times10^{-4}\times[Cl^-]=1.0\times10^{-10}$ より　∴　$[Cl^-]=\mathbf{1.0\times10^{-6}}$〔mol/L〕

問３　ⓐ　問１より$[Cl^-]=\mathbf{1.0\times10^{-1}}$〔mol/L〕

ⓑ　問題文より $n_{Cl^-前}=1.0\times10^{-1}$ mol

Ag_2CrO_4 の沈殿が生じ始めたときの n_{Cl^-} は問２(2)より

$$n_{Cl^-後}=1.0\times10^{-6}\times1.0=1.0\times10^{-6}\text{ mol}$$

$$\therefore\quad \frac{n_{Cl^-後}}{n_{Cl^-前}}=\frac{1.0\times10^{-6}}{1.0\times10^{-1}}\times100=\mathbf{1.0\times10^{-3}}\text{〔\%〕}$$

したがって Ag_2CrO_4 の沈殿が生じ始めたとき，Cl^- は初めの 1.0×10^{-3} % しか残っていないので Cl^- のほぼ全量は AgCl として沈殿したとみなしてよい。

問４　Ag_2CrO_4 の沈殿が生じ始めたとき，溶液中に n_{Cl^-} は

$1.0\times10^{-1}\times\dfrac{100-99.99}{100}=1.0\times10^{-5}$ mol 残っている。

$$\therefore\quad 溶液中の[Cl^-]=\frac{1.0\times10^{-5}}{1.0}=1.0\times10^{-5}\text{ mol/L}$$

問２と同様に AgCl の沈殿が生じているので，溶液中の$[Ag^+]$と$[Cl^-]$について$[Ag^+][Cl^-]=1.0\times10^{-10}$ が成立する。

$[Ag^+]\times1.0\times10^{-5}=1.0\times10^{-10}$ より　∴　$[Ag^+]=1.0\times10^{-5}$ mol/L

当然 Ag_2CrO_4 の沈殿も生じているので，溶液中の$[Ag^+]$と$[CrO_4^{2-}]$について$[Ag^+]^2[CrO_4^{2-}]=1.0\times10^{-12}$ が成立する。

$(1.0\times10^{-5})^2\times[CrO_4^{2-}]=1.0\times10^{-12}$ より

∴　$[CrO_4^{2-}]=\mathbf{1.0\times10^{-2}}$〔mol/L〕

それでは，実際に問題を解いてみましょう。

（解答編 p. 63）

類題 25－1　制限時間　4分

次の〔　ア　〕～〔　カ　〕にあてはまる数値(有効数字2桁)を入れよ。AX の溶解度積は$[A^+][X^-]=1.0\times10^{-15}$ $(mol/L)^2$，BX の溶解度積は$[B^+][X^-]=1.0\times10^{-8}$ $(mol/L)^2$ とする。

固体 AX と共存する AX の飽和水溶液では，次式で示される溶解平衡が成立している。

$$AX \rightleftarrows A^+ + X^- \qquad \cdots①$$

また，固体 BX と共存する BX の飽和水溶液でも，次式で示される溶解平衡が成立している。

$$BX \rightleftarrows B^+ + X^- \qquad \cdots②$$

いま，1.0 L の水溶液中に A^+ を 1.0×10^{-3} mol，B^+ を 1.0×10^{-6} mol 含む水溶液がある。この水溶液に X^- を加えていく。ただし X^- を加えても水溶液の体積は変化しないものとする。

X^- をある程度加えたとき，AX の沈殿が生じ始めた。このとき$[A^+]$＝〔　ア　〕mol/L と考えてよく，また AX が沈殿しはじめたので式①が成立しているので，$[X^-]$＝〔　イ　〕mol/L である。

この水溶液に X^- をさらに加えていくと BX の沈殿が生じ始めた。このとき$[B^+]$＝〔　ウ　〕mol/L と考えてよく，また BX が沈殿し始めるので式②も成立しており$[X^-]$＝〔　エ　〕mol/L である。当然 AX もすでに沈殿しているので，式①も成立している。したがって，$[A^+]$＝〔　オ　〕mol/L となる。このとき$[A^+]$は初めの濃度に対して〔　カ　〕倍の濃度となっている。

応用 □**類題 25－2**　制限時間　4分

Cl^- と CrO_4^{2-} を含む溶液に，$AgNO_3$ 水溶液を滴下していくと，AgCl の溶解度が Ag_2CrO_4 の溶解度よりも小さいので，ほぼ AgCl が沈殿し終わってから，Ag_2CrO_4 が沈殿し始める。

飲料水中の汚染指標の一つとして用いられている$[Cl^-]$を測定する

ために，飲料水 40 mL をとり，0.10 mol/L の K_2CrO_4 水溶液 1.0 mL を加えた後，0.010 mol/L の $AgNO_3$ 水溶液を用いて滴定したところ，$AgNO_3$ 水溶液を 9.0 mL まで加えたときに，Ag_2CrO_4 の赤褐色の沈殿が生じ始めた。

(1)　この飲料水中の$[Cl^-]$を有効数字 2 桁で答えよ。

(2)　AgCl および Ag_2CrO_4 の溶解度積をそれぞれ 1.8×10^{-10} $(mol/L)^2$，1.8×10^{-12} $(mol/L)^3$ とする。Ag_2CrO_4 の沈殿を生じ始めたとき，溶液中の$[Cl^-]$を有効数字 2 桁で答えよ。

（昭和大・改）

応用 □類題 25－3　制限時間 12 分

図の実線と点線は，0.010 mol/L の Cl^- を含む水溶液と 0.0010 mol/L の CrO_4^{2-} を含む水溶液にそれぞれ Ag^+ を加えたときの$[Ag^+]$と陰イオン濃度[X]の関係を示したものである。ただし，Ag^+ を加えても溶液の体積は変化しないものとする。数値は有効数字 2 桁で答えよ。また，$\log_{10}2=0.30$，$\sqrt{2}=1.4$，$\sqrt{10}=3.2$ とする。

$[Ag^+]$が A 点の濃度に達すると AgCl 沈殿が生成し$[Cl^-]$が低下する。また，$[Ag^+]$が C 点の濃度に達すると Ag_2CrO_4 沈殿が生成し$[CrO_4^{2-}]$が低下する。

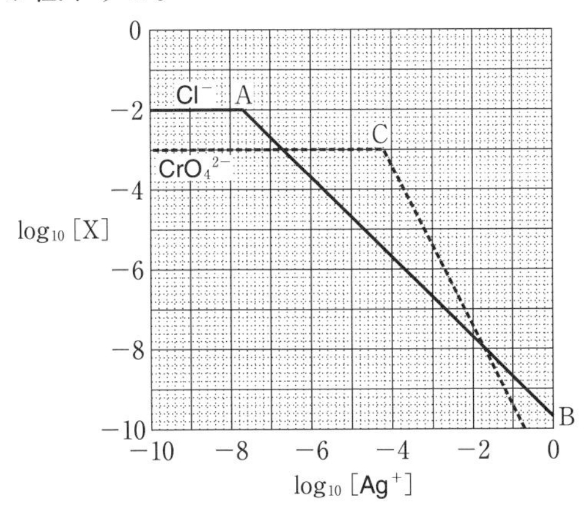

図　沈殿生成平衡における Ag^+ 濃度と陰イオン濃度の関係

X：Cl^- (0.010 mol/L) または CrO_4^{2-} (0.0010 mol/L)

(　) 内は初濃度

問 1　$AgCl$ と Ag_2CrO_4 の溶解度積をそれぞれ求めよ。単位も記せ。

問 2　0.010 mol/L の Cl^- と 0.0010 mol/L の $CrO_4{}^{2-}$ を含む溶液に Ag^+ を加えていくと，先に $AgCl$ が沈殿し始める。さらに Ag^+ を加えていき Ag_2CrO_4 の沈殿が生成し始めた。このとき初めに溶けていた Cl^- の全物質量の何 % が溶液中に残っているか。

問 3　Cl^- を含む溶液に，溶液中の Cl^- と等しい物質量の Ag^+ が加えられて $AgCl$ の沈殿が生じたとき，平衡状態で溶液中の $[Ag^+]$ は何 mol/L になるか。

問 4　問 3 で求めた $[Ag^+]$ になったときに Ag_2CrO_4 の沈殿が生成し始めるためには，溶液の $[CrO_4{}^{2-}]$ は何 mol/L である必要があるか。

（日本医科大・改）

26 無機化学

無機化学分野の計算は，今まで学習した分野からほぼ出題されている。たとえば，化学基礎の物質量の計算，濃度，酸と塩基，酸化と還元，電気分解等がある。特に無機分野で取り扱われる反応式を用いた物質量の計算が出題されることが多い。

『化学基礎　計算問題エクササイズ』では，6，15，16，31 などに無機分野でよく出題される問題を掲載しているので参照されたい。

この章では，『化学基礎　計算問題エクササイズ』に掲載されていない問題を主に挙げている。

1 アンモニアソーダ法(ソルベー法)

炭酸ナトリウムの工業的製法をアンモニアソーダ法(ソルベー法)といい，その工程は次のようになっている。

㋐ 飽和食塩水に NH_3 を十分に溶解させた後さらに CO_2 を通す。

$NaCl + H_2O + NH_3 + CO_2 \longrightarrow NaHCO_3 + NH_4Cl$ …①

㋑ 生成した $NaHCO_3$ を強熱する。

$2NaHCO_3 \longrightarrow Na_2CO_3 + H_2O + CO_2$ …②

㋒ 石灰石を強熱して㋐の反応に必要な CO_2 を補給する。

$CaCO_3 \longrightarrow CaO + CO_2$ …③

㋓ ㋒で生成した CaO に水を加える。

$CaO + H_2O \longrightarrow Ca(OH)_2$ …④

㋔ ㋐で生成した NH_4Cl に㋓で生成した $Ca(OH)_2$ を反応させて NH_3 を回収し，㋐の反応で再利用する。

$Ca(OH)_2 + 2NH_4Cl \longrightarrow CaCl_2 + 2H_2O + 2NH_3$ …⑤

①×2+②+③+④+⑤より，**全体の反応式**は

$$\mathbf{2NaCl + CaCO_3 \longrightarrow Na_2CO_3 + CaCl_2}$$

(補足)NH_3 と CO_2 を再利用するが，現在は㋒～㋔の反応による再利用は行われず，得られた NH_4Cl は化学肥料や乾電池の電解液として利用されている。

安価な岩塩(NaCl)と石灰岩($CaCO_3$)で工業的に有用な Na_2CO_3 をつくる方法さ！

[2] 鉄の製錬　$Fe_2O_3 \rightarrow Fe_3O_4 \rightarrow FeO \rightarrow Fe$

鉄鉱石の主成分 Fe_2O_3 にコークス(C)と石灰石($CaCO_3$)を加えて高温の熱風を高圧で吹き込むと，

$$C + O_2 \longrightarrow CO_2,\quad CO_2 + C \longrightarrow 2CO$$

の2つの反応で生成したCOにより，鉄鉱石中の Fe_2O_3 が徐々に還元されて**銑鉄**(Fe)が得られる。

つまり，全体の反応は以下のようになる。

$$Fe_2O_3 + 3CO \longrightarrow 2Fe + 3CO_2$$

（補足）鉄鉱石の中には高温の炭素に触れて直接還元されるものもある。

$$Fe_2O_3 + 3C \longrightarrow 2Fe + 3CO$$

[3] アルミニウムの製錬

$$Al_2O_3 \cdot nH_2O \underset{㋐}{\rightarrow} [Al(OH)_4]^- \underset{㋑}{\rightarrow} Al(OH)_3 \underset{㋒}{\rightarrow} Al_2O_3 \underset{㋓}{\rightarrow} Al$$

㋐　(ボーキサイト → $[Al(OH)_4]^-$)

ボーキサイト($Al_2O_3 \cdot nH_2O$)を粉末にし，濃NaOH水溶液を加えると，不純物のケイ素や鉄の化合物は反応せず，NaOHと反応できる両性元素の酸化物である Al_2O_3 のみが溶け出す。

$$Al_2O_3 + 2NaOH + 3H_2O \longrightarrow 2Na[Al(OH)_4]$$

㋑　($[Al(OH)_4]^- \rightarrow Al(OH)_3$)

Fe_2O_3 などの不純物をろ別し，多量の水を加えて，水溶液を冷却すると $Al(OH)_3$ が沈殿してくる。

$$Na[Al(OH)_4] \longrightarrow NaOH + Al(OH)_3$$

㋒　($Al(OH)_3 \rightarrow Al_2O_3$)

生じた $Al(OH)_3$ の沈殿をろ別し，これを焼成する。

$$2Al(OH)_3 \longrightarrow Al_2O_3 + 3H_2O$$

㋓　($Al_2O_3 \rightarrow Al$)

溶融した**氷晶石**(Na_3AlF_6)に Al_2O_3 を加えると，Al_2O_3 の融点が降下し液体になる。これを溶融塩電解(融解塩電解)する。

$$Al_2O_3 \longrightarrow 2Al^{3+} + 3O^{2-}$$

陰極(炭素)　$Al^{3+} + 3e^- \longrightarrow Al$

陽極(炭素)　$C + O^{2-} \longrightarrow CO + 2e^-$

または　$C + 2O^{2-} \longrightarrow CO_2 + 4e^-$

4 銅の電解精錬

粗銅板を陽極，純銅板を陰極として，**硫酸銅(Ⅱ)水溶液中で電気分解**する。

陽極(粗銅)：$Cu \longrightarrow Cu^{2+} + 2e^-$

陰極(純銅)：$Cu^{2+} + 2e^- \longrightarrow Cu$

〈粗銅中の不純物〉

Cu よりイオン化傾向が小さい金属は単体として**陽極泥中に沈殿**する。一方，**Cu よりイオン化傾向が大きい金属は陽イオンとして溶解**するが，陰極には析出しない。また，Pb は $PbSO_4$ として陽極泥中に沈殿する。

5 コバルトの錯イオン

コバルト(Ⅲ)イオン Co^{3+} の配位数は 6 で，塩化物イオン Cl^- やアンモニア NH_3 が配位した錯イオンを形成する。

たとえば塩化物イオン Cl^- が 2 個，アンモニア NH_3 が 4 個配位結合したコバルト Co^{3+} の錯イオンは $[CoCl_2(NH_3)_4]^+$ と表され，その塩化物 $[CoCl_2(NH_3)_4]Cl$ が水に溶けると次のように電離する。

$$[CoCl_2(NH_3)_4]Cl \longrightarrow [CoCl_2(NH_3)_4]^+ + Cl^-$$

その後硝酸銀水溶液を加えると，電離した塩化物イオンが，白色の塩化銀 AgCl として沈殿してくる。

$$Ag^+ + Cl^- \longrightarrow AgCl$$

例題 26－1

アルミニウムは，酸化アルミニウム(Al_2O_3)を氷晶石と混合融解し，炭素を電極にして電解すると得られる。そのとき，下記のような反応が起きている。

$Al_2O_3 \longrightarrow 2($　ア　$) + 3($　イ　$)$　…①

(陰極)　(　ア　) ＋ 3(　ウ　) $\longrightarrow$ Al　…②

同時に，陽極では次の反応だけが起こっているとする。

(陽極)　C ＋ 2(　イ　) $\longrightarrow$ CO_2 ＋ 4(　ウ　)　…③

問 1　(　ア　)～(　ウ　) にイオン式または電子を書き，イオン反応式を完成せよ。

問２　溶融塩電解によって，酸化アルミニウムからアルミニウムができる反応を，１つにまとめた化学反応式で書け。

問３　25.5 g の酸化アルミニウムを完全に溶融塩電解したら，陰極側に 13.5 g のアルミニウムが得られた。このとき，陽極では，標準状態で何 L の二酸化炭素が発生するか。Al＝27

解答　問１　ア　Al^{3+}　　イ　O^{2-}　　ウ　e^-

問２　①×2＋②×4＋③×3 より，

$$2Al_2O_3 + 3C \longrightarrow 4Al + 3CO_2$$

問３　問２の化学反応式の量的関係より，

$$\underbrace{\frac{13.5}{27}}_{Al\text{ の mol}} \times \underbrace{\frac{3}{4}}_{CO_2\text{ の mol}} \times \underbrace{22.4}_{CO_2\text{ の L}} = 8.4\ \text{〔L〕}$$

例題 26－2

以下に示した A～D は，４種類のコバルトアンミン錯塩の組成式である。

A：$CoCl_3 \cdot 6NH_3$　　B：$CoCl_3 \cdot 5NH_3$

C：$CoCl_3 \cdot 4NH_3$　　D：$CoCl_3 \cdot 3NH_3$

A～D を 1 mol 含む各水溶液に硝酸銀水溶液を加えると，塩化銀の沈殿が，A は 3 mol，B は 2 mol，C は 1 mol 生じ，D は沈殿を生じなかった。A～D の化学式を示せ。

解答　この章の p. 189 ⑤ **コバルトの錯イオン**を参考にしてほしい。

Co^{3+} の配位数が 6 より，配位子としての NH_3 の個数を a 個$(1 \leqq a \leqq 6)$とすると，Cl^- の配位数は$(6-a)$個となる。

そのときの錯イオンの価数は$(+3)\times1+0\times a+(-1)\times(6-a)=a-3$

この錯イオンが Cl^- とイオン結合したとき，イオン結合する Cl^- の個数は $a-3$。

したがって，その錯イオンの化学式は$[CoCl_{6-a}(NH_3)_a]^{a-3}$となる。

このコバルトの錯塩が水に溶けたとき，イオン結合している$(a-3)$個の Cl^- のみが電離しており，この水溶液に $AgNO_3$ 水溶液を加えると，$(a-3)$個の $AgCl$ が沈殿する。

A：AgCl が 3 mol 生じるので，Co^{3+} の錯イオンとイオン結合している Cl^- は 3 個である。 $a-3=3$　　∴　$a=6$
したがって,6 個の NH_3 が Co^{3+} に配位している。　∴　$[Co(NH_3)_6]Cl_3$

B：AgCl が 2 mol 生じるので，Co^{3+} の錯イオンとイオン結合している Cl^- は 2 個である。 $a-3=2$　　∴　$a=5$
したがって，5 個の NH_3 と 1 個の Cl^- が Co^{3+} に配位している。
∴　$[CoCl(NH_3)_5]Cl_2$

C：AgCl が 1 mol 生じるので，Co^{3+} の錯イオンとイオン結合している Cl^- は 1 個である。 $a-3=1$　　∴　$a=4$
したがって，4 個の NH_3 と 2 個の Cl^- が Co^{3+} に配位している。
∴　$[CoCl_2(NH_3)_4]Cl$

D：AgCl が生じなかったので，Co^{3+} の錯イオンとイオン結合している Cl^- はない。 $a-3=0$　　∴　$a=3$
したがって，3 個の NH_3 と 3 個の Cl^- が Co^{3+} に配位している。
∴　$[CoCl_3(NH_3)_3]$

それでは問題を解いてみましょう。今回は初めから**入試問題**です。

（解答編 p. 67）

□類題 26－1　制限時間　5 分

炭酸ナトリウム Na_2CO_3 はガラスなどの原料として広く用いられており，工業的には以下のアンモニアソーダ法により製造される。

$$CaCO_3 \longrightarrow CaO + CO_2$$
$$CaO + H_2O \longrightarrow Ca(OH)_2$$
$$NaCl + H_2O + NH_3 + CO_2 \longrightarrow NaHCO_3 + NH_4Cl$$
$$2NH_4Cl + Ca(OH)_2 \longrightarrow CaCl_2 + 2H_2O + 2NH_3$$
$$2NaHCO_3 \longrightarrow Na_2CO_3 + H_2O + CO_2$$

問 1　上記の反応を 1 つの化学反応式にまとめよ。

問 2　塩化ナトリウム NaCl 100 kg から炭酸ナトリウムは理論上何 kg 製造できるか。C＝12，O＝16，Na＝23，Cl＝35.5

（近畿大）

□類題 26−2　制限時間　5分 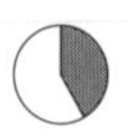

酸化アルミニウムの融解塩電解で，1000 A の電流を 120 分間通じると，何 g のアルミニウムができるか。また，この電解で一酸化炭素のみが発生したとき，何 g の炭素が消耗するか。有効数字 3 桁で求めよ。C＝12，Al＝27，ファラデー定数は 9.65×10^{4} C/mol とする。

（中央大・改）

□類題 26−3　制限時間　3分 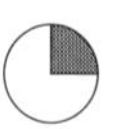

純度 75 % の赤鉄鉱（Fe_2O_3）1.00 kg から，理論上何 kg の鉄が得られるか。有効数字 2 桁で答えよ。O＝16，Fe＝56

（帝京大・改）

応用 □類題 26−4　制限時間　6分 

硫酸銅（Ⅱ）水溶液 1000 mL を電解槽に入れ，粗銅を陽極に，純銅を陰極にして電気分解を行った。

直流電流を通じて電気分解したところ，粗銅は 67.14 g 減少し，純銅は 66.50 g 増加した。また，陽極泥の質量は 0.34 g で，溶液中の銅（Ⅱ）イオンの濃度は 0.0400 mol/L だけ減少した。この電気分解で水溶液中に溶け出した不純物の金属の質量は何 g か。有効数字 3 桁で答えよ。ただしこの電気分解により溶液の体積は変化しないものとし，また不純物としては金属だけが含まれているものとする。Cu＝64

（センター本試・改）

□類題 26−5　制限時間　3分 

硫酸は，次の化学反応式 a ～ c に従って工業的につくられている。質量パーセント濃度 80 % の硫酸 98 kg をつくるのに必要最小限の硫黄の質量は何 kg か。整数で答えよ。H＝1.0，O＝16，S＝32

a.　$S + O_2 \longrightarrow SO_2$　　　b.　$2SO_2 + O_2 \longrightarrow 2SO_3$

c.　$SO_3 + H_2O \longrightarrow H_2SO_4$

（センター追試・改）

□類題 26−6 制限時間 3分 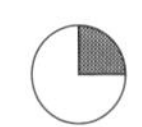

アンモニアからオストワルト法で質量パーセント濃度が 40.0 % の硝酸を 100 kg 製造する場合，必要なアンモニアの質量〔kg〕を小数第1位まで求めよ。H＝1.0，N＝14，O＝16

（青山学院大）

用 □類題 26−7 制限時間 9分 

$[CoCl_m(NH_3)_n]Cl_{(3-m)}$ の化学式で表されるコバルト(Ⅲ)錯塩 A(式量 250.5)がある。

この錯塩 A は水に溶かすと，コバルト(Ⅲ)イオンに配位結合していない塩化物イオンが解離して硝酸銀水溶液と反応する。

錯塩 A 12.525 g に蒸留水を加えて正確に 1.0 L とした。得られた水溶液のうち 10.0 mL を 0.10 mol/L 硝酸銀水溶液で滴定するのに加えた硝酸銀水溶液は 10.0 mL であった。

錯塩 A 12.525 g に蒸留水を加えて正確に 1.0 L とした。得られた水溶液 10 mL から A に配位しているアンモニアを気体として発生させ，0.050 mol/L 硫酸 50.0 mL 中に捕集した。捕集液を 0.50 mol/L 水酸化ナトリウム水溶液で滴定したところ，滴定終了点までに 5.00 mL を要した。

(1) コバルト(Ⅲ)イオンに配位結合した塩化物イオンの数 m を整数で答えよ。

(2) 実験に用いた錯塩に配位結合していたアンモニアの数 n を整数で答えよ。

(3) A を化学式で答えよ。

（福岡大・改）

27 元素分析

1 有機化合物の分子式の決定(1)

試料 ⇒ 元素分析値 ⇒ 組成式(実験式) ⇒ 分子式

例　　CH_2O　　$C_2H_4O_2$

(i) 試料 → 元素分析値

下図のようにC, H, Oで構成されている化合物の場合，まず試料を完全燃焼させる。その際に**試料を確実に完全燃焼させるために酸化銅(Ⅱ)を入れておく。**

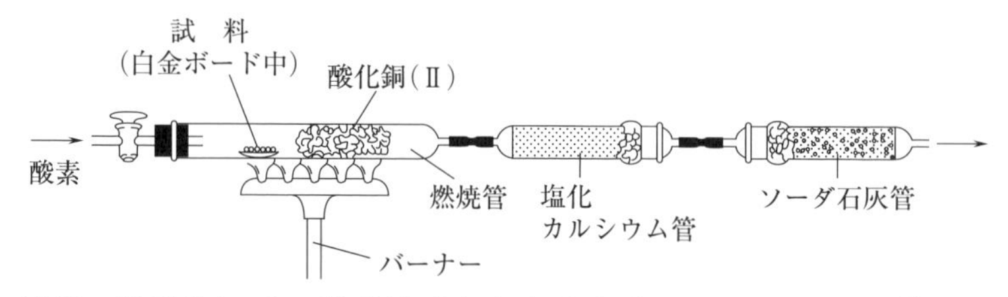

試料の燃焼後には二酸化炭素と水が生成する。それぞれの質量を必要とするので，二酸化炭素と水は別々に吸収させる。**$CaCl_2$ は H_2O のみ，ソーダ石灰は H_2O と CO_2 の両方を吸収できるので $CaCl_2$ を先にもってくる必要がある。**ソーダ石灰を先にもってくると，ソーダ石灰が H_2O と CO_2 の両方を吸収してしまい，H_2O と CO_2 の各質量を正確に測定できなくなる。

▶C,H,Oからなる化合物の元素分析(化合物の質量を A〔g〕とする)

C 原子の質量＝CO_2 の質量×$\frac{C}{CO_2}$＝CO_2 の質量×$\frac{12}{44}$＝X〔g〕

H 原子の質量＝H_2O の質量×$\frac{2H}{H_2O}$＝H_2O の質量×$\frac{2}{18}$＝Y〔g〕

O 原子の質量＝化合物の質量－(C 原子の質量＋H 原子の質量)
＝$A-(X+Y)=Z$〔g〕

(ii) 元素分析値 → 組成式(実験式)(各元素の原子数の比を求める)

組成式中の原子数の比は物質量の比で表すことができるので，各原子の質量を各原子の原子量で割ると

$$\mathrm{C:H:O}=\frac{X}{12}:\frac{Y}{1}:\frac{Z}{16}=x:y:z$$
（簡単な整数比にする）

よって，組成式は $C_xH_yO_z$ となる。

(iii)　**組成式（実験式）→ 分子式**

分子式＝(組成式)$_n$＝$(C_xH_yO_z)_n$ より，

$$分子量\ M=(組成式の式量)\times n$$

よって，$M=(12x+y+16z)\times n$

(注)分子量から n を求めると，分子式が求められる。

2　有機化合物の分子式の決定(2)（各原子の含有率がわかっているとき）

C が X〔%〕，H が Y〔%〕であるとして，試料が 100 g あると考えると，C は X〔g〕，H は Y〔g〕，O は $100-(X+Y)$ g となるので，

$$\mathrm{C:H:O}=\frac{X}{12}:\frac{Y}{1}:\frac{100-(X+Y)}{16}=x:y:z$$

よって，組成式は $C_xH_yO_z$ となる。

3　有機化合物の分子式の決定(3)

分子式が $C_xH_yO_z$ である有機化合物 1 mol を完全燃焼したときの化学反応式は次のようになる。

$$C_xH_yO_z + \frac{4x+y-2z}{4}O_2 \longrightarrow xCO_2 + \frac{y}{2}H_2O$$

反応式の係数より

$C_xH_yO_z : O_2 : CO_2 : H_2O$ の物質量比は，$1:\dfrac{4x+y-2z}{4}:x:\dfrac{y}{2}$

(注)この章の問題では，H＝1.0，C＝12，O＝16 とする。

例題 27－1

炭素，水素，酸素からなる有機化合物 2.40 mg を完全に燃焼したところ，二酸化炭素が 3.52 mg，水が 1.44 mg 得られた。また，分子量は 60 であった。次の問に答えよ。

問 1　この化合物の組成式を求めよ。

問 2　この化合物の分子式を求めよ。

解答 問1　C原子の質量$=3.52\times\frac{12}{44}=0.96$〔mg〕

H原子の質量$=1.44\times\frac{2}{18}=0.16$〔mg〕

O原子の質量$=2.40-(0.96+0.16)=1.28$〔mg〕

$C:H:O=\frac{0.96}{12}:\frac{0.16}{1}:\frac{1.28}{16}=1:2:1$　∴　組成式は **CH_2O**

問2　$CH_2O=30$であるので，$(CH_2O)_n=60$より

$30n=60$　∴　$n=2$

したがって，分子式は$(CH_2O)_2=$**$C_2H_4O_2$**である。

例題 27－2

炭素，水素，酸素からなる有機化合物の質量組成は，炭素 64.9 %，水素 13.5 %，分子量は 74 であった。次の問に答えよ。

問1　この化合物の組成式を求めよ。

問2　この化合物の分子式を求めよ。

解答 問1　$C:H:O=\frac{64.9}{12}:\frac{13.5}{1}:\frac{100-(64.9+13.5)}{16}$

$\fallingdotseq 5.40:13.5:1.35=4:10:1$

したがって，組成式は **$C_4H_{10}O$** である。

元素分析値が
%表示のときは
化合物が 100 g
あるとして
考えよう！

問2　$C_4H_{10}O=74$であるので，$(C_4H_{10}O)_n=74$より

$74n=74$　∴　$n=1$

したがって，分子式は$(C_4H_{10}O)_1=$**$C_4H_{10}O$**である。

［別解］ Cは分子量74のうち64.9 %を占めるので，

$74\times\frac{64.9}{100}\times\frac{1}{12}=4.0\fallingdotseq 4$

（$74\times\frac{64.9}{100}$：Cが占める式量　$\frac{1}{12}$：Cの数）

Hは分子量74のうち13.5 %を占めるので，

$74\times\frac{13.5}{100}\times\frac{1}{1}=9.99\fallingdotseq 10$

（$74\times\frac{13.5}{100}$：Hが占める式量　$\frac{1}{1}$：Hの数）

Oの式量は，分子量74からCとHが占める式量を引いたものになる。

$\{74-(12\times4+1\times10)\}\times\frac{1}{16}=1$

（$\{74-(12\times4+1\times10)\}$：Oが占める式量　$\frac{1}{16}$：Oの数）

したがって分子式は **$C_4H_{10}O$**

例題 27－3

炭素，水素，酸素からなる化合物 2 mol を完全燃焼する場合，酸素が 13 mol 必要で，そのとき二酸化炭素 10 mol と水 10 mol が生成した。化合物の分子式を求めよ。

解 答　化合物の分子式を $C_xH_yO_z$ とし，燃焼の反応式を表すと，

$$2C_xH_yO_z + 13O_2 \longrightarrow 10CO_2 + 10H_2O$$

両辺の炭素の数を比較して，$2x=10$ より $x=5$

両辺の水素の数を比較して，$2y=10\times2$ より $y=10$

両辺の酸素の数を比較して，$2z+13\times2=10\times2+10$ より $z=2$

よって分子式は，$C_5H_{10}O_2$

それでは問題を解いてみましょう。今回は初めから**入試問題**です。

(解答編 p. 69)

□類題 27－1　制限時間　5 分

炭素，水素，酸素からなる 145.6 mg の化合物を完全燃焼させると，二酸化炭素が 330.0 mg，水が 67.5 mg 得られた。なお，化合物の分子量は 200 以下であった。

問 1　化合物の組成式を求めよ。

問 2　化合物の分子式を求めよ。

(慶応大)

□類題 27－2　制限時間　3 分

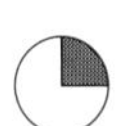

試料 140 mg を完全燃焼させ，発生した水と二酸化炭素を塩化カルシウム管とソーダ石灰管に通じた。その結果，塩化カルシウムは 180 mg，ソーダ石灰は 440 mg 質量が増加していた。組成式を求めよ。

(大阪電気通信大)

□類題 27－3　制限時間 10 分 

(1)　ある有機化合物の質量組成は炭素 54.5 %，水素 9.1 %，酸素 36.4 % であった。分子量は約 88 と求められた。この化合物の組成式および分子式を求めよ。

（崇城大・改）

(2)　ある化合物の分子量を測定すると 100 以下であった。この化合物を元素分析した結果，質量比で炭素 53.3 %，水素 11.1 %，酸素 35.6 % であった。化合物の分子式を求めよ。

（近畿大）

□類題 27－4　制限時間　2 分 

ある炭化水素 1 mol を完全燃焼すると二酸化炭素 3 mol と水 3 mol が生成した。この炭化水素の分子式を求めよ。

応用 □類題 27－5　制限時間　5 分 

ある化合物は C，H，N，O からなり，分子量は 300 以下である。この化合物 4.26 mg を完全燃焼させると，二酸化炭素 11.44 mg，水 1.98 mg が得られた。また，この化合物 8.52 mg に水酸化ナトリウムを加えて加熱すると，標準状態で 0.896 mL のアンモニアが発生した。この化合物の分子式を記せ。H＝1.0，C＝12，N＝14，O＝16

（北里大・改）

28 有機反応の計算(脂肪族)

有機反応

(1) アルケンの付加反応

$CH_2=CH_2 + Br_2 \longrightarrow CH_2Br-CH_2Br$

エチレン ＋ 臭素(赤褐色) 1,2-ジブロモエタン(無色)

(2) アルコールと Na との反応 → 水素発生

$2C_2H_5OH + 2Na \longrightarrow 2C_2H_5ONa + H_2$

エタノール ＋ ナトリウム ナトリウムエトキシド ＋ 水素

(3) アルデヒドの還元反応

アルデヒド RCHO はホルミル基(アルデヒド基)をもつため還元性をもち，フェーリング液中の銅(Ⅱ)イオンと次のように反応し酸化銅(Ⅰ)の赤褐色の沈殿を生成する。

$RCHO + 2Cu^{2+} + 5OH^- \longrightarrow RCOO^- + Cu_2O + 3H_2O$

またアンモニア性硝酸銀水溶液と次のように反応し銀を生成する。

$$RCHO + 2[Ag(NH_3)_2]^+ + 3OH^- \longrightarrow 2Ag + RCOO^- + 4NH_3 + 2H_2O$$

(4) エステルの生成

$$R_1-\underset{\underset{O}{\|}}{C}-OH + H-O-R_2 \xrightarrow[\text{[濃硫酸]}]{} R_1-\underset{\underset{O}{\|}}{C}-O-R_2 + H_2O$$

カルボン酸 ＋ アルコール エステル ＋ 水

(5) エステルの加水分解

① 酸による加水分解

$R_1COOR_2 + H_2O \rightleftarrows R_1COOH + R_2OH$ (可逆反応)

$CH_3COOC_2H_5 + H_2O \rightleftarrows CH_3COOH + C_2H_5OH$

酢酸エチル ＋ 水 酢酸 ＋ エタノール

② 塩基による加水分解(けん化という)

$R_1COOR_2 + NaOH \longrightarrow R_1COONa + R_2OH$ (不可逆反応)

$CH_3COOC_2H_5 + NaOH \longrightarrow CH_3COONa + C_2H_5OH$

酢酸エチル ＋ 水酸化ナトリウム 酢酸ナトリウム ＋ エタノール

(注)この章の問題では，H＝1.0，C＝12，O＝16 とする。

例題 28－1

アルケン A 2.8 g に臭素を付加すると，反応が終了するまでに臭素 6.4 g が消費された。A の分子式を求めよ。 H＝1.0，C＝12，Br＝80

解答 Br_2＝160.0, A の分子式を C_nH_{2n}（分子量 14n）とすると，p. 199 **有機反応の (1) アルケンの付加反応**より

$$n_{アルケン} : n_{Br_2} = 1 : 1$$

$$\underbrace{\frac{2.8}{14n}}_{アルケンの\,mol} \underbrace{\times 1}_{Br_2の\,mol} \underbrace{\times 160}_{Br_2の\,g} = 6.4 \quad \therefore \ n=5 \quad \therefore \ \text{A の分子式は } \mathbf{C_5H_{10}}$$

例題 28－2

アルデヒドは還元性があり，酸化されるとカルボキシラートイオンになる。この反応は，式(1)のように表される。

$$RCHO + (\ ①\ )OH^- \longrightarrow RCOO^- + 2H_2O + 2e^- \quad \cdots(1)$$

フェーリング液の還元反応や銀鏡反応は，それぞれ次の式(2)，式(3)のように表される。

$$2Cu^{2+} + 2OH^- + (\ ②\ )e^- \longrightarrow Cu_2O + H_2O \quad \cdots(2)$$

$$[Ag(NH_3)_2]^+ + (\ ③\ )e^- \longrightarrow Ag + 2NH_3 \quad \cdots(3)$$

よって，アルデヒドによるフェーリング液の還元反応，および銀鏡反応は，それぞれ次の式(4)，式(5)のように表される。

$$2Cu^{2+} + RCHO + (\ ④\ )OH^- \longrightarrow RCOO^- + Cu_2O + 3H_2O \quad \cdots(4)$$

$$RCHO + 2[Ag(NH_3)_2]^+ + (\ ⑤\ )OH^- \longrightarrow 2Ag + RCOO^- + 4NH_3 + 2H_2O \quad \cdots(5)$$

問 1　（ ① ）～（ ⑤ ）にあてはまる数値を入れよ。

問 2　Cu_2O の沈殿は，I_2 で再び Cu^{2+} に戻すことで定量できる。未知量のアセトアルデヒド（CH_3CHO）をフェーリング液に加えると沈殿が生じた。生じた沈殿を Cu^{2+} に戻すのに，I_2 を 63.5 g 要した。加えたアセトアルデヒドの物質量を有効数字 3 桁で答えよ。I＝127

解答　問1　『化学基礎　計算問題エクササイズ』の **26 酸化と還元(2) 3** の酸化還元反応式のつくり方を参照してほしい。アルデヒド(R−CHO)は酸化されるとカルボキシラートイオン($R-COO^-$)に変化する。アルデヒドの酸化の半反応式は次のようになる。

$$RCHO + H_2O \longrightarrow RCOO^- + 3H^+ + 2e^-$$

より，両辺に $3OH^-$ を加えた後，両辺の H_2O を整理すると，

$$RCHO + 3OH^- \longrightarrow RCOO^- + 2H_2O + 2e^- \quad \cdots(1)$$　①：3

同様に，Cu^{2+} が Cu_2O になる半反応式は次のようになる。

$$2Cu^{2+} + H_2O + 2e^- \longrightarrow Cu_2O + 2H^+$$

両辺に $2OH^-$ を加えた後，両辺の H_2O を整理すると，

$$2Cu^{2+} + 2OH^- + 2e^- \longrightarrow Cu_2O + H_2O \quad \cdots(2)$$　②：2

また，$[Ag(NH_3)_2]^+$ が Ag になる半反応式は次のようになる。

$$[Ag(NH_3)_2]^+ + e^- \longrightarrow Ag + 2NH_3 \quad \cdots(3)$$　③：1

式(1)+式(2)より，e^- を消去すると，

$$2Cu^{2+} + RCHO + 5OH^- \longrightarrow RCOO^- + Cu_2O + 3H_2O \quad \cdots(4)$$　④：5

式(3)×2+式(1)より，e^- を消去すると，

$$RCHO + 2[Ag(NH_3)_2]^+ + 3OH^- \longrightarrow 2Ag + RCOO^- + 4NH_3 + 2H_2O \quad \cdots(5)$$　⑤：3

問2　式(2)の逆反応は，

$$Cu_2O + H_2O \longrightarrow 2Cu^{2+} + 2OH^- + 2e^- \quad \cdots(6)$$

$$I_2 + 2e^- \longrightarrow 2I^- \quad \cdots(7)$$

式(4)より，アセトアルデヒド CH_3CHO を 1 mol 消費するとき，Cu_2O が 1 mol 生成する。式(6)+式(7)より，Cu_2O 1 mol と I_2 1 mol が反応する。求めるアセトアルデヒドの物質量を x〔mol〕とすると，$I_2=254$ より

$$\underbrace{x}_{\text{アセトアルデヒドの mol}} \underbrace{\times 1}_{Cu_2O\text{ の mol}} \underbrace{\times 1}_{I_2\text{ の mol}} \underbrace{\times 254}_{I_2\text{ の g}} = 63.5 \quad \therefore \ x = 0.250\text{〔mol〕}$$

例題 28−3

濃硫酸を触媒として，カルボン酸($C_nH_{2n+1}COOH$)と 1−ブタノール 14.8 g を次の化学反応式に従って完全に反応させたところ，エステル 31.6 g が生じた。化学式中の n の値として正しいものを，以下の①〜⑥のうちから 1 つ選べ。

$$C_nH_{2n+1}COOH + CH_3(CH_2)_3OH \longrightarrow C_nH_{2n+1}COO(CH_2)_3CH_3 + H_2O$$

① 1　② 2　③ 3　④ 4　⑤ 5　⑥ 6

解答　$CH_3(CH_2)_3OH = 74$，$C_nH_{2n+1}COO(CH_2)_3CH_3 = 14n + 102$ より，

$$\underbrace{\frac{14.8}{74}}_{\text{1−ブタノールの mol}} \underbrace{\times 1}_{\text{エステルの mol}} \underbrace{\times (14n + 102)}_{\text{エステルの g}} = 31.6$$

$n = 4$　∴ ④

例題 28−4

あるアルコール A 2.3 g に無水酢酸を反応させたところ，分子量が A よりも 42 増加した化合物 B が 4.4 g 得られた。

(1) アルコール A を ROH として無水酢酸との反応を化学反応式で記せ。

(2) アルコール A 1 mol に対して無水酢酸は何 mol 反応するか。

(3) ヒドロキシ基 1 つをアセチル化すると，分子量はいくら増加するか。

(4) 分子量が A よりも 42 増加したことからアルコール A の価数を求めよ。

(5) アルコール A の分子量を M として，M を求めよ。

(6) アルコール A の構造式を記せ。

解答　(1) $ROH + (CH_3CO)_2O \longrightarrow ROCOCH_3 + CH_3COOH$

(2) (1)の反応式より，A 1 mol に対して無水酢酸は 1 mol 反応する。

(3) $R{-}OH \longrightarrow R{-}O{-}\underset{\underset{\displaystyle O}{\|}}{C}{-}CH_3$ より，ヒドロキシ基がアセチル化されると分子量は$(-1+43=)$42 増加する。

(4) 問題文よりAの分子量が42増加しているので，Aはヒドロキシ基を1個もつ。 ∴ 1価

(5) Aの分子量をMとすると，アセチル化されたBの分子量は$M+42$となるので，

$$\frac{2.3}{M} \times 1 \times (M+42) = 4.4 \qquad M=46$$

Aのmol　アセチル化されたAのmol　アセチル化されたBのg

(6) R−OH＝46，−OH＝17より，R− は 46−17＝29

∴ R− は CH_3-CH_2-

∴ CH_3-CH_2-OH

それでは問題を解いてみましょう。今回は初めから**入試問題**です。

(解答編 p. 71)

□類題 28−1 制限時間 2分 

あるアルケンAに臭素を反応させたところ，もとのアルケンの3.86倍の分子量をもつ生成物Bが得られた。アルケンAの分子式を求めよ。H＝1，C＝12，Br＝80

(神奈川大・改)

□類題 28−2 制限時間 5分 

示性式C_mH_nOHで表される1価の鎖式不飽和アルコール(三重結合を含まない)42 gをナトリウムと完全に反応させたところ，水素0.25 molが発生した。このアルコール21 gに，触媒の存在下で水素を付加させたところ，すべてが飽和アルコールに変化した。このとき消費された水素は標準状態で何Lか。最も適当な数値を，次の①～⑥のうちから1つ選べ。

① 2.8　② 5.6　③ 11　④ 22　⑤ 34　⑥ 45

(センター本試)

□類題 28－3　制限時間　5分 

次の文中〔　ア　〕,〔　イ　〕にあてはまる数値を有効数字2桁で答えよ。

1.74 g のアルデヒド A にフェーリング液を十分に加えて加熱すると，赤色の沈殿が4.32 g 得られた。したがって，A の分子量は〔　ア　〕である。また，同じ質量の A をアンモニア性硝酸銀水溶液と反応させると，銀が〔　イ　〕g 得られた。Cu_2O＝144，Ag＝108

（東京電気大・改）

□類題 28－4　制限時間　2分 

カルボン酸 X に含まれるすべてのカルボキシ基をメタノールと反応させたところ，分子量が42増加した。X は何価のカルボン酸か。

（お茶の水女子大・改）

□類題 28－5　制限時間　5分 

過剰のエタノールで直鎖カルボン酸 A 17.4 g をエステル化したところ分子量が56増加し，質量が23.0 g の化合物となった。A の分子量を整数で答えよ。また，A を構造式で記せ。

（滋賀県立大・改）

応用 □類題 28－6　制限時間　5分 

ある不飽和カルボン酸56.0 g に，臭素 Br_2（分子量160）を完全に付加させたところ，152 g の生成物が得られた。また，この不飽和カルボン酸56.0 g に触媒を用いて水素を完全に付加させ，飽和カルボン酸を得た。得られた飽和カルボン酸の質量〔g〕と，消費された水素の標準状態での体積〔L〕との組合せとして最も適当なものを，次の①～④のうちから1つ選べ。

	飽和カルボン酸の質量〔g〕	水素の体積〔L〕
①	56.6	6.72
②	56.6	13.4
③	57.2	6.72
④	57.2	13.4

(センター本試)

□類題 28－7　制限時間　8分 

(1)　ある量の鎖式不飽和脂肪酸のメチルエステルAを完全にけん化するには，5.00 mol/L の水酸化ナトリウム水溶液 20.0 mL が必要であった。また，同量のAを飽和脂肪酸メチルエステルに変えるには，水素 6.72 L(標準状態)を必要とした。Aの化学式として最も適当なものを，次の①～⑥から1つ選べ。

①　$C_{15}H_{29}COOCH_3$　　②　$C_{15}H_{31}COOCH_3$　　③　$C_{17}H_{29}COOCH_3$
④　$C_{17}H_{31}COOCH_3$　　⑤　$C_{19}H_{31}COOCH_3$　　⑥　$C_{19}H_{39}COOCH_3$

(センター本試)

(2)　脂肪酸のエチルエステルのけん化は，次の式のように進む。

$$R-COOC_2H_5 + NaOH \longrightarrow R-COONa + C_2H_5OH$$

ある脂肪酸のエチルエステル 153 g を完全にけん化するには，水酸化ナトリウム 20 g を必要とする。この脂肪酸の炭素数は 18 である。この脂肪酸1分子中に存在する炭素−炭素二重結合は何個か。正しい数値を，次の①～⑤のうちから1つ選べ。ただし，R－は三重結合も環状構造も含まない炭化水素基である。NaOH＝40

①　1　　②　2　　③　3　　④　4　　⑤　0

(センター追試)

29 油脂の計算

1 油脂の構造

油脂は，**高級脂肪酸**と**グリセリン**との**エステル**(トリグリセリド)の混合物である。油脂の合成は次のように表される。

$$\begin{matrix} CH_2-OH \\ | \\ CH-OH \\ | \\ CH_2-OH \end{matrix} + \begin{matrix} R_1-COOH \\ \\ R_2-COOH \\ \\ R_3-COOH \end{matrix} \longrightarrow \begin{matrix} CH_2-OCO-R_1 \\ | \\ CH-OCO-R_2 \\ | \\ CH_2-OCO-R_3 \end{matrix} + 3H_2O$$

グリセリン　　高級脂肪酸　　油脂　　水

(注)入試では，油脂は一種類の高級脂肪酸からなるトリグリセリドとして出題されることが多く，一般式は $C_3H_5(OCOR)_3$ と表されることが多い。

2 高級脂肪酸の種類

	脂肪酸	示性式	C=C の数	R−
飽和脂肪酸	パルミチン酸	$C_{15}H_{31}COOH$	0	$C_nH_{2n+1}-$
	ステアリン酸	$C_{17}H_{35}COOH$	0	
不飽和脂肪酸	オレイン酸	$C_{17}H_{33}COOH$	1	$C_nH_{2n-1}-$
	リノール酸	$C_{17}H_{31}COOH$	2	$C_nH_{2n-3}-$
	リノレン酸	$C_{17}H_{29}COOH$	3	$C_nH_{2n-5}-$

パ ス オ リ レン
15 17 17 17 17
0 0 1 2 3
覚えやすいネ！

3 けん化価

油脂 1 g をけん化(加水分解)するのに必要な**水酸化カリウム**のミリグラム数を**けん化価**という。

$$\begin{matrix} CH_2-OCO-R_1 \\ | \\ CH-OCO-R_2 \\ | \\ CH_2-OCO-R_3 \end{matrix} + 3KOH \xrightarrow[\text{けん化}]{} \begin{matrix} CH_2-OH \\ | \\ CH-OH \\ | \\ CH_2-OH \end{matrix} + \begin{matrix} R_1-COOK \\ \\ R_2-COOK \\ \\ R_3-COOK \end{matrix}$$

油脂

どんな油脂でも，必ず 1 分子中にエステル結合を 3 個もつので，油脂と KOH(NaOH，H_2O)とは 1：3 の物質量比で反応する。

油脂の平均分子量をM，けん化価をsとすると，KOH＝56より，

$$s=\frac{3\times56\times10^3}{M}$$

けん化価が大きいと，その油脂の平均分子量は小さくなる。

（補足）上記の反応で生成したR－COOKのような高級脂肪酸のアルカリ金属塩を**セッケン**という。

4　ヨウ素価

油脂100gに付加するヨウ素のグラム数をヨウ素価という。

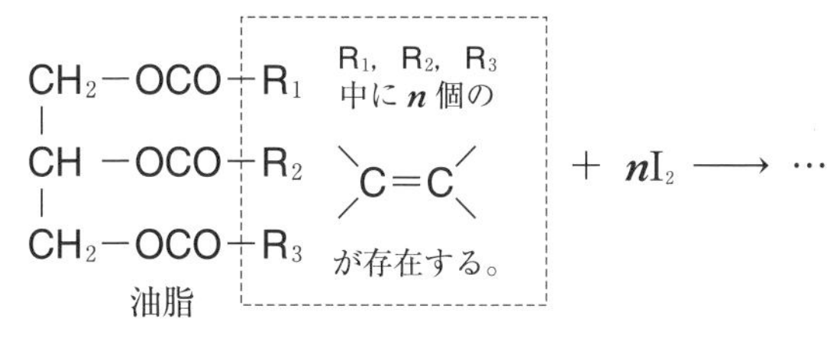

分子中に炭素間二重結合をn個もつ油脂1分子にはI_2(H_2，Cl_2，Br_2)はn個付加する。したがって，油脂とヨウ素は1：nの物質量比で反応する。

油脂の分子量をM，炭素間二重結合の数をn，ヨウ素価をiとすると，I_2＝254より，

$$i=\frac{100\times254\times n}{M}$$

ヨウ素価が大きいと，その油脂中の炭素間二重結合の数は多くなる。

（注）この章の問題では，H＝1.0，C＝12，O＝16，KOH＝56，I_2＝254とする。

例題 29－1

次の問に整数で答えよ。

問1　オレイン酸のみからなる油脂の分子量を求めよ。

問2　オレイン酸のみからなる油脂のけん化価を求めよ。

問3　リノール酸のみからなる油脂のヨウ素価を求めよ。

解答　問1　p.206 2 **高級脂肪酸の種類**より，オレイン酸にはカルボキシ基が1個あり，炭素間二重結合が1個あるので，オレイン酸の示性式を次のように考える。

オレイン酸のRにはCが17個あり，C=C結合を1個もっている(Rの部分が$C_nH_{2n+1}-$である飽和脂肪酸よりもH原子が2個減少)ので，$C_nH_{2n-1}-$よりRは$C_{17}H_{33}-$である。また，$-COOH$を1個もつので，$C_{17}H_{33}COOH$となり，分子量は282となる。

この油脂は1分子のグリセリンと3分子のオレイン酸を縮合させたものであるので，加水分解の反応式は

$$油脂 + 3H_2O \longrightarrow グリセリン + 3(オレイン酸)$$

油脂の分子量をMとすると，グリセリンの分子量は92，オレイン酸の分子量は282，水の分子量は18であるので，質量保存の法則より，

$$M+3\times18=92+3\times282 \qquad \therefore \quad M=884$$

問2　油脂1 molにKOH 3 molが反応するので，

$$\underset{油脂の\ mol}{\frac{1}{884}} \times \underset{KOH\ の\ mol}{3} \times \underset{KOH\ の\ g}{56} \times \underset{KOH\ の\ mg}{10^3} = 190.0\,[mg] \qquad \therefore \quad 190$$

問3　問1と同様にリノール酸にはカルボキシ基が1個，炭素間二重結合が2個(飽和脂肪酸よりもH原子が4個減少)ありRのCの数は17なので，リノール酸の示性式は$C_{17}H_{31}COOH$となり，分子量は280となる。

この油脂には3分子のリノール酸が縮合しているので，分子量をM'とすると，問1と同様に

$$M'+3\times18=92+3\times280 \qquad \therefore \quad M'=878$$

リノール酸は炭素間二重結合を2個もつので，この油脂は炭素間二重結合を(2×3=)6個もっており，I_2が6個付加する。

$$\underset{油脂の\ mol}{\frac{100}{878}} \times \underset{I_2\ の\ mol}{6} \times \underset{I_2\ の\ g}{254} = 173.5\,[g] \qquad \therefore \quad 174$$

例題 29−2

1種類の脂肪酸からなる油脂40.3 gを触媒を加えて完全に加水分解すると，グリセリンと脂肪酸の混合物43.0 gが得られた。H=1.0，C=12，O=16

問1　この加水分解に要した水は何gか。有効数字2桁で答えよ。

問2　この油脂の分子量はいくらか。整数で答えよ。

問3　脂肪酸の分子量はいくらか。整数で答えよ。

解答　油脂の加水分解の反応は，以下のように表される。

油脂 ＋ $3H_2O$ ⟶ グリセリン ＋ 3 脂肪酸

問 1　求める水の質量を x〔g〕とすると，質量保存の法則より

$$40.3 + x = 43.0 \qquad \therefore \quad x = 2.7\,\text{〔g〕}$$

問 2　この章の p. 206 3 **けん化価**より油脂と水は1：3の物質量比で反応する。
求める油脂の分子量を M とすると，

$$\frac{2.7}{18} \times \frac{1}{3} \times M = 40.3$$

$$\therefore \quad M = 806$$

問 3　グリセリンの分子量は 92。求める脂肪酸の分子量を M' とすると，質量保存の法則より，

$$806 + 3 \times 18 = 92 + 3 \times M'$$

$$\therefore \quad M' = 256$$

それでは，実際に問題を解いてみましょう。

（解答編 p. 73）

□**類題 29－1**　制限時間　6 分 

リノレン酸のみからなる油脂の分子量，けん化価，ヨウ素価を整数で求めよ。

ここからは**入試問題**です。今までの類題とレベルはほとんど変わらないので，落ち着いて解いてみましょう。

□**類題 29－2**　制限時間　9 分 

ある油脂 A 中には，パルミチン酸(分子量 256，C＝C は 0)，オレイン酸(分子量 282, C＝C は 1)，リノール酸(分子量 280，C＝C は 2)が物質量の比で 3：6：1 で含まれる。

問 1　油脂 A の平均分子量を整数で答えよ。

問 2　油脂 A のけん化価を整数で答えよ。

問 3　油脂 A のヨウ素価を整数で答えよ。

（共立薬科大・改）

□類題 29−3　制限時間　6 分 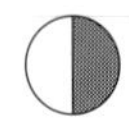

油脂 A のけん化価は 190，ヨウ素価は 86.2 であった。

問 1　油脂 A の分子量を整数で求めよ。

問 2　油脂 A 100 g を完全に水素を添加させて硬化油にするためには，標準状態で何 L の水素が必要か。有効数字 3 桁で答えよ。

（岩手医科大・改）

□類題 29−4　制限時間　9 分 

ステアリン酸 $C_{17}H_{35}COOH$，リノール酸 $C_{17}H_{31}COOH$，アラキドン酸 $C_{19}H_{31}COOH$ とグリセリンの各 1 分子からなる油脂について，次の問に答えよ。

問 1　ステアリン酸の分子量を 284 とすると，この油脂の分子量を整数で答えよ。

問 2　炭素−炭素二重結合はこの油脂 1 分子中に何個含まれるか。

問 3　この油脂のヨウ素価を整数で答えよ。

（共立薬科大・改）

応用 □類題 29−5　制限時間　10 分 

ある油脂 A 4.28 g を 0.500 mol/L のアルコール性水酸化カリウム溶液 50.0 mL でけん化した。反応終了後，溶液中に残った水酸化カリウムを 0.250 mol/L の硫酸で滴定したところ，中和するのに 20.0 mL を要した。一方，この油脂のヨウ素価は 89 であった。以下の問に答えよ。

問 1　A の平均分子量を整数で答えよ。

問 2　A のけん化価を整数で答えよ。

問 3　A を構成している脂肪酸の平均分子量を整数で答えよ。

問 4　A 1 分子中の炭素−炭素二重結合の数は平均何個か。整数で答えよ。

（東京女子医科大・改）

30 有機反応の計算(芳香族)

芳香族の分野の計算には様々あるが，その多くは，ベンゼン環を1個もつ芳香族化合物からベンゼン環を1個もつ別の芳香族化合物が生成する反応である。たとえば，ベンゼン環に側鎖をもつ化合物は，$KMnO_4$ とともに加熱すると側鎖(ベンゼン環に直結した炭素鎖)が酸化されて $-COOH$ となる。

$C_6H_5-CH_3$，$C_6H_5-CH_2-CH_3$，$C_6H_5-CH=CH_2$，$C_6H_5-CH_2-OH$ $\xrightarrow{KMnO_4}$ C_6H_5-COOH

収　率

有機化合物を反応させたとき，理論的に得られる物質の量に対する実際に(実験をした際に)得られた物質の量の割合を**収率**という。

$$\text{収率}(\%)=\frac{\text{実験値}}{\text{理論値}}\times 100$$

具体的には次の計算をすることになる。

$$\text{収率}(\%)=\frac{\text{実験で得られた値}}{\text{反応式を利用した計算で得られた値}}\times 100$$

(注)この章の問題では，H＝1.0，C＝12，N＝14，O＝16とする。

例題 30－1

1.56 g のベンゼン(分子量 78)から，理論上何 g のニトロベンゼン(分子量 123)が生成するか。

解答　次の反応より，ベンゼン 1 mol からニトロベンゼン 1 mol が生成する。

$$C_6H_6 \xrightarrow[\text{[}H_2SO_4\text{]}]{HNO_3} C_6H_5-NO_2$$

$$\underbrace{\frac{1.56}{78}}_{\text{ベンゼンの mol}}\ \underbrace{\times 1}_{\text{ニトロベンゼンの mol}}\ \underbrace{\times 123}_{\text{ニトロベンゼンの g}} = 2.46\ \text{〔g〕}$$

例題 30－2

34.5 g のサリチル酸(分子量 138)に無水酢酸を用いて，アセチルサリチル酸(分子量 180)が 25.2 g 得られたとすると，アセチルサリチル酸の収率は何 % か。整数で答えよ。

解答

$$C_6H_4(OH)COOH + (CH_3CO)_2O \longrightarrow C_6H_4(OCOCH_3)COOH + CH_3COOH$$

上の反応より，サリチル酸 1 mol からアセチルサリチル酸が 1 mol 得られる。

$$\therefore \quad \frac{\text{実験値 (mol)}}{\text{理論値 (mol)}} = \frac{\dfrac{25.2}{180}}{\dfrac{34.5}{138} \times 1} \times 100 = 56 \ 〔\%〕$$

応用 例題 30－3

アセチルサリチル酸(分子量 180) 1 mol は水酸化ナトリウム 2 mol と反応し，サリチル酸ナトリウムと酢酸ナトリウムが 1 mol ずつ生じる。この反応(中和とけん化)を利用して，錠剤 X に含まれるアセチルサリチル酸の量を調べた。H＝1.0，C＝12，O＝16

(a) 2 本の試験管 A と B を用意し，錠剤 X 0.200 g を試験管 A のみに入れた。

(b) 両方の試験管に約 0.5 mol/L 水酸化ナトリウム水溶液を 10.0 mL ずつ加えて煮沸した。

(c) それぞれの試験管中の水酸化ナトリウムを 0.100 mol/L 硫酸で滴定した。中和に要した硫酸は，試験管 A で 16.02 mL，試験管 B で 24.92 mL であった。

錠剤 X 0.200 g に含まれるアセチルサリチル酸の純度は何 % か。整数で答えよ。ただし，錠剤 X に含まれるアセチルサリチル酸以外の物質は，滴定に影響を与えないものとする。

解答

O ‖ O−C−CH$_3$ / C−OH ‖ O　＋ NaOH $\xrightarrow{\text{中和}}$ O ‖ O−C−CH$_3$ / O−ONa ‖ C　＋ H_2O

O ‖ O−C−CH$_3$ / C−ONa ‖ O　＋ NaOH $\xrightarrow{\text{けん化}}$ OH / C−ONa ‖ O　＋ CH_3COONa

---

O ‖ O−C−CH$_3$ / C−OH ‖ O　＋ 2NaOH ⟶ OH / C−ONa ‖ O　＋ CH_3COONa ＋ H_2O

以上より，アセチルサリチル酸とNaOHの物質量比は1：2である。

(注)

O ‖ O−C−CH$_3$ / C−OH ‖ O　＋ 3NaOH ⟶ ONa / C−ONa ‖ O　＋ CH_3COONa ＋ $2H_2O$

の反応も考えられるが，ここでは問題文のとおりに考える。

試験管A，Bに加えたNaOHの量は等しい。NaOHについて

試験管A：アセチルサリチル酸と反応した n_{NaOH} ｜ 0.100 mol/L 硫酸 16.02 mL と反応した n_{NaOH}

試験管B：0.100 mol/L 硫酸 24.92 mL と反応した n_{NaOH}

つまり，$0.100\times\dfrac{24.92-16.02}{1000}$〔mol〕の H_2SO_4 が，アセチルサリチル酸と反応したNaOHに対応している。

$2NaOH + H_2SO_4 \longrightarrow Na_2SO_4 + 2H_2O$　の反応より，

NaOHと H_2SO_4 は2：1の物質量比で反応する。アセチルサリチル酸の純度を x〔%〕とすると，アセチルサリチル酸とNaOHの物質量比は1：2より，

$$\underbrace{\frac{0.200\times\frac{x}{100}}{180}}_{\text{アセチルサリチル酸のmol}}\underbrace{\times 2}_{\text{アセチルサリチル酸と反応したNaOHのmol}}=\underbrace{0.100\times\frac{8.90}{1000}}_{H_2SO_4\text{のmol}}\underbrace{\times 2}_{H_2SO_4\text{と反応したNaOHのmol}}$$

$x=80.1\fallingdotseq 80$〔%〕

それでは，実際に問題を解いてみましょう。

(解答編 p. 76)

□類題 30－1　制限時間　2分

24.6 g のニトロベンゼン(分子量 123)からアニリン(分子量 93)が 13.95 g 生成した。収率を整数で求めよ。

□類題 30－2　制限時間　2分

18.6 g のアニリン(分子量 93)からアセトアニリド(分子量 135)が収率 75 % で生成した。アセトアニリドは何 g 生成したか。有効数字 3 桁で答えよ。

□類題 30－3　制限時間　3分

p-アミノフェノール(分子量 109) 1 mol からアセトアミノフェン(分子量 151)が 1 mol 得られる。*p*-アミノフェノール 4.36 g に水 20 mL と無水酢酸 5.00 g を加えて加熱すると，アセトアミノフェンが 3.02 g 得られた。*p*-アミノフェノールを基準にして，得られたアセトアミノフェンの収率〔%〕を整数で求めよ。

(共通テスト試行調査・改)

□類題 30－4　制限時間　5分

芳香環にアルキル基が直接結合した化合物を酸化すると，芳香族カルボン酸が得られる。ベンゼン環を含む構造未知の化合物 A を酸化したところ，カルボン酸 B が得られた。カルボン酸 B 1.00 g を中和

するのに，1.00 mol/L の水酸化ナトリウム水溶液が 12.0 mL 必要であった。化合物 A の構造式として最も適当なものを，次の①～⑤から 1 つ選べ。

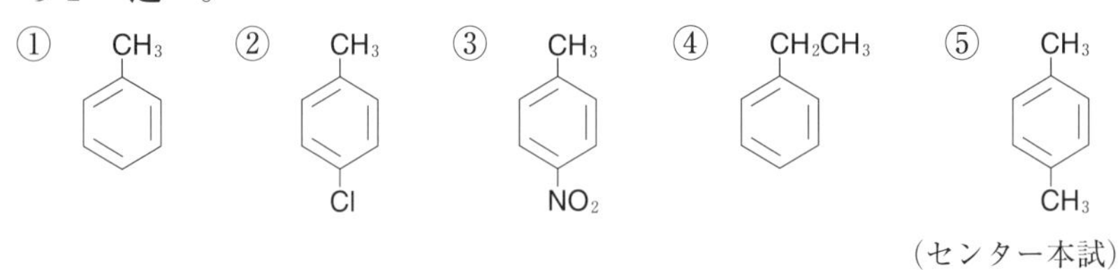

（センター本試）

応用 □類題 30－5　制限時間 6 分 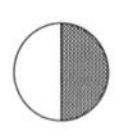

市販の解熱剤に含まれるアセチルサリチル酸(分子量 180)の含有量を求めるために次の実験を行った。

(1) 市販の解熱剤 0.250 g を測り試験管にとり，さらに NaOH 水溶液を 10.0 mL 加えて加熱した。これを**検査液**とした。

(2) **検査液**に 0.250 mol/L の希硫酸を滴下した。

(3) 別の試験管に，NaOH 水溶液を 10.0 mL 加えて加熱した。これを**比較液**とした。

(4) **比較液**に(2)と同じ操作を行った。**検査液**と**比較液**のそれぞれについての滴定実験の結果は，表のようになった。

表

	検査液	**比較液**
はじめのビュレットの読み	0.12 mL	0.05 mL
終点でのビュレットの読み	5.05 mL	9.53 mL

アセチルサリチル酸 1 mol あたり水酸化ナトリウム 2 mol と反応したと考えられる。市販の解熱剤 0.250 g 中に含まれるアセチルサリチル酸の質量百分率〔%〕を有効数字 3 桁で答えよ。

（立命館大・改）

31 高分子(1) 糖類

分子量が約 10^4 以上の分子を高分子化合物という。

1 単糖類($C_6H_{12}O_6$=180)に関する計算

水溶液中で，単糖類は下のグルコースのように平衡混合物になっている。

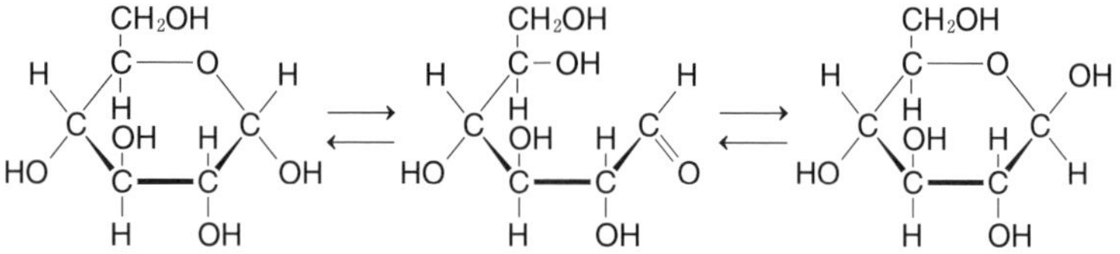

α-グルコース　　鎖状のグルコース　　β-グルコース

(1) 還元性による反応

単糖類には還元性があるので，ここでは R−CHO と表していく。

① 銀鏡反応

アンモニア性硝酸銀水溶液を加えて加熱すると，銀が遊離する。(銀鏡生成)

$$\underset{\text{還元糖}}{\underline{\mathbf{RCHO}}} + 2[Ag(NH_3)_2]^+ + 3OH^-$$
$$\longrightarrow RCOO^- + 2H_2O + 4NH_3 + 2\underset{\text{銀}}{\underline{\mathbf{Ag}}}$$

したがって，**還元糖 1 mol から Ag 2 mol が生成する**。

② フェーリング液の還元

フェーリング液(Cu^{2+} を含む)を加えて加熱すると，
酸化銅(Ⅰ)Cu_2O の赤色(赤褐色)沈殿が生成する。

$$\underset{\text{還元糖}}{\underline{\mathbf{RCHO}}} + 2Cu^{2+} + 5OH^-$$
$$\longrightarrow RCOO^- + 3H_2O + \underset{\text{酸化銅(Ⅰ)}}{\underline{\mathbf{Cu_2O}}}$$

したがって，**還元糖 1 mol から Cu_2O 1 mol が生成する**。

(注)銀鏡反応およびフェーリング液を還元する還元糖には，単糖類だけでなく，スクロースやトレハロースを除く二糖類も含まれる。

(2) **アルコール発酵**

$$C_6H_{12}O_6 \xrightarrow{〔チマーゼ〕} 2C_2H_5OH + 2CO_2$$

したがって，**グルコース 1 mol からエタノール 2 mol，二酸化炭素 2 mol が生成する。**

2 二糖類($C_{12}H_{22}O_{11}$=342)に関する計算

二糖類は，単糖類 2 分子が水 1 分子を失って縮合した形をしている。

マルトース

したがって，分子式，分子量は次のとおりである。

$$C_6H_{12}O_6 + C_6H_{12}O_6 - H_2O = C_{12}H_{22}O_{11}$$

$$180 + 180 - 18 = 342$$

加水分解されると単糖類が生成する。

$$C_{12}H_{22}O_{11} + H_2O \longrightarrow 2C_6H_{12}O_6$$

3 多糖類($(C_6H_{10}O_5)_n$=162n)に関する計算

多数の単糖類が水分子を失って縮合したものを**多糖類**という。

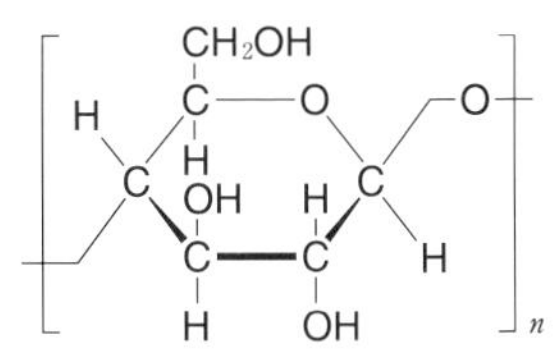

セルロースのくり返し単位

したがって，分子式，分子量は次のとおりである。

$$(C_6H_{12}O_6 - H_2O)_n = (C_6H_{10}O_5)_n$$

$$(180 - 18) \times n = 162n$$

(1) **デンプン，セルロースの加水分解**

① デンプンを酵素**アミラーゼ**で加水分解すると，デキストリン(分子量の小さい多糖類)を経て**マルトース**になる。

$$\underset{デンプン}{(C_6H_{10}O_5)_n} + \frac{1}{2}nH_2O \longrightarrow \frac{1}{2}n\underset{マルトース}{C_{12}H_{22}O_{11}}$$

② セルロースを酵素**セルラーゼ**で加水分解すると，**セロビオース**になる。

$$\underset{\text{セルロース}}{(C_6H_{10}O_5)_n} + \frac{1}{2}nH_2O \longrightarrow \frac{1}{2}n\underset{\text{セロビオース}}{C_{12}H_{22}O_{11}}$$

繰返し単位の数 n を重合度というんだよ！ p.245 34 の 1 を見て！

したがって，**重合度 n の多糖類 1 mol から二糖類 $\frac{n}{2}$ mol が生成する。**

③ デンプン，セルロースを希酸で加水分解すると，グルコースになる。

$$(C_6H_{10}O_5)_n + nH_2O \longrightarrow nC_6H_{12}O_6$$

したがって，**重合度 n の多糖類 1 mol から単糖類 n〔mol〕が生成する。**

(2) セルロース工業

(注)セルロースの分子式は$(C_6H_{10}O_5)_n$であるが，繰返し単位 1 個にヒドロキシ基が 3 個あるので $[C_6H_7O_2(OH)_3]_n$ と表すことがある。

① ニトロセルロース

セルロースに濃硫酸と濃硝酸の混合物を作用させると，**エステル化**が起こり，トリニトロセルロースが得られる。

$$\underset{\text{セルロース}}{[C_6H_7O_2(OH)_3]_n} + 3nHNO_3 \longrightarrow \underset{\text{トリニトロセルロース}}{[C_6H_7O_2(ONO_2)_3]_n} + 3nH_2O$$

$O\boxed{H} \longrightarrow O\boxed{NO_2}$ の変化から，□の部分の式量の増加量は 46−1=45 である。

(注)トリニトロセルロースは，ニトロ化合物ではなく硝酸エステルである。

$$\underset{\text{アルコール}}{R-O-H} + \underset{\text{硝酸}}{HO-NO_2} \xrightarrow{\text{エステル化}} \underset{\text{硝酸エステル}}{R-O-NO_2} + H_2O$$

② アセチルセルロース

セルロースに無水酢酸，氷酢酸，濃硫酸の混合物を作用させると，**アセチル化**が起こり，トリアセチルセルロースが得られる。

$$\underset{\text{セルロース}}{[C_6H_7O_2(OH)_3]_n} + 3n(CH_3CO)_2O \longrightarrow \underset{\text{トリアセチルセルロース}}{[C_6H_7O_2(OCOCH_3)_3]_n} + 3nCH_3COOH$$

$O\boxed{H} \longrightarrow O\boxed{COCH_3}$ の変化から，□の部分の式量の増加量は 43−1=42 である。

例題 31－1

次の問に答えよ。H＝1, C＝12, O＝16, Cu＝64

(1) グルコースにフェーリング液を加えて加熱すると, Cu_2O が 2.88 g 生成した。グルコースを何 g 反応させたか。

(2) グルコース 36 g を溶かした水溶液をアルコール発酵させたところ 13.8 g のエタノールが得られた。何 % のグルコースが反応したことになるか整数で答えよ。

(城西大・改)

(3) マルトース 6.84 g にマルターゼを作用させると, グルコースが何 g 生成するか。

(4) セロビオースを加水分解した後, フェーリング液を加えて加熱すると Cu_2O が 0.720 g 生成した。セロビオース何 g を加水分解したか。

(5) デンプン 3.24 g にアミラーゼを作用させると, マルトースが何 g 生成するか。

(6) セルロースを加水分解すると, グルコースが 0.90 g 生成した。セルロース何 g を加水分解したか。

解答 (1) グルコース 1 mol から Cu_2O 1 mol が生成するので,

$$\underbrace{\frac{2.88}{144}}_{Cu_2O\ の\ mol} \underbrace{\times 1}_{C_6H_{12}O_6\ の\ mol} \underbrace{\times 180}_{C_6H_{12}O_6\ の\ g} = 3.60\ 〔g〕$$

(2) $C_6H_{12}O_6 \longrightarrow 2C_2H_5OH + 2CO_2$

グルコースが x〔%〕反応したとすると, $C_6H_{12}O_6$＝180, C_2H_5OH＝46 より

$$\underbrace{\frac{36 \times \frac{x}{100}}{180}}_{グルコースの\ mol} \underbrace{\times 2}_{エタノールの\ mol} \underbrace{\times 46}_{エタノールの\ g} = 13.8 \qquad \therefore\ x = 75\ 〔\%〕$$

(3) マルトース 1 mol からグルコース 2 mol が生成するので,

$$\underbrace{\frac{6.84}{342}}_{C_{12}H_{22}O_{11}\ の\ mol} \underbrace{\times 2}_{C_6H_{12}O_6\ の\ mol} \underbrace{\times 180}_{C_6H_{12}O_6\ の\ g} = 7.20\ 〔g〕$$

(4) セロビオース 1 mol からグルコース 2 mol が生成し, グルコース 1 mol から Cu_2O 1 mol が生成する。したがって, Cu_2O 1 mol が生成するとき, セロビオースは $\frac{1}{2}$ mol 必要なので,

$$\underset{Cu_2O\ の\ mol}{\frac{0.720}{144}} \times \underset{C_{12}H_{22}O_{11}\ の\ mol}{\frac{1}{2}} \times \underset{C_{12}H_{22}O_{11}\ の\ g}{342} = 0.855\ [g]$$

(5) 重合度 n のデンプン 1 mol からマルトース $\frac{n}{2}$ mol が生成するので，

$$\underset{デンプンの\ mol}{\frac{3.24}{162n}} \times \underset{C_{12}H_{22}O_{11}\ の\ mol}{\frac{n}{2}} \times \underset{C_{12}H_{22}O_{11}\ の\ g}{342} = 3.42\ [g]$$

(6) 重合度 n のセルロース 1 mol からグルコース n〔mol〕が生成するので，

$$\underset{グルコースの\ mol}{\frac{0.90}{180}} \times \underset{C_6H_{12}O_6\ の\ mol}{\frac{1}{n}} \times \underset{(C_6H_{10}O_5)_n\ の\ g}{162n} = 0.81\ [g]$$

例題 31－2

ガラクトース，スクロース，マルトースを混合した溶液 A について，次の実験を行った。O＝16，Cu＝64

〔実験 1〕 溶液 A に希硫酸を加えて加熱し，冷却後，水酸化ナトリウムで中和した。

〔実験 2〕 溶液 A に 37 ℃ で酵素スクラーゼを十分に作用させた。

〔実験 3〕 溶液 A に 37 ℃ で酵素マルターゼを十分に作用させた。

〔実験 4〕 溶液 A を 37 ℃ で放置した。

各実験終了後，混合溶液にフェーリング液を加えて加熱したところ，それぞれ赤色沈殿が生じた。生成した沈殿は〔実験 1〕では〔実験 3〕より 86.4 g，〔実験 2〕では〔実験 3〕より 36 g，それぞれ多く生じた。また，〔実験 4〕では 72 g の沈殿が生じた。ただし，還元性のある糖類 1 mol から沈殿 1 mol が生成するものとする。

問 1 ガラクトース，スクロース，マルトースそれぞれの物質量を有効数字 2 桁で答えよ。

問 2 〔実験 1〕の結果生成したグルコースの物質量を有効数字 2 桁で答えよ。

解答　問1　単糖類のガラクトース，グルコース，フルクトースはすべて還元糖，二糖類のマルトースは還元糖，スクロースは非還元糖である。

還元糖1 molからCu_2O(式量144)が1 mol生成する。

$$\text{スクロース}+H_2O \xrightarrow{(\text{スクラーゼ})} \text{グルコース}+\text{フルクトース} \quad \cdots①$$

$$\text{マルトース}+H_2O \xrightarrow{(\text{マルターゼ})} 2\,\text{グルコース} \quad \cdots②$$

溶液A中のガラクトース，スクロース，マルトースをそれぞれx〔mol〕，y〔mol〕，z〔mol〕とする。

〔実験1〕　①，②の反応が起き，反応後の水溶液中には，ガラクトースx〔mol〕，グルコース$(y+2z)$ mol，フルクトースy〔mol〕が存在するので，還元糖は$(x+2y+2z)$ molとなる。

〔実験2〕　①の反応のみが起き，反応後の水溶液中には，ガラクトースx〔mol〕，グルコースy〔mol〕，フルクトースy〔mol〕，マルトースz〔mol〕が存在するので，還元糖は$(x+2y+z)$ molとなる。

〔実験3〕　②の反応のみが起き，反応後の水溶液中には，ガラクトースx〔mol〕，スクロースy〔mol〕，グルコース$2z$〔mol〕が存在するので，還元糖は$(x+2z)$ molとなる。

〔実験4〕　①，②の反応は起きておらず，ガラクトースx〔mol〕，スクロースy〔mol〕，マルトースz〔mol〕のままである。還元糖は$(x+z)$ molになる。

〔実験1〕−〔実験3〕の結果より，

$$(x+2y+2z)-(x+2z)=2y=\frac{86.4}{144} \quad \cdots③$$

〔実験2〕−〔実験3〕の結果より，

$$(x+2y+z)-(x+2z)=2y-z=\frac{36}{144} \quad \cdots④$$

〔実験4〕の結果より，$x+z=\dfrac{72}{144}$　$\cdots⑤$

③，④，⑤より，$x=0.15$，$y=0.30$，$z=0.35$

∴　ガラクトース：0.15〔mol〕，スクロース：0.30〔mol〕，マルトース：0.35〔mol〕

問2　〔実験1〕の結果より，生じたグルコースは$(y+2z)$ molより，

$$\therefore\quad 0.30+2\times0.35=1.0\text{〔mol〕}$$

例題 31－3

分子量が 3.24×10^4 のセルロースが 32.4 g ある。H＝1.0，C＝12，N＝14，O＝16

問 1　このセルロースの重合度を求めよ。

問 2　このセルロースを完全にアセチル化すると，トリアセチルセルロースは何 g 生成するか。有効数字 3 桁で求めよ。

応用 問 3　このセルロースを濃硝酸と濃硫酸を用いてエステル化したところ，51.3 g のニトロセルロースが得られた。このとき，セルロースの何 % のヒドロキシ基がエステル化されたか，整数で求めよ。

解答　問 1　$(C_6H_{10}O_5)_n=162n$ であるので，$162n=3.24\times10^4$　$\therefore$　$n=200$

問 2　p. 218 **3 多糖類（$(C_6H_{10}O_5)_n=162n$）に関する計算**の(2)②より，生成するトリアセチルセルロースの繰返し単位の式量は，

$$C_6H_7O_2(OCOCH_3)_3=162+(42\times3)=288$$

である。

$$[C_6H_7O_2(OH)_3]_n \longrightarrow [C_6H_7O_2(OCOCH_3)_3]_n$$

セルロースの
繰り返し単位
1 個中に－OH は
3 個あるのだ!!

より，重合度 n のセルロース 1 mol から重合度 n のトリアセチルセルロース 1 mol が生成するので，

$$\underbrace{\frac{32.4}{162n}}_{\text{セルロースの mol}}\underbrace{\times1}_{\text{トリアセチルセルロースの mol}}\underbrace{\times288n}_{\text{トリアセチルセルロースの g}}=57.6\ \text{〔g〕}$$

問 3　繰返し単位中の 3 個の OH 基のうち，x 個（$0\leqq x\leqq3$）がエステル化されたとすると，エステル化されていない OH 基は $(3-x)$ 個となるので，生成物は $[C_6H_7O_2(ONO_2)_x(OH)_{3-x}]_n$ と表すことができる。

p. 218 3 の(2)①より，生成物の繰返し単位の式量は，次のようになる。

$$C_6H_7O_2(ONO_2)_x(OH)_{3-x}=162+(45\times x)=162+45x$$

$$[C_6H_7O_2(OH)_3]_n \longrightarrow [C_6H_7O_2(ONO_2)_x(OH)_{3-x}]_n$$

重合度 n のセルロース 1 mol から重合度 n のニトロセルロース 1 mol が生成するので，

$$\underbrace{\frac{32.4}{162n}}_{\text{セルロースの mol}}\underbrace{\times1}_{\text{ニトロセルロースの mol}}\underbrace{\times(162+45x)n}_{\text{ニトロセルロースの g}}=51.3\quad\therefore\quad x=2.1$$

よって，3 個の OH 基のうち，2.1 個がエステル化されたので，

$$\frac{2.1}{3}\times100=70\ \text{〔\%〕}$$

応用 例題 31－4

デンプンは図1の模式図で表される分枝構造をもった多糖で，構成する糖は(a)非還元末端部分，(b)直鎖部分，(c)枝分かれ部分，(d)還元末端部分に分けられる。分子量 8.1×10^5 のデンプンのヒドロキシ基をすべてメトキシ基($-OCH_3$)にし，これを加水分解すると3種類のメチル化されたグルコース(A)0.732 g，(B)12.4 g，(C)0.645 g が得られた。このとき1位のヒドロキシ基がメチル化されている場合，そのメトキシ基だけは加水分解されヒドロキシ基にもどるが，他のメトキシ基は加水分解を受けない。H＝1，C＝12，O＝16

図1 デンプン構造の模式図

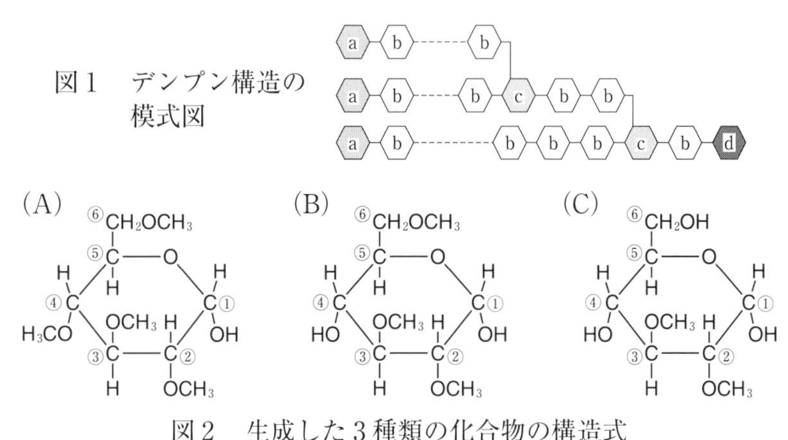

図2 生成した3種類の化合物の構造式
(①～⑥の数字は分子中の炭素原子につけた番号である。)

問1 このデンプン1分子あたりの単糖の数を有効数字2桁で答えよ。

問2 図2で示した化合物(A)，(B)，(C)は図1で示す(a)～(d)のどれか。それぞれ記号で答えよ。

問3 化合物(A)，(B)，(C)の分子量をそれぞれ整数で答えよ。

問4 化合物(A)，(B)，(C)の物質量の比は1：x：1になった。xの値を整数で答えよ。

問5 このデンプン1分子あたりの枝分かれの数を有効数字2桁で答えよ。

解答 問1　多糖類の分子量は $(C_6H_{10}O_5)_n$ より，

$$162n = 8.1\times10^5 \qquad n = 5.0\times10^3$$

問2　(A)：①位のC原子に結合しているOHのみがメチル化されておらず，このOHのみ縮合に使用されていたことになる。

　⟨a⟩–　　∴ (a)

(B)：①位と④位のC原子に結合しているOHのみがメチル化されておらず，これらのOHのみ縮合に使用されていたことになる。

(注)題意より図1の –⟨d⟩ ((d)還元末端部分)は(B)にあたる。

–⟨b⟩–　–⟨d⟩　　∴ (b), (d)

(C)：①位と④位と⑥位のC原子に結合しているOHのみがメチル化されておらず，これらのOHのみ縮合に使用されていたことになる。　–⟨c⟩–　　∴ (c)

問3　$-\mathrm{O}\boxed{\mathrm{H}} \longrightarrow -\mathrm{O}\boxed{\mathrm{CH_3}}$ から，□の部分の式量の増加量は $15-1=14$ である。グルコースの分子量180について，

(A)：メチル化が4ヶ所あるので $180+14\times4=236$

(B)：メチル化が3ヶ所あるので $180+14\times3=222$

(C)：メチル化が2ヶ所あるので $180+14\times2=208$

問4　(a) ⟨a⟩– の数は(c) –⟨c⟩– の数よりつねに1個多い。

このデンプンの重合度は 5.0×10^3 と大きいので，(a)=(c)+1 を (a)≒(c) とみなしてよい。

$$(A):(B):(C) = \frac{0.732}{236} : \frac{12.4}{222} : \frac{0.645}{208}$$

$$= 3.10\times10^{-3} : 5.58\times10^{-2} : 3.10\times10^{-3}$$

$$= 1 : 18 : 1 \qquad x = 18$$

問5　枝分かれは(c) –⟨c⟩– の部分で，この個数が枝分かれの数に相当するので，(C)のモル分率を求めればよい。

(C)のモル分率は $\dfrac{1}{1+18+1} = \dfrac{1}{20}$ より，枝分かれの数は，

$$5.0\times10^3\times\frac{1}{20} = 2.5\times10^2$$

それでは，実際に問題を解いてみましょう。

(解答編 p. 78)

この章の問題では，H＝1，C＝12，N＝14，O＝16，Cu＝64，Ag＝108 とする。

□類題 31－1　制限時間 9分

次の問に有効数字 2 桁で答えよ。

問 1　グルコース 9.0 g をアルコール発酵させると，20 % のエタノール水溶液が何 g 生成するか。

問 2　グルコースにアンモニア性硝酸銀水溶液を加えて加熱すると，銀が 0.324 g 生成した。グルコースは何 g 反応したか。

問 3　セロビオースにフェーリング液を加えて加熱すると，Cu_2O が 1.44 g 生成した。セロビオースを何 g 反応させたか。

問 4　デンプン 0.81 g に硫酸を加えて加熱すると，生成するグルコースは何 g になるか。

問 5　セルロースを加水分解すると，セロビオースが 1.71 g 生成した。セルロースを何 g 反応させたか。

問 6　セルロースを硫酸で加水分解した後，フェーリング液を加えて加熱すると Cu_2O が 0.72 g 生成した。セルロースを何 g 反応させたか。

□類題 31－2　制限時間 3分

スクロース 100 g を酵素インベルターゼで加水分解し，次いでフェーリング液を加えて加熱すると赤色沈殿が 70.0 g 生じた。加水分解されたスクロースの割合〔%〕を整数で答えよ。還元糖 1 mol に対して赤色沈殿が 1 mol 生じるものとする。

(九州大・改)

□類題 31－3　制限時間　3 分 

スクロース，マルトース，ラクトースの混合物を完全に加水分解し，生成した単糖類の割合を測定したところ，その比はグルコース：フルクトース：ガラクトース＝5：3：2 であった。混合物に含まれていたスクロースの割合〔%〕を整数で求めよ。

（徳島大・改）

□類題 31－4　制限時間　4 分 

分子量が 5.67×10^4 であるセルロースが 48.6 g ある。

問 1　このセルロースの重合度を整数で求めよ。

問 2　このセルロースを完全にエステル化するとトリニトロセルロースは何 g 生成するか。有効数字 3 桁で求めよ。

ここからは**入試問題**です。今までの類題よりややレベルアップしますが，考え方は同じですので，落ち着いて解いてみましょう。

□類題 31－5　制限時間　5 分 

デンプン 16.2 g を加水分解して得られたグルコースに酵母中に存在する酵素を作用させると，何 g のエタノールと標準状態で何 L の二酸化炭素が生成するか。有効数字 3 桁で答えよ。

（共立薬科大・改）

□類題 31－6　制限時間　4 分 

1.0 L 中に多糖類アミロース 50 g を含む水溶液の浸透圧は，27 ℃において 1.92×10^3 Pa であった。アミロース 1 分子中に含まれる単糖の平均重合度を整数で求めよ。気体定数は 8.3×10^3〔Pa・L/(K・mol)〕

（北里大・改）

□類題 31−7 制限時間 4分

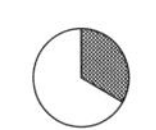

濃度未知のスクロース水溶液 5.70 g をとり，完全に加水分解したのち，過剰のフェーリング液を加えると，酸化銅(Ⅰ)が 0.576 g 生じた。この水溶液中のスクロースの質量パーセント濃度を整数で求めよ。

(近畿大・改)

応用 □類題 31−8 制限時間 4分

セルロースに濃硝酸と濃硫酸の混合物を反応させて得られた生成物の質量は原料のセルロースの質量の 1.67 倍であった。セルロース中のヒドロキシ基の何 % が反応したか。整数で求めよ。

(神戸学院大・改)

応用 □類題 31−9 制限時間 6分

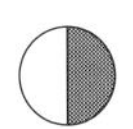

平均分子量 1.296×10^6 のアミロペクチン 7.78 g のすべてのヒドロキシ基をメチル化し，グリコシド結合を完全に加水分解して 3 種類のメチル化されたグルコース(化合物 A，B，C)を生成した。それぞれ，化合物 A が 0.355 g，化合物 B が 9.99 g，化合物 C が 0.313 g であった。なお，加水分解すると，グルコースの 1 位の $-OCH_3$ も $-OH$ に加水分解される。このアミロペクチン 1 分子中に含まれるグルコース単位の枝分かれの数を整数で答えよ。

(岩手大・改)

32 高分子(2) アミノ酸とタンパク質

1 アミノ酸の構造と性質

分子内の**同じ炭素原子**に，**アミノ基**と**カルボキシ基**が結合している有機化合物を***α*-アミノ酸**という。*α*-アミノ酸は右のような構造（C* は不斉炭素原子）をしている。グリシンには不斉炭素原子がない。

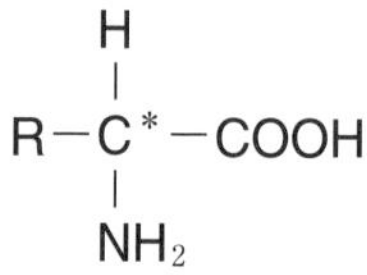

$$R-\overset{\displaystyle H}{\underset{\displaystyle NH_2}{C^*}}-COOH$$

α-アミノ酸	R−	R−の式量	特徴
グリシン	H−	1	鏡像異性体が存在しない
アラニン	CH_3-	15	分子量は 89
フェニルアラニン	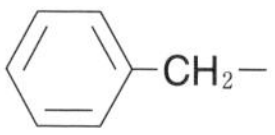 $C_6H_5-CH_2-$	91	ベンゼン環をもつ
チロシン	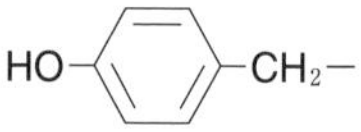 $HO-C_6H_4-CH_2-$	107	ベンゼン環をもつ
システイン	$HS-CH_2-$	47	硫黄を含む
アスパラギン酸	$HOOC-CH_2-$	59	水溶液は酸性
グルタミン酸	$HOOC-(CH_2)_2-$	73	水溶液は酸性
リシン	$H_2N-(CH_2)_4-$	72	水溶液は塩基性

結晶状態や中性の水溶液中では，分子内で H^+ が移動して，同一の分子内に正電荷と負電荷とが共存した双性イオンになっている。

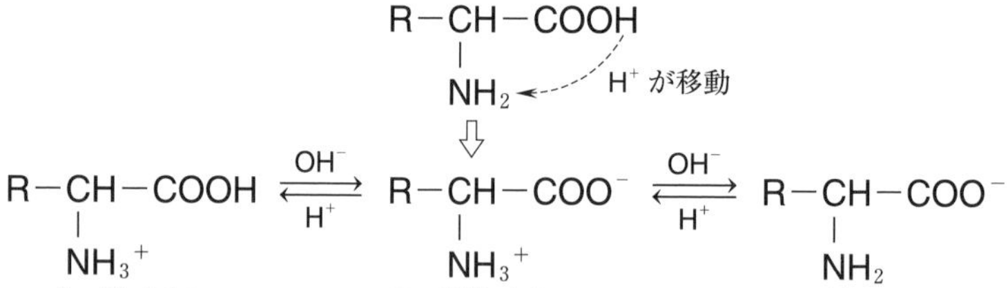

$$R-\underset{\displaystyle NH_2}{CH}-COOH \quad (H^+ が移動)$$

$$\underset{\text{A：陽イオン}}{R-\underset{\displaystyle NH_3^+}{CH}-COOH} \underset{H^+}{\overset{OH^-}{\rightleftarrows}} \underset{\text{B：双性イオン}}{R-\underset{\displaystyle NH_3^+}{CH}-COO^-} \underset{H^+}{\overset{OH^-}{\rightleftarrows}} \underset{\text{C：陰イオン}}{R-\underset{\displaystyle NH_2}{CH}-COO^-}$$

アミノ酸は，酸性溶液中ではほとんどAの形で存在し，塩基性溶液中ではほとんどCの形で存在する。また，中性もしくは等電点付近の溶液中ではほとんどBの形で存在する。

電気泳動を行うと，A は陰極側に，C は陽極側に移動する。また，pH がある値に達したとき，アミノ酸の陽イオン，双性イオン，陰イオンの共存する平衡混合物の**電荷が全体として 0** になり，アミノ酸はどちらの極にも移動しなくなる。このときの pH をそのアミノ酸の**等電点**という。このとき，アミノ酸はほとんど双性イオンになっており，溶液中の**陽イオンと陰イオンの濃度は必ず等しく**なっている。

2　タンパク質の生成

アミノ酸のアミノ基とカルボキシ基とから水がとれて生じる結合を**ペプチド結合**といい，この結合をもつ物質を**ペプチド**という。2 分子のアミノ酸が縮合してできたペプチドをジペプチド，以下，トリペプチド，テトラペプチド…となる。タンパク質は，α-アミノ酸がペプチド結合で多数が結びつく**ポリペプチド**の構造をもつ。

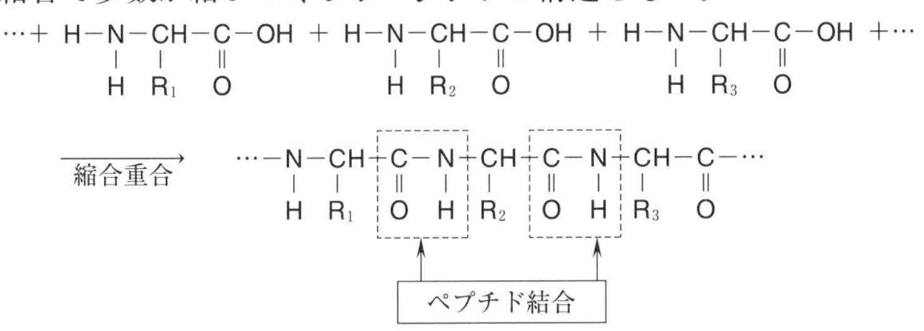

3　タンパク質の検出反応

(1)　ビウレット反応

タンパク質の水溶液に **NaOH 水溶液**と**硫酸銅(Ⅱ)** 水溶液を加えると**赤紫色**を呈する。**ペプチド結合を 2 個以上**もつ，トリペプチド以上のポリペプチドに対して起こる。

(2)　キサントプロテイン反応

ベンゼン環をもつアミノ酸を含むタンパク質の水溶液に**濃硝酸**を加えて加熱すると**黄色**になり，塩基性にすると**橙黄色**になる。

(3)　硫黄の検出

硫黄を含むアミノ酸を含むタンパク質の水溶液に NaOH 水溶液を加えて加熱した後に酢酸で中和し，**酢酸鉛(Ⅱ)水溶液**を加えると硫化鉛(Ⅱ)PbS の**黒色沈殿が生じる**。

(4) ニンヒドリン反応

アミノ酸，ペプチドやタンパク質の水溶液に**ニンヒドリン水溶液**を加えて加熱すると**赤紫～青紫色**を呈する。

(注)この章の問題では，H=1.0，C=12，N=14，O=16とする。

例題 32－1

次の問に答えよ。

問1　分子量75のアミノ酸と分子量89のアミノ酸からなるジペプチドの分子量はいくらか。

問2　分子量236のジペプチドを加水分解すると，フェニルアラニンが生成した。もう1つのアミノ酸の名称を答えよ。

解答　問1　ジペプチドはアミノ酸2分子から水1分子がとれて生成する。

$$75+89-18=146$$

問2　フェニルアラニン($C_6H_5-CH_2-CH(NH_2)COOH$)の分子量は

$$77(C_6H_5)+14(CH_2)+74(CH(NH_2)COOH)=165$$

である。もう1つのアミノ酸の分子量をMとすると，

$$165+M-18=236 \qquad \therefore \quad M=89$$

このアミノ酸($R-CH(NH_2)COOH$)のRの式量M_Rを求めると，

$$M_R+74=89 \qquad \therefore \quad M_R=15$$

これより考えられるRはメチル基(CH_3-)であるので，もう1つのアミノ酸は**アラニン**である。

アミノ酸の共通構造
($C_2H_4NO_2=74$)

例題 32－2

一般に，ペプチドは次のように表される。

H_2N－アミノ酸X－アミノ酸Y－…－アミノ酸Z－COOH

アミノ末端（N末端）　　　　カルボキシ末端（C末端）

次の問のペプチドの構成アミノ酸をそれぞれ上のように記せ。

問1　あるジペプチドは光学不活性であった。

問2　分子量203のトリペプチドのN末端，C末端のアミノ酸は，ともに光学不活性であった。

解答 問1　互いに鏡像異性体である分子どうしは，偏光が右に回転するものと，左に回転するものがある。このように旋(せん)光性が異なる性質をもてば，光学活性であるという。ジペプチドが光学不活性なので，鏡像異性体が存在しない，つまり不斉炭素原子をもたない。したがって，その構成アミノ酸も光学不活性であるグリシンのみであるので，

H_2N－グリシン－グリシン－COOH

問2　アミノ酸3分子から水2分子がとれてトリペプチドが生成する。問1の解説よりトリペプチドの両末端のアミノ酸は光学不活性なグリシン(分子量75)である。真ん中のアミノ酸の分子量をMとすると，

$$75+M+75-2\times18=203 \qquad \therefore\ M=89$$

このアミノ酸(R－CH(NH_2)COOH)のRの式量をM_Rとすると，

$$M_R+74=89 \qquad \therefore\ M_R=15$$　∴Rはメチル基(CH_3－)

よって，真ん中のアミノ酸はアラニンであるので，

H_2N－グリシン－アラニン－グリシン－COOH

例題 32－3

グリシンGly(分子量75)，アラニンAla(分子量89)，チロシンTyr(分子量181)からなるトリペプチドがある。

問1　このトリペプチドの分子量を整数で答えよ。

問2　このトリペプチド10.3 gに濃い水酸化ナトリウム水溶液を加え，トリペプチド中の窒素をすべてアンモニアとして発生させた。発生したアンモニアの体積は，標準状態で何Lか。有効数字3桁で答えよ。

問3　このトリペプチドの構造異性体は何種類か。

問4　鏡像異性体を区別すると，このトリペプチドは何種類あると考えられるか。

解答 問1　トリペプチドは3個のアミノ酸から水2個がとれて生成する。

$$\therefore\ 75+89+181-2\times18=309$$

問2　グリシン，アラニン，チロシンともR－にN原子がない中性アミノ酸なので，このトリペプチド1個中にN原子は3個ある。N原子1個からNH_3 1個が発生するので，

$$\frac{10.3}{309}\times3\times22.4=2.24\ \text{〔L〕}$$

問3　一般に，トリペプチドは次のように表される。

$$H_2N-\bigcirc-CONH-\bigcirc-CONH-\bigcirc-COOH$$

上の○に Gly，Ala，Tyr をあてはめていくと，以下の6種類がある。

H_2N－Gly－CONH－Ala－CONH－Tyr－COOH
H_2N－Gly－CONH－Tyr－CONH－Ala－COOH
H_2N－Ala－CONH－Gly－CONH－Tyr－COOH
H_2N－Ala－CONH－Tyr－CONH－Gly－COOH
H_2N－Tyr－CONH－Gly－CONH－Ala－COOH
H_2N－Tyr－CONH－Ala－CONH－Gly－COOH

数学の順列だね！
$3!=6$

問4　グリシンには不斉炭素原子はないが，アラニン，チロシンは不斉炭素原子をそれぞれ1個もつので，問3の構造異性体はそれぞれ2個の不斉炭素原子をもつ。

したがって，鏡像異性体は $2^2=4$ 種類ある。　$\therefore$　$4\times6=24$〔**種類**〕

例題 32－4

分子量 2.56×10^4 のポリペプチド鎖 **A** は，アミノ酸 **B**(分子量 89)のみを脱水縮合して合成されたものである。図1のように，**A** がらせん構造をとると仮定すると，**A** のらせんの全長 L〔m〕を有効数字2桁で答えよ。ただしらせんのひと巻きはアミノ酸の単位 3.6 個分であり，ひと巻きとひと巻きの間隔を 0.54 nm($1\ \text{nm}=1\times10^{-9}\ \text{m}$)とする。

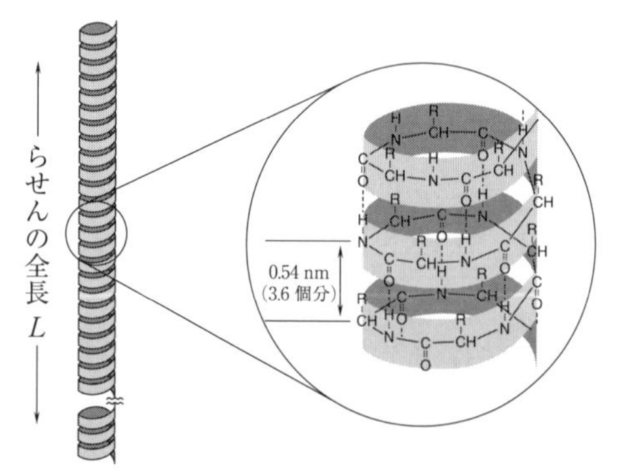

図1　ポリペプチド鎖 **A** のらせん構造の模式図

解答　分子量 2.56×10^4 のポリペプチド鎖 **A** に含まれるアミノ酸 **B** の数を n とすると，

アミノ酸が n 個脱水縮合すると，取れた H_2O は $(n-1)$ 個だよ！

$$89\times n-18(n-1)=2.56\times10^4$$

$$\therefore\quad n=360.3\fallingdotseq360$$

よって，全長 L について，$3.6:0.54\times10^{-9}=360:L$　　$L=5.4\times10^{-8}$〔m〕

例題 32−5

次の〔 ア 〕〜〔 ウ 〕には適当な式を，〔 エ 〕〜〔 カ 〕には数値を入れよ。数値は有効数字3桁で記せ。

グリシンの双性イオンをG，陽イオンをG^+，陰イオンをG^-と簡略化して表すことにすると，グリシンの水溶液中での電離平衡は次の式①，式②で表される。

$$G^+ \overset{K_1}{\rightleftarrows} G + H^+ \quad (K_1 = 4.0\times10^{-3}\ \mathrm{mol/L}) \quad \cdots①$$

$$G \overset{K_2}{\rightleftarrows} G^- + H^+ \quad (K_2 = 2.5\times10^{-10}\ \mathrm{mol/L}) \quad \cdots②$$

電離定数K_1，K_2は，各成分のモル濃度[G]，$[G^+]$，$[G^-]$，$[H^+]$を用いて，K_1=〔 ア 〕，K_2=〔 イ 〕と表される。

水溶液中で，グリシンはG，G^+，G^-の平衡混合物として存在する。この混合物の電荷が全体で0のときのpHを等電点といい，このとき$[G^+]=[G^-]$であるので，次式が成立し，等電点が求められる。

$[H^+]$=〔 ウ 〕mol/L　　∴ pH=〔 エ 〕

グリシンの水溶液に塩酸を加えてpHを3.0にしたときの3種のイオンの濃度比$[G^+]:[G]:[G^-]$は，1：[オ]：[カ]である。

解答 式①より，$K_1 = \underset{ア}{\dfrac{[G][H^+]}{[G^+]}}$　　式②より，$K_2 = \underset{イ}{\dfrac{[G^-][H^+]}{[G]}}$

$$K_1\times K_2 = \frac{[G][H^+]}{[G^+]}\times\frac{[G^-][H^+]}{[G]} = \frac{[G^-][H^+]^2}{[G^+]}$$

等電点では$[G^+]=[G^-]$であるので，

$$[H^+] = \underset{ウ}{\sqrt{K_1K_2}} = \sqrt{4.0\times10^{-3}\times2.5\times10^{-10}}$$

$$\therefore\ [H^+] = 1.0\times10^{-6}\ \mathrm{〔mol/L〕} \qquad \therefore\ \mathrm{pH} = \underset{エ}{6.0}$$

2段階電離では，
K_1にもK_2にも含まれる
[G]を消去するンダ！

pH 3.0のとき$[H^+]=10^{-3.0}$ mol/Lであるので，〔ア〕，〔イ〕に代入して

$$K_1 = \frac{[G]\times10^{-3.0}}{[G^+]} = 4.0\times10^{-3}\ より，\ [G^+] = \frac{1}{4}[G]$$

$$K_2 = \frac{[G^-]\times10^{-3.0}}{[G]} = 2.5\times10^{-10}\ より，\ [G^-] = 2.5\times10^{-7}[G]$$

$$\therefore\ [G^+]:[G]:[G^-] = \frac{1}{4}[G]:[G]:2.5\times10^{-7}[G] = 1:\underset{オ}{4.0}:\underset{カ}{1.0\times10^{-6}}$$

それでは，実際に問題を解いてみましょう。

(解答編 p. 81)

□類題 32－1　制限時間　4分 

自然界に存在するアミノ酸で構成される分子量 192 のジペプチドについて，N末端のアミノ酸の方がC末端のアミノ酸より分子量は大きい。このジペプチドに水酸化ナトリウム水溶液を加えて加熱，酢酸で中和したのち，酢酸鉛(Ⅱ)溶液を加えると，黒色の沈殿を生じた。このジペプチドは，グリシンの次に分子量が小さいアミノ酸を含んでいる。ジペプチドのアミノ酸配列をN末端から順に記せ。

□類題 32－2　制限時間　6分 

あるジペプチド A 0.472 g を水に溶かして中和したところ，0.200 mol/L の水酸化ナトリウム水溶液が 10.0 mL 必要であった。また，このジペプチド A に希塩酸を加えて加水分解すると，フェニルアラニンとアミノ酸 B が得られた。次の問に答えよ。

問 1　ジペプチド A を 1 価の酸とすると，その分子量はいくらか。

問 2　アミノ酸 B の名称を答えよ。

□類題 32－3　制限時間　6分 

あるトリペプチド X は自然界に存在する中性アミノ酸 A，B，C からなる。A は不斉炭素原子をもたない。C は不斉炭素原子をもち，その 0.144 g から標準状態で 18.2 mL の窒素ガスが得られた。また，X はキサントプロテイン反応が陽性で，その分子量は 293 である。次の問に答えよ。

問 1　C の分子量を整数で答えよ。

問 2　アミノ酸 A，B，C の名称を答えよ。

問 3　トリペプチド X は何種類考えられるか。

ここからは**入試問題**です。今までの類題とレベルはほとんど変わらないので，落ち着いて解いてみましょう。

□類題 32−4 制限時間 6分 

分子量が 5.0×10^{4} のポリペプチド 1.0 g を純水に溶解し 100 mL とし，この水溶液 10 mL に濃塩酸を触媒として加えポリペプチドを加水分解したところ，一種類の α-アミノ酸が 1.41×10^{-3} mol 得られた。

問 1　アミノ基とカルボキシ基が 1 分子中に 1 個ずつ含まれているとすると，得られた α-アミノ酸の分子量を整数で求めよ。

問 2　この構成アミノ酸の名称を答えよ。

（愛知工業大・改）

□類題 32−5 制限時間 4分 

タンパク質の基本構造のひとつとして α-ヘリックスがある（図 1）。この構造ではポリペプチド中のアミノ酸がらせん状に並んでおり，構造が安定化される。らせんの 1 回の巻き（ピッチ）の軸方向（z 軸方向）の長さは 0.54 nm で，1 回転（360°）あたり 3.6 個のアミノ酸からなっている。2 本の α-ヘリックスがねじれあった構造（図 2）はさらに強固な構造となる。

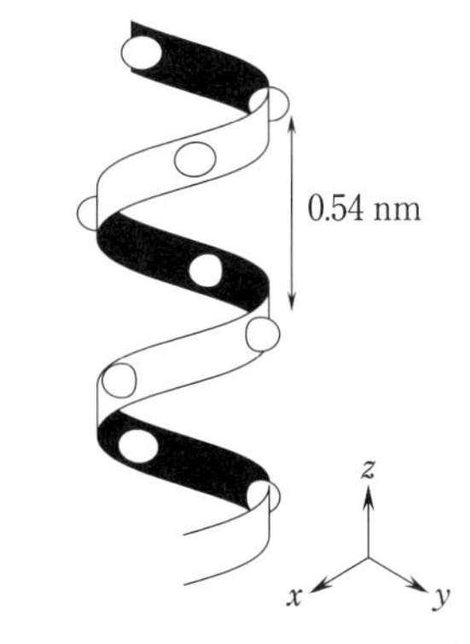

図 1　α-ヘリックス構造の模式図
（図中の丸は不斉炭素原子を表している）

2本のα-ヘリックスがねじれあった構造(図2)からなるタンパク質があり，その全体の分子量は7.0×10^4である。このタンパク質を構成するアミノ酸1分子の平均の分子量を1.1×10^2と仮定して，このタンパク質の長さ(1本のα-ヘリックスのz軸方向の長さ)〔nm〕を整数で答えよ。ただし，$1\,\mathrm{nm}=10^{-9}\,\mathrm{m}$である。

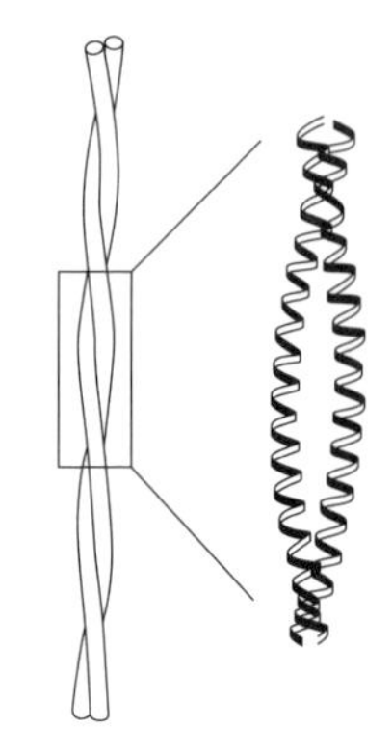

図2　2本のα-ヘリックスがねじれあった構造の模式図
(右の図は四角で囲んだ部分の拡大図)

(三重大・改)

□類題 32−6　制限時間　5分 

アラニンの陽イオンをA^+，双性イオンを$\mathrm{A}^\pm$，陰イオンをA^-で略記して，水溶液でのアラニンの電離平衡を示すと，式(1)，式(2)となる。また，アラニンの水溶液中での総濃度を$[\mathrm{A}]_{全}$とすると，
$[\mathrm{A}]_{全}=[\mathrm{A}^+]+[\mathrm{A}^\pm]+[\mathrm{A}^-]$で示される。

$$\mathrm{A}^+ \rightleftarrows \mathrm{A}^\pm + \mathrm{H}^+ \quad \cdots式(1) \qquad K_1=5.0\times10^{-3}\ \mathrm{mol/L}$$
$$\mathrm{A}^\pm \rightleftarrows \mathrm{A}^- + \mathrm{H}^+ \quad \cdots式(2) \qquad K_2=2.0\times10^{-10}\ \mathrm{mol/L}$$

問1　アラニンの等電点を有効数字2桁で答えよ。

問2　アラニンの水溶液をpH 3.0に調節したとき，総濃度に対する$[\mathrm{A}^\pm]$の濃度比率〔%〕を整数で答えよ。

(東京慈恵大・改)

33 高分子(3) 核酸・ATP

1 核酸

核酸は，有機塩基，五炭糖，リン酸からなるヌクレオチドを構成単位としたポリヌクレオチドである。核酸には，DNAとRNAの二種類がある。DNAを構成する有機塩基は，アデニン(A)・グアニン(G)・シトシン(C)・チミン(T)，五炭糖はデオキシリボース。RNAを構成する有機塩基は，アデニン(A)・グアニン(G)・シトシン(C)・ウラシル(U)，五炭糖はリボースである。

アデニン(A)　グアニン(G) 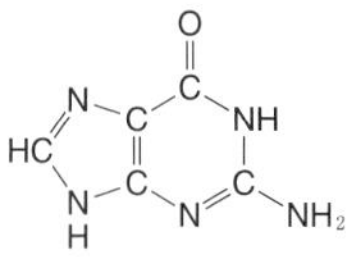　シトシン(C) 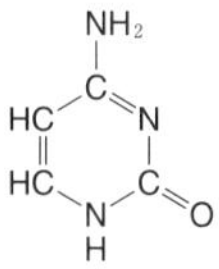　チミン(T) 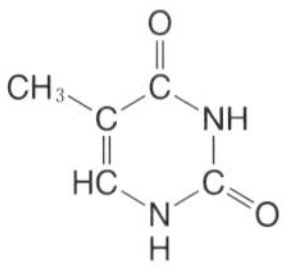　ウラシル(U)

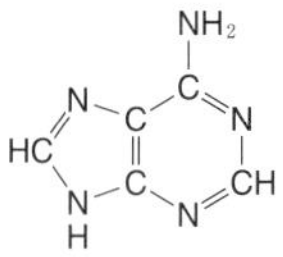

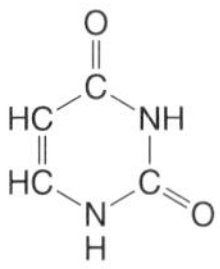

デオキシリボース 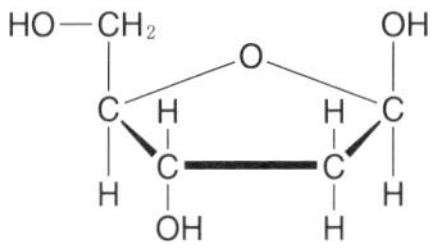　リボース 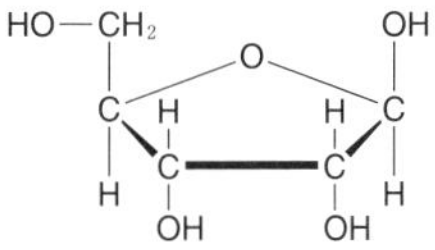　リン酸

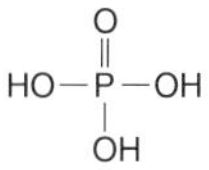

DNAはポリヌクレオチド鎖2本が**二重らせん構造**をしており，**一方のアデニンが他方のチミンと2本の水素結合**で，**一方のグアニンが他方のシトシンと3本の水素結合**によって**相補的に結合**している。RNAはポリヌクレオチド鎖1本から成り，ウラシル(U)がアデニンと相補的に結合している。

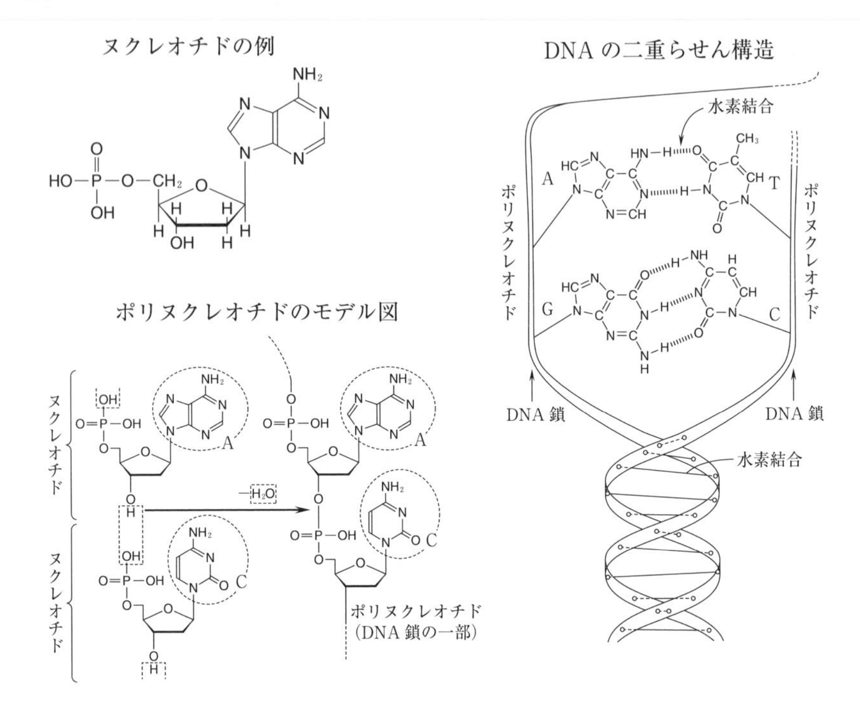

2 エネルギー代謝

生体内で起こる化学変化を代謝といい，同化，異化がある。その際にはエネルギーの出入りがある。

同化 外から取り入れた物質を別の有機物に変える。エネルギーを吸収する。

例 光合成 $6CO_2 + 6H_2O \xrightarrow[\text{光エネルギー}]{} C_6H_{12}O_6 + 6O_2$

異化 同化で生成した有機物を分解する。エネルギーを放出する。呼吸があり，取り出されたエネルギーはATPとして蓄えられる。

好気呼吸 酸素を利用する呼吸。

例 $C_6H_{12}O_6 + 6O_2 \longrightarrow 6CO_2 + 6H_2O \quad \Delta H = -2800\,\text{kJ}$

嫌気呼吸 酸素を利用しない呼吸。

例 アルコール発酵 $C_6H_{12}O_6 \longrightarrow 2C_2H_5OH + 2CO_2 \quad \Delta H = -74\,\text{kJ}$

例 乳酸発酵 $C_6H_{12}O_6 \longrightarrow \underset{\text{乳酸}}{2CH_3CH(OH)COOH} \quad \Delta H = -120\,\text{kJ}$

3 ATP

ATP(アデノシン三リン酸)は有機塩基のアデニン，五炭糖のリボース，3分子のリン酸から成る。呼吸などで発生したエネルギーは，ADP(アデノシン二リン酸)とリン酸からATPが生成する反応に使われ，ATP 1 molが分解するときに約31 kJのエネルギーが発生し，生命活動に使われる。

$$\mathrm{ATP} + H_2O \rightleftarrows \mathrm{ADP} + H_3PO_4 \qquad \Delta H = -31\ \mathrm{kJ}$$

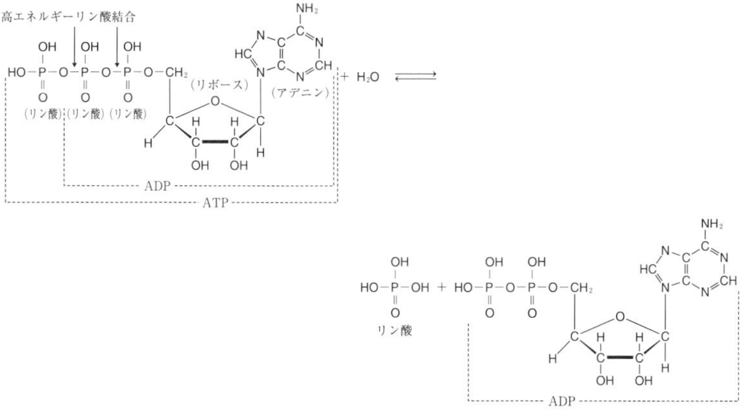

例題 33－1

DNAの二重らせん構造1回転分のDNAは10個の塩基対を含み，長さ3.4×10^{-9} mである。ヒトの細胞1個には，合計1.2×10^{10}個のヌクレオチドで構成されたDNAが含まれている。ヒトの細胞1個に含まれるDNAを1つの二重らせんにつないだと仮定したときの長さ〔m〕を有効数字2桁で答えよ。ただし，1 nm＝10^{-9} mとする。

解答　ヌクレオチド1個中に塩基が1個存在するので，塩基対1個はヌクレオチド2個にあたる。

らせん1回転分のDNAは10個の塩基対を含むので，そのヌクレオチドの数は，10×2＝20個である。

1.2×10^{10}個の長さをL〔m〕とすると，20個分で長さ3.4×10^{-9} mなので，

$$20 : 3.4\times10^{-9} = 1.2\times10^{10} : L \qquad \therefore\ L = 2.04 \fallingdotseq 2.0\ \text{〔m〕}$$

例題 33－2

ある動物の細胞を分離し，核酸の抽出を行った。核酸の中から RNA を除去し DNA のみを精製したところ，5.00×10^{-6} g の DNA を得た。

問 1　この DNA の塩基組成は，全塩基数に対するグアニン G の割合が 19 % であった。この DNA の全塩基数に対するアデニン A，シトシン C，チミン T の割合を整数で答えよ。

応用 問 2　細胞 1 個に含まれる DNA の塩基対は 3.1×10^{9} 個であった。DNA 抽出に用いた細胞の数を有効数字 2 桁で答えよ。ただし，DNA は完全に抽出されたものとし，ヌクレオチドの構成単位の式量を，それぞれ塩基が A の場合は 313，G の場合は 329，C の場合は 289，T の場合は 304 とする。また，アボガドロ定数 $N_A=6.0\times10^{23}$/mol とする。

応用 問 3　用いた細胞 1 個に含まれる DNA 2 本鎖の間で形成される水素結合の数を有効数字 2 桁で答えよ。ただし，全ての塩基対の間で完全に水素結合が形成されているものとする。

解答 問 1　相補性の関係より，A と T，G と C の数がそれぞれ等しくなるので，G が 19 % ならば，C も 19 %，残りの A と T の数が等しくなる。
A，T を x〔%〕とすると，$x+x+19+19=100$

$\therefore\ x=19$　A：31〔%〕，C：19〔%〕，T：31〔%〕

問 2　ヌクレオチドの平均分子量は，

$$313\times\frac{31}{100}+329\times\frac{19}{100}+289\times\frac{19}{100}+304\times\frac{31}{100}=308.69\fallingdotseq309$$

細胞 1 個に含まれる DNA の塩基対は 3.1×10^{9} 個なので，その中のヌクレオチドは $3.1\times10^{9}\times2$ 個，つまり $\dfrac{3.1\times10^{9}\times2}{6.0\times10^{23}}$〔mol〕

したがって，その質量は平均分子量を用いて，

$$\underbrace{\frac{3.1\times10^{9}\times2}{6.0\times10^{23}}}_{\text{mol}}\times\underbrace{309}_{\text{g}}=3.193\times10^{-12}\fallingdotseq3.19\times10^{-12}\text{〔g〕}$$

細胞の数を x 個とすると，$3.19\times10^{-12}\times x=5.00\times10^{-6}$
$x=1.56\times10^{6}\fallingdotseq1.6\times10^{6}$〔個〕

問3　問1よりG−C対とA−T対の比は，19：31より，細胞1個中の塩基対中のG−C対は$3.1\times10^9\times\frac{19}{19+31}$対，A−T対は$3.1\times10^9\times\frac{31}{19+31}$対である。G−C対中に水素結合は3本，A−T対中には2本存在するので，細胞1個に含まれる水素結合の数は，

$$3.1\times10^9\times\frac{19}{50}\times3+3.1\times10^9\times\frac{31}{50}\times2=3.1\times10^9\times\frac{19\times3+31\times2}{50}$$
$$=7.378\times10^9\fallingdotseq\mathbf{7.4\times10^9}$$

［別解］　各ヌクレオチドが形成する水素結合の数と割合はA(2本) 31%，G(3本) 19%，C(3本) 19%，T(2本) 31%より，ヌクレオチド1個が形成する水素結合の平均の数は，

$$2\times\frac{31}{100}+3\times\frac{19}{100}+3\times\frac{19}{100}+2\times\frac{31}{100}=2.38〔本〕$$

このヌクレオチドが3.1×10^9個あるので，

$$2.38\times3.1\times10^9=7.378\times10^9\fallingdotseq\mathbf{7.4\times10^9}$$

例題 33−3

生命体は，主にグルコースを分解することで生命を維持するために必要なエネルギーを取り出している。この働きを呼吸といい，酸素を必要とする好気呼吸と必要としない嫌気呼吸がある。好気呼吸の反応は最終的に式①で示され，この反応で得られるエネルギーの一部は，アデノシン二リン酸ADPをアデノシン三リン酸ATPに変換して蓄えられる。このとき，1分子のグルコースから38分子のATPが生成する。H＝1.0，C＝12，O＝16

$$C_6H_{12}O_6+6O_2 \longrightarrow 6CO_2+6H_2O \quad \Delta H=-2800\,\mathrm{kJ} \quad \cdots①$$
$$ATP+H_2O \longrightarrow ADP+H_3PO_4 \quad \Delta H=-30\,\mathrm{kJ} \quad \cdots②$$

問1　式①でグルコースを完全に分解したとき，ADPをATPに変換して蓄えられるエネルギーは，式①で生じるエネルギーの何%か。整数で答えよ。

問2　生体活動で630 kJのエネルギーが使われたとき，消費されたグルコースの質量は何gか。整数で答えよ。なお，エネルギーはすべてグルコースから生じたATPによってまかなわれたものとする。

解答 問1　式②を変形すると，

$$ADP + H_3PO_4 \longrightarrow ATP + H_2O \qquad \Delta H = 30\ \text{kJ}$$

つまり，ADP 1 mol から ATP 1 mol が生成するとき 30 kJ 消費されるが，この熱は式①で発生する熱が使われ，ATP の中に蓄えられる。グルコース 1 mol から ATP が 38 mol 生成するので，グルコース 1 mol を完全に分解したときに発生する熱の x〔%〕が蓄えられるエネルギーとすると，

$$2800 \times \frac{x}{100} = 30 \times 38 \qquad \therefore \quad x = 40.7 \fallingdotseq 41\ 〔\%〕$$

問2　グルコース y〔g〕が消費されたとすると，その 40.7 % が生体活動に使われたことになる。

$C_6H_{12}O_6 = 180$ より，

$$2800 \times \frac{y}{180} \times \frac{40.7}{100} = 630 \qquad \therefore \quad y = 99.5 \fallingdotseq 100\ 〔g〕$$

それでは問題を解いてみましょう。今回は初めから**入試問題**です。

（解答編 p. 84）

□類題 33－1　制限時間　2分 

ある生物の DNA は二重らせん 1 回転に塩基対を 10 個含むとする。この DNA 中にはヌクレオチドが 20 億個あり，その二重らせんの長さが 1.6 m であるとき，二重らせん 1 回転の長さ〔nm〕を有効数字 2 桁で答えよ。ただし，$1\ \text{nm} = 10^{-9}\ \text{m}$ とする。

（明治大・改）

□類題 33－2　制限時間　6分 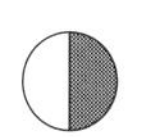

二重らせん構造をもつDNAでは，アデニンA，グアニンG，シトシンC，チミンTの4種の塩基があり，相補的な塩基が水素結合して塩基対を形成している。ある生物の細胞1個に含まれるすべてのDNAについて塩基対の数を調べると，総計30億個であった。また，塩基の総数に対するシトシンの割合は20％であった。

問1　シトシン以外の各塩基の割合〔%〕をそれぞれ整数で答えよ。

問2　この生物のDNA中の各塩基の割合を考慮して，核酸の構成単位の平均分子量を整数で答えよ。ただし，核酸の構成単位の式量は，塩基の種類ごとに次表のとおりである。

塩基の種類	アデニン	グアニン	シトシン	チミン
構成単位の式量	313	329	289	304

問3　この生物では，細胞1個あたりに何gのDNAが含まれているか，問2の数値を用いて有効数字2桁で答えよ。必要に応じてアボガドロ定数 6.0×10^{23}〔/mol〕を用いよ。

（九州大・改）

□類題 33－3　制限時間　3分 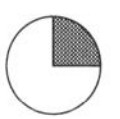

好気呼吸によるグルコースの酸化反応で生じたエネルギーは，アデノシン三リン酸ATP分子に保存される。このATPを使って，生物は生命活動を行うことができる。この酸化反応により，グルコース1 molあたり2790 kJの熱が発生する。発生した熱の40％がADPからのATPの合成に使用されるとき，グルコース1 molあたり何molのATPが生じるか。小数第1位まで答えよ。ただし，ATPの加水分解反応のエンタルピー変化は次式で表される。

$$\mathrm{ATP}+\mathrm{H_2O} \longrightarrow \mathrm{ADP}+\mathrm{H_3PO_4} \qquad \Delta H=-30\,\mathrm{kJ} \qquad \cdots①$$

（福岡大・改）

応用 □類題 33−4　制限時間　6分 

生物は，細胞内でアデノシン三リン酸(ATP：分子量 507)とよばれる物質の加水分解により生じるエネルギー(熱量)を利用して，その生命活動を営む。ATP 1 mol の加水分解により，アデノシン二リン酸(ADP：分子量 427) 1 mol とリン酸 1 mol が生じ，このとき 30.5 kJ の熱量が発生する。

細胞内における ATP 産生のおもな材料となるのがグルコース($C_6H_{12}O_6$：分子量 180)である。われわれの体を構成する臓器等により差はあるものの，酸素が十分に存在する条件下では，1 分子のグルコースが種々の物質に代謝される過程の中で，最終的に 30〜38 分子の ATP が産生される。したがって，1 g のグルコースから最大〔　ア　〕kJ の熱量を得ることができる。

問1　ある運動を 30 分間行ったところ，610 kJ の熱量を消費した。このときの ATP 消費量〔g〕を有効数字 2 桁で答えよ。ただし，ATP は ADP への加水分解にのみ消費され，発生した熱量はすべてこの加水分解反応に由来するものとする。

問2　〔　ア　〕の値を有効数字 2 桁で答えよ。ただし，1 mol のグルコースから 36 mol の ATP が産生されるものとし，体内でグルコースの生合成は起こらないものと仮定する。

(星薬科大・改)

34 高分子(4) 合成高分子化合物

1 高分子化合物の合成

高分子化合物を合成するとき，基本単位となる低分子量の物質を**単量体**(モノマー)，単量体が多数結合してできた高分子化合物を**重合体**(ポリマー)という。また，単量体どうしが結合して重合体になる反応を**重合**，結合している単量体あるいは繰返し単位の数 n を**重合度**という。

$$重合度\ n = \frac{高分子の分子量}{繰返し単位の式量}$$

2 主な高分子化合物

(1) 付加重合による高分子化合物

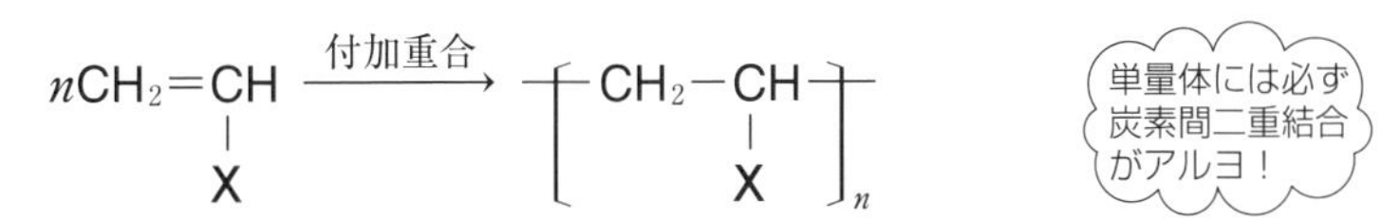

(注)一般に，高分子化合物の末端の－H や－OH は省略して表すことが多い。

(2) 縮合重合による高分子化合物

① **ポリアミド系樹脂**(アミド結合－NH－CO－を形成)

〈ナイロン 66〉

アジピン酸とヘキサメチレンジアミンを縮合重合させる。

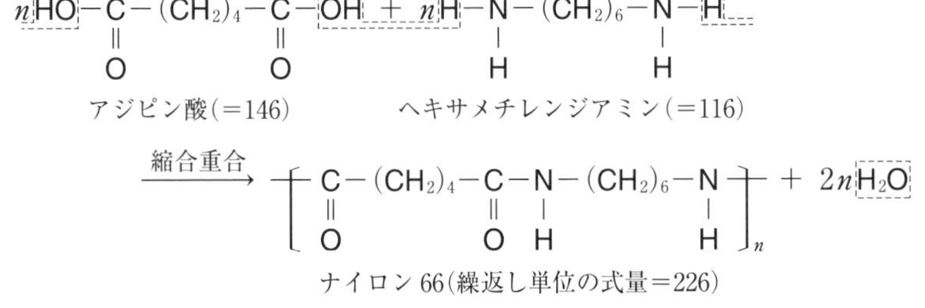

(注)ナイロン 66 の繰返し単位中にはアミド結合が 2 個ある。

② **ポリエステル系樹脂**(エステル結合−COO−を形成)

〈ポリエチレンテレフタラート(PET)〉

テレフタル酸とエチレングリコールを縮合重合させる。

$$n\,\mathrm{HO{-}\underset{\underset{O}{\|}}{C}{-}C_6H_4{-}\underset{\underset{O}{\|}}{C}{-}OH} + n\,\mathrm{H{-}O{-}CH_2{-}CH_2{-}O{-}H}$$

テレフタル酸(=166)　エチレングリコール(=62)

$$\xrightarrow{\text{縮合重合}} \left[\mathrm{\underset{\underset{O}{\|}}{C}{-}C_6H_4{-}\underset{\underset{O}{\|}}{C}{-}O{-}CH_2{-}CH_2{-}O}\right]_n + 2n\,\mathrm{H_2O}$$

ポリエチレンテレフタラート(繰返しの単位の式量=192)

(注)ポリエチレンテレフタラートの繰返し単位中にはエステル結合が2個ある。

⑶ **ビニロン**

アセチレンに酢酸を付加させて酢酸ビニルをつくり，酢酸ビニルを付加重合させポリ酢酸ビニルにする。ポリ酢酸ビニルを加水分解すると，ポリビニルアルコールが生成する。

$$n\mathrm{CH{\equiv}CH} \xrightarrow[\text{付加}]{n\mathrm{CH_3COOH}} n\mathrm{CH_2{=}\underset{\underset{OCOCH_3}{|}}{CH}}$$

アセチレン　酢酸ビニル

$$\xrightarrow{\text{付加重合}} \left[\mathrm{CH_2{-}\underset{\underset{OCOCH_3}{|}}{CH}}\right]_n \xrightarrow[\text{加水分解（けん化）}]{n\mathrm{NaOH}} \left[\mathrm{CH_2{-}\underset{\underset{OH}{|}}{CH}}\right]_n$$

ポリ酢酸ビニル　ポリビニルアルコール

ポリビニルアルコールにホルムアルデヒドを作用させてビニロンを生成する。この反応を**アセタール化**という。

$$\cdots\mathrm{{-}CH_2{-}\underset{\underset{O\,H}{|}}{CH}{-}CH_2{-}\underset{\underset{H\,O}{|}}{CH}{-}CH_2{-}\underset{\underset{OH}{|}}{CH}{-}}\cdots \quad + \quad \mathrm{H{-}\overset{\overset{O}{\|}}{C}{-}H}$$

ポリビニルアルコール+ホルムアルデヒド

ポリビニルアルコールの繰返し単位2個につき1個のHCHOが反応してアセタール構造が1個できるんだ‼

$$\xrightarrow{\text{アセタール化}} \cdots\mathrm{{-}CH_2{-}\underset{|}{CH}{-}CH_2{-}\underset{|}{CH}{-}CH_2{-}\underset{\underset{OH}{|}}{CH}{-}}\cdots$$
$$\mathrm{O{-}CH_2{-}O}$$

(アセタール構造)

ビニロンの部分構造

(4) ゴム

$$n\,CH_2{=}\underset{\displaystyle CH_3}{\underset{|}{C}}{-}CH{=}CH_2 \xrightarrow{\text{付加重合}} \left[CH_2{-}\underset{\displaystyle CH_3}{\underset{|}{C}}{=}CH{-}CH_2\right]_n$$

イソプレン　　ポリイソプレン(イソプレンゴム)

$$x\,CH_2{=}CH{-}C_6H_5 + y\,CH_2{=}CH{-}CH{=}CH_2$$

スチレン　　ブタジエン

$$\xrightarrow{\text{共重合}} \left[CH_2{-}CH(C_6H_5)\right]_x\left[CH_2{-}CH{=}CH{-}CH_2\right]_y$$

スチレン-ブタジエンゴム(SBR)

3 イオン交換樹脂

スチレンと*p*-ジビニルベンゼンとの共重合体に，適当な置換基－X をつけた高分子化合物はイオン交換作用があるので，**イオン交換樹脂**という。

$$x\,C_6H_5{-}CH{=}CH_2 + y\,CH_2{=}CH{-}C_6H_4{-}CH{=}CH_2 \xrightarrow{\text{共重合}} \left[CH{-}CH_2\ (C_6H_5)\right]_x\left[CH{-}CH_2\ (C_6H_4)\ CH{-}CH_2\right]_y$$

$$\xrightarrow{\text{Xを置換}} \left[CH{-}CH_2\ (C_6H_4{-}X)\right]_x\left[CH{-}CH_2\ (C_6H_4)\ CH{-}CH_2\right]_y$$

(1) 陽イオン交換樹脂

分子内にスルホ基($-SO_3H$)やカルボキシ基($-COOH$)をもつ樹脂は，**陽イオン**を**水素イオン**と交換する能力をもつので，**陽イオン交換樹脂**という。

$X{=}SO_3^-H^+$ のとき

$$R{-}SO_3H + Na^+ \rightleftarrows R{-}SO_3Na + H^+$$

(2) 陰イオン交換樹脂

分子内にトリメチルアンモニウム基($-N^+(CH_3)_3OH^-$)やアミノ基($-NH_2$)をもつ樹脂は，**陰イオン**を**水酸化物イオン**と交換する能力をもつので，**陰イオン交換樹脂**という。

$X=CH_2-N^+(CH_3)_3OH^-$ のとき

$$R-CH_2-N^+(CH_3)_3OH^- + Cl^- \rightleftarrows R-CH_2-N^+(CH_3)_3Cl^- + OH^-$$

(注)この章の問題では，H=1.0，C=12，N=14，O=16，Cl=35.5 とする。

例題 34−1

問1　分子量が 21000 であるポリプロピレンの重合度 n を求めよ。

問2　カプロラクタム(分子量 113)1.13 g を開環重合させて，一本鎖のナイロン6を合成した。このナイロン6の中に存在するアミド結合の数を有効数字2桁で求めよ。ただし，アボガドロ定数は 6.0×10^{23}/mol とする。

解答　問1　ポリプロピレンの繰返し単位は $-CH_2-CH(CH_3)-$ と表され，その式量は 42 であるので，$n=\frac{21000}{42}=500$

問2　ナイロン6は以下のように合成される。

$$n\ \underset{\text{カプロラクタム}}{CH_2\begin{cases}CH_2-CH_2-N-H \\ CH_2-CH_2-C=O\end{cases}} \xrightarrow{\text{開環重合}} \underset{\text{ナイロン6(繰返し単位の式量は 113)}}{\left[\underset{H}{\underset{|}{N}}-(CH_2)_5-\underset{O}{\underset{\|}{C}} \right]_n}$$

ナイロン6の繰返し単位中にはアミド結合が1個存在するので，重合度 n のナイロン6の1分子中のアミド結合の数は n である。したがって，

$$\frac{1.13}{113\,n}\times n\times6.0\times10^{23}=6.0\times10^{21}$$

例題 34−2

分子量が 33900 であるナイロン 66 を 1 mol つくるのにアジピン酸は何 mol 必要か。また，このナイロン 66 1.13 g 中に含まれるアミド結合は何個か。有効数字2桁で求めよ。ただし，アボガドロ定数を 6.0×10^{23}/mol とする。

解答 p. 245 2 **主な高分子化合物**の(2) ①の反応式より，ナイロン 66 の繰返し単位

$$-CO-(CH_2)_4-CO-NH-(CH_2)_6-NH- \quad (\text{式量 } 226)$$

を 1 個つくるのにアジピン酸は 1 個必要である。したがって，

$$\left[CO-(CH_2)_4-CO-NH-(CH_2)_6-NH \right]_n$$

のナイロン 66 を 1 mol つくるのにアジピン酸は n〔mol〕必要である。つまり，繰返し単位の数(重合度)n を求めればよい。

$$\therefore \quad n=\frac{33900}{226}=150 \qquad \therefore \quad 1.5\times10^2\ \text{〔mol〕}$$

ナイロン 66 は，繰返し単位内に 2 個のアミド結合をもつので，重合度 n' のナイロン 66 1 mol 中には $2n'$ mol のアミド結合をもつことになる。重合度 n' のナイロン 66 1.13 g の物質量は $\frac{1.13}{226n'}$ mol であるので，

$$\underbrace{\frac{1.13}{226n'}}_{\text{ナイロン 66 の mol}} \underbrace{\times 2n'}_{\text{アミド結合の mol}} \underbrace{\times 6.0\times10^{23}}_{\text{アミド結合の個数}} = 6.0\times10^{21}\ \text{〔個〕}$$

例題 34－3

次の高分子化合物 A は両端にカルボキシ基をもち，テレフタル酸とエチレングリコールを適切な物質量の比で縮合重合させることによって得られた。1.0 g の A には 1.2×10^{19} 個のカルボキシ基が含まれていた。アボガドロ定数を 6.0×10^{23}〔/mol〕とする。

$$HO\left[\underset{\|}{\overset{}{C}}(=O)-C_6H_4-C(=O)-O-(CH_2)_2-O \right]_n C(=O)-C_6H_4-C(=O)-OH$$

高分子化合物 A

問 1　A の平均分子量 M を有効数字 2 桁で答えよ。

問 2　A 1 分子中のエステル結合の数を有効数字 2 桁で答えよ。

解答 問 1　A は両端にカルボキシ基をもつので A はカルボキシ基を 2 つもつ。したがって，A の平均分子量を M とおくと，

$$\underbrace{\frac{1.0}{M}}_{\text{A の mol}} \underbrace{\times 2}_{\text{カルボキシ基の mol}} \underbrace{\times 6.0\times10^{23}}_{\text{カルボキシ基の個数}} = 1.2\times10^{19} \qquad M=1.0\times10^5$$

問2　Aの平均分子量は$(17+192\times n+149=)\,192n+166$とおけるので，

$192n+166=1.0\times10^5$　より　$n=519.9\fallingdotseq520$

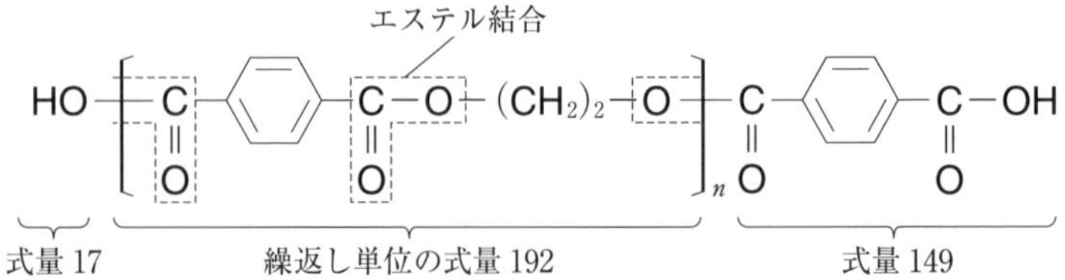

エステル結合

$$\mathrm{HO}\!-\!\left[\underset{\substack{\|\\ \mathrm{O}}}{\mathrm{C}}-\mathrm{C_6H_4}-\underset{\substack{\|\\ \mathrm{O}}}{\mathrm{C}}-\mathrm{O}-(\mathrm{CH_2})_2-\mathrm{O}\right]_n\!-\underset{\substack{\|\\ \mathrm{O}}}{\mathrm{C}}-\mathrm{C_6H_4}-\underset{\substack{\|\\ \mathrm{O}}}{\mathrm{C}}-\mathrm{OH}$$

式量 17　　繰返し単位の式量 192　　式量 149

Aの繰返し単位中には2個のエステル結合があるが，上の構造式より，繰返し単位の左末端はカルボキシ基になっているためエステル結合になっていない。また繰返し単位の右末端はエステル結合になっている。

$$2\times n-1+1=2n\quad \text{より}\quad 2\times520=1040\fallingdotseq1.0\times10^3$$

例題 34－4

ポリビニルアルコールをアセタール化するとビニロンが生成する。ポリビニルアルコールの繰返し単位を30％アセタール化することによって生じるビニロンの構造式を書け。ただし，アセタール化される前のポリビニルアルコールの重合度をnとする。

解答　ポリビニルアルコールの繰返し単位2個が1個のHCHOと反応して，アセタール構造が1個生成する。

n個のうちの30％がアセタール化されたので，アセタール構造は

$$n\times\frac{30}{100}\times\frac{1}{2}=0.15n\,〔個〕$$

生成し，ポリビニルアルコールの繰返し単位は

$$n\times\frac{100-30}{100}=0.70n\,〔個〕$$

残る。したがって，

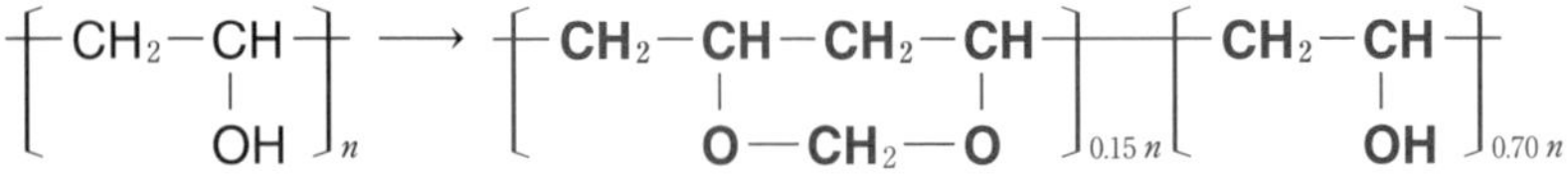

$$\left[\mathrm{CH_2}-\underset{\substack{|\\ \mathrm{OH}}}{\mathrm{CH}}\right]_n \longrightarrow \left[\mathrm{CH_2}-\mathrm{CH}-\mathrm{CH_2}-\mathrm{CH} \atop \qquad\ \ \mathrm{O}-\mathrm{CH_2}-\mathrm{O}\right]_{0.15n}\left[\mathrm{CH_2}-\underset{\substack{|\\ \mathrm{OH}}}{\mathrm{CH}}\right]_{0.70n}$$

例題 34−5

　スチレンとブタジエンを共重合させ，スチレン-ブタジエンゴムをつくった。このゴム 35 g に触媒の存在下で水素 H_2 を反応させたところ，標準状態で 11.2 L の水素が消費された。重合に使われたスチレンとブタジエンの物質量の比(スチレン：ブタジエン)はいくらか。

$C_6H_5-CH=CH_2$　　$CH_2=CH-CH=CH_2$

スチレン(=104)　　ブタジエン(=54)

解答　スチレン：ブタジエン=1：x とすると，このゴムの分子量は，$(104+54x)n$ となる。また，このゴム1分子は C=C を xn 個もつので，ゴム1分子に対して H_2 を xn 個付加させることができるので，

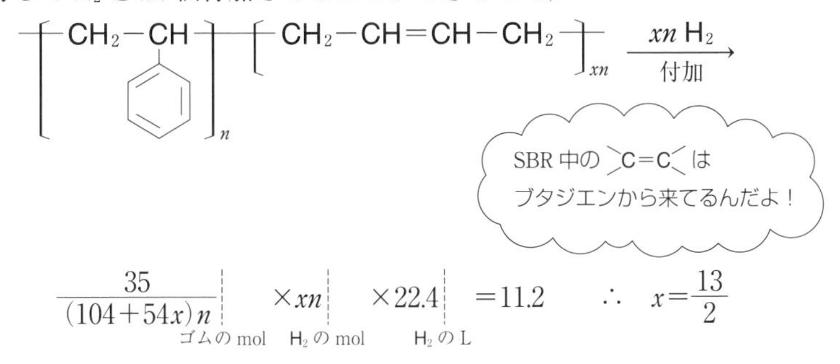

$$\frac{35}{(104+54x)n} \times xn \times 22.4 = 11.2 \quad \therefore \quad x=\frac{13}{2}$$

ゴムの mol　H_2 の mol　H_2 の L

したがって，スチレン：ブタジエン$=1:\frac{13}{2}=2:13$

例題 34−6

　陰イオン交換樹脂に硫酸カリウム水溶液を 15 mL 加えた後，水 100 mL で樹脂を洗浄した。洗浄液も含めた溶液をすべて集めた溶液を，0.60 mol/L の塩酸で中和したところ，5.0 mL の塩酸が必要であった。加えた硫酸カリウム水溶液の濃度は何 mol/L か。

解答　硫酸カリウム(K_2SO_4)水溶液中の SO_4^{2-} が交換される。

p. 248 3 **イオン交換樹脂**の(2)の反応式で考えると，

$$2R-CH_2-N(CH_3)_3OH + SO_4^{2-} \longrightarrow (R-CH_2-N(CH_3)_3)_2SO_4 + 2OH^-$$

となり，K_2SO_4 の物質量の2倍の量の OH^- が流出する。

加えた硫酸カリウム水溶液のモル濃度を x〔mol/L〕とすると，中和の公式より，

$$\underbrace{\underbrace{\underbrace{x\times\frac{15}{1000}}_{K_2SO_4\text{ の mol}}\times 1}_{SO_4^{2-}\text{ の mol}}\times 2}_{OH^-\text{ の mol}}=\underbrace{\underbrace{0.60\times\frac{5.0}{1000}}_{HCl\text{ の mol}}\times 1}_{H^+\text{ の mol}}$$

$$\therefore\quad x=0.10\ \text{〔mol/L〕}$$

それでは，実際に問題を解いてみましょう。

（解答編 p. 85）

□類題 34－1　制限時間　9 分 

問 1　分子量が 14000 のポリエチレンの重合度 n を整数で答えよ。

問 2　ポリ塩化ビニルを 100 g つくるのに必要な単量体は何 mol か。有効数字 2 桁で答えよ。

問 3　分子量が 96000 であるポリエチレンテレフタラート 1 分子中に含まれるエステル結合は何個か。整数で答えよ。

問 4　分子量が 38400 であるポリエチレンテレフタラート 1.92 kg 中に含まれるエステル結合は何個か。有効数字 2 桁で答えよ。ただし，アボガドロ定数を 6.0×10^{23}/mol とする。

問 5　ラクチド(分子量 144)を開環重合すると，下の反応よりポリ乳酸が生成する。

$$\frac{n}{2}\ \text{ラクチド（}C_6H_8O_4\text{ 環状二量体）}\xrightarrow{\text{開環重合}}\left[\,O-\underset{\substack{|\\CH_3}}{CH}-\underset{\substack{\|\\O}}{C}\,\right]_n$$

ラクチド　　　　　ポリ乳酸

ラクチド 1.44 g を開環重合させて，一本鎖のポリ乳酸を合成した。このポリ乳酸中に存在するエステル結合の数はいくらか。有効数字 2 桁で答えよ。ただしアボガドロ定数は 6.0×10^{23}/mol とする。

□類題 34−2 制限時間 3分 

陽イオン交換樹脂に 0.10 mol/L の塩化カリウム水溶液を 15 mL 加えた後，水 100 mL で樹脂を洗浄した。洗浄液も含めた溶液をすべて集めた溶液を，0.30 mol/L の水酸化ナトリウム水溶液で中和する場合，何 mL の水酸化ナトリウム水溶液が必要か。整数で答えよ。

□類題 34−3 制限時間 10分 

ポリビニルアルコール 44.0 g からビニロン 45.8 g が得られた。以下の各問に有効数字 2 桁で答えよ。

問 1　ポリビニルアルコールを 44.0 g 得るために必要な酢酸ビニルの質量は何 g か。

応用 問 2　分子中のヒドロキシ基のうち何 % が反応したか。

問 3　ホルムアルデヒドは何 g 反応したか。

ここからは**入試問題**です。今までの類題とレベルはほとんど変わらないので，落ち着いて解いてみましょう。

□類題 34−4 制限時間 3分 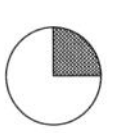

テレフタル酸 $HOOC-C_6H_4-COOH$ とエチレングリコール $HO-CH_2-CH_2-OH$ を縮合重合したところ，分子の両末端にカルボキシ基をもつポリエチレンテレフタラート(PET：分子量 1.111×10^4)が得られた。この PET 1 分子中のエステル結合の数を整数で求めよ。

(日本大・改)

□類題 34－5　制限時間　5分 

14.673 g のヘキサメチレンジアミンと 11.600 g のアジピン酸を反応させたところ，ともにすべて反応し，ナイロン 66 と水のみが得られた。このナイロン 66 は鎖の両末端にアミノ基をもつ高分子であった。このナイロン 66 の分子量を整数で答えよ。

（東京工業大・改）

□類題 34－6　制限時間　3分 

アジピン酸とヘキサメチレンジアミンから両末端にカルボキシ基をもつナイロン 66 を得た。このナイロン 66 を 2.0 g はかりとり，ベンジルアルコール溶液に溶解した。これを 1.0×10^{-2} mol/L の KOH を含むエタノール液により中和滴定したところ，8.0 mL を要した。このナイロン 66 の分子量はいくらか。有効数字 2 桁で求めよ。ただし，滴定実験中にポリマーは分解しないものとする。

（金沢大・改）

□類題 34－7　制限時間　3分 

重合度 1100 のポリ酢酸ビニルを 2.00 mol/L の KOH 水溶液で完全にけん化するのに 25.0 mL 要した。このときに用いたポリ酢酸ビニルは何 mol か。有効数字 2 桁で答えよ。

（上智大・改）

□類題 34－8　制限時間　5分 

ブタジエンとアクリロニトリルの共重合反応により得られた合成ゴムの平均分子量が 5.30×10^{4} であった。また，元素分析の結果，窒素の質量百分率が 9.25 % であった。この共重合体の 1 分子中に含まれるブタジエン単位の平均数を有効数字 2 桁で答えよ。

（金沢大・改）

応用 □類題 34−9 制限時間 10 分 

スチレンと *p*-ジビニルベンゼンを 4：1 のモル比で共重合させて平均分子量 1.00×10^5 の高分子化合物 A を合成した。この高分子化合物 A 1.50 g をとり，その中に含まれるベンゼン環にスルホ基を導入して，陽イオン交換樹脂をつくった。この陽イオン交換樹脂の水素イオンをナトリウムイオンに交換するのに，1.00 mol/L の水酸化ナトリウム水溶液が 6.60 mL 必要であった。ただし，スルホン化はスチレン由来のベンゼン環のパラ位のみに起こるものとする。

問 1　高分子化合物 A 1 分子中には，平均してベンゼン環が何個含まれるか。整数で答えよ。

問 2　高分子化合物 A 1 分子中に含まれるスチレン由来のベンゼン環のうち，何 % がスルホン化されていたか。整数で答えよ。

（北里大・改）

化学 計算問題
エクササイズ

馬場徳尚・前田由紀子　共著

解答・解説編

河合出版

1 物質の三態

類題 1－1

$$0\,℃\text{ の氷} \xrightarrow[ア]{} 0\,℃\text{ の水} \xrightarrow[イ]{} 100\,℃\text{ の水} \xrightarrow[ウ]{} 100\,℃\text{ の水蒸気}$$

のように状態変化する。$H_2O=18$ より，H_2O 1 mol＝18 g であるので，

$$\Big\{\underbrace{333\,[\text{J/g}]\times18\,[\text{g}]}_{ア} + \underbrace{4.18\,[\text{J/(g}\cdot℃)]\times18\,[\text{g}]\times(100-0)\,[℃]}_{イ} + \underbrace{2260\,[\text{J/g}]\times18\,[\text{g}]}_{ウ}\Big\}\,\underset{\text{J}}{|}\times\frac{1}{10^3}\underset{\text{kJ}}{|} \fallingdotseq 54.19\,[\text{kJ}]$$

∴ ⑧

単位をみてごらん！
比熱も比熱容量も
おんなじ意味ダヨー‼

類題 1－2

領域 C では液体になっており，加えた熱量は温度上昇のみに使われている。(Q_3-Q_2) J の熱量を加えた間に (T_2-T_1) ℃だけ温度が上昇しているので，

$$\frac{Q_3-Q_2}{T_2-T_1} \qquad ∴\ ③$$

類題 1－3

問 1　融解熱を Q [kJ/mol] とすると，融解熱を示しているのは AB の部分であるので，12－6＝6 (分間) の加熱時間のとき，

$$Q\,[\text{kJ/mol}]\times\frac{90}{18}\,[\text{mol}]=5\,[\text{kJ/分}]\times6\,[\text{分}] \text{ より}\quad Q=6\,[\text{kJ/mol}] \quad ∴\ ①$$

問 2　B(0 ℃ の水)から D(100 ℃ の水蒸気)までに加えられた熱量は，

$$5\,[\text{kJ/分}]\times(61-12)\,[\text{分}]=245\,[\text{kJ}] \qquad ∴\ ⑤$$

応用 類題 1－4

$$0\,℃\text{ の氷} \xrightarrow[ア]{} 0\,℃\text{ の水} \xrightarrow[イ]{} 40\,℃\text{ の水}$$

のように状態変化をする。氷の融解熱を Q [kJ/mol] とすると，

$$\underbrace{Q\,[\text{kJ/mol}]\times\frac{100}{18}\,[\text{mol}]}_{ア} + \underbrace{4.2\,[\text{J/(g}\cdot℃)]\times100\,[\text{g}]\times(40-0)\,[℃]\,\underset{\text{J}}{|}\times\frac{1}{10^3}\underset{\text{kJ}}{|}}_{イ}$$

$$=50.1\,[\text{kJ}] \qquad ∴\ Q=5.99\fallingdotseq\mathbf{6.0\,[kJ/mol]}$$

2 気体(1) 気体の法則

類題 2−1

(1)〜(3)は，気体の物質量は一定なので $\frac{P_1V_1}{T_1}=\frac{P_2V_2}{T_2}$ を利用する。

(1) 温度一定であるので $T_1=T_2$ として，$P_1V_1=P_2V_2$ より

$$1.5\times10^5\times4=1.2\times10^5\times V_2 \qquad \therefore \quad V_2=\mathbf{5}\ \text{〔L〕}$$

(2) 圧力一定であるので $P_1=P_2$ として，$\frac{V_1}{T_1}=\frac{V_2}{T_2}$ より

$$\frac{5}{273}=\frac{V_2}{546} \qquad \therefore \quad V_2=\mathbf{10}\ \text{〔L〕}$$

(3) $\frac{3.0\times10^5\times1}{27+273}=\frac{2.0\times10^5\times V_2}{127+273} \qquad \therefore \quad V_2=\mathbf{2}$ 〔L〕

(4)〜(5)は，条件が変化したのではないので $PV=nRT$ を利用する。

(4) $1.5\times10^5\times415$

$=n\times8.3\times10^3\times(27+273)$

$\therefore \quad n=\mathbf{25}$ 〔mol〕

PV=nRT を使いたいときは
mmHg→Pa，℃→K
てな風に単位を換えるんダヨー！

(5) 760 mmHg は 1.0×10^5 Pa に相当するので，

$$1.0\times10^5\times\frac{380}{760}\times8.3=\frac{5.0}{M}\times8.3\times10^3\times(47+273) \qquad \therefore \quad M=\mathbf{32}$$

(6) 同温・同圧のとき気体の密度は分子量に比例するので，酸素の密度の 1.75 倍より酸素の分子量の 1.75 倍となる。$O_2=32$ より，

$$32\times1.75=\mathbf{56}$$

類題 2−2

$PV=nRT$ を利用して，

$$1.01\times10^5\times\frac{300}{1000}=\frac{1.00}{M}\times8.3\times10^3\times(77+273) \qquad \therefore \quad M\fallingdotseq95.9 \qquad \therefore \quad ④$$

類題 2−3

(1) 温度一定であるので，ボイルの法則($PV=k$)が成立する。　∴ ⑤

(2) $PV=nRT$ より n は一定，また，R も定数であるので，

$$V=\frac{nRT}{P}=\frac{k}{P}T \quad (k=nR)$$

P が大きいと直線の傾きが小さいので，P_2 のほうが高圧である。　∴ P_2

応用 類題 2−4

問1 $\frac{P_1V_1}{T_1}=\frac{P_2V_2}{T_2}$ において，温度一定であるので $P_1V_1=P_2V_2$ となる。

実験(1)終了時の圧力を P〔Pa〕とすると，

$$3.0\times10^5\times1.0=P\times6.0 \qquad P=0.5\times10^5=\mathbf{5.0\times10^4}\ \text{〔Pa〕}$$

(補足)実験(2)終了時の圧力を P' Pa とすると

$$\frac{5.0\times10^4\times6.0}{30+273}=\frac{P'\times6.0}{636+273}$$ より $P'=1.50\times10^5$〔Pa〕

問2　実験(2)終了時の気体の体積は 6.0 L，温度は 636 ℃である。

$\frac{P_1V_1}{T_1}=\frac{P_2V_2}{T_2}$ において，圧力一定であるので $\frac{V_1}{T_1}=\frac{V_2}{T_2}$ となる。

実験(3)終了時の絶対温度を T〔K〕とすると，

$$\frac{6.0}{636+273}=\frac{2.0}{T}\qquad\therefore\quad T=303\text{〔K〕}$$

求める温度を t〔℃〕とすると，303〔K〕$=(t+273)$〔K〕より，$t=$**30**〔℃〕

問3　$(P,\ V)$ の変化は次のようになる。

初め $(3.0\times10^5\ \text{Pa},\ 1.0\ \text{L})$

→(1) $(0.5\times10^5\ \text{Pa},\ 6.0\ \text{L})$

→(2) $(1.5\times10^5\ \text{Pa},\ 6.0\ \text{L})$

→(3) $(1.5\times10^5\ \text{Pa},\ 2.0\ \text{L})$

したがって，グラフは右図のようになる。

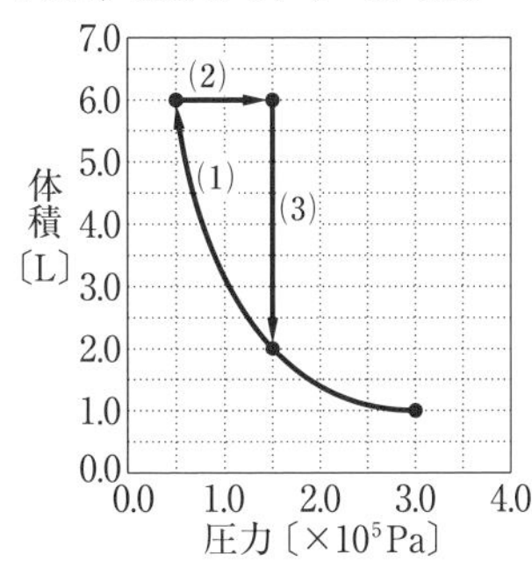

応用 類題 2−5

問1　$N_2=28$，A 室の圧力を P〔Pa〕とすると，気体の状態方程式より，

$$P\times\frac{50\times200}{1000}=\frac{84.0}{28}\times8.3\times10^3\times300\quad P=7.47\times10^5\fallingdotseq7.5\times10^5\text{〔Pa〕}\quad\therefore\ ⑤$$

問2　可動壁の問題のポイントは，**可動壁が静止しているとき，可動壁の左側にかかる圧力と右側にかかる圧力は等しくなっている**点である。つまり A 室の圧力と B 室の圧力が等しい。

(1)　$CO_2=44$，A 室の長さを L〔cm〕，B 室の長さを $(200-L)$〔cm〕とし，A 室および B 室内の圧力を P'〔Pa〕とすると，気体の状態方程式より，

N_2 について，$P'\times\frac{50\times L}{1000}=\frac{84.0}{28}\times8.3\times10^3\times300$　…(i)

CO_2 について，$P'\times\frac{50\times(200-L)}{1000}=\frac{44.0}{44}\times8.3\times10^3\times300$　…(ii)

式(i)÷式(ii)より，$\frac{L}{200-L}=\frac{3}{1}$　　$L=150$〔cm〕　∴ ⑤

(2)　A 室の圧力を P'〔Pa〕とすると，N_2 について

$$P'\times\frac{50\times150}{1000}=\frac{84.0}{28}\times8.3\times10^3\times300\quad P'=9.96\times10^5\fallingdotseq1.0\times10^6\text{〔Pa〕}\ \therefore\ ④$$

［別解］ A 室の体積が $(50\times200)\to(50\times150)$ と $\frac{3}{4}$ 倍になったので，A 室の圧力は $\frac{4}{3}$ 倍になる。　∴ $7.47\times10^5\times\frac{4}{3}=9.96\times10^5\fallingdotseq1.0\times10^6$〔Pa〕

問3　A室の長さが100 cmのところで断熱壁が静止することになる。したがってB室の長さも100 cmになり，A室の圧力とB室の圧力は等しくなっている。その圧力をP''〔Pa〕とする。

(1)　B室にさらにCO_2をx〔g〕加えるとすると，気体の状態方程式より

N_2について，$P''\times\dfrac{50\times100}{1000}=\dfrac{84.0}{28}\times8.3\times10^3\times300$　…(iii)

CO_2について，$P''\times\dfrac{50\times100}{1000}=\dfrac{44.0+x}{44}\times8.3\times10^3\times300$　…(iv)

(iii)式，(iv)式の左辺が等しいので，$\dfrac{84.0}{28}=\dfrac{44.0+x}{44}$　　$x=88$〔g〕　∴　④

［別解］　A室N_2とB室CO_2の圧力，体積，温度が等しいので，N_2とCO_2の物質量は等しい。

$$\frac{84.0}{28}=\frac{44.0+x}{44}\qquad\therefore\ ④$$

(2)　A室を27℃に保ったまま，B室の温度をt〔℃〕にするとして，そのときのA室，B室の圧力をP'''〔Pa〕とすると，気体の状態方程式より

N_2について，$P'''\times\dfrac{50\times100}{1000}=\dfrac{84.0}{28}\times8.3\times10^3\times300$

CO_2について，$P'''\times\dfrac{50\times100}{1000}=\dfrac{44.0}{44}\times8.3\times10^3\times(t+273)$

(1)と同様に，$\dfrac{84.0}{28}\times300=\dfrac{44.0}{44}\times(t+273)$　　∴　$t=\mathbf{627}$〔℃〕　　∴　③

3　気体(2) 混合気体

類題3－1

混合後の酸素の分圧をP_{O_2}〔Pa〕とするとボイルの法則より，

$1.01\times10^6\times1.00=P_{O_2}\times5.00$　　∴　$P_{O_2}=2.02\times10^5$〔Pa〕

同様に混合後の窒素の分圧をP_{N_2}〔Pa〕とすると，

$5.05\times10^4\times2.40=P_{N_2}\times5.00$

∴　$P_{N_2}=0.2424\times10^5$〔Pa〕

条件が変化しても
nとTが変わんないと，
ボイルの法則が成り立つヨー

全圧は，$2.02\times10^5+0.2424\times10^5=2.2624\times10^5\fallingdotseq2.26\times10^5$〔Pa〕　　∴　②

類題3－2

混合後の酸素の分圧をP_{O_2}〔Pa〕とすると，ボイルの法則より，

$1.5\times10^5\times3.0=P_{O_2}\times7.0$　　∴　$P_{O_2}=6.42\times10^4\fallingdotseq\mathbf{6.4\times10^4}$〔**Pa**〕

同様に，混合後の窒素の分圧をP_{N_2}〔Pa〕とすると，

$3.0\times10^5\times2.0=P_{N_2}\times7.0$　　∴　$P_{N_2}=3.0\times10^5\times\dfrac{2.0}{7.0}$〔Pa〕

全圧 P は，$P=P_{O_2}+P_{N_2}$ より，

$$1.5\times10^5\times\frac{3.0}{7.0}+3.0\times10^5\times\frac{2.0}{7.0}=\mathbf{1.5\times10^5}\ \text{〔Pa〕}$$

類題 3－3

コックを開いて混合しても気体の物質量は変わらないので，ボイル・シャルルの法則が成立する。

混合後の水素の分圧を P_{H_2}〔Pa〕とすると，$\dfrac{2.0\times10^5\times4.0}{150+273}=\dfrac{P_{H_2}\times11.0}{110+273}$ より，

$$P_{H_2}=\frac{383}{423\times11.0}\times8\times10^5=0.658\times10^5\ \text{〔Pa〕}\qquad \therefore\quad P_{H_2}=\mathbf{6.6\times10^4}\ \text{〔Pa〕}$$

同様に窒素の分圧を P_{N_2}〔Pa〕とすると，$\dfrac{1.5\times10^5\times7.0}{150+273}=\dfrac{P_{N_2}\times11.0}{110+273}$ より，

$$P_{N_2}=\frac{383}{423\times11.0}\times10.5\times10^5=0.864\times10^5\ \text{〔Pa〕}\qquad \therefore\quad P_{N_2}=\mathbf{8.6\times10^4}\ \text{〔Pa〕}$$

全圧は，$0.658\times10^5+0.864\times10^5=1.522\times10^5\fallingdotseq\mathbf{1.5\times10^5}$〔Pa〕

類題 3－4

気体 A の質量は酸素と同じであるので，$O_2=32$ より $0.10\times32=3.2$〔g〕

また，同温・同体積のとき，「分圧比＝物質量比」より，同温(300 K)・同体積(5.0 L)の酸素と A について，「A の分圧が酸素の分圧の 2 倍」より「A の物質量が酸素の物質量の 2 倍」としてよい。したがって，A の分子量を M とすると，

$$\frac{3.2}{M}=0.10\times2\qquad \therefore\quad M=\mathbf{16}$$

混合気体全体についても状態方程式は成立するので，全圧を P〔Pa〕とすると，

$$P\times5.0=(0.1+0.2)\times8.3\times10^3\times300\qquad \therefore\quad P=1.49\times10^5\fallingdotseq\mathbf{1.5\times10^5}\ \text{〔Pa〕}$$

類題 3－5

問 1　1.0×10^5 Pa＝760 mmHg＝76.0 cmHg より，A に連結した U 字管の水銀面の液面差を h〔cm〕とすると，$1.0\times10^5:76.0=7.5\times10^4:h$

$\therefore\quad h=57.0$〔cmHg〕　$\therefore$　**左側の面が 57 cm 高い。**

問 2　求める圧力を P〔Pa〕とすると，酸素についてボイルの法則より，

$$7.5\times10^4\times2.0=P\times6.0\qquad \therefore\quad P=\mathbf{2.5\times10^4}\ \text{〔Pa〕}$$

問 3　C を閉じても B 内の酸素の圧力は変わらない。

窒素の分圧を P_{N_2}〔Pa〕とすると，B の全圧＝酸素の分圧＋窒素の分圧より，

$$1.0\times10^5=2.5\times10^4+P_{N_2}\qquad \therefore\quad P_{N_2}=\mathbf{7.5\times10^4}\ \text{〔Pa〕}$$

問 4　C を開けても B 内の(もちろん A 内も)酸素の分圧は変化しない。窒素についてボイルの法則が成立するので，求める圧力を P'_{N_2}〔Pa〕とすると，

$$7.5\times10^4\times4.0=P'_{N_2}\times(2.0+4.0)\qquad \therefore\quad P'_{N_2}=5.0\times10^4\ \text{〔Pa〕}$$

したがって，容器内の圧力は酸素と窒素の分圧の和より，

$$2.5\times10^4+5.0\times10^4=\mathbf{7.5\times10^4}\ \text{〔Pa〕}$$

問5　p. 14 の**例題 2－1** より，水銀面に差が生じている場合，低い方の液面を基準に圧力のつりあいを考える。B に連結した U 字管の左側の液面には混合気体の圧力(7.5×10^4 Pa)が，右側の液面には大気圧(1.0×10^5 Pa)がかかっているため，左側の液面が高くなる。左右の圧力の差は，

$$1.0\times10^5-7.5\times10^4=2.5\times10^4\ \text{〔Pa〕}$$

混合気体の圧力＋19 cm の水銀柱の圧力＝大気圧だよ！

この圧力を水銀柱の高さに換算すると，

$$\frac{2.5\times10^4}{1.0\times10^5}\times76.0=19.0\ \text{〔cm〕}$$　∴　**左側の面が 19 cm 高い**。

類題 3－6

問1　混合気体の，総物質量は 0.20＋0.30＝0.50〔mol〕，体積は 3.0＋4.0＝7.0〔L〕，温度は 7＋273＝280〔K〕である。混合気体の全圧を P〔Pa〕とすると，気体の状態方程式より，

$$P\times7.0=0.50\times8.3\times10^3\times280 \quad \therefore \quad P=1.66\times10^5\fallingdotseq\mathbf{1.7\times10^5}\ \text{〔Pa〕}$$

応用 問2　状態 2 では容器 A と容器 B はコック C が開いているため同じ圧力であるが，温度は異なっている。このような場合，容器 A，B それぞれに気体の状態方程式が成立する。容器 A，B 内の混合気体の物質量をそれぞれ n_A〔mol〕，n_B〔mol〕とすると，$n_A+n_B=0.50$　…①

状態 2 での混合気体の全圧を P'〔Pa〕，気体定数を R〔Pa・L/(K・mol)〕とすると，容器 A 中の混合気体について，$P'\times3.0=n_A\times R\times300$ より，

$$n_A=\frac{P'}{100R}\ \text{〔mol〕}\quad\cdots②$$

容器 B 中の混合気体について，$P'\times4.0=n_B\times R\times400$ より，

$$n_B=\frac{P'}{100R}\ \text{〔mol〕}\quad\cdots③$$

②式，③式を①式に代入して，$\frac{P'}{100R}+\frac{P'}{100R}=0.50$　∴　$\frac{P'}{100R}=0.25$

$$P'=0.25\times100R=0.25\times100\times8.3\times10^3=2.07\times10^5\fallingdotseq\mathbf{2.1\times10^5}\ \text{〔Pa〕}$$

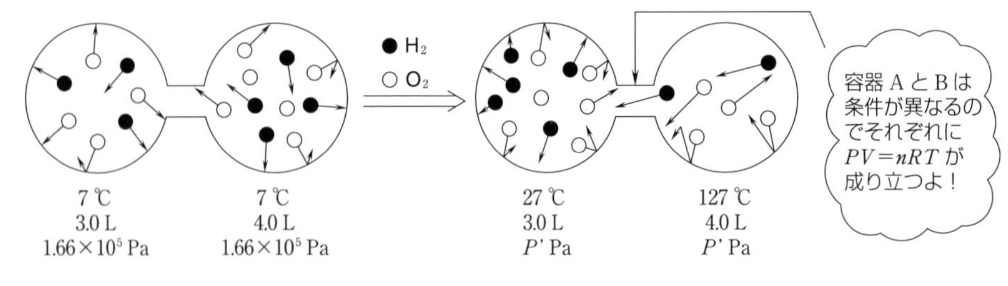

4 気体(3) 飽和蒸気圧

類題4－1

それぞれの化合物が液化(凝縮)し始めたときの圧力は，その温度における飽和蒸気圧である。20℃でそれぞれの容器の容積を小さくしていくと容器内の圧力は高くなり，まず化合物**C**が飽和蒸気圧に達し($P_C=0.02\times10^5$〔Pa〕)液化し始める。次に化合物**B**が飽和蒸気圧に達し($P_B=0.06\times10^5$〔Pa〕)，最後に化合物**A**が飽和蒸気圧に達し($P_A=0.58\times10^5$〔Pa〕)て順に液化し始める。したがって，

$P_A>P_B>P_C$　　∴　①

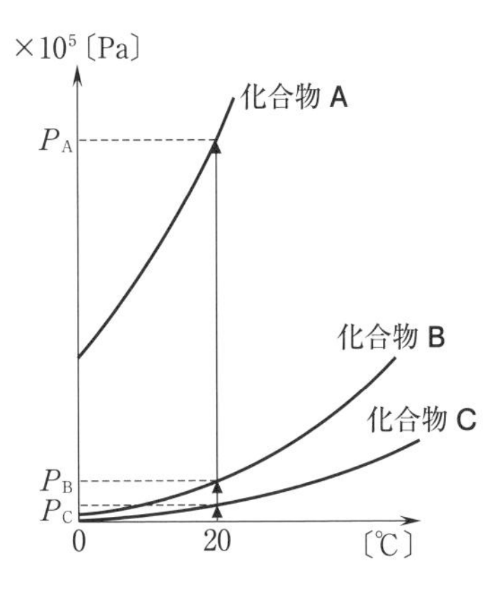

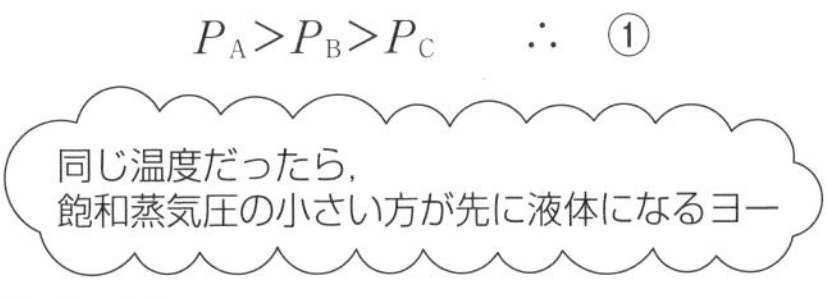

類題4－2

問1　大気圧での沸点は，飽和蒸気圧が大気圧(760 mmHg)と等しいときの温度であり，それが最も低いのは，**ア**

問2　分子間力が強いと飽和蒸気圧が低くなるため沸点が高くなる。　∴　**ウ**

問3　「どの物質も一部が液体として容器中に残った」ので，容器内の圧力はそれぞれ30℃における飽和蒸気圧となる。したがって，**ア→イ→ウ**

類題4－3

問1　外圧が1.0×10^5 Paであるので，ガラス管の真空部にエタノールが入る前の水銀柱の高さは760 mmである。25℃のもとで，真空部にエタノールが入り気液平衡状態になったとき，エタノールの圧力は，25℃でのエタノール飽和蒸気圧になっているので，ガラス管の上部の圧力は65 mmHgである。

ガラス管の外と内では，圧力がつり合ってるから

大気圧=エタノールの圧力+水銀柱の圧力　が成り立つ。

水銀柱の高さをh mmとすると，$760=65+h$

したがって，$h=760-65=695$〔mm〕となる。　∴　⑧

問2　温度が上昇すると，エタノールの飽和蒸気圧が大きくなる。外圧，つまり大気圧は変わらないので，水銀柱の高さは低くなる。　∴　①

類題4－4

「エタノールの液体量は無視できる」と書いてあるので，ガラス管の上部のエタノールは気液共存になっており，その圧力は58.7 hPaである。

$$58.7\,〔\mathrm{hPa}〕=58.7\times10^2\,〔\mathrm{Pa}〕=760\times\frac{58.7\times10^2}{1.0\times10^5}\fallingdotseq44.6\,〔\mathrm{mmHg}〕$$

エタノールを注入する前，ガラス管の上部は真空であり，外圧が 1.0×10^5 Pa であるので水銀柱の高さは 760 mm である。20 ℃のもとで，真空部にエタノールが入り気液平衡状態になったとき，ガラス管の上部の圧力は 44.6 mmHg である。このときの水銀柱の高さは，760−44.6＝715.4 ≒**715〔mm〕**

応用 類題 4－5

問１　77 ℃でのエタノールの圧力は 3.5×10^4 Pa である。グラフより，77 ℃の飽和蒸気圧は 1.0×10^5 Pa なので，エタノールはすべて気体になっている。27 ℃でエタノールがすべて気体と仮定したときの圧力を P〔Pa〕とする。容器の容積を V〔L〕としてボイル・シャルルの法則より，

$$\frac{3.5\times10^4\times V}{77+273}=\frac{P\times V}{27+273}\qquad P=3.0\times10^4\,〔\mathrm{Pa}〕$$

エタノールがすべて気体と仮定したときの圧力を点線で表すと，右図のような直線になる。この直線と蒸気圧曲線との交点の温度が，エタノールが凝縮し始めるときの温度である。グラフより 52 ℃となる。　∴　**52〔℃〕**

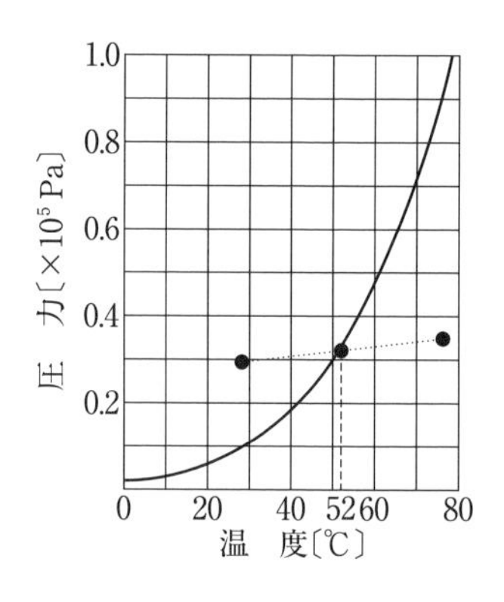

問２　封入されたエタノールの物質量を $n_{エ}$〔mol〕とすると，気体の状態方程式より

$$3.5\times10^4\times V=n_{エ}\times R\times(77+273)\quad\cdots①$$

同様に，27 ℃において気体であるエタノールの物質量を $n_{気}$〔mol〕とすると，気体の状態方程式より

$$1.0\times10^4\times V=n_{気}\times R\times(27+273)\quad\cdots②$$

$$\frac{②}{①}\text{より，}\ \frac{1.0\times10^4\times V}{3.5\times10^4\times V}=\frac{n_{気}\times R\times300}{n_{エ}\times R\times350}\qquad\therefore\ \frac{n_{気}}{n_{エ}}=\frac{1}{3}$$

∴　液体のエタノールの割合は，$1-\dfrac{1}{3}=\dfrac{2}{3}$ より，$\dfrac{2}{3}\times100=66.6\fallingdotseq$**67〔%〕**

5　気体(4) 混合気体と蒸気圧

類題 5－1

窒素の分圧は 600 mmHg，また「水は一部液体となっていた」ので，水蒸気の分圧は，27 ℃における飽和蒸気圧である 27 mmHg となる。

したがって，全圧は，600＋27＝**627〔mmHg〕**

類題 5−2

H_2 と H_2O の混合気体

内圧　大気圧

問１　**容器内の圧力を大気圧と等しくするため。**（容器の内と外の液面の高さが等しいとき，液面にかかる圧力がつり合っている。容器内の圧力を測定できないので，内圧を大気圧と等しくする）

問２　容器内の空間に水が蒸発しているので水は気液共存，容器内は水素と水蒸気の混合気体になっている。

$P_{大気圧}=P_{H_2}+P_{H_2O}$ より，$P_{H_2}=767-27=740$〔mmHg〕

H_2 についてボイル・シャルルの法則より，

$$\frac{740\times380}{27+273}=\frac{760\times V}{0+273}\qquad \therefore\quad V=336.7\fallingdotseq\mathbf{337}\text{〔mL〕}$$

類題 5−3

問１　$H_2=2.0$，$O_2=32$ より水素と酸素の物質量はそれぞれ

$$水素：\frac{0.060}{2.0}=0.030\text{〔mol〕},\quad 酸素：\frac{1.6}{32}=0.050\text{〔mol〕}$$

〔mol〕	$2H_2$	+	O_2	⟶	$2H_2O$
反応前	0.030		0.050		0
変化量	−0.030		−0.015		+0.030
反応後	0		0.035		0.030

反応後の酸素の圧力を P〔Pa〕とすると，気体の状態方程式より，

$$P\times3.1=0.035\times8.3\times10^3\times(37+273)\qquad \therefore\quad P=2.90\times10^4\fallingdotseq\mathbf{2.9\times10^4}\text{〔Pa〕}$$

問２　気体状態の割合を聞いているので，生成した水は気液共存になっているとわかる。したがって，水蒸気の圧力は飽和蒸気圧である 38 mmHg となる。水蒸気の物質量を n〔mol〕とすると，

$$1.0\times10^5\times\frac{38}{760}\times3.1=n\times8.3\times10^3\times(37+273)\qquad \therefore\quad n=\frac{1}{166}\text{〔mol〕}$$

したがって，気体状態の割合は，$\dfrac{\frac{1}{166}}{0.030}\times100=20.0\fallingdotseq\mathbf{20}$〔%〕

類題 5−4

問１　$P_{O_2}=1.20\times10^5\times\dfrac{1}{4}=\mathbf{3.00\times10^4}$〔Pa〕

$P_{N_2}=1.20\times10^5\times\dfrac{3}{4}=\mathbf{9.00\times10^4}$〔Pa〕

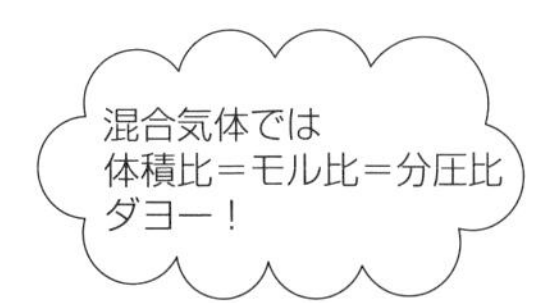

問2　エタノールが凝縮するときのエタノールの圧力は，47.0 ℃の飽和蒸気圧である2.60×10^4 Paとなっている。求める体積をV〔L〕とすると，気体の状態方程式より，

$2.60 \times 10^4 \times V = 0.0500 \times 8.3 \times 10^3 \times (47.0+273)$　　$\therefore$　$V = 5.107 \fallingdotseq \mathbf{5.11}$〔L〕

問3　容器A中のエタノールがすべて気体とみなしたときの圧力を$P_{エ}$〔Pa〕とすると，

$P_{エ} \times 16.6 = 0.0500 \times 8.3 \times 10^3 \times (47.0+273)$　　$\therefore$　$P_{エ} = 0.800 \times 10^4$〔Pa〕

この値は47.0 ℃におけるエタノールの飽和蒸気圧(2.60×10^4 Pa)よりも小さいので，エタノールはすべて気体になっている。したがって，エタノールの分圧は$0.800 \times 10^4 = 0.0800 \times 10^5$〔Pa〕となる。また，容器Aにエタノールを封入しても酸素と窒素の混合気体のもつ圧力は変化しない。したがって全圧は

$0.0800 \times 10^5 + 1.20 \times 10^5 = \mathbf{1.28 \times 10^5}$〔Pa〕

問4　反応前後で温度・体積一定なので，物質量のかわりに分圧の数値を用いる。

〔$\times 10^4$ Pa〕	C_2H_5OH	+	$3O_2$	⟶	$2CO_2$	+	$3H_2O$	N_2
反応前	0.800		3.00		0		0	9.00
変化量	−0.800		−2.40		+1.60		+2.40	—
反応後	0		0.60		1.60		2.40	9.00

反応表より47 ℃において生成した水がすべて気体とみなしたときの水蒸気の分圧は2.40×10^4 Pa。これは47.0 ℃における飽和蒸気圧(1.00×10^4 Pa)を超えているので，水は気液共存。その分圧は$P_{H_2O} = 1.00 \times 10^4$〔Pa〕

$\therefore$　$P_{全} = 0.60 \times 10^4 + 1.60 \times 10^4 + 1.00 \times 10^4 + 9.00 \times 10^4 = 12.2 \times 10^4$〔Pa〕

$\therefore$　$\mathbf{1.22 \times 10^5}$〔Pa〕

応用 類題5−5

問題文より，水は条件により，すべて気体だったり，気液共存だったりするが，窒素はどんな条件でも常に気体である。この問題のように，問題文の条件によっては液体になる水といつも気体の窒素の混合気体で，体積一定で温度を変化させた場合の圧力の変化は，右図のようになる。

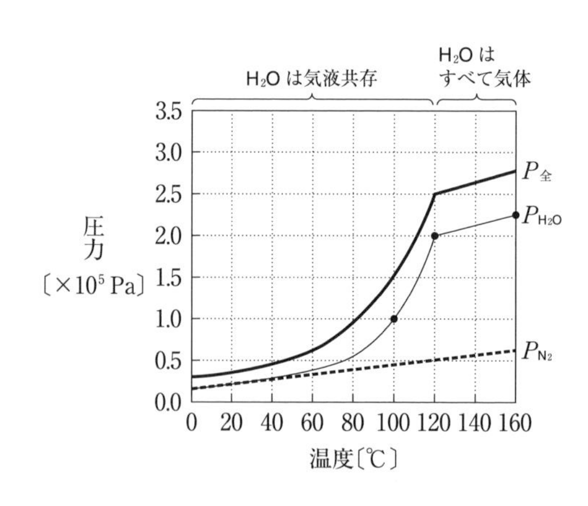

問1　100 ℃における水の飽和蒸気圧は1.0×10^5 Paであるので，100 ℃における窒素の分圧をP_{N_2}〔Pa〕とすると，全圧＝分圧の和より，

$$P_{N_2}=1.5\times10^5-1.0\times10^5=0.5\times10^5\ \text{〔Pa〕}$$

求める窒素(N_2＝28)の質量をx〔g〕とすると，気体の状態方程式より，

$$0.5\times10^5\times16.6=\frac{x}{28}\times8.3\times10^3\times(100+273)$$

$$x=7.50\fallingdotseq\mathbf{7.5}\ \text{〔g〕}$$

沸点とは，その液体の飽和蒸気圧が外圧(大気圧)と等しくなったときの温度なので，
「水の沸点は100 ℃」ってことは，**100 ℃における水の飽和蒸気圧は1.0×10^5 Pa**ってことさ！

問2　A点における窒素の分圧をP'_{N_2}〔Pa〕とすると，ボイル・シャルルの法則より

$$\frac{0.5\times10^5\times16.6}{100+273}=\frac{P'_{N_2}\times16.6}{120+273}\qquad\therefore\quad P'_{N_2}=0.526\times10^5\ \text{〔Pa〕}$$

したがって水蒸気の分圧は，$2.5\times10^5-0.526\times10^5=1.97\times10^5\fallingdotseq\mathbf{2.0\times10^5}$〔Pa〕

問3　120 ℃で水(H_2O＝18)はすべて気体になっている。求める水の質量をy〔g〕とすると，気体の状態方程式より，

$$1.97\times10^5\times16.6=\frac{y}{18}\times8.3\times10^3\times(120+273)\qquad y=18.0\fallingdotseq\mathbf{18}\ \text{〔g〕}$$

応用 類題5−6

問題文より，メタノールは条件によりすべて気体だったり，気液共存だったりするが，窒素はどんな条件でも常に気体である。この問題のように，条件によっては液体になるメタノールといつも気体の窒素の混合気体で，全圧一定で温度を変化させた場合の圧力の変化は，右図のようになる。

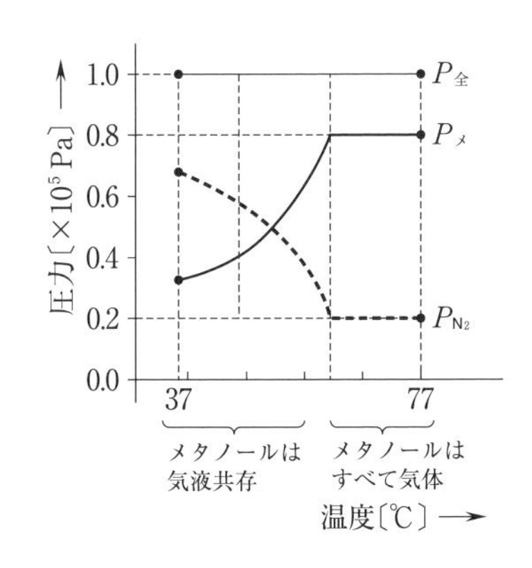

問1　37 ℃でメタノールの一部が凝縮したので，メタノールは気液共存であり，メタノールの分圧は37 ℃における飽和蒸気圧(0.30×10^5 Pa)になる。

このときの窒素の分圧は，全圧＝分圧の和より，

$$1.0\times10^5-0.30\times10^5=0.70\times10^5\ \text{〔Pa〕}$$

求める体積をV〔L〕とすると，窒素は常に気体なので気体の状態方程式より

$$0.70\times10^5\times V=0.020\times8.3\times10^3\times(37+273)\qquad\therefore\quad V=0.735\fallingdotseq\mathbf{0.74}\ \text{〔L〕}\ \cdots①$$

問2　37℃で，気体のメタノールの物質量を x〔mol〕とすると，

$$0.30\times10^5\times V=x\times8.3\times10^3\times(37+273) \quad \cdots②$$

①，②より V を消去して，$x=\dfrac{0.06}{7}$〔mol〕

したがって，凝縮したメタノールは，$0.080-\dfrac{0.06}{7}=0.0714≒\mathbf{0.071}$ **〔mol〕**

応用 類題 5－7

問題文より，X は条件によりすべて気体だったり気液共存だったりするが，Y はどんな条件でも常に気体である。このような X と Y の混合気体で，この問題のように，温度一定で体積を変化させた場合の圧力の変化は，右図のようになる。

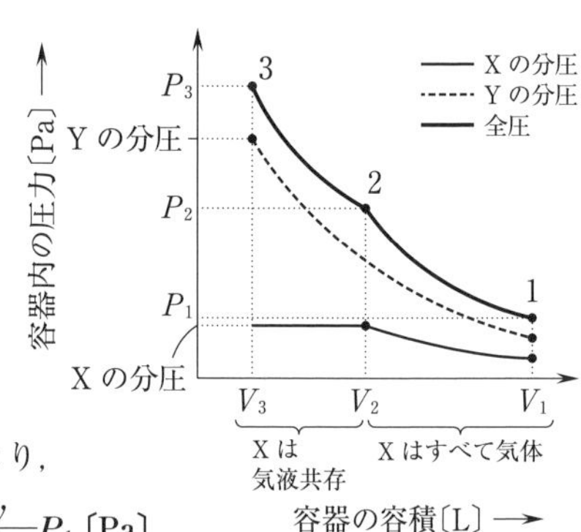

問1　点1では，X と Y ともに気体であるので，分圧＝全圧×モル分率より，

$$P_{\mathrm{Y1}}=P_1\times\frac{y}{x+y}=\frac{y}{x+y}P_1\ \text{〔Pa〕}$$

問2　Y はいつも気体なので，点1から点2まではボイルの法則が成立する。

$$P_{\mathrm{Y1}}\times V_1=P_{\mathrm{Y2}}\times V_2 \qquad P_{\mathrm{Y2}}=\frac{V_1}{V_2}P_{\mathrm{Y1}}\ \text{〔Pa〕}$$

問3　点2における X の分圧を P_{X2}〔Pa〕とすると，全圧＝分圧の和より，

$$P_{\mathrm{X2}}=(P_2-P_{\mathrm{Y2}})\ \text{〔Pa〕}$$

問4　グラフより点2で X の液滴が生じ始めたので，X の分圧（P_{X2}〔Pa〕）は，T〔K〕における飽和蒸気圧になっている。点3まで X は気液共存の状態なので，点3で X の分圧も T〔K〕における飽和蒸気圧（P_{X2}〔Pa〕）になっている。

$$\therefore\quad P_{\mathrm{X3}}=P_2-P_{\mathrm{Y2}}\ \text{〔Pa〕}$$

問5　点3における気体 Y の分圧 $P_{\mathrm{Y3}}=P_3-(P_2-P_{\mathrm{Y2}})=(P_3-P_2+P_{\mathrm{Y2}})$ **〔Pa〕**

6　溶液(1) 気体の溶解度

類題 6－1

(1)　$20\times\dfrac{400}{1000}=\mathbf{8.0}$ **〔mg〕**

400 mL 分に換算

(2)　$20\times\dfrac{2.5\times10^5}{1.0\times10^5}=\mathbf{50}$ **〔mg〕**

2.5×10^5 Pa 分に換算

圧力が 2.5 倍になってるから溶ける物質の量も 2.5 倍

(3) $\frac{20\times10^{-3}}{28}\times\frac{250}{1000}\times\frac{4.0\times10^{5}}{1.0\times10^{5}}=7.14\times10^{-4}\fallingdotseq\mathbf{7.1\times10^{-4}}$ **〔mol〕**

mol　250 mL 分に換算　4.0×10^5 Pa 分に換算

(4) 分圧＝全圧×モル分率より，$P_{N_2}=2.0\times10^5\times\frac{60}{100}=1.2\times10^5$〔Pa〕であるので，

$$\frac{20\times10^{-3}}{28}\times\frac{3}{1}\times\frac{1.2\times10^{5}}{1.0\times10^{5}}\times28\times10^{3}=7.19\fallingdotseq\mathbf{7.2}\ \text{〔mg〕}$$

mol　3 L 分に換算　1.2×10^5 Pa 分に換算　g　mg

類題 6－2

40 ℃，2.0×10^5 Pa で，2.0 L の水に溶ける酸素の量は，

$$1.0\times10^{-3}\times\frac{2.0}{1.0}\times\frac{2.0\times10^{5}}{1.0\times10^{5}}=4.0\times10^{-3}\ \text{〔mol〕}$$

4 ℃，1.0×10^5 Pa で，1.0 L の水に溶ける酸素の量は 2.0×10^{-3} mol なので，

$$\frac{4.0\times10^{-3}}{2.0\times10^{-3}}=2.0\ \text{〔倍〕}\qquad\therefore\ ④$$

類題 6－3

問 1　$\frac{1.4\times10^{-2}}{22.4}\times\frac{2}{1}\times\frac{5.0\times10^{4}}{1.0\times10^{5}}\times22.4=1.4\times10^{-2}$〔L〕　∴ ②

mol　2 L 分に換算　5.0×10^4 Pa 分に換算　L

問 2　$P_{N_2}=1.0\times10^5\times\frac{2}{3}$〔Pa〕，$P_{O_2}=1.0\times10^5\times\frac{1}{3}$〔Pa〕

窒素の溶解量は，$\frac{1.4\times10^{-2}}{22.4}\times\frac{2}{1}\times\frac{1.0\times10^{5}\times\frac{2}{3}}{1.0\times10^{5}}\times22.4$〔L〕

酸素の溶解量は，$\frac{2.8\times10^{-2}}{22.4}\times\frac{2}{1}\times\frac{1.0\times10^{5}\times\frac{1}{3}}{1.0\times10^{5}}\times22.4$〔L〕

したがって，窒素と酸素の溶解量の体積比は，1：1

∴ ③

混合気体ならば必ず
体積比＝物質量比＝分圧比

応用 類題 6－4

問 1　気体部分の CO_2 の圧力を $a\times10^5$〔Pa〕，物質量を n_1〔mol〕とすると，気体の状態方程式より

$$a\times10^{5}\times\frac{500}{1000}=n_1\times8.3\times10^{3}\times(27+273)\qquad\therefore\ n_1=0.02008\,a\ \text{〔mol〕}$$

水 500 mL に溶解した CO_2 の物質量を n_2〔mol〕とすると，ヘンリーの法則より

$$n_2=\frac{0.73}{22.4}\times\frac{500}{1000}\times\frac{a\times10^{5}}{1.0\times10^{5}}=0.01629\,a\ \text{〔mol〕}$$

気体部分の CO_2 の物質量＋溶解している CO_2 の物質量＝CO_2 の全物質量より

$$n_1+n_2=\frac{4.40}{44}=0.10\ \text{〔mol〕}$$

$$0.02008\,a+0.01629\,a=0.10\qquad a=2.749\fallingdotseq2.75\qquad\therefore\ ②$$

問2　1.0×10^5 Pa での CO_2 の水 1 L に対する溶解度は，標準状態に換算すると 0.73 L であるので，2.749×10^5 Pa のとき

$$\frac{0.73}{22.4}\times\frac{500}{1000}\times\frac{2.749\times10^5}{1.0\times10^5}\times\frac{1000}{500}$$

水 0.5 倍　　圧力 2.749 倍　　mol/L

$$=\frac{0.73}{22.4}\times\frac{2.749\times10^5}{1.0\times10^5}=0.0895\fallingdotseq\mathbf{0.090}\ [\text{mol/L}]\qquad\therefore\ ④$$

類題 6－5

問1 (1)　$N_2=\frac{0.016}{22.4}\times\frac{1.0}{1.0}\times\frac{1.0\times10^5\times\frac{3}{5}}{1.0\times10^5}\times22.4$

$O_2=\frac{0.032}{22.4}\times\frac{1.0}{1.0}\times\frac{1.0\times10^5\times\frac{2}{5}}{1.0\times10^5}\times22.4$　よって，$N_2:O_2=$ **3 : 4**

(2)　$N_2=\frac{0.016}{22.4}\times\frac{1.0}{1.0}\times\frac{1.0\times10^5\times\frac{3}{5}}{1.0\times10^5}\times28$

$O_2=\frac{0.032}{22.4}\times\frac{1.0}{1.0}\times\frac{1.0\times10^5\times\frac{2}{5}}{1.0\times10^5}\times32$　よって，$N_2:O_2\fallingdotseq$ **2 : 3**

応用 問2 (1)　この章の p. 48 2 **圧力変化による気体の溶解**の(2)②より水に溶けている窒素の量を，溶解している温度・圧力における気体の体積で表す場合，圧力に関係なく一定であるので，溶解した気体の体積は水の体積が増加した分だけ増加する。したがって，

$$0.023\times\frac{2.0}{1}=\mathbf{0.046}\ [\text{L}]$$

(2)　圧力一定で温度を上げると気体の溶解度は減少するので，温度を 0 ℃から 80 ℃に上げると，溶けきれなくなった窒素が気体として発生してくる。

発生する窒素の量
＝0 ℃で溶解している窒素の量
　－80 ℃溶解している窒素の量
だよ！

また，1 hPa＝100 Pa より，

$$\left(\frac{0.023}{22.4}\times\frac{2.0}{1}\times\frac{1013\times100}{1.013\times10^5}\times22.4\right)-\left(\frac{0.010}{22.4}\times\frac{2.0}{1}\times\frac{1013\times100}{1.013\times10^5}\times22.4\right)$$

$$\fallingdotseq(0.023-0.010)\times\frac{2.00}{1}=\mathbf{0.026}\ [\text{L}]$$

(3)　混合気体の体積比＝分圧比より，窒素の分圧は $1013\times100\times\frac{4}{5}$ Paである。

$$\frac{0.023}{22.4}\times\frac{2.00}{1}\times\frac{1013\times100\times\frac{4}{5}}{1.013\times10^5}\times28=\mathbf{0.046}\ [\text{g}]$$

7 溶液(2) 溶液の濃度

類題 7－1

(1) $\dfrac{\dfrac{3.0}{40}\ (\text{mol})}{\dfrac{300}{1000}\ (\text{kg})}=\dfrac{3.0}{40}\times\dfrac{1000}{300}=\mathbf{0.25}$ **〔mol/kg〕**　(2) $0.5\times\dfrac{400}{1000}\ (\text{mol})\times 40\ (\text{g})=\mathbf{8}$ **〔g〕**

類題 7－2

0.50 mol/kg の希硫酸中に水が 1000 g 含まれるとすると，

希硫酸中の硫酸の質量は $98\times0.50=49$〔g〕

水溶液の質量は $1000+49=1049$〔g〕

(1) 質量パーセント濃度は，$\dfrac{49}{1049}\times100=4.67\fallingdotseq\mathbf{4.7}$ **〔%〕**

(2) 水溶液の体積は $\dfrac{1049}{1.05}$ mL であるので，モル濃度は

$$\frac{0.50\ (\text{mol})}{\dfrac{\frac{1049}{1.05}}{1000}\ (\text{L})}=0.5\times\frac{1000}{\dfrac{1049}{1.05}}=0.500\fallingdotseq\mathbf{0.50}\ \text{〔mol/L〕}$$

類題 7－3

p. 56 **例題 7－3** を参照してほしい。

Na_2SO_4 1 mol 中に Na^+ は 2 mol，SO_4^{2-} は 1 mol 含まれる。$Fe_2(SO_4)_3$ 1 mol 中に Fe^{3+} は 2 mol，SO_4^{2-} は 3 mol 含まれる。

Na^+ のモル濃度を x〔mol/L〕とすると，

$$0.20\times\frac{50}{1000}\times2=x\times\frac{500}{1000}\qquad\therefore\quad x=\mathbf{0.040}\ \text{〔mol/L〕}$$

Fe^{3+} のモル濃度を y〔mol/L〕とすると，

$$0.10\times\frac{100}{1000}\times2=y\times\frac{500}{1000}\qquad\therefore\quad y=\mathbf{0.040}\ \text{〔mol/L〕}$$

SO_4^{2-} のモル濃度を z〔mol/L〕とすると，

$$0.20\times\frac{50}{1000}\times1+0.10\times\frac{100}{1000}\times3=z\times\frac{500}{1000}\qquad\therefore\quad z=\mathbf{0.080}\ \text{〔mol/L〕}$$

類題 7－4

炭酸ナトリウム十水和物の物質量は，$Na_2CO_3\cdot10H_2O=286$ より，

$$\underbrace{\frac{14.3}{286}}_{Na_2CO_3\cdot10H_2O\ の\ mol}\times\underbrace{1}_{Na_2CO_3\ の\ mol}=0.05\ \text{〔mol〕}$$

結晶の物質量と溶質に
なる分の物質量は同じダヨ！

$Na_2CO_3 \cdot 10H_2O$ 中の水和水の質量は $14.3\times\dfrac{180}{286}=9$〔g〕であるので，水の質量の合計は $9+35.7=44.7$〔g〕　$\therefore\ \dfrac{0.05}{\dfrac{44.7}{1000}}=1.11\fallingdotseq$ **1.1〔mol/kg〕**

類題 7−5

水溶液 1.0 L あたり Ca^{2+} と Mg^{2+} の物質量はそれぞれ，

$$Ca^{2+}=\frac{8.0\times10^{-3}}{40}=0.2\times10^{-3}\,〔\mathrm{mol}〕,\quad Mg^{2+}=\frac{1.2\times10^{-3}}{24}=0.05\times10^{-3}\,〔\mathrm{mol}〕$$

Ca^{2+} と Mg^{2+} の物質量の和は，$0.2\times10^{-3}+0.05\times10^{-3}=0.25\times10^{-3}$〔mol〕

炭酸カルシウム（式量 100）の物質量と等しいので，硬度〔mg/L〕は，

$$\underset{\mathrm{mg/L}}{\frac{\overset{\mathrm{mol}}{0.25\times10^{-3}}\times\overset{\mathrm{g}}{100}\times\overset{\mathrm{mg}}{10^{3}}}{1.0}}=\mathbf{25\,〔mg/L〕}$$

類題 7−6

問１　1 L＝1000 mL より，水溶液 1 L の質量は $1000d$〔g〕。

溶質は a〔mol〕＝aM〔g〕含まれるので，水の質量は $(1000d-aM)$〔g〕より

$$\underset{\mathrm{kg}}{\frac{\overset{\mathrm{mol}}{a}}{\dfrac{1000d-aM}{1000}}}=a\times\frac{1000}{1000d-aM}=\frac{1000a}{1000d-aM}\,〔\mathrm{mol/kg}〕\qquad\therefore\ ④$$

数値じゃなく
文字で与えられると
何となく計算が
メンドクサイナ～

問２　水溶液の質量を 100 g とすると，溶質の質量は

$100\times\dfrac{a}{100}=a$〔g〕であるので，水の質量は $(100-a)$〔g〕

より，

$$\underset{\mathrm{kg}}{\frac{\overset{\mathrm{mol}}{\dfrac{a}{M}}}{\dfrac{100-a}{1000}}}=\frac{a}{M}\times\frac{1000}{100-a}=\frac{1000a}{(100-a)M}\,〔\mathrm{mol/kg}〕\qquad\therefore\ ②$$

応用 類題 7−7

問１　はじめの希硫酸の濃度を C_0〔mol/L〕（＝1.0 mol/L），その体積を a〔mL〕（＝10 mL）とする。水 b〔mL〕（＝30 mL）に浸した後の薄まった希硫酸の濃度を C_1〔mol/L〕とすると，布に付着した H_2SO_4 の物質量と布を浸した水溶液中の H_2SO_4 の物質量は等しいので，

$$C_0\times\frac{a}{1000}=C_1\times\frac{a+b}{1000}\qquad C_1=\frac{a}{a+b}\times C_0$$

$$\therefore\ C_1=\frac{10}{10+30}\times1.0=\frac{1}{4}\times1.0=\mathbf{0.25\,〔mol/L〕}$$

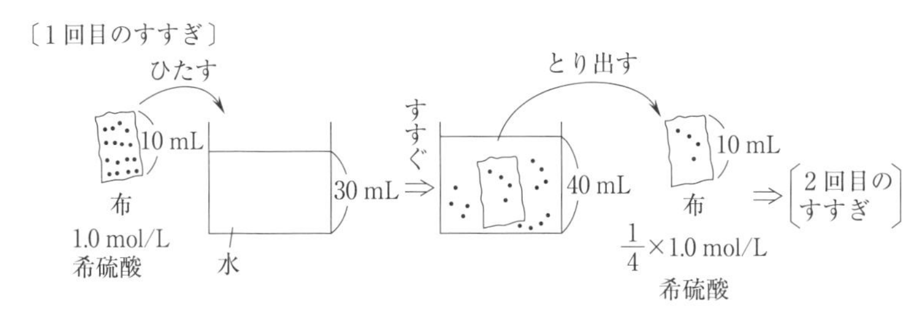

問2　2回目のすすぎの後の希硫酸の濃度を C_2〔mol/L〕とすると，

$$C_1\times\frac{a}{1000}=C_2\times\frac{a+b}{1000}\qquad C_2=\frac{a}{a+b}\times C_1=\left(\frac{a}{a+b}\right)^2\times C_0$$

3回目のすすぎの後の希硫酸の濃度を C_3〔mol/L〕とすると，

$$C_2\times\frac{a}{1000}=C_3\times\frac{a+b}{1000}$$

$$C_3=\frac{a}{a+b}\times C_2=\left(\frac{a}{a+b}\right)^3\times C_0$$

n 回すすぐと，薄まった濃度 C_n は，$\left(\frac{a}{a+b}\right)^n\times C_0$〔mol/L〕だ！
数学Bの等比数列のようだ！

$$\therefore\quad C_3=\left(\frac{1}{4}\right)^3\times 1.0=1.56\times 10^{-2}\fallingdotseq\mathbf{1.6\times 10^{-2}}\ \text{〔mol/L〕}$$

問3　吹き出しのように n 回すすいだ後の薄まった希硫酸の濃度を C_n〔mol/L〕とすると，$C_n=\left(\frac{a}{a+b}\right)^n\times C_0$〔mol/L〕である。ここでは $a=10$，$b=10$ より

$$C_n=\left(\frac{10}{10+10}\right)^n\times C_0=\left(\frac{1}{2}\right)^n\times C_0\ \text{〔mol/L〕}$$

$$\therefore\quad\left(\frac{1}{2}\right)^n\times C_0=\left(\frac{1}{4}\right)^3\times C_0\qquad n=\mathbf{6}\ \text{〔回〕}$$

問4　水を 30 mL ずつ加えたときに使用した水は，30×3＝90〔mL〕
水を 10 mL ずつ加えたときに使用した水は，10×6＝60〔mL〕

$$\therefore\quad\frac{60}{90}\fallingdotseq\mathbf{0.67}\ \text{〔倍〕}$$

8　溶液(3) 蒸気圧降下・沸点上昇・凝固点降下

類題 8－1

問1　$\Delta t_f=K_f m$ より，$\Delta t_f=1.85\times\left(\dfrac{\frac{1.24}{62}}{\frac{100}{1000}}\times 1\right)=0.37$

凝固点は，0－0.37＝**－0.37**〔℃〕

問2　問1と同じ量の水 100 g に溶解させるので，溶液中の溶質の総粒子数が同じになるようにすればよい。エチレングリコールは非電解質だが，塩化ナトリウムは水溶液中で $NaCl\longrightarrow Na^{+}+Cl^{-}$ と電離し，粒子数は2倍になる。

溶解させる塩化ナトリウムを x〔g〕とすると，

$$\frac{1.24}{62}=\frac{x}{58.5}\times 2 \qquad \therefore \quad x=\mathbf{0.585}\text{〔g〕}$$

類題 8－2

問1　水 1 kg に溶かしているので，それぞれの水溶液の質量モル濃度は

$$\text{グルコース：}\frac{18.00}{180}=0.1\text{〔mol/kg〕} \qquad \text{尿素：}\frac{7.20}{60}=0.12\text{〔mol/kg〕}$$

$$\text{スクロース：}\frac{27.36}{342}=0.08\text{〔mol/kg〕}$$

したがって，濃度が大きいほど沸点が高くなるので，

水：P，グルコース水溶液：R，尿素水溶液：S，スクロース水溶液：Q

問2　グルコース水溶液(R)の沸点上昇度は 100.52－100＝0.52〔℃〕である。尿素水溶液(S)の沸点上昇度を x〔℃〕とすると，**沸点上昇度は質量モル濃度に比例するので**，

$$\frac{\text{沸点上昇度}}{\text{質量モル濃度}}=\frac{0.52}{0.1}=\frac{x}{0.12} \qquad \therefore \quad x=0.624\text{〔℃〕}$$

したがって，$t_3=100+0.624=100.624 \fallingdotseq \mathbf{100.62}$〔℃〕

問3　水のみが蒸発するため，水溶液の濃度が大きくなるから沸点上昇度も大きくなり，水溶液の温度も高くなる。　　　　∴　**上がる**

類題 8－3

尿素は非電解質で，塩化マグネシウム($MgCl_2$)と塩化カリウム(KCl)は電解質である。希薄溶液では，電解質は完全に電離するとしてよい。

溶質粒子の質量モル濃度が大きいほど沸点上昇度は大きく，沸点は高くなる。

a：$MgCl_2 \longrightarrow Mg^{2+} + 2Cl^-$ より粒子数は 3 倍になる。0.10×3＝0.30〔mol/kg〕

b：尿素は電離しないので，粒子数は 1 倍になる。0.10×1＝0.10〔mol/kg〕

c：$KCl \longrightarrow K^+ + Cl^-$ より粒子数は 2 倍になる。0.10×2＝0.20〔mol/kg〕

以上より，沸点の高い順は a＞c＞b　　∴　**②**

類題 8－4

溶質粒子の質量モル濃度が大きいほど，凝固点降下度が大きく凝固点が低くなるので，水 100 g あたりの溶質粒子の物質量を計算する。

①　$NaCl \longrightarrow Na^+ + Cl^-$ より，粒子数は 2 倍。$\frac{1.17}{58.5}\times 2=0.04$〔mol〕

②　$MgCl_2 \longrightarrow Mg^{2+} + 2Cl^-$ より，粒子数は 3 倍。$\frac{1.9}{95}\times 3=0.06$〔mol〕

③ グルコース：非電解質なので粒子数は1倍。$\frac{5.4}{180}=0.03$〔mol〕

④ スクロース：非電解質なので粒子数は1倍。$\frac{6.84}{342}=0.02$〔mol〕

⑤ $NaNO_3 \longrightarrow Na^+ + NO_3^-$ より，粒子数は2倍。$\frac{1.7}{85}\times 2=0.04$〔mol〕

以上より，最も凝固点の低いものは塩化マグネシウム。　∴ ②

類題 8－5

p. 61 **例題 8－2** を参照してほしい。

問1　グラフより，$2\frac{1}{6}$ 分$=2\times 60+\frac{1}{6}\times 60=130$〔秒〕　∴ **$1.3\times 10^2$ 秒後**

問2　右図より，**5.1 ℃**になる。

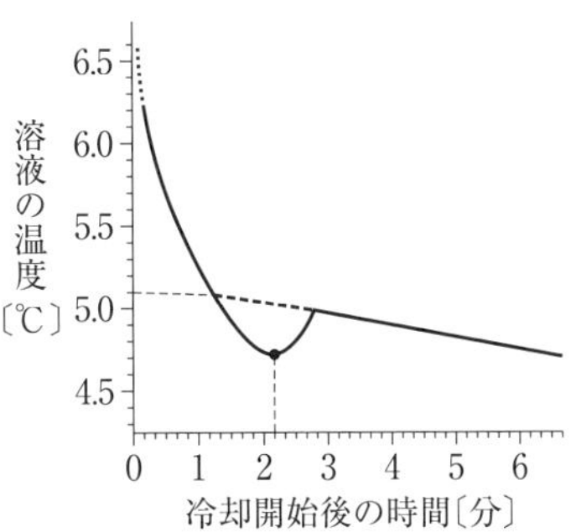

問3　ナフタレン（$C_{10}H_8=128$）が x〔g〕溶けているとすると，$\Delta t_f=K_f m$ より，

$$5.5-5.1=5.12\times\left(\frac{\frac{x}{128}}{\frac{10}{1000}}\times 1\right)$$

∴ **$x=0.10$〔g〕**

（注）ナフタレンの凝固点 80.3 ℃とモル凝固点降下度 6.94 ℃は，計算に必要のない数値である。惑わされないようにしよう。

類題 8－6

スクロースは非電解質なので，m〔mol/kg〕のスクロース水溶液の総質量モル濃度も m〔mol/kg〕である。

AB_3 は電解質なので，m〔mol/kg〕の AB_3 水溶液の総質量モル濃度は以下のとおりになる。AB_3 の電離度を α $(0\leqq\alpha\leqq 1)$ とすると，

〔mol/kg〕	AB_3	$\rightleftarrows$	A^{3+}	＋	$3B^-$	総質量モル濃度
反応前	m		0		0	m
変化量	$-m\alpha$		$+m\alpha$		$+3m\alpha$	
反応後	$m(1-\alpha)$		$m\alpha$		$3m\alpha$	$m(1+3\alpha)$

電離度 $\alpha=\frac{\text{電離した溶質の量}}{\text{溶解した溶質の量}}$

化合物 AB_3 の水溶液の凝固点降下度はスクロース水溶液の 2.05 倍より，化合物 AB_3 の水溶液の総質量モル濃度はスクロース水溶液の質量モル濃度の 2.05 倍である。したがって，$m\times 2.05=m(1+3\alpha)$　∴ **$\alpha=0.35$**

類題 8−7

析出した氷の質量を x〔g〕とすると，溶媒である水の質量は$(130-x)$〔g〕。

$\Delta t_f = K_f m$ より，

$$0-(-4.625)=1.85\times\left(\frac{\frac{15}{60}}{\frac{130-x}{1000}}\right) \qquad x=\mathbf{30}\text{〔g〕}$$

凝固するのは水だけだよ，尿素は凝固しないよ！

冷却する

氷 x〔g〕

液体の水 130 g　　−4.625 ℃では液体の水は$(130-x)$g

応用 類題 8−8

問題文中の単量体は CH_3COOH，二量体は$(CH_3COOH)_2$である。

酢酸の質量モル濃度を m〔mol/kg〕，会合度を β とする。ここで，会合度とは，$\dfrac{\text{会合した溶質の物質量}}{\text{溶解した溶質の物質量}}$である$(0\leqq\beta\leqq1)$。式①について反応表を作成すると，

〔mol/kg〕	$2CH_3COOH$	⇄	$(CH_3COOH)_2$	合計
反応前	m		0	m
変化量	$-m\beta$		$+\frac{1}{2}m\beta$	
反応後	$m(1-\beta)$		$\frac{1}{2}m\beta$	$m\left(1-\frac{1}{2}\beta\right)$

ここで，$\Delta t_f = K_f m$ より，$1.02=5.10\times0.25\left(1-\frac{1}{2}\beta\right)$　　$\therefore\ \beta=0.40$

したがって，全酢酸中における単量体の酢酸の割合（単量体のモル%）は，

$$\frac{m(1-\beta)}{m\left(1-\frac{1}{2}\beta\right)}=\frac{1-\beta}{1-\frac{1}{2}\beta}\text{ より，}$$

$$\frac{1-0.40}{1-\frac{1}{2}\times0.40}\times100=\mathbf{75}\text{〔%〕}$$

二量体はベンゼン中で下のように分子間で水素結合しているよ！

$CH_3-C(=O\cdots H-O)(-O-H\cdots O=)C-CH_3$

応用 類題 8−9

p. 61 **例題 8−3** を参照してほしい。

塩化カリウムは水溶液中で $KCl \longrightarrow K^+ + Cl^-$ のように電離する。

密閉した直後の A 側，B 側の水溶液の溶質粒子の総質量モル濃度は

$$\text{A}:\frac{0.050\times1}{\frac{60}{1000}}\text{〔mol/kg〕}\qquad \text{B}:\frac{0.050\times2}{\frac{60}{1000}}\text{〔mol/kg〕}$$

A 側から B 側へ移動した水の質量を x〔g〕とすると，長時間放置後の両方の水溶液の濃度は等しいので

$$\frac{0.050\times1}{\frac{60-x}{1000}}=\frac{0.050\times2}{\frac{60+x}{1000}}$$ ∴ $x=20$〔g〕 したがって，A 側の水は 60−20=**40〔g〕**

応用 類題 8−10

問 1　$MgCl_2$=95，$AgNO_3$=170，$C_{12}H_{22}O_{11}$=342 より，

$$n_{MgCl_2}=\frac{9.5}{95}=0.10\,\text{〔mol〕},\ n_{AgNO_3}=\frac{8.5}{170}=0.050\,\text{〔mol〕},\ n_{C_{12}H_{22}O_{11}}=\frac{6.84}{342}=0.020\,\text{〔mol〕}$$

〔mol〕	$2AgNO_3$ +	$MgCl_2$ ⟶	$2AgCl$ +	$Mg(NO_3)_2$	$C_{12}H_{22}O_{11}$
反応前	0.050	0.10	0	0	0.020
変化量	−0.050	−0.0250	+0.050	+0.0250	—
反応後	0	0.0750	0.050	0.0250	0.020

$AgCl$ は水に不溶の塩なので溶質にはならない。したがって

$$0.0750\times3+0.0250\times3+0.020=\mathbf{0.32}\,\text{〔mol〕}$$

問 2　水の総質量は 100+300+400=800〔g〕より，求める凝固点降下度 Δt_f は

$$\Delta t_f=1.85\times\frac{0.32}{\frac{800}{1000}}=\mathbf{0.74}\,\text{〔℃〕}$$

9　溶液 (4) 浸透圧・コロイド

類題 9−1

〔ア〕 **$13.6\times x=1.0\times6.8$**　〔イ〕 **0.5**　〔ウ〕 **5**

類題 9−2

2.72 cm の液柱の圧力と物質 A の溶液の浸透圧がつり合っている。この浸透圧を，水銀柱で考えたときの高さを x〔cm〕とすると，

$$13.6\times x=1.14\times2.72\qquad\therefore\ x=0.228\,\text{〔cm〕}$$

したがって，浸透圧は，$1.0\times10^5\times\frac{0.228}{76}=\mathbf{300}$〔Pa〕

また，液面差が 2.72 cm なので，溶液側の液面がはじめより $\frac{2.72}{2}=1.36$〔cm〕上がったことになる。その結果移動した純水は 1.36×10=13.6〔cm^3〕となり，溶液側の体積は合計 100+13.6=113.6〔cm^3〕となる。物質 A の分子量を M とすると，

$$300\times\frac{113.6}{1000}=\frac{0.568}{M}\times8.3\times10^3\times300\qquad\therefore\ M=\mathbf{41500}$$

応用 類題 9－3

問1　水溶液中での物質ABの電離の反応表は下の通りである。

〔mol/L〕	AB	$\rightleftarrows$	A^+	＋	B^-	溶質粒子の総モル濃度
反応前	C		0		0	
変化量	$-C\alpha$		$+C\alpha$		$+C\alpha$	
反応後	$C(1-\alpha)$		$C\alpha$		$C\alpha$	$\boldsymbol{C(1+\alpha)}$

問2　塩化ナトリウムは完全に電離するので，その溶質粒子の総モル濃度は，

$$0.15\times2=0.30\,〔\mathrm{mol/L}〕$$

両液面の差は生じなかったので，両水溶液の浸透圧は等しく，溶質粒子の総モル濃度も等しい。また，$C=\dfrac{\frac{0.20}{100}}{\frac{10}{1000}}$〔mol/L〕より，$\dfrac{\frac{0.20}{100}}{\frac{10}{1000}}(1+\alpha)=0.30$

∴　$\alpha=\mathbf{0.50}$

応用 類題 9－4

問1　沸騰水に塩化鉄(Ⅲ)水溶液を加えると赤褐色の酸化水酸化鉄(Ⅲ)のコロイドが得られる。

$$FeCl_3 + 2H_2O \longrightarrow FeO(OH) + 3HCl$$

問2　$1.0\times\dfrac{1.0}{1000}\times1=\mathbf{1.0\times10^{-3}}$ **〔mol〕**

（$1.0\times\dfrac{1.0}{1000}$：$FeCl_3$ の mol，$\times1$ まで：Fe^{3+} の mol）

問3　赤褐色のコロイドの物質量を n〔mol〕とすると，ファントホッフの式より，

$$2.49\times10^2\times\frac{25}{1000}=n\times8.3\times10^3\times(27+273) \qquad n=\mathbf{2.5\times10^{-6}}\,\textbf{〔mol〕}$$

問4　赤褐色のコロイドは，FeO(OH) の単位が何個か会合してコロイドを形成している。したがって最初の 1.0 mol/L 塩化鉄(Ⅲ)水溶液 1.0 mL 中の Fe^{3+} の物質量と，生成したコロイド溶液 25 mL 中の Fe^{3+} の物質量が等しい。

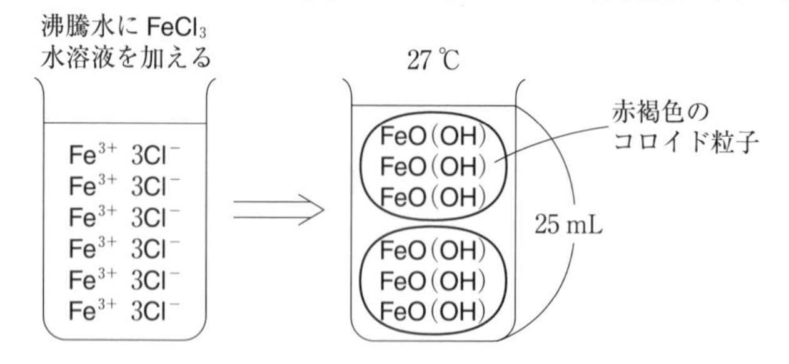

赤褐色のコロイド1個あたり x〔個〕の Fe^{3+} が含まれるとすると,
1.0 mol/L 塩化鉄(Ⅲ)水溶液 1.0 mL 中の Fe^{3+} の物質量
=コロイド溶液 25 mL 中の Fe^{3+} の物質量より
$1.0\times10^{-3}=2.5\times10^{-6}\times x$　　$x=400$〔個〕

10 化学反応と熱(1) エンタルピー

類題 10−1

「〜の…エンタルピーは
○○〔kJ/mol〕」の
熱化学反応式は
〜1 mol あたりで書く
んダヨ〜

(1) $\frac{1}{2}\mathbf{N_2}$(気) ＋ $\mathbf{O_2}$(気) ⟶ $\mathbf{NO_2}$(気)　　$\Delta H=33$ kJ

(2) $\mathbf{C_2H_4}$(気) ＋ $3\mathbf{O_2}$(気)
⟶ $2\mathbf{CO_2}$(気) ＋ $2\mathbf{H_2O}$(液)　　$\Delta H=-1410$ kJ

(3) **NaOH**(固) ＋ aq ⟶ **NaOH** aq　　$\Delta H=-45$ kJ

(4) $CH_3OH=32$ より液体のメタノールの燃焼エンタルピーは,

$$-\frac{18.2}{\frac{0.800}{32}}=-728\text{〔kJ/mol〕}$$

$\mathbf{CH_3OH}$(液) ＋ $\frac{3}{2}\mathbf{O_2}$(気) ⟶ $\mathbf{CO_2}$(気) ＋ $2\mathbf{H_2O}$(液)　　$\Delta H=-728$ kJ

(5) $C_2H_4=28$ よりエチレンの生成エンタルピーは, $\frac{13}{\frac{7.0}{28}}=52$〔kJ/mol〕

$2\mathbf{C}$(黒鉛) ＋ $2\mathbf{H_2}$(気) ⟶ $\mathbf{C_2H_4}$(気)　　$\Delta H=52$ kJ

(6) $NaOH=40$ より水酸化ナトリウムの溶解エンタルピーは,

$$-\frac{1.1}{\frac{1.0}{40}}=-44\text{〔kJ/mol〕}$$

NaOH(固) ＋ aq ⟶ **NaOH** aq　　$\Delta H=-44$ kJ

(注)実験の測定値を用いているので(3)の値は異なる。

類題 10−2

(1) $\mathbf{CH_4}$(気) ＋ $2\mathbf{O_2}$(気) ⟶ $\mathbf{CO_2}$(気) ＋ $2\mathbf{H_2O}$(液)　　$\Delta H=-A$ kJ

(2) CO_2(気) ＋ $2H_2$(気) ＋ O_2(気)
⟶ CO_2(気) ＋ $2H_2O$(液)　　$\Delta H=-B$ kJ より
$2\mathbf{H_2}$(気) ＋ $\mathbf{O_2}$(気) ⟶ $2\mathbf{H_2O}$(液)　　$\Delta H=-B$ kJ

(3) C(黒鉛) ＋ $2H_2$(気) ＋ $2O_2$(気)
⟶ CH_4(気) ＋ $2O_2$(気)　　$\Delta H=-C$ kJ より
C(黒鉛) ＋ $2\mathbf{H_2}$(気) ⟶ $\mathbf{CH_4}$(気)　　$\Delta H=-C$ kJ

(4) C(黒鉛) ＋ $2H_2$(気) ＋ $2O_2$(気) ⟶

CO_2(気) ＋ $2H_2$(気) ＋ O_2(気)　$\Delta H = -D$ kJ より

C(黒鉛) ＋ O_2(気) ⟶ CO_2(気)　$\Delta H = -D$ kJ

類題 10−3

(1) 二酸化炭素の生成エンタルピーは，黒鉛の燃焼エンタルピーに等しいので，

C(黒鉛) ＋ O_2(気) ⟶ CO_2(気)　$\Delta H = -394$ kJ

(2) アセチレン 1 mol あたりで発生する熱は，$\dfrac{650}{\dfrac{11.2}{22.4}} = 1300$〔kJ/mol〕より，

C_2H_2(気) ＋ $\dfrac{5}{2}O_2$(気) ⟶ $2CO_2$(気) ＋ H_2O(液)　$\Delta H = -1300$ kJ

(3) プロパン 1 mol あたりで発生する熱は $\dfrac{555}{\dfrac{5.60}{22.4}} = 2220$〔kJ/mol〕より，

C_3H_8(気) ＋ $5O_2$(気) ⟶ $3CO_2$(気) ＋ $4H_2O$(液)　$\Delta H = -2220$ kJ

11 化学反応と熱(2) 反応エンタルピーの求め方

類題 11−1

(1) 発生した熱を Q〔kJ〕とすると，

C_3H_8(気) ＋ $5O_2$(気) ⟶ $3CO_2$(気) ＋ $4H_2O$(液)　$\Delta H = -2220$ kJ

1 mol　　　　　　　　　　　　　　　　　-2220 J

$\dfrac{5.6}{22.4} = 0.25$ mol　　　　　　　　　　　　　$-Q$〔kJ〕

∴　$-Q = -2220 \times 0.25 = 555$〔kJ〕　　したがって **555 kJ** の発熱

(2) 必要な酸素を x〔L〕とすると，

C_3H_8(気) ＋ $5O_2$(気) ⟶ $3CO_2$(気) ＋ $4H_2O$(液)　$\Delta H = -2220$ kJ

5 mol　　　　　　　　　　　　　　　　　-2220 kJ

$\dfrac{x}{22.4}$ mol　　　　　　　　　　　　　　　-4440 kJ

∴　$x = \dfrac{-4440}{-2220} \times 5 \times 22.4 =$ **224**〔L〕

類題 11−2

(1) プロパンの燃焼エンタルピーを Q〔kJ/mol〕とすると，

$$C_3H_8(\text{気}) + 5O_2(\text{気}) \longrightarrow 3CO_2(\text{気}) + 4H_2O(\text{液}) \quad \Delta H = Q\,[\text{kJ}]$$

5 mol　　　　Q〔kJ〕

$\dfrac{1.40}{22.4}$ mol　　　　-27.7 kJ

$$\therefore \quad \frac{1.40}{5\times22.4} = \frac{-27.7}{Q} \quad \text{より} \quad Q = \mathbf{-2216\,[kJ/mol]}$$

(2) $C_2H_6=30$，$H_2=2.0$ より，エタン 1.0 g，水素 1.0 g あたりの燃焼エンタルピーは，それぞれ $\dfrac{-1560}{30}$ kJ，$\dfrac{-286}{2.0}$ kJ より，

$$\frac{\dfrac{-1560}{30}}{\dfrac{-286}{2.0}} = 0.363 \fallingdotseq \mathbf{0.36\,[倍]}$$

類題 11−3

問1　$C_3H_8=44$，$CH_4=16$，$CH_3OH=32$ より 1 g あたりの燃焼エンタルピーは，

$$C_3H_8 : \frac{-2220}{44} = -50.45\,[\text{kJ}], \quad CH_4 : \frac{-890}{16} = -55.62\,[\text{kJ}]$$

$$CH_3OH : \frac{-726}{32} = -22.68\,[\text{kJ}]$$

∴　同じ質量でエンタルピー変化が最大なのは **CH_4** である。

問2　1 kJ のエンタルピー変化で発生する CO_2 の物質量を求める。

$$C_3H_8(\text{気}) + 5O_2(\text{気}) \longrightarrow 3CO_2(\text{気}) + 4H_2O(\text{液}) \quad \Delta H = -2220\text{ kJ より，}$$

$$C_3H_8 : \frac{3}{-2220} = -\frac{1}{740}\,[\text{mol}]$$

$$CH_4(\text{気}) + 2O_2(\text{気}) \longrightarrow CO_2(\text{気}) + 2H_2O(\text{液}) \quad \Delta H = -890\text{ kJ より，}$$

$$CH_4 : \frac{1}{-890} = -\frac{1}{890}\,[\text{mol}]$$

$$CH_3OH(\text{液}) + \frac{3}{2}O_2(\text{気}) \longrightarrow CO_2(\text{気}) + 2H_2O(\text{液}) \quad \Delta H = -726\text{ kJ より，}$$

$$CH_3OH : \frac{1}{-726} = -\frac{1}{726}\,[\text{mol}]$$

∴　同じエンタルピー変化で発生する CO_2 の物質量が最小なのは **CH_4** である。

類題 11−4

$$n_{H_2} = \frac{22.4\times\overset{H_2\text{のL}}{\dfrac{50.0}{100}}}{22.4} = 0.500\,[\text{mol}], \quad n_{CO} = \frac{22.4\times\overset{CO\text{のL}}{\dfrac{30.0}{100}}}{22.4} = 0.300\,[\text{mol}],$$

$$n_{CH_4} = \frac{22.4\times\overset{CH_4\text{のL}}{\dfrac{10.0}{100}}}{22.4} = 0.100\,[\text{mol}],$$

CO_2 は燃焼しない。

この混合気体が完全燃焼するときのエンタルピー変化は，

$$\underbrace{(-286\times0.500)}_{H_2}+\underbrace{(-283\times0.300)}_{CO}+\underbrace{(-890\times0.100)}_{CH_4}=-316.9\ \text{〔kJ〕}$$

したがって 316.9 kJ の発熱　∴ ①

類題 11－5

混合気体中のエタンとプロパンの物質量をそれぞれ x〔mol〕，y〔mol〕とする。

$$x+y=\frac{44.8}{22.4}=2 \quad \cdots(1)$$

発生した熱量より　$1560x+2220y=4044$　…(2)

(1)，(2)より，$x=0.60$〔mol〕，$y=1.40$〔mol〕

したがって，エタンの体積百分率は　$\dfrac{0.60\times22.4}{44.8}\times100=30$〔%〕　∴ ②

応用 類題 11－6

与えられた条件より，

C(黒鉛) ＋ O_2(気) ⟶ CO_2(気)　$\Delta H=-394$ kJ　…(1)

CO(気) ＋ $\frac{1}{2}O_2$(気) ⟶ CO_2(気)　$\Delta H=-283$ kJ　…(2)

ここでは，(1)の反応と同時に以下の(3)の反応も起こっている。

C(黒鉛) ＋ $\frac{1}{2}O_2$(気) ⟶ CO(気)　$\Delta H=Q$ kJ　…(3)

(1)－(2)より $Q=-111$〔kJ〕

$CO_2=44$，$CO=28$，このとき(1)の反応で発生した熱量を x〔kJ〕，(3)の反応で発生した熱量を y〔kJ〕とすると，一酸化炭素と二酸化炭素の生成量より

C(黒鉛) ＋ $\frac{1}{2}O_2$(気) ⟶ CO(気)　$\Delta H=-111$ kJ

1 mol　－111 kJ

$\frac{7.00}{28}$ mol　y〔kJ〕

$$\therefore\quad y=\frac{7.00}{28}\times(-111)=-27.75\ \text{〔kJ〕}$$

C(黒鉛) ＋ O_2(気) ⟶ CO_2(気)　$\Delta H=-394$ kJ

1 mol　－394 kJ

$\frac{33.0}{44}$ mol　x〔kJ〕

$$\therefore\quad x=\frac{33.0}{44}\times(-394)=-295.5\ \text{〔kJ〕}$$

したがって，$(-27.75)+(-295.5)=-323.25$〔kJ〕より 323.25 kJ の発熱　∴ ③

12 化学反応と熱(3) ヘスの法則

類題 12−1

(1) エタンの燃焼エンタルピーを Q〔kJ/mol〕とすると，熱化学反応式は，

$$C_2H_6(気) + \frac{7}{2}O_2(気) \longrightarrow 2CO_2(気) + 3H_2O(液) \qquad \Delta H = Q\ \mathrm{kJ}$$

上式にこの章の p. 84 2 の 公式 を適用すると，

$$Q = \{2\times(-394)+3\times(-286)\} - \left\{(-84)+\frac{7}{2}\times 0\right\} \qquad \therefore\ Q = \mathbf{-1562}\ \text{〔}\mathbf{kJ/mol}\text{〕}$$

(2) 黒鉛の燃焼エンタルピー(二酸化炭素の生成エンタルピー)の熱化学反応式は，

$$C(黒鉛) + O_2(気) \longrightarrow CO_2(気) \qquad \Delta H = -394\ \mathrm{kJ} \qquad \cdots ①$$

水素の燃焼エンタルピー(H_2O(液)の生成エンタルピー)の熱化学反応式は，

$$H_2(気) + \frac{1}{2}O_2(気) \longrightarrow H_2O(液) \qquad \Delta H = -286\ \mathrm{kJ} \qquad \cdots ②$$

メタノールの燃焼エンタルピーの熱化学反応式は，

$$CH_3OH(液) + \frac{3}{2}O_2(気) \longrightarrow CO_2(気) + 2H_2O(液) \qquad \Delta H = -728\ \mathrm{kJ} \qquad \cdots ③$$

メタノールの生成エンタルピーを Q〔kJ/mol〕とすると，熱化学反応式は

$$C(黒鉛) + 2H_2(気) + \frac{1}{2}O_2(気) \longrightarrow CH_3OH(液) \qquad \Delta H = Q\ \mathrm{kJ} \qquad \cdots ④$$

③にこの章の p. 84 2 の 公式 を適用すると，

$$-728 = \{(-394)+2\times(-286)\} - \left\{Q+\frac{3}{2}\times 0\right\} \qquad \therefore\ Q = \mathbf{-238}\ \text{〔}\mathbf{kJ/mol}\text{〕}$$

類題 12−2

メタンの燃焼エンタルピーを Q〔kJ/mol〕とすると，熱化学反応式は，

$$CH_4(気) + 2O_2(気) \longrightarrow CO_2(気) + 2H_2O(液) \qquad \Delta H = Q\ \mathrm{kJ}$$

上式にこの章の p. 84 2 の 公式 を適用すると，

$$Q = \{(-394)+2\times(-286)\} - \{(-74)+2\times 0\} \qquad \therefore\ Q = \mathbf{-892}\ \text{〔}\mathbf{kJ/mol}\text{〕}$$

類題 12−3

エタノールの燃焼エンタルピーを Q〔kJ/mol〕とすると，熱化学反応式は，

$$C_2H_5OH(液) + 3O_2(気) \longrightarrow 2CO_2(気) + 3H_2O(液) \qquad \Delta H = Q\ \mathrm{kJ}$$

上式にこの章の p. 84 2 の 公式 を適用して，

$Q = \{2\times(-394)+3\times(-286)\} - \{(-277)+3\times 0\} = -1369$〔kJ〕より 1369 kJの発熱

$n_{C_2H_5OH} = \dfrac{1.00}{46}$ mol より，得られる熱量は $1369\times\dfrac{1.00}{46} = 29.76 \fallingdotseq \mathbf{29.8\ kJ}$

類題 12−4

(1)の CH_3COOH は右辺にあるので，(ア)を逆向きにする。CO も H_2も左辺にあるので，そのまま 2 倍する。

(ア)×(−1)+(イ)×2+(ウ)×2 より，(1)が得られる。

$$\begin{array}{llll}
2CO_2(気) + 2H_2O(液) & \longrightarrow & CH_3COOH(液) + 2O_2(気) & \Delta H=-874\times(-1)\,kJ \\
2CO(気) + O_2(気) & \longrightarrow & 2CO_2(気) & \Delta H=-283\times 2\,kJ \\
+)\,2H_2(気) + O_2(気) & \longrightarrow & 2H_2O(液) & \Delta H=-286\times 2\,kJ \\
\hline
2CO(気) + 2H_2(気) & \longrightarrow & CH_3COOH(液) & \Delta H=-874\times(-1) \\
 & & & \quad +(-283)\times 2+(-286)\times 2 \\
 & & & =-264 \text{ より } Q=-264 \quad \therefore ⑥
\end{array}$$

13 化学反応と熱(4) 結合エネルギー

この章では，問題編 p. 90 2 の 公式 を利用することが多い。

公式 (反応エンタルピー)＝(反応物(左辺)の結合エネルギーの総和)
−(生成物(右辺)の結合エネルギーの総和)

類題 13−1

(1) NH_3 の生成エンタルピーを Q〔kJ/mol〕とすると，熱化学反応式は

$$\frac{1}{2}N_2(気) + \frac{3}{2}H_2(気) \longrightarrow NH_3(気) \qquad \Delta H=Q\,kJ$$

公式 より，$Q=\left(\frac{1}{2}\times 946+\frac{3}{2}\times 436\right)-(391\times 3) \qquad \therefore\ Q=-46$ **〔kJ/mol〕**

(2) 与えられたデータの中で，反応エンタルピーを表しているのはメタンの生成エンタルピーであり，その熱化学反応式は，

$$C(黒鉛) + 2H_2(気) \longrightarrow CH_4(気) \qquad \Delta H=-74\,kJ$$

C−H の結合エネルギーを x〔kJ/mol〕とし，上式に 公式 を適用すると，

$$-74=(717+2\times 436)-(x\times 4) \qquad \therefore\ x=415.75\fallingdotseq 416\ 〔kJ/mol〕$$

(注)黒鉛の昇華エンタルピーは，黒鉛 1 mol を完全に気体にするのに必要な反応エンタルピーで次のように表す。

$$C(黒鉛) \longrightarrow C(気) \qquad \Delta H=717\,kJ$$

つまり，黒鉛 1 mol 中の結合をすべて切るのに必要なエネルギーと考えてもよい。

類題 13−2

反応式(1)の $\Delta H=1173$ kJ より，1173 kJ はアンモニアの解離エネルギー(N−H 結合の結合エネルギーの 3 倍)を表している。

∴ N−H 結合の結合エネルギーは，1173÷3＝391〔kJ/mol〕

また，反応式(2)の Q kJ はアンモニアの生成エンタルピーの 2 倍を表している。
反応式(2)に 公式 を適用すると，

$$Q=(946+3\times436)-(2\times3\times391)=-92\,〔\mathrm{kJ}〕\qquad \therefore\ ④$$

類題 13−3

エタンの生成エンタルピーは次のように表される。

$$2C(黒鉛)\ +\ 3H_2(気)\ \longrightarrow\ C_2H_6(気)\qquad \Delta H=-84\ \mathrm{kJ}\quad \cdots(1)$$

構造式よりエタン分子内の結合は，C−H 結合が 6 個，C−C 結合が 1 個である。
C−C 結合の結合エネルギーを x〔kJ/mol〕として，(1)に 公式 を適用すると，

$$-84=(2\times717+3\times432)-(411\times6+x\times1)\qquad \therefore\ \ x=348\ 〔\mathrm{kJ/mol}〕$$

類題 13−4

問 1　**H_2O(液) ⟶ H_2O(気)　$\Delta H=44$ kJ**　…(1)

(注) 水の蒸発エンタルピーは 44 kJ/mol である。蒸発するときは必ず熱を吸収するので，ΔH は正の値である。

問 2　結合エネルギーの数値を用いるときは，各分子の状態が気体であることが必要である。まず H_2O(気)の生成エンタルピーを求める。その値を Q〔kJ/mol〕として，次の(2)に 公式 を適用すると，

$$H_2(気)\ +\ \frac{1}{2}O_2(気)\ \longrightarrow\ H_2O(気)\qquad \Delta H=Q\,〔\mathrm{kJ}〕\qquad \cdots(2)$$

$$Q=\left(436+\frac{1}{2}\times496\right)-(463\times2)=-242\,〔\mathrm{kJ/mol}〕$$

したがって，$H_2(気)+\ \frac{1}{2}O_2(気)\ \longrightarrow\ H_2O(気)\qquad \Delta H=-242\ \mathrm{kJ}$　…(2)

(1)×(−1)+(2)より，H_2O(液)の生成エンタルピーは次のように表される。

$$H_2(気)\ +\ \frac{1}{2}O_2(気)\ \longrightarrow\ H_2O(液)\qquad \Delta H=-44-242=-286\,〔\mathrm{kJ}〕$$

$H_2=2.0$ より　$\therefore -286\,〔\mathrm{kJ/mol}〕\times\dfrac{0.60}{2.0}〔\mathrm{mol}〕=-85.8\fallingdotseq-86$ より，**86 kJ** の発熱

類題 13−5

(a)は C_2H_2 の生成エンタルピー，(b)は黒鉛の昇華エンタルピー，(c)は H−H の結合エネルギー，(d)は CH_4 の解離エネルギーを表している。

問 1　(e)は C_2H_2 の解離エネルギーを表している。(a)に 公式 を適用すると，

$$231=(2\times718+436)-Q\qquad \therefore\ \ Q=1641\ 〔\mathrm{kJ}〕$$

問 2　(d)と CH_4 の構造式より，C−H 結合の結合エネルギーは $\dfrac{1670}{4}$ kJ/mol である。C≡C 結合の結合エネルギーを x〔kJ/mol〕とすると，(e)と C_2H_2 の構造式より，

$$\frac{1670}{4}\times2+x\times1=1641\qquad \therefore\ \ x=806\ 〔\mathrm{kJ/mol}〕$$

H
|
H−C−H
|
H

メタンの構造式

H−C≡C−H

アセチレンの構造式

応用 類題 13−6

問1〔1〕 固体1 molが昇華するとき吸収する熱量を固体の昇華エンタルピーという。この変化では熱を吸収する。(b)では，Na(固)がNa(気)に状態変化しているので，式はNa(固)の昇華エンタルピーを表している。

∴ **昇華エンタルピー**

〔2〕 気体状態の原子1 molを1価の陽イオンにするのに必要なエネルギーをイオン化エネルギーという。この変化では熱を吸収する。(c)では，Na(気)が電子 e^- 1個を放出して1価の陽イオンになっているので，式はNaのイオン化エネルギーを表している。

∴ **イオン化エネルギー**

〔3〕 共有結合1 molを切断するときに吸収するエネルギーを結合エネルギーという。この変化では熱を吸収する。(d)では，Cl_2 分子内の共有結合が切断されてばらばらのCl原子となったので，式はCl−Cl結合の結合エネルギーを表している。

∴ **結合エネルギー**

〔4〕 気体状態の原子1 molを1価の陰イオンにするときに放出されるエネルギーを電子親和力という。この変化では熱が放出される。(e)では，Cl(気)が電子 e^- 1個を受け取って1価の陰イオンになっているので，式はClの電子親和力を表している。

∴ **電子親和力**

〔5〕 (f)の式では，NaCl(固)がその成分元素の単体である，Na(固)と Cl_2(気)から生成しているので，NaCl(固)の生成エンタルピーを表している。

∴ **生成エンタルピー**

問2 求める(a)について，左辺のNaCl(固)は(f)の右辺にある。 (−1)×(f)

(f)の左辺のNa(固)は(b)の左辺に，Cl_2(気)は(d)の左辺にある。 (b)$+\frac{1}{2}$(d)

(b)の右辺のNa(気)は(c)の左辺に，(d)のCl(気)は(e)の左辺にある。 (c)+(e)

∴ −(f)+(b)$+\frac{1}{2}$(d)+(c)+(e)より(a)が求められる。

NaCl(固)	⟶ Na(固) + $\frac{1}{2}Cl_2$(気)	$\Delta H=(-1)\times(-415)$ kJ	…−(f)
Na(固)	⟶ Na(気)	$\Delta H=100$ kJ	…(b)
$\frac{1}{2}Cl_2$(気)	⟶ Cl(気)	$\Delta H=\frac{1}{2}\times 240$ kJ	…$\frac{1}{2}$×(d)
Na(気)	⟶ Na^+(気) + e^-	$\Delta H=500$ kJ	…(c)
+) Cl(気) + e^-	⟶ Cl^-(気)	$\Delta H=-350$ kJ	…(e)
NaCl(固)	⟶ Na^+(気) + Cl^-(気)	$X=415+100+120+500-350$ $=785$〔kJ〕 ∴785	

問3 Na^+(気)の水和エンタルピーの熱化学反応式にならって，

Cl^-(気) + aq ⟶ Cl^-aq $\Delta H=-375$ kJ …(g)

問4　Na^+(気)の水和エンタルピーを表す熱化学反応式は，

$$Na^+(気) + aq \longrightarrow Na^+aq \quad \Delta H = -405\,kJ \qquad \cdots(h)$$

(g)+(h)より，

$$Na^+(気) + Cl^-(気) + aq \longrightarrow Na^+aq + Cl^-aq \quad \Delta H = -375 + (-405) = -780\,kJ \cdots(i)$$

(注)aq は十分多量の溶媒を表すので，(g)+(h)では 2aq とせずに aq でよい。

(a)+(i)より，$NaCl(固) + aq \longrightarrow Na^+aq + Cl^-aq \quad \Delta H = 785 + (-780) = 5\,kJ \quad \cdots(j)$

∴　**5 kJ**

(補足)格子エネルギーとその他の熱の出入りの関係をエネルギー図で表す。

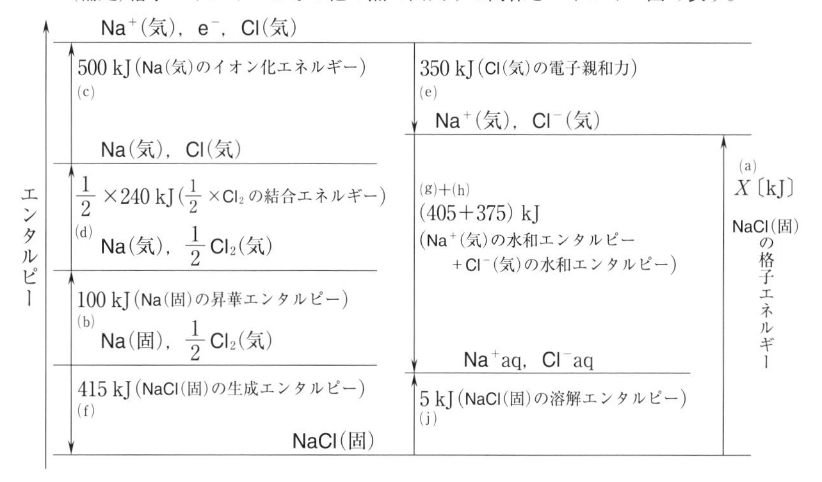

14　化学反応と熱(5)　反応エンタルピーの測定

類題 14－1

(1)　0.10 L＝100 mL より，水溶液の質量は 100×1.0＝100〔g〕である。

問1　水溶液の温度が上昇しているので，NaOH(固)の溶解は，発熱変化である。したがって，ΔH は負の値になる。$q = mc\Delta t$ より，

$$\underbrace{100 \times 4.2 \times (25-20)}_{J} \times \underbrace{\frac{1}{10^3}}_{kJ} = 2.1\,〔kJ〕 \quad \therefore \quad \Delta H = -\mathbf{2.1\,〔kJ〕}$$

(注)固体の水酸化ナトリウム 2.0 g を 0.10 L の水に溶解させても，水溶液の体積は変化しないとしてよい。

問2　水酸化ナトリウムの溶解エンタルピーを Q〔kJ/mol〕とすると，

$$Q = -\frac{2.1\,〔kJ〕}{\frac{2.0}{40}\,〔mol〕} = \mathbf{-42\,〔kJ/mol〕}$$

(2) NaOH，HCl の物質量は，ともに $0.50\times\dfrac{100}{1000}=0.050$〔mol〕

$$NaOH + HCl \longrightarrow NaCl + H_2O$$

より生成する H_2O も 0.050 mol。中和エンタルピーが−56 kJ/mol よりこのときの発熱量は 56×0.050〔kJ〕

中和エンタルピーが
−56 kJ/mol ということは，
外界（NaCl 水溶液）に
56 kJ/mol 発熱したって
ことだよ！！

水溶液の体積は 100＋100＝200〔mL〕，水溶液の密度は 1.0 g/mL。混合後の水溶液の温度を a〔℃〕とすると，$q=mc\Delta t$ より，

$$\underbrace{(200\times1.0)\times4.2\times(a-25.0)}_{\text{J}}\times\frac{1}{10^3}=\underbrace{56\times0.050}_{\text{kJ}}\text{〔kJ〕}\quad\therefore\quad a=28.33\text{〔℃〕}\quad\therefore③$$

類題 14−2

固体の NaOH を溶解しても溶液の体積変化はないので，溶解後の NaOH 水溶液の質量は 500×1.0＝500〔g〕。NaOH が溶解したときの発熱量を求めると，

$$q=mc\Delta t \text{ より，} 500\times4.2\times(35-15)\times\frac{1}{10^3}=42\text{〔kJ〕}$$

∴ NaOH（固）の溶解エンタルピーは，$\Delta H=-\dfrac{42}{1.0}=-42$〔kJ/mol〕

領域 B について，逃げた熱の補正をすると，溶液の温度はグラフより 43 ℃まで上昇したことになる。

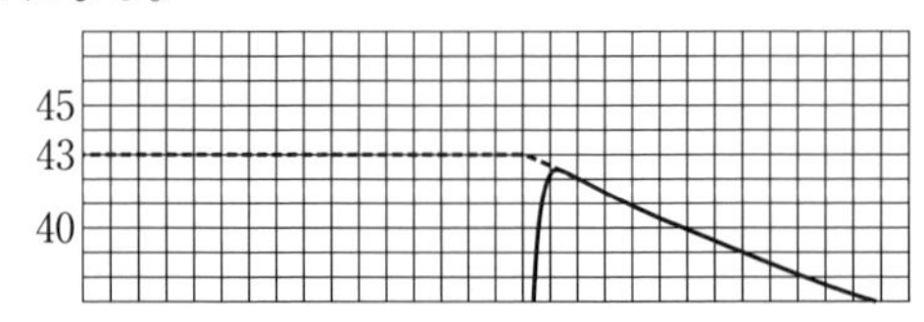

塩酸を加えて中和が起こっても溶液の体積変化はないので，溶液の質量は(500＋500)×1.0〔g〕。加えた HCl は $2.0\times\dfrac{500}{1000}=1.0$〔mol〕，加えた NaOH も 1.0 mol であるので，(1)式より生成する H_2O も 1.0 mol である。このときの発熱量を求めると，

$$q=mc\Delta t \text{ より，} (1000\times1.0)\times4.2\times(43-30)\times\frac{1}{10^3}=54.6\text{〔kJ〕}$$

∴ 中和エンタルピーは，$\Delta H=-\dfrac{54.6}{1.0}=-54.6$〔kJ/mol〕

(1)式の反応エンタルピー＝NaOH（固）の溶解エンタルピー＋中和エンタルピーより，

$$(-42)+(-54.6)=-96.6\text{〔kJ〕}\quad\therefore②$$

類題 14−3

問1　NaOH(固) ＋ aq ⟶ NaOH aq　　$\Delta H = -44.5$ kJ　　…①

HCl aq ＋ NaOH(固) ⟶ NaCl aq ＋ H_2O　　$\Delta H = -100.9$ kJ　　…②

②−①より以下の③が求められる。

HCl aq ＋ NaOH aq ⟶ NaCl aq ＋ H_2O　　$\Delta H = -56.4$ kJ　　…③

問2　$n_{HCl} = 1.0 \times \dfrac{100}{1000} = 0.10$〔mol〕，$n_{NaOH} = 1.0 \times \dfrac{50}{1000} = 0.050$〔mol〕

HCl ＋ NaOH ⟶ NaCl ＋ H_2O の反応より，少ない物質量の NaOH と等しい物質量の H_2O 0.050 mol が生成する。③より H_2O 1 mol 生成するときの発熱量は 56.4 kJ。

∴　求める発熱量は，56.4×0.050＝2.82≒**2.8〔kJ〕**

したがって，溶液の温度が x〔℃〕上昇するとして，$q = mc\Delta t$ より，

$$\underbrace{150 \times 4.2 \times x}_{\text{J}} \times \frac{1}{10^3} = \underbrace{2.82}_{\text{kJ}} \qquad \therefore \quad x = 4.47 \fallingdotseq \mathbf{4.5}\ 〔℃〕$$

問3　さらに加えた NaOH は $\dfrac{2.0}{40} = 0.050$ mol。問2より残っている HCl は 0.10−0.050＝0.050 mol。残った HCl と追加された NaOH が過不足なく反応することになり，③より H_2O はさらに 0.050 mol 生成する。

したがって，中和による発熱量も先と同じ 56.4×0.050〔kJ〕となる。また，固体の NaOH 0.050 mol が溶解したときの発熱量は①より 44.5×0.050〔kJ〕である。溶液の温度がさらに y〔℃〕上昇するとして $q=mc\Delta t$ より，

$$\underbrace{(150+2.0) \times 4.2 \times y}_{\text{J}} \times \frac{1}{10^3} = \underbrace{44.5 \times 0.050}_{\text{溶解したときの発熱量}} + \underbrace{56.4 \times 0.050}_{\text{中和で生じた発熱量}}$$

（左辺の単位：kJ）

∴　$y = 7.90 \fallingdotseq$ **7.9〔℃〕**

応用 類題 14−4

［ア］ 文中の熱化学方程式より，硝酸アンモニウム 1 mol が水に溶解するときのエンタルピー変化が $\Delta H = 26$ kJ より，吸熱変化である。したがって，溶解に伴い系が熱を吸収するため，水溶液の温度は下がる。　∴　**吸収**

［イ］ 水溶液の質量は，8.0＋100＝108.0〔g〕，

また，$NH_4NO_3 = 80$ より $n_{NH_4NO_3} = \dfrac{8.0}{80} = 0.10$〔mol〕

∴　吸収された熱量は，26×0.10＝2.6〔kJ〕＝2600〔J〕

温度変化を Δt とすると，$q = mc\Delta t$ より $108.0 \times 4.2 \times \Delta t = 2600$

∴　$\Delta t = 5.73$〔K〕

したがって，溶解直後の溶液の温度は，20.0−5.73＝14.27≒**14.3〔℃〕**

15 化学反応と光

類題 15－1

問題文より，O_2 6 mol が生成する際の光エネルギーは，1400×6〔kJ〕。このエネルギーのうち 2800 kJ が化学エネルギーに変換されるので，

$$\frac{2800}{1400\times6}\times100=33.33\fallingdotseq\mathbf{33.3}\ 〔\%〕$$

類題 15－2

1 m＝10^2 cm より，1 m^2＝10^4 cm^2 である。太陽光のエネルギーは 1 m^2 あたり毎秒 1.0 kJ なので，1 cm^2 あたりでは毎秒 $\frac{1.0}{10^4}$〔kJ〕となる。1.0 cm^2 の葉に，太陽光を 3.6×10^3 秒間当てたときに照射された太陽光のエネルギーは以下のようになる。

$$\frac{1.0}{10^4}\times3.6\times10^3$$

（$\frac{1.0}{10^4}$：1 cm^2 あたりの kJ/秒，$\frac{1.0}{10^4}\times3.6\times10^3$：1.0 cm^2 あたりの kJ）

このエネルギーのうちの 7.0 % がグルコース x〔g〕の合成に使われたとすると，$C_6H_{12}O_6$＝180 より

$$\frac{1.0}{10^4}\times3.6\times10^3\times\frac{7.0}{100}=2800\times\frac{x}{180}\qquad\therefore\ x=1.62\times10^{-3}\fallingdotseq\mathbf{1.6\times10^{-3}}\ 〔g〕$$

16 反応速度(1) 活性化エネルギー

類題 16－1

〔ア〕 **遷移状態**　〔イ〕 **活性化エネルギー**　〔ウ〕 250－70＝**180**〔kJ〕

〔エ〕 15－70＝**－55**〔kJ〕　〔オ〕 135＋55＝**190**〔kJ〕

① **発熱反応**　② **は変化せず**　③ **小さく**

類題 16－2

触媒は活性化エネルギーを引き下げるはたらきがあるが，反応物と生成物がそれぞれ保有しているエネルギーを変化させることはできない。したがって，**(イ)**

類題 16－3

A：⑤　B：④　C：⑧　X：⑥　Y：①

類題 16－4

触媒を用いても反応熱は変化しない。∴ **(c)→(e)→(f)**

類題 16−5

図は下の①の反応についてのエネルギーの変化を表している。

$2HI \rightleftarrows H_2 + I_2$ …①

(a)はH−I結合の結合エネルギーの2倍なので　295×2=**590〔kJ〕**

(d)はH−H結合とI−I結合の結合エネルギーの和なので　432+149=**581〔kJ〕**

(e)は①の正反応の反応エンタルピーにあたる。(a)−(d)=590−581=**9〔kJ〕**

(c)は①の逆反応の活性化エネルギーにあたるので，**174〔kJ〕**

(b)は(c)+(e)より　174+9=**183〔kJ〕**

(注)(e)は正の値であるが，①の正反応の熱化学反応式は次のようになる。

$2HI(気) \longrightarrow H_2(気) + I_2(気) \quad \Delta H = 9\,\mathrm{kJ}$

17　反応速度(2) 反応速度の表し方

類題 17−1

$$v_A = -\frac{反応物質の濃度の変化量}{反応時間} = -\frac{\frac{1.4-2.9}{10}}{40-10} = \mathbf{0.0050}\ 〔\mathrm{mol/L \cdot s}〕$$

化学反応式の係数比より，$v_A : v_B = 2:3$ であるので，

$$v_B = \frac{3}{2}\times v_A = \frac{3}{2}\times 0.0050 = \mathbf{0.0075}\ 〔\mathrm{mol/L \cdot s}〕$$

類題 17−2

この反応の反応速度を $v=k[\mathrm{A}]^a[\mathrm{B}]^b$ とする。

問1　「Aの濃度を2倍にすると反応速度は2倍」であるので，反応速度はAの濃度に比例する。また，「Bの濃度を3倍にすると，反応速度は9倍」であるので，反応速度はBの濃度の二乗に比例する。したがって，$a=1$，$b=2$

$\therefore\ \boldsymbol{v=k[\mathrm{A}][\mathrm{B}]^2}$

問2　実験1，2についてBの濃度を一定(3.0×10^{-2} mol/L)にして，Aの濃度と反応速度の関係を調べる。Aの濃度が3倍になっているとき，反応速度は9倍になっている。したがって，$a=2$

次に，実験1，3についてAの濃度を一定(1.0×10^{-2} mol/L)にして，Bの濃度と反応速度の関係を調べる。Bの濃度が2倍になっているとき，反応速度は2倍になっている。したがって，$b=1$　　$\therefore\ \boldsymbol{v=k[\mathrm{A}]^2[\mathrm{B}]}$

問3　$\boldsymbol{v=k[\mathrm{A}]^3[\mathrm{B}]^2}$

問4　$v' = k(4[\mathrm{A}])^3\left(\frac{1}{2}[\mathrm{B}]\right)^2 = 16\,k[\mathrm{A}]^3[\mathrm{B}]^2 = 16v$　　$\therefore$　**16〔倍〕**

類題 17−3

p. 108 **例題 17−2**(2)を参照しよう。

問 1　$0.20\times2^5=$ **6.4**〔mol/(L･s)〕

問 2　温度を 20 ℃上げたことになるので，$0.20\times2^2=$ **0.8**〔mol/(L･s)〕

問 3　温度を 10 ℃下げると反応速度は $\frac{1}{2}$ 倍になる。$0.20\times\frac{1}{2}=$ **0.1**〔mol/(L･s)〕

問 4　温度を 20 ℃下げたことになるので，$0.20\times\left(\frac{1}{2}\right)^2=$ **0.05**〔mol/(L･s)〕

類題 17−4

図 1 より，[A]が 0.1 mol/L から 1 mol/L へと 10 倍になると，v は 1×10^5〔mol/(L･s)〕から 10×10^5〔mol/(L･s)〕へと 10 倍になっているので，C の生成速度 v は A のモル濃度[A]に比例している。　∴　$a=1$

図 2 より，[B]が 0.01 mol/L から 0.1 mol/L へと 10 倍になると，v は 0.1×10^5〔mol/(L･s)〕から 10×10^5〔mol/(L･s)〕へと 100 倍になっているので，C の生成速度 v は B のモル濃度[B]の二乗に比例している。　∴　$b=2$

$v=k[A][B]^2$ より，[A]，[B]ともに 2 倍にすると v は $2\times2^2=8$ 倍になる。∴　③

類題 17−5

問 1　(ア)　$-\frac{0.770-0.960}{180-120}=3.16\times10^{-3}\fallingdotseq$ **3.2×10^{-3}**〔mol/(L･s)〕

(イ)　$(1.20+0.960)\times\frac{1}{2}=$ **1.08**〔mol/L〕

問 2　名称：**触媒**

理由：**過酸化水素の分解反応の活性化エネルギーが小さくなるため。**

問 3　(b)　過酸化水素の濃度が減少するため分解速度が小さくなる。

(c)　生成物の分圧や濃度は反応速度に無関係である。

(注)反応①は不可逆反応である。**18 化学平衡**(1)で扱う可逆反応の平衡の移動には関係ない。

∴　(a)，(d)，(e)

問 4　反応①では，$v=k[H_2O_2]$ が成り立つので，$5.0\times10^{-3}=k\times1.35$

∴　$k=3.70\times10^{-3}\fallingdotseq$ **3.7×10^{-3}**〔/s〕

類題 17−6

問 1　この反応の化学反応式は　$2H_2O_2 \longrightarrow 2H_2O + O_2$

反応前の H_2O_2 の物質量は，$1.08\times\frac{100}{1000}=0.108$〔mol〕

表より 6 分後の酸素の物質量は，0.038 mol。反応式の係数比より減少した H_2O_2 の物質量は $0.038\times2=0.076$〔mol〕

したがって，残っている H_2O_2 の物質量は，0.108−0.076＝0.032〔mol〕

したがって，6分後の H_2O_2 のモル濃度は，$\dfrac{0.032}{\dfrac{100}{1000}}$ ＝**0.32〔mol/L〕**

問2　問1より

反応開始時の H_2O_2 の物質量は0.108mol　∴　$[H_2O_2]_0=\dfrac{0.108}{\dfrac{100}{1000}}=1.08$〔mol/L〕

2分後に残っている H_2O_2 の物質量は 0.108−0.018×2＝0.072〔mol〕

∴　$[H_2O_2]_2=0.720$〔mol/L〕

4分後に残っている H_2O_2 の物質量は 0.108−0.030×2＝0.048〔mol〕

∴　$[H_2O_2]_4=0.480$〔mol/L〕

8分後に残っている H_2O_2 の物質量は 0.108−0.0435×2＝0.021〔mol〕

∴　$[H_2O_2]_8=0.210$〔mol/L〕

0～2分，2～4分，4～6分，6～8分における H_2O_2 の減少速度，H_2O_2 の平均の濃度，速度定数を求めて次表にした。

反応時間〔分〕	0	2	4	6	8
H_2O_2 の濃度〔mol/L〕	1.08	0.720	0.480	0.320	0.210
H_2O_2 の減少速度〔mol/L·分〕	0.180	0.120	0.080	0.055	
H_2O_2 の平均濃度〔mol/L〕	0.900	0.600	0.400	0.265	
速度定数〔1/分〕	0.200	0.200	0.200	0.208	

∴　速度定数の平均は，$\dfrac{0.200+0.200+0.200+0.208}{4}$ ＝0.202≡**0.20〔1/分〕**

応用 類題 17−7

酢酸メチルは常温では水酸化ナトリウムと反応しない。また，塩酸(HCl)は(1)の反応の触媒として作用している。したがって，0分のときにNaOHはHClのみと中和している。また一定時間後のときにNaOHは，HClと生成した CH_3COOH の両方と中和している。また生成したメタノールは，水酸化ナトリウムとは反応しない。

時間	0	20	40	60	80	完了
NaOH水溶液の滴下量〔mL〕	10.19	10.91	11.62	12.33	13.02	62.49
HClの中和に用いたNaOH水溶液の滴下量〔mL〕	10.19	10.19	10.19	10.19	10.19	10.19
CH_3COOH の中和に用いたNaOH水溶液の滴下量〔mL〕	0	0.72	1.43	2.14	2.83	52.30

問1　前ページの表よりどの時間でも触媒 HCl の量は一定なので，HCl との中和により消費される NaOH の滴下量はつねに10.19 mL。実際の滴下量と10.19 mLとの差が生成した CH_3COOH の中和に用いられたことになる。

(1)より，反応完了時の反応した酢酸メチルの物質量＝生成した酢酸の物質量であり，

また(2)より，酢酸の物質量＝NaOH の物質量である。

$$CH_3COOH + NaOH \longrightarrow CH_3COONa + H_2O \quad \cdots(2)$$

反応開始前の酢酸メチルの濃度を x〔mol/L〕とすると，

$$\underbrace{x\times\frac{10.00}{1000}}_{\text{反応した酢酸メチルの mol}}\underbrace{\times 1}_{\text{生成した酢酸の mol}}=\underbrace{0.100\times\frac{52.30}{1000}}_{\text{NaOH の mol}} \qquad x=0.5230 \fallingdotseq \mathbf{0.523}\ \text{〔mol/L〕}$$

問2　問1より反応開始前の酢酸メチル 10.00 mL 中の物質量は，

$$0.5230\times\frac{10.00}{1000}=\frac{5.230}{1000}\ \text{〔mol〕}$$

反応開始 20 分後までに反応した酢酸メチルの物質量は，反応開始 20 分後までに生じた酢酸の物質量と等しく，さらに酢酸の中和に要した NaOH の物質量に等しい。

$$0.100\times\frac{0.72}{1000}=\frac{0.072}{1000}\ \text{〔mol〕}$$

したがって，反応開始 20 分後の酢酸メチルの物質量は，

$$\frac{5.230}{1000}-\frac{0.072}{1000}=\frac{5.158}{1000}\ \text{〔mol〕}$$

よって，反応開始 20 分後の酢酸メチルのモル濃度は，

$$\frac{\frac{5.158}{1000}}{\frac{10.00}{1000}}=0.5158 \fallingdotseq \mathbf{0.516}\ \text{〔mol/L〕}$$

反応開始 40 分後の場合も，$0.100\times\frac{1.43}{1000}=\frac{0.143}{1000}$〔mol〕

したがって，反応開始 40 分後の酢酸メチルの物質量は，

$$\frac{5.230}{1000}-\frac{0.143}{1000}=\frac{5.087}{1000}\ \text{〔mol〕}$$

よって，反応開始 40 分後の酢酸メチルのモル濃度は，

$$\frac{\frac{5.087}{1000}}{\frac{10.00}{1000}}=0.5087 \fallingdotseq \mathbf{0.509}\ \text{〔mol/L〕}$$

問3　p. 109 **例題 17－3** より，反応開始20分後から40分後までの平均反応速度は

$$-\frac{0.5087-0.5158}{40-20}=0.0003550 \fallingdotseq \mathbf{3.55\times10^{-4}}\ \text{〔}\mathbf{mol/(L\cdot 分)}\text{〕}$$

問4　$v=k[\mathrm{CH_3COOCH_3}]$

問5　反応開始20分後から40分後までの酢酸メチルの平均のモル濃度は，

$$[\mathrm{CH_3COOCH_3}]=\frac{0.5158+0.5087}{2}=0.51225 \fallingdotseq 0.5122\ \text{〔mol/L〕}$$

$$k=\frac{v}{[\mathrm{CH_3COOCH_3}]}=\frac{0.0003550}{0.5122}=0.0006930 \fallingdotseq \mathbf{6.93\times10^{-4}}\ \text{〔}\mathbf{/分}\text{〕}$$

応用 類題 17－8

問1　(1)とグラフ中の関係式 $\log_e k=-6120\times\frac{1}{T}+20.7$ を比較するとグラフ中の直線の傾きが $-\frac{E_a}{R}$ となるので，グラフ中の式の数値より $-\frac{E_a}{R}=-6120$

$$\therefore\quad E_a=6120\times8.3\times\frac{1}{10^3}=50.7 \fallingdotseq \mathbf{51}\ \text{〔}\mathbf{kJ/mol}\text{〕}$$

活性化エネルギーの単位は〔kJ/mol〕
気体定数の単位は〔J/(K·mol)〕
だから $\frac{1}{10^3}$ 倍するんだ。

問2　$T=(273+\text{反応温度})$〔℃〕を(1)に適用すると，

17℃のとき，$\log_e k_{17}=-\frac{E_a}{R}\cdot\frac{1}{290}+\log_e A$　…①

47℃のとき，$\log_e k_{47}=-\frac{E_a}{R}\cdot\frac{1}{320}+\log_e A$　…②

②－①より，$\log_e k_{47}-\log_e k_{17}=-\frac{E_a}{R}\left(\frac{1}{320}-\frac{1}{290}\right)$

したがって，$\log_e\frac{k_{47}}{k_{17}}=\frac{E_a}{R}\left(\frac{1}{290}-\frac{1}{320}\right)=6120\times\frac{320-290}{290\times320}=1.97 \fallingdotseq \mathbf{2}$

応用 類題 17－9

問1　〔ア〕：式1に $n=0$ を代入して，$v=-\frac{dC}{dt}=kC^0=k$　∴ ①

〔イ〕：式3より，$\frac{1}{2}C_0=C_0-kT$　　$T=\frac{C_0}{2k}$　∴ ④

〔ウ〕：式1に $n=1$ を代入して，$v=-\frac{dC}{dt}=kC^1=kC$　∴ ②

〔エ〕：$\log_{10}\frac{C}{C_0}=-\frac{kt}{2.3}$ より，$\log_{10}\frac{\frac{1}{2}C_0}{C_0}=-\frac{kT}{2.3}$，$T=\frac{0.69}{k}$　∴ ⑥

問2(1)　この反応は1次反応より

$$T=\frac{0.69}{k} \qquad 28=\frac{0.69}{k} \qquad \therefore \quad k=\frac{0.69}{28}=0.0246≒\mathbf{2.5\times10^{-2}}\ 〔年^{-1}〕$$

(2)　式6に半減期の条件，$C=\frac{1}{2}C_0$，$t=28$ を代入して，

$$\log_{10}\frac{\frac{1}{2}C_0}{C_0}=\log_{10}\frac{1}{2}=-\frac{28k}{2.3} \quad -\log_{10}2=-\frac{28k}{2.3}$$ より，$0.30=\frac{28k}{2.3}$ …ⅰ

式6に，$C=\frac{80}{100}C_0$を代入して，

$$\log_{10}\frac{\frac{80}{100}C_0}{C_0}=\log_{10}0.8=-\frac{kt}{2.3} \qquad -0.10=-\frac{kt}{2.3} \quad \cdots ⅱ$$

ⅰ，ⅱより k を消去して，$t=9.33≒\mathbf{9.3}$〔年〕

18　化学平衡(1) 平衡移動

類題 18－1

(1)　$\underbrace{3H_2+N_2}_{4\ mol} \underset{吸熱}{\overset{発熱}{\rightleftarrows}} \underbrace{2NH_3}_{2\ mol}$　$\Delta H=-93\ kJ$

①　圧力を高くすると，物質量が減少する方向に移動するので，**→**

②　H_2 を加えると，H_2 が減少する方向に移動するので，**→**

(2)　$\underbrace{N_2+O_2}_{2\ mol} \underset{発熱}{\overset{吸熱}{\rightleftarrows}} \underbrace{2NO}_{2\ mol}$　$\Delta H=181\ kJ$

①　冷却すると，発熱の方向に移動するので，**←**

②　圧力を低くしても左辺と右辺とで物質量の変化がないので，**×**

(3)　$\underbrace{2SO_2+O_2}_{3\ mol} \underset{吸熱}{\overset{発熱}{\rightleftarrows}} \underbrace{2SO_3}_{2\ mol}$　$\Delta H=-193\ kJ$

①　圧力を高くすると，物質量が減少する方向に移動するので，**→**

②　触媒を加えても平衡の移動には関係ないので，**×**

(4)　$\underbrace{N_2O_4}_{1\ mol} \underset{発熱}{\overset{吸熱}{\rightleftarrows}} \underbrace{2NO_2}_{2\ mol}$　$\Delta H=57\ kJ$

①　加熱すると，吸熱の方向に移動するので，**→**

②　圧力を高くすると，物質量が減少する方向に移動するので，**←**

(5) この平衡は水溶液中における電離平衡である。

① CH_3COONa は水に溶けると CH_3COO^- と Na^+ に電離する。したがって CH_3COO^- が増加するため，CH_3COO^- が減少する方向に移動するので，←

② アルカリを加えると，アルカリは水に溶けて OH^- を放出する。OH^- が H^+ と中和反応して H^+ が減少するため，H^+ が増加する方向に移動するので，→

(6)① 酸性にすると H^+ が増加するため，H^+ が減少する方向に移動するので，→

② 塩基性にすると，OH^- が増加し H^+ と中和反応して H^+ が減少するため，H^+ が増加する方向に移動するので，←

(7) $$\mathrm{C(黒鉛)} + \underbrace{\mathrm{CO_2(気)}}_{1\ \mathrm{mol}} \underset{発熱}{\overset{吸熱}{\rightleftarrows}} \underbrace{\mathrm{2CO(気)}}_{2\ \mathrm{mol}} \qquad \Delta H = 181\ \mathrm{kJ}$$

圧力を変化させる
平衡移動の問題では，
固体の量は考えないんだよ！

① 黒鉛は固体なので，左辺の気体の物質量は C(黒鉛)を除いて考える。圧力を高くすると気体の物質量が減少する方向に移動するので，←

② CO_2 を加えると，CO_2 が減少する方向に移動するので，→

応用 (8)① 容積一定で Ar を加えると，Ar を加えた分だけ容器内の全圧は高くなるが，Ar は反応に関与している物質ではないため平衡系の圧力は変化しないので，×

② 定圧下で Ar を加えても容器内の全圧は一定のままであるので，Ar を加えた分だけ平衡系の圧力は低くなる。したがって，物質量が増加する方向に平衡が移動するので，←

(注) 平衡系の圧力とは，平衡状態になっている混合気体の全圧(ここでは SO_2，O_2，SO_3 の分圧の和)のことである。

類題 18−2

「SO_3 の生成量を増加させる」のは，「平衡を右に移動させる」ことである。

$$\underbrace{\mathrm{2SO_2 + O_2}}_{3\ \mathrm{mol}} \underset{吸熱}{\overset{発熱}{\rightleftarrows}} \underbrace{\mathrm{2SO_3}}_{2\ \mathrm{mol}} \qquad \Delta H = -193\ \mathrm{kJ}$$

したがって，右向きは発熱方向であるので，温度を低くする。　∴ ②

また，右向きは物質量が減少する方向であるので，圧力を高くする。　∴ ①

類題 18−3

ルシャトリエの原理より，温度を上げると吸熱方向へ平衡が移動する。温度を上げると混合気体の色が濃くなったので(1)の平衡は右へ移動したことになる。したがって正反応が吸熱反応にあたり，ΔH の値は正になる。　∴ 正

類題 18−4

p. 121 **例題 18−2** と同様に考える。

(1) グラフより，温度一定で圧力を高くするとＣの生成量は減少しており，平衡は左へ移動している。したがって係数の和は左辺<右辺。すなわち $a+b<c$ より⑤または⑥

グラフより，圧力一定で温度を高くするとＣの生成量は減少しており，平衡は左へ移動している。したがって左に移動するのが吸熱方向なので $Q<0$

∴ ⑥

(2) グラフより，温度一定で圧力を高くしてもＣの生成量は一定なので平衡は移動していない。したがって左辺と右辺の係数の和は等しい。すなわち $a+b=c$ より①または②

グラフより，圧力一定で温度を高くするとＣの生成量は減少しており，平衡は左へ移動している。したがって左に移動するのが吸熱方向なので $Q<0$

∴ ②

(3) グラフより，温度一定で圧力を高くするとＣの生成量は増加しており，平衡は右へ移動している。したがって係数の和は左辺>右辺。すなわち $a+b>c$ より③または④

グラフより，圧力一定で温度を高くするとＣの生成量は増加しており，平衡は右へ移動している。したがって右に移動するのが吸熱方向なので $Q>0$

∴ ③

(4) グラフより，温度一定で圧力を高くするとＣの生成量は減少しており，平衡は左へ移動している。したがって係数の和は左辺<右辺。すなわち $a+b<c$ より⑤または⑥

グラフより，圧力一定で温度を高くするとＣの生成量は減少しており，平衡は左へ移動している。したがって左に移動するのが吸熱方向なので $Q<0$

∴ ⑥

類題 18−5

(1) 触媒を用いた直後は，反応速度が大きくなるので単位時間あたりの NH_3 の生成量が大きくなり a，b，c すべてがあてはまる。ただし，触媒は平衡を移動させることはできないので，NH_3 の生成率は変わらない。　∴ a

(2) 温度を高くした直後は，反応速度が大きくなるので単位時間あたりの NH_3 の生成量が大きくなり a，b，c すべてがあてはまる。ただし，温度を高くすると平衡は吸熱方向である左へ移動するので，NH_3 の生成率は減少する。　∴ c

(3) 圧力を高くした直後は，反応速度が大きくなるので単位時間あたりの NH_3 の生成量が大きくなり a，b，c すべてがあてはまる。ただし，圧力を高くすると平衡は気体の総物質量が減少する方向である右へ移動するので，NH_3 の生成率は増加する。　∴ b

19 化学平衡(2) 平衡定数

類題 19－1

問1　$K=\dfrac{[N_2O_4]}{[NO_2]^2}$　　問2　$K=\dfrac{\dfrac{2.0}{5.0}\text{mol/L}}{\left(\dfrac{4.0}{5.0}\text{mol/L}\right)^2}=0.625≒\mathbf{0.63}$ **〔mol/L〕$^{-1}$**

類題 19－2

問1　**CH_3COOH ＋ C_2H_5OH ⟶ $CH_3COOC_2H_5$ ＋ H_2O**

(注)平衡定数が与えられているので，可逆反応と考え，⟶を⇄としてもよい。

問2　生成する $CH_3COOC_2H_5$ を x〔mol〕とする。

〔mol〕	CH_3COOH ＋	C_2H_5OH ⇄	$CH_3COOC_2H_5$ ＋	H_2O
反応前	1.0	1.0	0	0
変化量	$-x$	$-x$	$+x$	$+x$
平衡時	$1.0-x$	$1.0-x$	x	x

体積を V〔L〕とすると，

$$\frac{\dfrac{x}{V}\times\dfrac{x}{V}}{\dfrac{1.0-x}{V}\times\dfrac{1.0-x}{V}}=4.0 \qquad \frac{x^2}{(1.0-x)^2}=4$$

$0<x<1$ より両辺とも正なので，

$$\frac{x}{1.0-x}=2 \qquad \therefore\quad x=\frac{2}{3}=0.666≒\mathbf{0.67}\ \text{〔mol〕}$$

問3　CH_3COOH：$\dfrac{120}{60}=2.0$〔mol〕，C_2H_5OH：$\dfrac{46}{46}=1.0$〔mol〕

生成する $CH_3COOC_2H_5$ を x〔mol〕とする。

〔mol〕	CH_3COOH ＋	C_2H_5OH ⇄	$CH_3COOC_2H_5$ ＋	H_2O
反応前	2.0	1.0	0	0
変化量	$-x$	$-x$	$+x$	$+x$
平衡時	$2.0-x$	$1.0-x$	x	x

体積を V〔L〕とすると，

$$\frac{\dfrac{x}{V}\times\dfrac{x}{V}}{\dfrac{2.0-x}{V}\times\dfrac{1.0-x}{V}}=4.0 \qquad \frac{x^2}{(2-x)(1-x)}=4 \qquad 3x^2-12x+8=0$$

$0<x<1$ より，$x=\dfrac{6-2\sqrt{3}}{3}=\dfrac{6-2\times1.7}{3}=\dfrac{2.6}{3}$〔mol〕

$CH_3COOC_2H_5=88$ より，$\dfrac{2.6}{3}\times88=76.2≒\mathbf{76}$ **〔g〕**

類題 19−3

生成した NH_3 を $2x$〔mol〕とする。

〔mol〕	N_2	＋ $3H_2$	⇄ $2NH_3$	合計
反応前	10	30	0	
変化量	$-x$	$-3x$	$+2x$	
平衡時	$10-x$	$30-3x$	$2x$	$40-2x$

気体の体積百分率はモル分率に等しいので，

$$\frac{n_{NH_3}}{n_{全}}\times 100=\frac{2x}{40-2x}\times 100=60 \qquad \therefore\ x=7.5\ \text{〔mol〕}$$

したがって，$[N_2]=\dfrac{10-7.5}{2.5}=1$〔mol/L〕，$[H_2]=\dfrac{30-3\times 7.5}{2.5}=3$〔mol/L〕，

$$[NH_3]=\frac{2\times 7.5}{2.5}=6\ \text{〔mol/L〕}$$

$$\therefore\ K=\frac{[NH_3]^2}{[N_2][H_2]^3}=\frac{6^2}{1\cdot 3^3}=1.33\fallingdotseq \mathbf{1.3}\ \textbf{〔mol/L〕}^{-2}$$

類題 19−4

平衡状態では $v_1=v_2$ より，$k_1[A]=k_2[B]$ であるから，

$$K=\frac{[B]}{[A]}=\frac{k_1}{k_2}=\frac{5.0}{1.0}=5.0$$

A の減少量を x〔mol〕とすると平衡状態では，

〔mol〕	A	⟶ B
反応前	1.2	0
変化量	$-x$	$+x$
平衡時	$1.2-x$	x

したがって，

$$K=\frac{[B]}{[A]}=\frac{\dfrac{x}{2.0}}{\dfrac{1.2-x}{2.0}}=5.0\ \text{より，}\ x=1.0 \qquad \therefore\ [A]=\frac{1.2-1.0}{2.0}=\mathbf{0.10}\ \textbf{〔mol/L〕}$$

類題 19−5

グラフより平衡状態で窒素は 0.25 mol であるから，次の反応表より，

〔mol〕	$3H_2$(気)	＋ N_2(気)	⇄ $2NH_3$(気)
反応前	3.0	1.0	0
変化量	−2.25	−0.75	+1.50
平衡時	0.75	0.25	1.50

$$K=\frac{[NH_3]^2}{[H_2]^3[N_2]}=\frac{\left(\dfrac{1.50}{5.0}\right)^2}{\left(\dfrac{0.75}{5.0}\right)^3\times\dfrac{0.25}{5.0}}=533\fallingdotseq \mathbf{5.3\times 10^2}\ \textbf{〔mol/L〕}^{-2}$$

類題 19−6

問 1　A，B，C を入れた直後，$\dfrac{[\mathrm{C}]^2}{[\mathrm{A}][\mathrm{B}]}=\dfrac{\left(\dfrac{2.0}{V}\right)^2}{\dfrac{1.0}{V}\times\dfrac{2.0}{V}}=2.0$

この 2.0 を濃度平衡定数 4.0 に増加する方向，つまり分母(左辺)の数値を小さく分子(右辺)の数値を大きくする右方向に，平衡が移動する。したがって A，B の物質量は減少し，C の物質量が増加する。A の減少量を x〔mol〕とすると平衡時では，

〔mol〕	A(気) ＋	B(気) ⇄	2C(気)	合計
反応前	1.0	2.0	2.0	
変化量	$-x$	$-x$	$+2x$	
平衡時	$1.0-x$	$2.0-x$	$2.0+2x$	5.0 mol

$K=\dfrac{\left(\dfrac{2.0+2x}{V}\right)^2}{\dfrac{1.0-x}{V}\times\dfrac{2.0-x}{V}}=4.0$ より　$x=0.2$〔mol〕

∴　A のモル分率は，$\dfrac{1.0-0.2}{5.0}=\mathbf{0.16}$

問 2　T_2〔K〕における平衡定数は，$K=\dfrac{[\mathrm{C}]^2}{[\mathrm{A}][\mathrm{B}]}=\dfrac{\left(\dfrac{8.0}{V}\right)^2}{\dfrac{1.0}{V}\times\dfrac{4.0}{V}}=16$

平衡状態からさらに A を 3.0 mol 加えたとき，A，B，C の物質量は，それぞれ 4.0 mol，4.0 mol，8.0 mol となり，平衡は右に移動する。

A が x〔mol〕減少して新しい平衡状態に達したとすると，

〔mol〕	A(気) ＋	B(気) ⇄	2C(気)
反応前	1.0＋3.0	4.0	8.0
変化量	$-x$	$-x$	$+2x$
平衡時	$4.0-x$	$4.0-x$	$8.0+2x$

$K=\dfrac{\left(\dfrac{8.0+2x}{V}\right)^2}{\left(\dfrac{4.0-x}{V}\right)\times\left(\dfrac{4.0-x}{V}\right)}=16$

$0<x<4.0$ より $x=\dfrac{4}{3}$〔mol〕　∴　A の物質量は $4.0-\dfrac{4}{3}=2.66\fallingdotseq\mathbf{2.7}$〔**mol**〕

［別解］

平衡状態から，さらにAを3.0 mol加えた後に，平衡をすべて左に偏らせたとすると，A，B，Cの物質量はそれぞれ1.0＋3.0＋4.0＝8.0 mol，4.0＋4.0＝8.0 mol，8.0−8.0＝0 molとなる。それからAがy〔mol〕減少して新しい平衡状態になったとしても，同じ平衡状態になる。

〔mol〕	A(気) ＋	B(気) ⇄	2C(気)
反応前	8.0	8.0	0
変化量	$-y$	$-y$	$+2y$
平衡時	$8.0-y$	$8.0-y$	$2y$

$$K=\frac{\left(\frac{2y}{V}\right)^2}{\left(\frac{8.0-y}{V}\right)\times\left(\frac{8.0-y}{V}\right)}=16$$

$0<y<8.0$ より　$y=\frac{16}{3}$〔mol〕　∴　Aの物質量は，$8.0-\frac{16}{3}=2.66\fallingdotseq$ **2.7〔mol〕**

応用 類題 19−7

問1

〔mg〕	薬物(水層) ⟶	薬物(有機溶媒層)
反応前	W	0
変化量	$-(W-W_1)$	$+(W-W_1)$
反応後	W_1	$W-W_1$

［1］：$C_W=\boldsymbol{\frac{W_1}{V_W}}$〔mg/mL〕　　［2］：$C_O=\boldsymbol{\frac{W-W_1}{V_O}}$〔mg/mL〕

［3］：$P=\dfrac{\frac{W-W_1}{V_O}}{\frac{W_1}{V_W}}$ より，$W_1=W\times\frac{V_W}{PV_O+V_W}$　　∴　$\boldsymbol{\frac{V_W}{PV_O+V_W}}$

問2　$W=1.0$ g$=1000$ mg，$V_W=100$ mL，$V_O=50$ mL，$P=8.0$ を式(2)に代入する。

$$W_1=1000\times\frac{100}{8.0\times50+100}=200\,〔\mathrm{mg}〕\qquad ∴\ ④$$

問3　薬物の99％以上が有機溶媒に抽出されたとき，水層には薬物の1％以下が残るので，

$$W_n<1000\times\frac{1}{100}\,〔\mathrm{mg}〕$$

抽出操作をn回繰り返す必要があるとして，

$1000\times\left(\frac{100}{8.0\times50+100}\right)^n<1000\times\frac{1}{100}$ より，$(2\times10^{-1})^n<10^{-2}$

$n\log_{10}(2\times10^{-1})<-2$ より，$n(0.3-1)<-2$　　$n>2.8$　　∴　**3回**

20 化学平衡(3) 圧平衡定数

類題 20－1

問1　$K_p=K_c(RT)^{2-(1+3)}$ より，$\boldsymbol{K_p=K_c(RT)^{-2}}$

問2

〔mol〕	X	+	3Y	⟷	2Z	合計
反応前	0		0		1.0	
変化量	+0.40		+1.2		−0.80	
平衡時	0.40		1.2		0.20	1.8

分圧＝全圧×モル分率より

$P_X=9.0\times10^5\times\frac{0.40}{1.8}=2.0\times10^5$〔Pa〕　　$P_Y=9.0\times10^5\times\frac{1.2}{1.8}=6.0\times10^5$〔Pa〕

$P_Z=9.0\times10^5\times\frac{0.20}{1.8}=1.0\times10^5$〔Pa〕

$$\therefore\quad K_p=\frac{(P_Z)^2}{(P_X)(P_Y)^3}=\frac{(1.0\times10^5)^2\text{〔Pa〕}^2}{(2.0\times10^5)\text{〔Pa〕}\times(6.0\times10^5)^3\text{〔Pa〕}^3}=2.31\times10^{-13}\text{〔Pa〕}^{-2}$$

$$\therefore\quad \mathbf{2.3\times10^{-13}\text{〔Pa〕}^{-2}}$$

(注)本問では，逆反応のみが起きたとみなし，逆反応が途中で止まってしまい，X，Y，Zが存在していると考えてもよい。

類題 20－2

問1　反応前の N_2O_4 の物質量を n〔mol〕，解離度が α とすると，反応表は次のようになる。

〔mol〕	N_2O_4	⟷	$2NO_2$	合計
反応前	n		0	
変化量	$-n\alpha$		$+2n\alpha$	
平衡時	$n(1-\alpha)$		$2n\alpha$	$n(1+\alpha)$

体積百分率はモル分率に等しいので，

$$\frac{2n\alpha}{n(1+\alpha)}\times100=\frac{2\alpha}{1+\alpha}\times100=28.0\qquad\therefore\quad\alpha=\frac{7}{43}=0.1627\fallingdotseq\mathbf{0.163}$$

問2　混合気体の全圧を P〔Pa〕とすると，各成分気体の分圧は，

$P_{N_2O_4}=P\times\frac{n(1-\alpha)}{n(1+\alpha)}=\frac{1-\alpha}{1+\alpha}P$〔Pa〕　　$P_{NO_2}=P\times\frac{2n\alpha}{n(1+\alpha)}=\frac{2\alpha}{1+\alpha}P$〔Pa〕

$$\therefore\quad \text{圧平衡定数は，}K_p=\frac{(P_{NO_2})^2}{P_{N_2O_4}}=\frac{\left(\frac{2\alpha}{1+\alpha}P\right)^2}{\left(\frac{1-\alpha}{1+\alpha}P\right)}=\frac{4\alpha^2}{1-\alpha^2}P\text{〔Pa〕}$$

ここで，$\alpha=\dfrac{7}{43}$，$P=1.0\times10^5$ を代入して，

$$K_p=\frac{4\times\left(\dfrac{7}{43}\right)^2}{1-\left(\dfrac{7}{43}\right)^2}\times1.0\times10^5=\frac{4\cdot7^2}{43^2-7^2}\times10^5$$

$$=\frac{4\cdot7^2}{(43+7)(43-7)}\times10^5=1.088\times10^4\fallingdotseq\mathbf{1.09\times10^4}\ \text{〔Pa〕}$$

問３　この章のp. 139 ② **圧平衡定数と濃度平衡定数との関係**より，$K_p=K_c(RT)^{2-1}$

$$\therefore\quad K_c=\frac{K_p}{RT}=\frac{1.088\times10^4}{8.3\times10^3\times(273+27)}=4.369\times10^{-3}=\mathbf{4.37\times10^{-3}}\ \text{〔mol/L〕}$$

類題 20−3

問１

〔mol〕	C(固) ＋	CO_2(気) ⇄	2CO(気)	気体の総物質量
反応前	1	1	0	
変化量	$-x$	$-x$	$+2x$	
平衡時	$1-x$	(ア) $\mathbf{1-x}$	(イ) $\mathbf{2x}$	(ウ) $\mathbf{1+x}$

分圧＝全圧×モル分率より　(エ)：$P\times\dfrac{1-x}{1+x}=\mathbf{\dfrac{1-x}{1+x}P}$　(オ)：$P\times\dfrac{2x}{1+x}=\mathbf{\dfrac{2x}{1+x}P}$

問２　コークスは固体なので気体の圧力は与えられない。したがって K_p は

$$K_p=\frac{(P_{CO})^2}{P_{CO_2}}=\frac{\left(\dfrac{2x}{1+x}P\right)^2}{\left(\dfrac{1-x}{1+x}P\right)}=\mathbf{\frac{4x^2}{1-x^2}P}\ \text{〔Pa〕}$$

問３(1)　反応した炭素の物質量を x〔mol〕とすると，問２より

$8.0\times10^5=\dfrac{4x^2}{1-x^2}\times1.0\times10^5$　$x>0$ より，　$\therefore\ x=\dfrac{\sqrt{2}}{\sqrt{3}}=\dfrac{1.41}{1.73}=0.815\fallingdotseq\mathbf{0.82}$〔mol〕

(2)　求める気体の体積を V〔L〕とすると，状態方程式より

$1.0\times10^5\times V=(1+0.815)\times8.3\times10^3\times1000$　　$\therefore\ V=150\fallingdotseq\mathbf{1.5\times10^2}$〔L〕

応用 類題 20−4

反応したプロパンを x〔mol〕，平衡時の全圧を P〔Pa〕とすると

〔mol〕	C_3H_8 ⇄	C_3H_6 ＋	H_2	合計
反応前	1.0	0	0	1.0
変化量	$-x$	$+x$	$+x$	
平衡時	$1.0-x$	x	x	$1.0+x$

分圧＝全圧×モル分率より，

$$P_{C_3H_8}=P\times\frac{1.0-x}{1.0+x}=\frac{1.0-x}{1.0+x}P,\quad P_{C_3H_6}=P_{H_2}=P\times\frac{x}{1.0+x}=\frac{x}{1.0+x}P$$

$$\therefore\quad K_p=\frac{(P_{C_3H_6})(P_{H_2})}{(P_{C_3H_8})}=\frac{\dfrac{x}{1.0+x}P\times\dfrac{x}{1.0+x}P}{\dfrac{1.0-x}{1.0+x}P}=\frac{x^2}{1.0-x^2}P$$

$\frac{x^2}{1.0-x^2}P=1.0\times10^5$ より，$P=1.0\times10^5\times\frac{1.0-x^2}{x^2}$　…①

また，反応開始時と平衡時において温度と容器の容積は一定なので，「物質量比＝圧力比」が成立する。したがって，
$1.0:(1.0+x)=2.0\times10^5:P$ より，$P=2.0\times10^5\times(1.0+x)$　…②

①，②と $x>0$ より，$x=$**0.50**〔**mol**〕，$P=$**3.0×10⁵**〔**Pa**〕

$PV=nRT$ でRは定数だから，VとTが一定のときPとnは比例するんダヨ！

21　電離平衡(1) 1価の弱酸・弱塩基

類題 21－1

問１　電離度 α に単位はつかない。$K_a=C\alpha^2$ より，

$$\alpha=\sqrt{\frac{K_a}{C}}=\sqrt{\frac{2.0\times10^{-5}}{0.2}}=1.0\times10^{-2}=0.01 \qquad \therefore \ ②$$

問２　$[H^+]=C\alpha=0.2\times1.0\times10^{-2}=2.0\times10^{-3}$〔mol/L〕

$$\therefore \ pH=-\log_{10}(2.0\times10^{-3})=3-\log_{10}2=3-0.30=2.70 \qquad \therefore \ ④$$

類題 21－2

(1)　$[OH^-]=C\alpha=4.0\times10^{-2}\times2.0\times10^{-2}=8.0\times10^{-4}$〔mol/L〕

$pOH=-\log_{10}(8.0\times10^{-4})=4-\log_{10}8=4-3\log_{10}2=4-3\times0.30=3.10$ より，

$$pH=14-3.10=10.90 \qquad \therefore \ \mathbf{10.9}$$

(2)　$K_b=C\alpha^2=4.0\times10^{-2}\times(2.0\times10^{-2})^2=\mathbf{1.6\times10^{-5}}$〔**mol/L**〕

類題 21－3

(1)　$K_a=\frac{[H^+][A^-]}{[HA]}$

HA の濃度を C〔mol/L〕とする。電離度 $\alpha=\frac{\text{電離した HA の物質量}}{\text{溶解した HA の物質量}}$ より，

〔mol/L〕	HA	⇄	H^+	＋	A^-
反応前	C		0		0
変化量	$-C\alpha$		$+C\alpha$		$+C\alpha$
平衡時	$C(1-\alpha)$		$C\alpha$		$C\alpha$

電離した HA の物質量は生成した A^- の物質量に等しい。

また溶解した HA の物質量は平衡時の HA と A^- の物質量の和に等しいので，
$C=[HA]+[A^-]$が成立する。

$$\therefore \ \alpha=\frac{[A^-]}{[HA]+[A^-]}\left(=\frac{[H^+]}{[HA]+[A^-]}\right)$$

(2) $pH=3.7=4-0.3=4-\log_{10}2=-(\log_{10}2+\log_{10}10^{-4})=-\log_{10}(2\times10^{-4})$ より，

$$[H^+]=2.0\times10^{-4}\ \text{〔mol/L〕}$$

また，この水溶液の HA の初濃度に比べて$[H^+]$がかなり小さいので $1-\alpha≒1$ とみなしてよい。 ∴ $[H^+]≒\sqrt{CK_a}=\sqrt{0.20K_a}=2.0\times10^{-4}$ より，

$$K_a=\frac{(2.0\times10^{-4})^2}{0.20}=\mathbf{2.0\times10^{-7}}\ \text{〔mol/L〕}$$

類題 21－4

〔ア〕 $K_b=\dfrac{[C_6H_5NH_3^+][OH^-]}{[C_6H_5NH_2]}$ 〔イ〕 $\dfrac{c\alpha^2}{1-\alpha}$ 〔ウ〕 $\sqrt{\dfrac{K_b}{c}}$

〔エ〕 $\alpha=\sqrt{\dfrac{K_b}{c}}=\sqrt{\dfrac{4.0\times10^{-10}}{0.25}}=\mathbf{4.0\times10^{-5}}$

〔オ〕 $[OH^-]=c\alpha=0.25\times4.0\times10^{-5}=1.0\times10^{-5}$〔mol/L〕

よって，$pOH=-\log_{10}(1.0\times10^{-5})=5.0$ より，$pH=14-5.0=\mathbf{9.0}$

(注)「アニリンの全濃度」とは，アニリンがまったく電離していないとみなしたときの濃度である。「初濃度」という場合もある。

応用 類題 21－5

(1) 薄めたアンモニア水の濃度は，$C=0.18\times\dfrac{1}{100}=1.8\times10^{-3}$〔mol/L〕

題意より，この水溶液中の$[NH_3]≒\mathbf{1.8\times10^{-3}}$ **〔mol/L〕**とみなしてよい。

(2) $K_b=\dfrac{[NH_4^+][OH^-]}{[NH_3]}=\dfrac{[OH^-]^2}{[NH_3]}=\dfrac{[OH^-]^2}{C}$ より，$[OH^-]=\sqrt{CK_b}$

$$[OH^-]=\sqrt{1.8\times10^{-3}\times1.8\times10^{-5}}=\mathbf{1.8\times10^{-4}}\ \text{〔mol/L〕}$$

(3) $pOH=-\log_{10}(1.8\times10^{-4})=4-\log_{10}1.8=4-0.26=3.74$ より，

$$pH=14-3.74=10.26≒\mathbf{10.3}$$

22 電離平衡(2) 緩衝液

類題 22－1

(1) 体積比 1：1 で混合したとき，各成分の濃度は 2 倍に希釈されるので，

$$[CH_3COOH]=0.20\times\frac{1}{2}=0.10\ \text{〔mol/L〕}$$

$$[CH_3COO^-]=[CH_3COONa]=0.20\times\frac{1}{2}=0.10\ \text{〔mol/L〕}$$

よって，$[H^+]=K_a\dfrac{[CH_3COOH]}{[CH_3COO^-]}=2.8\times10^{-5}\times\dfrac{0.10}{0.10}=2.8\times10^{-5}$〔mol/L〕

$$pH=-\log_{10}(2.8\times10^{-5})=5-\log_{10}2.8=5-0.45=4.55≒\mathbf{4.6}$$

(2) 0.10 mol/L のアンモニア水溶液と 0.10 mol/L の塩化アンモニウム水溶液を等量ずつ混合した溶液中では，(1)と同様に濃度は半分になっている。

$[NH_3]=0.10\times\frac{1}{2}=0.05$〔mol/L〕，　$[NH_4^+]=[NH_4Cl]=0.10\times\frac{1}{2}=0.05$〔mol/L〕

この混合溶液は緩衝液になっており，$[NH_3]\fallingdotseq C_b$，$[NH_4^+]\fallingdotseq C_s$ とみなしてよい。

$$K_b=\frac{[NH_4^+][OH^-]}{[NH_3]}=\frac{C_s[OH^-]}{C_b}\qquad \therefore\quad [OH^-]=K_b\frac{C_b}{C_s}$$

したがって，$[OH^-]=K_b\frac{[NH_3]}{[NH_4^+]}=2.0\times10^{-5}\times\frac{0.05}{0.05}=2.0\times10^{-5}$〔mol/L〕

$pOH=-\log_{10}(2.0\times10^{-5})=5-\log_{10}2.0=5-0.30=4.70$ より，

$$pH=14-4.70=9.30\fallingdotseq\mathbf{9.3}$$

(3)〔1〕 $[CH_3COONa]=\frac{0.82}{82}\times\frac{1000}{100}=0.10$〔mol/L〕であるので，

$$[CH_3COO^-]=0.10\ \text{mol/L}$$

また，$[CH_3COOH]=0.10$ mol/L であるので，

$$[H^+]=K_a\frac{[CH_3COOH]}{[CH_3COO^-]}=1.8\times10^{-5}\times\frac{0.10}{0.10}=18\times10^{-6}\ \text{〔mol/L〕}$$

$$pH=-\log_{10}(18\times10^{-6})=6-\log_{10}18=6-(\log_{10}2+2\log_{10}3)$$
$$=6-(0.30+2\times0.48)=4.74\fallingdotseq\mathbf{4.7}$$

〔2〕〔1〕の溶液中の CH_3COOH，CH_3COO^- の物質量はそれぞれ

$$n_{CH_3COOH}=0.10\times\frac{100}{1000}=0.01\ \text{〔mol〕}$$

$$n_{CH_3COO^-}(=n_{CH_3COONa})=\frac{0.82}{82}=0.01\ \text{〔mol〕}$$

加えた H^+ は，$2.0\times\frac{2.0}{1000}=0.004$〔mol〕であるので，$CH_3COO^-$ と H^+ が次のように反応して次の関係が成り立つ。混合後の体積は 100mL としてよい。

〔mol〕	CH_3COO^-	+ H^+	$\longrightarrow$ CH_3COOH
反応前	0.01	0.004	0.01
変化量	−0.004	−0.004	+0.004
反応後	0.006	0	0.014

よって，$[CH_3COOH]=0.014\times\frac{1000}{100}=0.14$〔mol/L〕

$[CH_3COO^-]=0.006\times\frac{1000}{100}=0.06$〔mol/L〕より，

$$[H^+]=K_a\frac{[CH_3COOH]}{[CH_3COO^-]}=1.8\times10^{-5}\times\frac{0.14}{0.06}=42\times10^{-6}\,〔mol/L〕$$

$$pH=-\log_{10}(42\times10^{-6})=6-\log_{10}42=6-(\log_{10}2+\log_{10}3+\log_{10}7)$$
$$=6-(0.30+0.48+0.85)=4.37\fallingdotseq\mathbf{4.4}$$

類題 22−2

(1) pH 5.0 のとき，$[H^+]=1.0\times10^{-5}$〔mol/L〕また$[CH_3COOH]=0.10$〔mol/L〕
必要な酢酸ナトリウムをx〔mol〕とすると，水溶液の体積は 1 L なので，

$$[CH_3COO^-]=[CH_3COONa]=x\,〔mol/L〕$$

$[H^+]=K_a\dfrac{[CH_3COOH]}{[CH_3COO^-]}$ に代入すると，$1.0\times10^{-5}=1.8\times10^{-5}\times\dfrac{0.10}{x}$

∴　$x=0.18$〔mol〕　よって，$82\times0.18=14.76\fallingdotseq\mathbf{15}$ **〔g〕**

(2) 加える水酸化ナトリウム水溶液をx〔mL〕とする。CH_3COOH および NaOH の物質量は，

$$CH_3COOH：0.025\times\frac{20}{1000}=\frac{0.5}{1000}\,〔mol〕$$

$$NaOH：0.05\times\frac{x}{1000}=\frac{0.05x}{1000}\,〔mol〕$$

次のような中和反応が起こる。

〔mol〕	CH_3COOH ＋	NaOH	⟶ CH_3COONa ＋	H_2O
反応前	$\frac{0.5}{1000}$	$\frac{0.05x}{1000}$	0	−
変化量	$-\frac{0.05x}{1000}$	$-\frac{0.05x}{1000}$	$+\frac{0.05x}{1000}$	$+\frac{0.05x}{1000}$
反応後	$\frac{0.5-0.05x}{1000}$	0	$\frac{0.05x}{1000}$	−

同じ水溶液中の CH_3COOH と CH_3COONa の物質量比は濃度比になるので，

$$[CH_3COOH]：[CH_3COO^-]=\frac{0.5-0.05x}{1000}：\frac{0.05x}{1000}=(0.5-0.05x)：0.05x$$

$$\therefore\quad [H^+]=K_a\frac{[CH_3COOH]}{[CH_3COO^-]}=2.0\times10^{-5}\times\frac{0.5-0.05x}{0.05x}\,〔mol/L〕$$

また，$pH=4.7=5-0.3=-\log_{10}10^{-5}-\log_{10}2=-\log_{10}(2\times10^{-5})$ より

$$[H^+]=2\times10^{-5}\,〔mol/L〕$$

よって，$2.0\times10^{-5}\times\dfrac{0.5-0.05x}{0.05x}=2\times10^{-5}$　　$x=5$〔mL〕　∴　①

応用 類題 22−3

pH 9.0 より pOH＝14−9.0＝5.0，$[OH^-]=1.0\times10^{-5}$ mol/L となるので，

$K_b=\dfrac{[NH_4^+][OH^-]}{[NH_3]}=\dfrac{[NH_4^+]\times1.0\times10^{-5}}{[NH_3]}=2.0\times10^{-5}$ mol/L より，

$\dfrac{[NH_4^+]}{[NH_3]}=2$　　したがって，$[NH_3]:[NH_4^+]=1:2$

加える NH_4Cl を x〔g〕とすると，$0.20\times\dfrac{100}{1000}:\dfrac{x}{53.5}=1:2$　　$x=$ **2.14〔g〕**

類題 22−4

問 1　全体の体積が 500 mL になったので，アンモニアの濃度は $\dfrac{4}{5}$ 倍になる。塩化アンモニウムの濃度は $\dfrac{1}{5}$ 倍になる。したがって，

$[NH_3]=0.25\times\dfrac{4}{5}=$ **0.20〔mol/L〕**，$[NH_4Cl]=0.20\times\dfrac{1}{5}=$ **0.040〔mol/L〕**

問 2　この混合溶液は緩衝液になっているので，NH_3 はほとんど電離しておらず，また，NH_4^+ はほとんどが NH_4Cl から生じたとみなしてよいので，

$A=0.20$ mol/L，$B=0.040$ mol/L　　したがって，$A:B=$ **5：1**

問 3　$K_b=\dfrac{[NH_4^+][OH^-]}{[NH_3]}=2.0\times10^{-5}$ mol/L より，$\dfrac{1\times[OH^-]}{5}=2.0\times10^{-5}$ mol/L

$[OH^-]=1.0\times10^{-4}$ mol/L より，pOH＝4　　∴　pH＝14−pOH＝14−4＝**10.0**

問 4　NH_3 は「電離していないアンモニア」，NH_4^+ は「電離しているアンモニア」と考えてよいので，

「電離していないアンモニア」：「電離しているアンモニア」＝$A:B=5:1$

$\therefore\quad \alpha=\dfrac{[NH_4^+]}{[NH_3]+[NH_4^+]}=\dfrac{1}{5+1}\times100=16.6\fallingdotseq$ **17〔%〕**

応用 類題 22−5

初めは，CH_3COOH：0.1 mol，CH_3COO^-：0.05 mol が溶けている。

(1)　加えた HCl は 0.02 mol であるので，HCl が電離して生じた H^+ も 0.02 mol となり，CH_3COO^- と H^+ が次のように反応する。

〔mol〕	CH_3COO^-	＋ H^+	⟶ CH_3COOH
反応前	0.05	0.02	0.1
変化量	−0.02	−0.02	＋0.02
反応後	0.03	0	0.12

水溶液中の CH_3COOH と CH_3COO^- の濃度比は，物質量比と等しく $0.12：0.03=4：1$ であるので，

$$[H^+]=K_a\frac{[CH_3COOH]}{[CH_3COO^-]}=1.8\times10^{-5}\times\frac{4}{1}=72\times10^{-6}\,〔mol/L〕$$

$$pH=-\log_{10}(72\times10^{-6})=6-\log_{10}72=6-(3\log_{10}2+2\log_{10}3)$$
$$=6-(3\times0.30+2\times0.48)=4.14\fallingdotseq\mathbf{4.1}$$

(2) 加えた NaOH は 0.05 mol であるので，NaOH が電離して生じた OH^- も 0.05 mol となり，CH_3COOH と OH^- が次のように反応する。

〔mol〕	CH_3COOH	+ OH^-	⟶ CH_3COO^-	+ H_2O
反応前	0.1	0.05	0.05	−
変化量	−0.05	−0.05	+0.05	+0.05
反応後	0.05	0	0.10	−

水溶液中の CH_3COOH と CH_3COO^- の濃度比は，物質量比と等しく $0.05：0.10=1：2$ であるので，

$$[H^+]=K_a\frac{[CH_3COOH]}{[CH_3COO^-]}=1.8\times10^{-5}\times\frac{1}{2}=9\times10^{-6}\,〔mol/L〕$$

$$pH=-\log_{10}(9\times10^{-6})=6-\log_{10}9=6-2\log_{10}3=6-2\times0.48=5.04\fallingdotseq\mathbf{5.0}$$

(3) (2)と同様に次の関係が成り立つ。

〔mol〕	CH_3COOH	+ OH^-	⟶ CH_3COO^-	+ H_2O
反応前	0.1	0.15	0.05	−
変化量	−0.1	−0.1	+0.1	+0.1
反応後	0	0.05	0.15	−

この水溶液中には，OH^-(NaOH)が残っているので強塩基性であるため，CH_3COONa の加水分解はほとんど起きていない。よって未反応の NaOH からの OH^- のみを考えると，

$$[OH^-]=0.05\,〔mol/L〕=\frac{1}{2}\times10^{-1}\,〔mol/L〕$$

$$pOH=-\log_{10}\left(\frac{1}{2}\times10^{-1}\right)=1-\log_{10}\frac{1}{2}=1-\log_{10}2^{-1}=1+\log_{10}2=1.30\text{ より，}$$

$$pH=14-1.30=12.70\fallingdotseq\mathbf{12.7}$$

23 電離平衡(3) 塩の水溶液，多段階電離，指示薬の電離平衡

類題 23－1

0.20 mol/L の酢酸水溶液 10 mL を中和するために必要な 0.10 mol/L の水酸化ナトリウム水溶液の体積を x〔mL〕とすると，

$$0.20\times\frac{10}{1000}\times1=0.10\times\frac{x}{1000}\times1 \qquad x=20\ \text{mL}$$

また，$n_{CH_3COOH}=0.20\times\frac{10}{1000}=\frac{2}{1000}$ mol，$n_{NaOH}=0.10\times\frac{20}{1000}=\frac{2}{1000}$ mol

したがって，生成する酢酸ナトリウムの物質量は，$n_{CH_3COONa}=\frac{2}{1000}$ mol

水溶液の総体積は，10＋20＝30 mL

以上より，$[CH_3COONa]=\dfrac{\frac{2}{1000}}{\frac{30}{1000}}=\frac{2}{30}$ mol/L

$$[OH^-]=\sqrt{\frac{[CH_3COONa]K_w}{K_a}}=\sqrt{\frac{\frac{2}{30}\times1.0\times10^{-14}}{2.0\times10^{-5}}}=\sqrt{\frac{1}{3}}\times10^{-5}\ \text{mol/L}$$

$pOH=5-\frac{1}{2}\log_{10}\frac{1}{3}$ より，

$$pH=14-\left(5-\frac{1}{2}\log_{10}\frac{1}{3}\right)=9-\frac{1}{2}\log_{10}3=9-0.24=\mathbf{8.76}$$

類題 23－2

p. 164 **例題 23－1** と同様に考えよう。①より生じた NH_4^+ の一部が②のように電離して H_3O^+(H^+)を生じるので，塩化アンモニウムの水溶液は$_{ア}$**(弱)酸**性を示す。

②の反応より生成する NH_3 と H_3O^+(＝H^+)の物質量は同じ。

したがって，$_{イ}\mathbf{[NH_3]}=[H^+]$であるので③を変形すると，

$$K_h=\frac{[NH_3][H^+]}{[NH_4^+]}=\frac{[H^+][H^+]}{[NH_4^+]} \quad \therefore \quad [H^+]=\sqrt{_{ウ}\boldsymbol{K_h[NH_4^+]}} \qquad \cdots\cdots④$$

また，③の分母，分子に$[OH^-]$をかけて，K_hをK_bとK_wで表すと，

$$K_h=\frac{[NH_3][H^+]}{[NH_4^+]}\times\frac{[OH^-]}{[OH^-]}=\frac{[NH_3]}{[NH_4^+][OH^-]}\times[H^+][OH^-]=_{エ}\boldsymbol{\frac{K_w}{K_b}} \cdots\cdots⑤$$

⑤を④に代入すると，$[H^+]=\sqrt{_{オ}\boldsymbol{\frac{K_w}{K_b}[NH_4^+]}}$ ……⑥

①より$[NH_4^+]=[NH_4Cl]=0.20$ mol/Lであるので，⑥より，

$$[H^+]=\sqrt{\frac{1.0\times10^{-14}}{2.0\times10^{-5}}\times0.20}=_{カ}\mathbf{1.0\times10^{-5}}\ \text{〔mol/L〕} \qquad \therefore \quad pH=_{キ}\mathbf{5.0}$$

応用 類題 23－3

問 1　NaOH 水溶液の濃度を x〔mol/L〕とすると，図と中和の公式より，

$$0.10\times\frac{20}{1000}\times1=x\times\frac{20}{1000}\times1 \qquad \therefore\quad x=\mathbf{0.10}〔\mathrm{mol/L}〕$$

問 2　問題編 p. 146 **21 電離平衡**(1)の**2 弱酸水溶液の水素イオン濃度の求め方**を参照してほしい。K_a の値が 2.0×10^{-5} mol/L と小さいので，CH_3COOH はほとんど電離していないとしてよい。

$$\therefore\quad [H^+]\fallingdotseq\sqrt{CK_a} より，[H^+]=\sqrt{0.10\times2.0\times10^{-5}}=\sqrt{2}\times10^{-3}\ \mathrm{mol/L}$$

$$\mathrm{pH}=-\log_{10}(\sqrt{2}\times10^{-3})=3-\frac{1}{2}\log_{10}2=2.85\fallingdotseq\mathbf{2.9}$$

問 3　12 mL；CH_3COOH の物質量は　$n_{CH_3COOH}=0.10\times\frac{20}{1000}=2.0\times10^{-3}$ mol

滴下した NaOH の物質量は　$n_{NaOH}=0.10\times\frac{12}{1000}=1.2\times10^{-3}$ mol

〔$\times10^{-3}$ mol〕	CH_3COOH	＋	$NaOH$	⟶	CH_3COONa	＋	H_2O
反応前	2.0		1.2		0		－
変化量	－1.2		－1.2		＋1.2		＋1.2
反応後	0.8		0		1.2		－

水溶液中の $n_{CH_3COOH}:n_{CH_3COONa}=0.8:1.2=2:3$

反応後の溶液は，緩衝液になっている。問題編 p. 153 **22 電離平衡**(2)の**2 緩衝液の pH の求め方**を参照してほしい。

$$\therefore\quad [CH_3COOH]:[CH_3COO^-]=2:3$$

緩衝液では$[H^+]=\frac{K_aC_a}{C_s}$ より，$[H^+]=2.0\times10^{-5}\times\frac{2}{3}$ mol/L

$$\therefore\quad \mathrm{pH}=-\log_{10}\left(\frac{2^2}{3}\times10^{-5}\right)=5-(2\log_{10}2-\log_{10}3)=4.88\fallingdotseq\mathbf{4.9}$$

20 mL；図より，このとき中和が完了し CH_3COONa の水溶液になっている。

$$CH_3COOH + NaOH \longrightarrow CH_3COONa + H_2O$$

この章の p. 162 **1 塩の加水分解**を参照してほしい。

上の反応式より生成した CH_3COONa の物質量は $0.10\times\frac{20}{1000}=2.0\times10^{-3}$ mol，体積は$(20+20)=40$ mL より

$$\therefore\quad C_s=[CH_3COONa]=\frac{\frac{2}{1000}}{\frac{40}{1000}}=0.050\ \mathrm{mol/L}$$

$[OH^-]=\sqrt{\dfrac{K_wC_s}{K_a}}$ より，$[OH^-]=\sqrt{\dfrac{1.0\times10^{-14}}{2.0\times10^{-5}}\times0.050}=\dfrac{1}{2}\times10^{-5}$ mol/L

$pOH=-\log_{10}\left(\dfrac{1}{2}\times10^{-5}\right)=5+\log_{10}2$，$pH=14-pOH$ より，

$$pH=14-\left(5+\log_{10}2\right)=\mathbf{8.7}$$

40 mL；中和点を超えたため未反応の NaOH が多く存在している。そのため CH_3COONa の加水分解はほとんど起こっておらず水溶液中の OH^- はすべて未反応の NaOH から生じたとみなしてよい。

滴下した NaOH の物質量は $n_{NaOH}=0.10\times\dfrac{40}{1000}=4.0\times10^{-3}$ mol

$[\times10^{-3}$ mol$]$	CH_3COOH	+	NaOH	$\longrightarrow$	CH_3COONa	+	H_2O
反応前	2.0		4.0		0		−
変化量	−2.0		−2.0		+2.0		+2.0
反応後	0		2.0		2.0		−

未反応の NaOH の物質量は 2.0×10^{-3} mol，体積は $20+40=60$ mL より，

$$[OH^-]=\frac{\dfrac{2}{1000}}{\dfrac{60}{1000}}\times1=\frac{1}{30}=\frac{1}{3}\times10^{-1}\ \text{mol/L}$$

$pOH=-\log_{10}\left(\dfrac{1}{3}\times10^{-1}\right)=1-\log_{10}\dfrac{1}{3}$

$$\therefore\quad pH=14-\left(1-\log_{10}\frac{1}{3}\right)=12.52\fallingdotseq\mathbf{12.5}$$

問 4　滴下した HCl の物質量は $n_{HCl}=\dfrac{0.10\times8}{1000}=0.80\times10^{-3}$ mol

問 3 より水酸化ナトリウム水溶液を 20 mL 滴下した水溶液は CH_3COONa の水溶液になっている。これに希塩酸を滴下していくと下の反応が起こる。

$[\times10^{-3}$ mol$]$	CH_3COONa	+	HCl	$\longrightarrow$	CH_3COOH	+	NaCl
反応前	2.0		0.8		0		0
変化量	−0.8		−0.8		+0.8		+0.8
反応後	1.2		0		0.8		−

上の反応表より，この水溶液は緩衝液になっている。

$n_{CH_3COOH}:n_{CH_3COONa}=0.8:1.2=2:3$　　$\therefore[CH_3COOH]:[CH_3COO^-]=2:3$

$[H^+]=\dfrac{K_aC_a}{C_s}$ より，$[H^+]=2.0\times10^{-5}\times\dfrac{2}{3}$ mol/L

$$pH=-\log_{10}\left(2.0\times10^{-5}\times\frac{2}{3}\right)=5-2\log_{10}2+\log_{10}3=4.88\fallingdotseq\mathbf{4.9}$$

類題 23－4

(1)　題意より第一段階の電離のみ考えて解けばよい。p. 146 21 電離平衡(1)の 2 弱酸水溶液の水素イオン濃度の求め方より，炭酸の濃度をC〔mol/L〕，炭酸の電離度をαとすると，水溶液中の$[H_2CO_3]=C(1-\alpha)$〔mol/L〕，$[HCO_3^-]=C\alpha$〔mol/L〕

$$[H^+]=C\alpha\ \text{〔mol/L〕},\quad K_1=\frac{[HCO^-][H^+]}{[H_2CO_3]}=\frac{C\alpha^2}{1-\alpha}\ \text{〔mol/L〕}$$

題意より $\alpha \ll 1$ ではないので，$1-\alpha \fallingdotseq 1$ とみなしてはいけない。

$$K_1=\frac{C\alpha^2}{1-\alpha}=\frac{1.2\times10^{-5}\times\alpha^2}{1-\alpha}=4.0\times10^{-7}\ \text{mol/L}$$

$1.2\times10^{-5}\times\alpha^2=4.0\times10^{-7}\times(1-\alpha)$　$30\alpha^2+\alpha-1=0$　$(5\alpha+1)(6\alpha-1)=0$

α は正の値なので，$6\alpha-1=0$ より，$\alpha=\dfrac{1}{6}=0.166\fallingdotseq\mathbf{0.17}$

(2)　(1)より $[H^+]=C\alpha=1.2\times10^{-5}\times\dfrac{1}{6}=2.0\times10^{-6}$ mol/L

$$\text{pH}=6-\log_{10}2.0=6-0.30=\mathbf{5.7}$$

応用 類題 23－5

問1　題意より求める$[H_2C_2O_4]_{total}$を$[H_2C_2O_4]$や$[HC_2O_4^-]$で表してはいけない。

式(2)の $K_2=\dfrac{[H^+][C_2O_4^{2-}]}{[HC_2O_4^-]}$ より　$[HC_2O_4^-]=\dfrac{[H^+][C_2O_4^{2-}]}{K_2}$

次に，K_1 と K_2 をかけて$[HC_2O_4^-]$を消去することにより，$[H_2C_2O_4]$を$[H^+]$や$[C_2O_4^{2-}]$で表してみる。

$$K_1K_2=\frac{[H^+][HC_2O_4^-]}{[H_2C_2O_4]}\times\frac{[H^+][C_2O_4^{2-}]}{[HC_2O_4^-]}=\frac{[H^+]^2[C_2O_4^{2-}]}{[H_2C_2O_4]}$$

$$\therefore\quad [H_2C_2O_4]=\frac{[H^+]^2[C_2O_4^{2-}]}{K_1K_2}$$

以上を式(3)に代入する。

$$\begin{aligned}[H_2C_2O_4]_{total}&=[H_2C_2O_4]+[HC_2O_4^-]+[C_2O_4^{2-}]\\&=\frac{[H^+]^2[C_2O_4^{2-}]}{K_1K_2}+\frac{[H^+][C_2O_4^{2-}]}{K_2}+[C_2O_4^{2-}]\\&=\boldsymbol{\left(\frac{[H^+]^2}{K_1K_2}+\frac{[H^+]}{K_2}+1\right)[C_2O_4^{2-}]}\end{aligned}$$

問2　題意より，$[H_2C_2O_4]_{total}=1.0\times10^{-2}$ mol/L，$[H^+]=1.0\times10^{-2}$ mol/L

問1で求めた答えに代入する。

$K_1K_2=5.0\times10^{-2}\times5.0\times10^{-5}=25\times10^{-7}\ (\text{mol/L})^2$，$K_2=5.0\times10^{-5}$ mol/L より，

$$\begin{aligned}1.0\times10^{-2}&=\left(\frac{10^{-4}}{25\times10^{-7}}+\frac{10^{-2}}{5\times10^{-5}}+1\right)[C_2O_4^{2-}]\\&=\left(\frac{1000}{25}+\frac{1000}{5}+1\right)[C_2O_4^{2-}]=241[C_2O_4^{2-}]\end{aligned}$$

$$\therefore\quad [C_2O_4^{2-}]=\frac{1.0\times10^{-2}}{241}=4.14\times10^{-5}\fallingdotseq\mathbf{4.1\times10^{-5}}\ \text{〔mol/L〕}$$

応用 類題 23−6

(1)　リン酸の濃度を C，電離度を α とすると，$K_1=\dfrac{C\alpha\times C\alpha}{C(1-\alpha)}=\dfrac{C\alpha^2}{1-\alpha}$　…①

第一段階の平衡については，**類題 23−4** の場合と同様に，$\alpha\ll1$ ではないので，$1-\alpha\fallingdotseq1$ としてはいけない。①に $C=0.20$，$K_1=1.0\times10^{-2}$ を代入する。

$$1.0\times10^{-2}=\frac{0.2\alpha^2}{1-\alpha}\qquad 20\alpha^2+\alpha-1=0\qquad (4\alpha+1)(5\alpha-1)=0$$

α は正の値なので $5\alpha-1=0$　　∴　$\alpha=\mathbf{0.20}$

(2)　はじめに存在した H_3PO_4 の物質量は $n_{H_3PO_4}=0.20\times\dfrac{10}{1000}=2.0\times10^{-3}$ mol，加えた NaOH の物質量は $n_{NaOH}=0.10\times\dfrac{30}{1000}=3.0\times10^{-3}$ mol

下のような第一段階の中和反応が起こり，NaH_2PO_4 が生じ，NaOH が残る。

〔$\times10^{-3}$ mol〕	H_3PO_4	＋ NaOH	⟶ NaH_2PO_4	＋ H_2O	…②
反応前	2.0	3.0	0	−	
変化量	−2.0	−2.0	−2.0	−	
反応後	0	1.0	2.0	−	

次に下のような第二段階の中和反応が起きる。

〔$\times10^{-3}$ mol〕	NaH_2PO_4	＋ NaOH	⟶ Na_2HPO_4	＋ H_2O	…③
反応前	2.0	1.0	0	−	
変化量	−1.0	−1.0	+1.0	−	
反応後	1.0	0	1.0	−	

$n_{NaH_2PO_4}:n_{Na_2HPO_4}=1.0\times10^{-3}$ mol：1.0×10^{-3} mol より，

$[H_2PO_4^-]=1.0\times10^{-3}\times\dfrac{1000}{10+30}=\mathbf{2.50\times10^{-2}}$〔**mol/L**〕

$[HPO_4^{2-}]=1.0\times10^{-3}\times\dfrac{1000}{10+30}=\mathbf{2.50\times10^{-2}}$〔**mol/L**〕

したがって $[H_2PO_4^-]:[HPO_4^{2-}]=2.50\times10^{-2}$ mol/L：2.50×10^{-2} mol/L$=1:1$

つまり，第二段階の電離の反応式中の $H_2PO_4^-$ も HPO_4^{2-} も多量に存在する緩衝液になっている。

$$\therefore\quad \mathrm{pH}=\mathrm{p}K_2+\log_{10}\frac{[HPO_4^{2-}]}{[H_2PO_4^-]}=\mathrm{p}K_2+\log_{10}1=\mathrm{p}K_2=-\log_{10}(6.0\times10^{-8})$$

$$=8-\log_{10}6.0=8-(\log_{10}2.0+\log_{10}3.0)=\mathbf{7.22}$$

（補足１）　②をイオン反応式で表すと　$H_3PO_4 + OH^- \longrightarrow H_2PO_4^- + H_2O$

③をイオン反応式で表すと　$H_2PO_4^- + OH^- \longrightarrow HPO_4^{2-} + H_2O$

（補足２）　H_3PO_4 と NaOH の中和滴定曲線を以下に示す。見てのとおり第１中和点（20 mL滴下）と第２中和点（40 mL滴下）の間は緩衝液になっている。

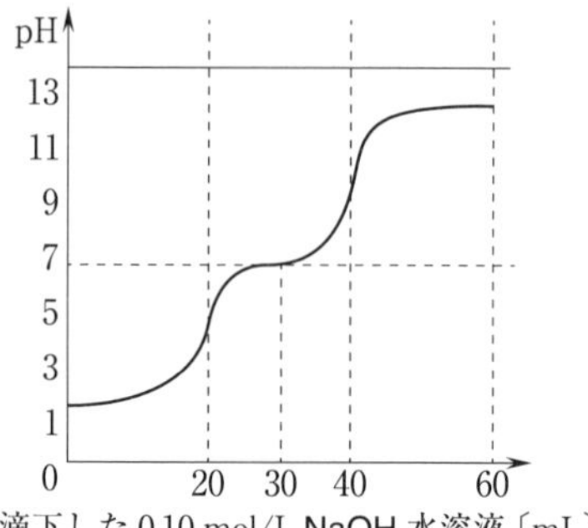

類題 23－7

①の電離定数 K は $K=\dfrac{[\mathrm{H^+}][\mathrm{A^-}]}{[\mathrm{HA}]}=1.0\times10^{-6}$ mol/L　…②

題意より，$0.1<\dfrac{[\mathrm{HA}]}{[\mathrm{A^-}]}<10$ のときに色素分子 HA の色を確実に見分けることはできない。このときの pH の範囲が HA の変色域になる。

②を変形すると，$[\mathrm{H^+}]=K\dfrac{[\mathrm{HA}]}{[\mathrm{A^-}]}$　…③

$\dfrac{[\mathrm{HA}]}{[\mathrm{A^-}]}=10$ を③に代入すると，

$[\mathrm{H^+}]=1.0\times10^{-6}\times10=1.0\times10^{-5}$ mol/L より，pH＝5.0

また，$\dfrac{[\mathrm{HA}]}{[\mathrm{A^-}]}=0.1$ を③に代入すると，

$[\mathrm{H^+}]=1.0\times10^{-6}\times0.1=1.0\times10^{-7}$ mol/L より，pH＝7.0

したがって，HA の変色域は pH 5.0～pH 7.0 である。

中和点付近では pH の急激な変化が起こるため，滴定曲線の直線部分(pH が急激に変化した部分)に変色域がかかる色素分子を指示薬として用いる。pH 5.0～pH 7.0 に滴定曲線の直線部分があるのは**ア**と**エ**　∴　**③**

24 溶解度積(1) 溶解度積

類題 24−1

AgI が沈殿し始めるときの$[Ag^+]$を x〔mol/L〕とすると，

$$x\times1\times10^{-2}=1\times10^{-16}\qquad\therefore\quad x=1\times10^{-14}\text{〔mol/L〕}$$

AgCl が沈殿し始めるときの$[Ag^+]$を y〔mol/L〕とすると，

$$y\times1\times10^{-2}=2\times10^{-10}\qquad\therefore\quad y=2\times10^{-8}\text{〔mol/L〕}$$

したがって，沈殿を生じるときの$[Ag^+]$は AgI の方が小さいので，初めに **AgI** が沈殿する。

類題 24−2

$CaSO_4$ が沈殿を生じ始めるときの$[SO_4^{2-}]$を x〔mol/L〕とすると，

$$x\times0.01=2.4\times10^{-5}\qquad\therefore\quad x=2.4\times10^{-3}\text{〔mol/L〕}$$

$BaSO_4$ が沈殿を生じ始めるときの$[SO_4^{2-}]$を y〔mol/L〕とすると，

$$y\times0.01=1.0\times10^{-10}\qquad\therefore\quad y=1.0\times10^{-8}\text{〔mol/L〕}$$

したがって，$\dfrac{x}{y}=\dfrac{2.4\times10^{-3}}{1.0\times10^{-8}}=\mathbf{2.4\times10^5}$ **〔倍〕**

類題 24−3

ア：$AgCl \rightleftarrows Ag^+ + Cl^-$ より，$[Ag^+]=[Cl^-]=\boldsymbol{x}$〔mol/L〕

イ：$K_{sp}=[Ag^+][Cl^-]$より，$x\times x=1.0\times10^{-10}\quad\therefore\quad x=\mathbf{1.0\times10^{-5}}$〔mol/L〕

ウ：$1.0\times10^{-5}\times1.0\times143.5\times10^3=1.43\fallingdotseq\mathbf{1.4}$〔mg〕

類題 24−4

まず，AgCl の溶解度積 K_{sp} の値を求めてみよう。図 1 のグラフより例えば，

$[Ag^+]=1.8\times10^{-5}$ mol/L のとき $\dfrac{K_{sp}}{[Ag^+]}=1.0\times10^{-5}$ mol/L

$$\therefore\quad \frac{K_{sp}}{1.8\times10^{-5}}=1.0\times10^{-5}\ \text{より}\ K_{sp}=1.8\times10^{-10}\ (\text{mol/L})^2$$

AgCl について $K_{sp}=[Ag^+][Cl^-]$と表せるので，図 1 のグラフは次のように表すこともできる。

この章の p. 173 ②**沈殿が生じるか生じないかの判定法**を参照してほしい。

溶液中の$[Ag^+]$と$[Cl^-]$の積が，Ⓐの範囲ならば沈殿は生じない。Ⓑの範囲ならば，沈殿が生じている。また，グラフの曲線上ならば，沈殿が生じ始めたりすることになる。

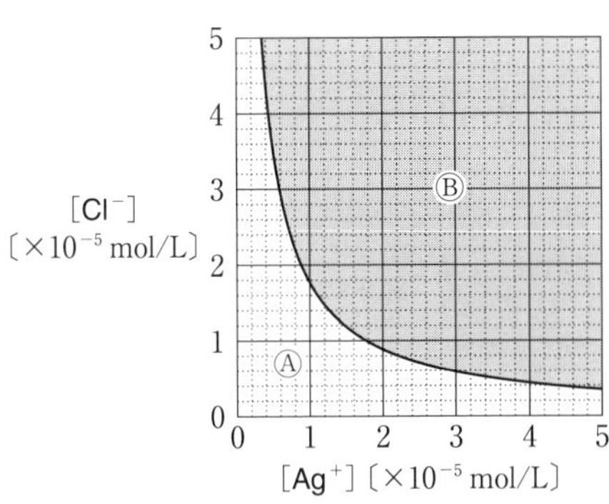

$AgNO_3 \longrightarrow Ag^+ + NO_3^-$, $NaCl \longrightarrow Na^+ + Cl^-$ より
$AgNO_3$ 水溶液と NaCl 水溶液を同体積混合したので，混合直後の$[Ag^+]$は
$[AgNO_3]$の $\frac{1}{2}$ 倍，$[Cl^-]$は$[NaCl]$の $\frac{1}{2}$ 倍になる。これをふまえた上で表1を下の表に書き直してみると，

	$[AgNO_3]$ 〔$\times10^{-5}$ mol/L〕	混合直後の $[Ag^+]$ 〔$\times10^{-5}$ mol/L〕	$[NaCl]$ 〔$\times10^{-5}$ mol/L〕	混合直後の $[Cl^-]$ 〔$\times10^{-5}$ mol/L〕	混合直後の $[Ag^+][Cl^-]$ 〔$\times10^{-10}$ $(mol/L)^2$〕
①	1.0	0.50	1.0	0.50	0.25
②	2.0	1.0	2.0	1.0	1.0
③	3.0	1.5	3.0	1.5	2.25
④	4.0	2.0	2.0	1.0	2.0
⑤	5.0	2.5	1.0	0.50	1.25

∴ AgCl の沈殿が生じるのはⒷの範囲の③，④

類題 24－5

問1　pH 1.0 より，$[H^+]=1.0\times10^{-1}$〔mol/L〕

また，$[H_2S]=0.10$〔mol/L〕であるので，$K=\frac{[H^+]^2[S^{2-}]}{[H_2S]}$ より，

$$1.0\times10^{-22}=\frac{(1.0\times10^{-1})^2[S^{2-}]}{0.10} \qquad \therefore\ [S^{2-}]=1.0\times10^{-21}\text{〔mol/L〕}$$

pH 1.0 で沈殿が生じていないと仮定したときの金属イオンの濃度を$[M^{2+}]$とすると，$[M^{2+}][S^{2-}]=1.0\times10^{-4}\times1.0\times10^{-21}=1.0\times10^{-25}\ (mol/L)^2$

この値は，CuS の $K_{sp}(6.0\times10^{-36})$ よりも大きく，ZnS の $K_{sp}(2.0\times10^{-24})$ よりも小さいので，**CuS** は沈殿するが，ZnS は沈殿しない。

CuS は沈殿しているので，溶液中の Cu^{2+} と S^{2-} の濃度について

$$[Cu^{2+}][S^{2-}]=K_{CuS}$$

が成り立つ。pH 1.0 では$[S^{2-}]=1.0\times10^{-21}$〔mol/L〕なので，このときの Cu^{2+} の濃度を x〔mol/L〕とすると，

$$x\times1.0\times10^{-21}=6.0\times10^{-36} \qquad \therefore\ x=\mathbf{6.0\times10^{-15}}\text{〔mol/L〕}$$

ZnS は沈殿しないので，Zn^{2+} はすべて溶液中に存在し，

$$[Zn^{2+}]=\mathbf{1.0\times10^{-4}}\text{〔mol/L〕}$$

問2　溶液の pH を 7 と仮定して，$[H^+]=1.0\times10^{-7}$〔mol/L〕

また，$[H_2S]=0.10$〔mol/L〕であるので，$K=\frac{[H^+]^2[S^{2-}]}{[H_2S]}$ より，

$$1.0\times10^{-22}=\frac{(1.0\times10^{-7})^2[S^{2-}]}{0.10} \qquad \therefore\ [S^{2-}]=1.0\times10^{-9}\text{〔mol/L〕}$$

pH 7.0 で沈殿が生じないと仮定したときの金属イオンの濃度を$[M^{2+}]$とすると，$[M^{2+}][S^{2-}]=2.0\times10^{-5}\times1.0\times10^{-9}=2.0\times10^{-14}$ $(mol/L)^2$

この値は，CuS の $K_{sp}(6.0\times10^{-36})$，ZnS の $K_{sp}(2.0\times10^{-24})$のいずれよりも大きいので，CuS と ZnS ともに沈殿する。　∴　③

(注)塩基性水溶液中では，次の平衡が同時に成立している。

$$H_2S \rightleftarrows 2H^+ + S^{2-} \qquad K=\frac{[H^+]^2[S^{2-}]}{[H_2S]}$$

$$CuS(固) \rightleftarrows Cu^{2+} + S^{2-} \quad K_{CuS}=[Cu^{2+}][S^{2-}]$$

$$ZnS(固) \rightleftarrows Zn^{2+} + S^{2-} \quad K_{ZnS}=[Zn^{2+}][S^{2-}]$$

このとき，平衡定数中の$[S^{2-}]$は同じ値である。このことを**共通イオン効果**という。

問3　ZnS が沈殿し始めるときの pH を求めればよい。

ZnS が沈殿し始めるとき，$[Zn^{2+}][S^{2-}]=K_{ZnS}$ が成り立つ。このときの$[S^{2-}]$を y〔mol/L〕とすると，

$$2.0\times10^{-4}\times y=2.0\times10^{-24} \qquad ∴\quad y=1.0\times10^{-20}〔mol/L〕$$

$K=\dfrac{[H^+]^2[S^{2-}]}{[H_2S]}$ より，$1.0\times10^{-22}=\dfrac{[H^+]^2\times1.0\times10^{-20}}{0.10}$

$$∴\quad [H^+]=(1.0\times10^{-3})^{\frac{1}{2}}=1.0\times10^{-1.5}〔mol/L〕$$

∴　$pH=-\log_{10}(1.0\times10^{-1.5})=1.5$　　よって，**pH 1.5 以下**にすればよい。

25　溶解度積(2) モール法

類題 25－1

AX の沈殿が生じ始めたとき，この章の p. 181 ①**モール法**の図の(i)と同じ事が成立している。このとき A^+ のほとんどすべてがまだ溶液中に残っていると考えられるので，

ア：$\dfrac{1.0\times10^{-3}}{1.0}=1.0\times10^{-3}=\mathbf{1.0\times10^{-3}}$〔mol/L〕

イ：このとき①が成立しているので，その水溶液中の A^+ と X^- について $[A^+][X^-]=1.0\times10^{-15}$ $(mol/L)^2$ が成立している。アより $(1.0\times10^{-3})\times[X^-]=1.0\times10^{-15}$　　∴　$[X^-]=\mathbf{1.0\times10^{-12}}$

ウ：BX の沈殿が生じ始めたとき，この章の p. 181 ①の図の(iii)の状態と同じ事が成立している。つまり水溶液中の B^+ と X^- について$[B^+][X^-]=1.0\times10^{-8}$ $(mol/L)^2$ が成立している。当然 AX の沈殿も生じているので，水溶液中の A^+ と X^- について$[A^+][X^-]=1.0\times10^{-15}$ $(mol/L)^2$ も同様に成立している。解説で述べたように$[X^-]$の値は等しい。このとき B^+ のほぼすべてがまだ溶液中に残っていると考えられるので，　∴　$\dfrac{1.0\times10^{-6}}{1.0}=\mathbf{1.0\times10^{-6}}$〔mol/L〕

エ：イと同様に考える。ウより $(1.0\times10^{-6})\times[X^-]=1.0\times10^{-8}$

$\therefore\ [X^-]=\mathbf{1.0\times10^{-2}}$〔mol/L〕

オ：エより $[A^+]\times(1.0\times10^{-2})=1.0\times10^{-15}$　$\therefore\ [A^+]=\mathbf{1.0\times10^{-13}}$〔mol/L〕

カ：A^+ について初めの濃度は，アより 1.0×10^{-3} mol/L

BX の沈殿が生じ始めたときの A^+ の濃度は，オより 1.0×10^{-13} mol/L

$$\therefore\ \frac{1.0\times10^{-13}}{1.0\times10^{-3}}=\mathbf{1.0\times10^{-10}}$$

水溶液中で$[X^-]$の値って1つしかないよねぇ。だから$[A^+][X^-]=K_{AX}$か，$[B^+][X^-]=K_{BX}$が成立しているとき，その式中$[X^-]$の値は同じなんだ！

応用 類題 25－2

(1) モール法について Ag_2CrO_4 の赤褐色沈殿が生じ始めたとき，溶液中の Cl^- はすべて沈殿しているとみなしてよい。$Cl^- + Ag^+ \longrightarrow AgCl$ より反応する Cl^- と Ag^+の物質量は等しい。$[Cl^-]=x$〔mol/L〕とすると，

$$x\times\frac{40}{1000}=0.010\times\frac{9.0}{1000}\qquad x=2.25\times10^{-3}\fallingdotseq\mathbf{2.3\times10^{-3}}\ \text{〔mol/L〕}$$

(2) (1)では Cl^-はすべて沈殿したとみなしたが，実際にはごくわずか溶液中に存在している。p. 182 **例題 25－1** の解答を参照してほしい。Ag_2CrO_4 の沈殿が生じ始めたとき，水溶液中の$[Ag^+]$と$[CrO_4{}^{2-}]$の値について $[Ag^+]^2[CrO_4{}^{2-}]=K_{Ag_2CrO_4}=1.8\times10^{-12}\ (mol/L)^3$ が成立している。

また，AgCl の沈殿も生じているので，水溶液中の$[Ag^+]$と$[Cl^-]$の値について$[Ag^+][Cl^-]=K_{AgCl}=1.8\times10^{-10}\ (mol/L)^2$ が成立している。

Ag_2CrO_4 の沈殿が生じ始めたとき，水溶液の全量は(40＋1.0＋9.0＝)50 mL。

$$\therefore\ [CrO_4{}^{2-}]=0.10\times\frac{1.0}{50}=2.0\times10^{-3}\ \text{〔mol/L〕}$$

したがって，$[Ag^+]^2[CrO_4{}^{2-}]=1.8\times10^{-12}$ より，

$[Ag^+]^2\times2.0\times10^{-3}=1.8\times10^{-12}$　$\therefore\ [Ag^+]=3.0\times10^{-5}$〔mol/L〕

また，$[Ag^+][Cl^-]=1.8\times10^{-10}$ より，

$3.0\times10^{-5}\times[Cl^-]=1.8\times10^{-10}$　$\therefore\ [Cl^-]=\mathbf{6.0\times10^{-6}}$〔mol/L〕

応用 類題 25−3

p. 61 24 **溶解度積(1)**の**類題 24−4** の解説のグラフを参照してほしい。

例えば，AgCl の溶解度積について，

$$K_{AgCl} = [Ag^+][Cl^-]$$

両辺の対数をとると

$$\log_{10} K_{AgCl} = \log_{10}[Ag^+] + \log_{10}[Cl^-]$$

$$\therefore \quad \log_{10}[Cl^-] = -\log_{10}[Ag^+] + \log_{10} K_{AgCl}$$

縦軸を $\log_{10}[Cl^-]$，横軸を $\log_{10}[Ag^+]$ にすると，グラフはおよそ次の図 1 のようになる。

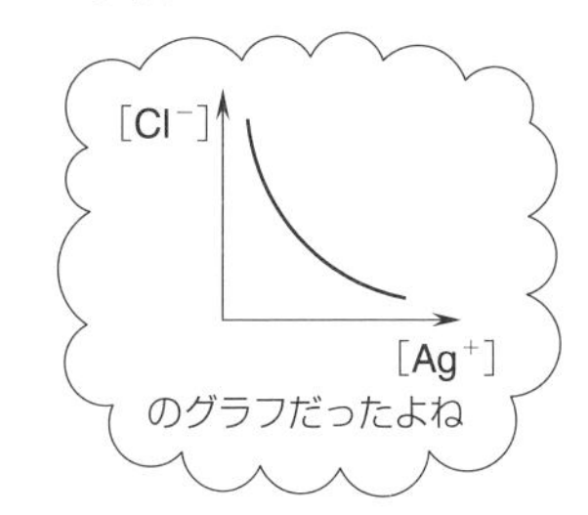

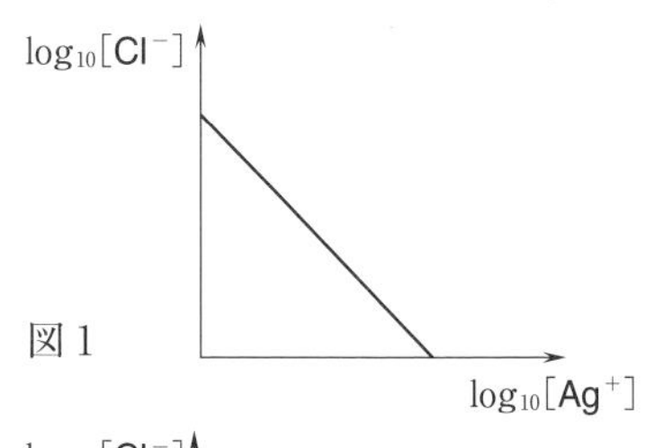

図 1

ただし，この問題では $[Cl^-] = 0.010 = 1.0 \times 10^{-2}$ mol/L なので，$\log_{10}[Cl^-] = -2$ よりグラフは左の図 2 のようになる。

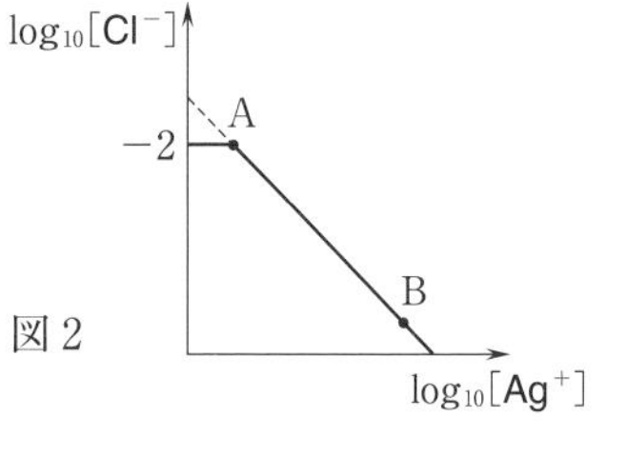

図 2

グラフより，Ag^+ の量を増やしていくと，A 点で沈殿を生じ始め，さらに Ag^+ を加えていくと，B 点に向かって AgCl の沈殿は増えていく。A 点から B 点のグラフは沈殿が生じている際の溶液中の $[Ag^+]$ と $[Cl^-]$ の値を表している。

同様に Ag_2CrO_4 の溶解度積について　$K_{Ag_2CrO_4} = [Ag^+]^2[CrO_4^{2-}]$

両辺の対数をとると，$\log_{10} K_{Ag_2CrO_4} = 2\log_{10}[Ag^+] + \log_{10}[CrO_4^{2-}]$

$$\therefore \quad \log_{10}[CrO_4^{2-}] = -2\log_{10}[Ag^+] + \log_{10} K_{Ag_2CrO_4}$$

AgCl と同様にグラフはおよそ次の図 3 のようになる。

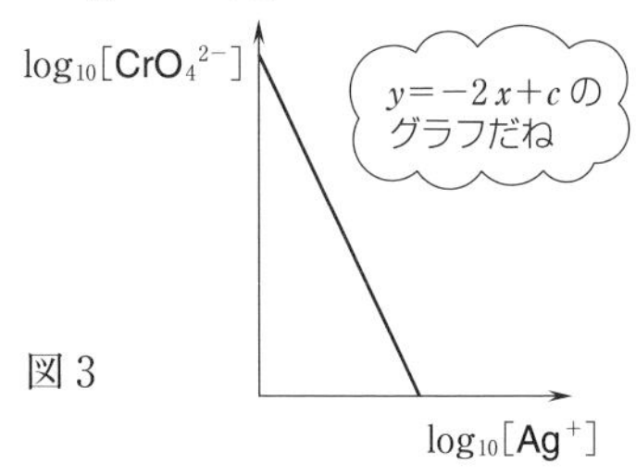

図 3

ただし，この問題では，$[CrO_4^{2-}] = 0.0010 = 1.0 \times 10^{-3}$ mol/L なので，$\log_{10}[CrO_4^{2-}] = -3$ よりグラフは次の図 4 のようになる。

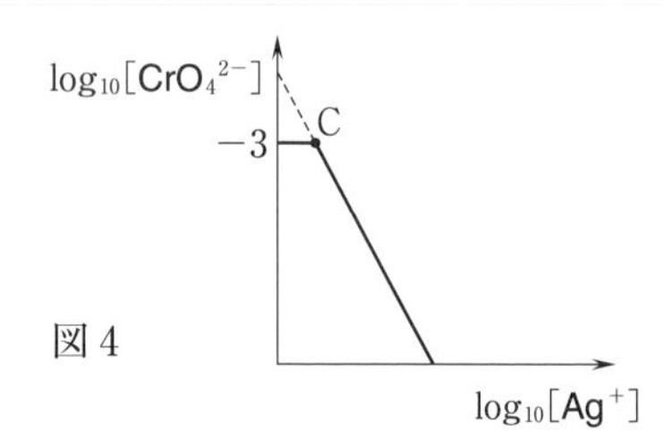

図 4

グラフより，Ag^+ の量を増やしていくと，C 点で沈殿を生じ始め，さらに Ag^+ を加えていくと，右下に向かって Ag_2CrO_4 の沈殿は増えていく。C から右のグラフは沈殿が生じている際の溶液中の $[Ag^+]$ と $[CrO_4^{2-}]$ の値を表している。

問 1　A 点で AgCl の沈殿が生じ始めるので，A 点での $[Ag^+]$ と $[Cl^-]$ の値について $[Ag^+][Cl^-]=K_{AgCl}$ が成立している。

グラフより，A 点での $\log_{10}[Cl^-]=-2$ より，$[Cl^-]=1.0\times10^{-2}$ mol/L

$\log_{10}[Ag^+]=-7.7$ より，$-\log_{10}[Ag^+]=7.7=8-0.3=8-\log_{10}2$

$\therefore\ [Ag^+]=2.0\times10^{-8}$ mol/L

したがって，$[Ag^+][Cl^-]=(2.0\times10^{-8})\times(1.0\times10^{-2})=\mathbf{2.0\times10^{-10}}$ **〔mol/L〕^{2}**

また C 点で Ag_2CrO_4 の沈殿が生じ始めるので，C 点での $[Ag^+]$ と $[CrO_4^{2-}]$ の値について $[Ag^+]^2[CrO_4^{2-}]=K_{Ag_2CrO_4}$ が成立している。

グラフより，C 点での $\log_{10}[CrO_4^{2-}]=-3$ より，$[CrO_4^{2-}]=1.0\times10^{-3}$ mol/L

$\log_{10}[Ag^+]=-4.2$ より，$-2\log_{10}[Ag^+]=8.4$

$-\log_{10}[Ag^+]^2=8.4=9-0.6=9-2\log_{10}2$　　$\therefore\ [Ag^+]^2=4.0\times10^{-9}$〔mol/L〕^{2}

したがって，$[Ag^+]^2[CrO_4^{2-}]=(4.0\times10^{-9})\times(1.0\times10^{-3})=\mathbf{4.0\times10^{-12}}$ **〔mol/L〕^{3}**

問 2　体積が変化しないので，初めの $[Cl^-]=0.010$ mol/L である。

Ag_2CrO_4 が沈殿し始めたとき，$[Ag^+]^2[CrO_4^{2-}]=4.0\times10^{-12}$〔mol/L〕^{3}，$[CrO_4^{2-}]=1.0\times10^{-3}$ mol/L より，

$[Ag^+]^2\times1.0\times10^{-3}=4.0\times10^{-12}$　　$\therefore\ [Ag^+]=2\sqrt{10}\times10^{-5}$ mol/L

このとき AgCl も沈殿しているので，$[Ag^+][Cl^-]=2.0\times10^{-10}$ より，

$(2\sqrt{10}\times10^{-5})\times[Cl^-]=2.0\times10^{-10}$　　$[Cl^-]=\dfrac{\sqrt{10}}{10}\times10^{-5}\fallingdotseq3.2\times10^{-6}$ mol/L

体積が変化していないので，濃度の割合を物質量の割合と考えてもよい。

したがって，$\dfrac{[Cl^-]_{後}}{[Cl^-]_{初}}$　$\dfrac{3.2\times10^{-6}}{0.010}\times100=\mathbf{3.2\times10^{-2}}$ **〔%〕**

問 3　問 2 とは異なり，AgCl の沈殿のみが生じていると考えてよい。したがって，溶液中の $[Ag^+]$ と $[Cl^-]$ の値は等しいと考えてよい。

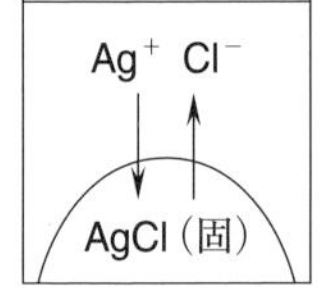

$[Ag^+]=[Cl^-]=x$〔mol/L〕とすると，$[Ag^+][Cl^-]=2.0\times10^{-10}$，

$x\times x=2.0\times10^{-10}$　　$\therefore\ x=\sqrt{2}\times10^{-5}=\mathbf{1.4\times10^{-5}}$ **〔mol/L〕**

問 4　Ag_2CrO_4 の沈殿が生成し始めるので $[Ag^+]^2[CrO_4^{2-}]=4.0\times10^{-12}$，問 3 より

$(\sqrt{2}\times10^{-5})^2\times[CrO_4^{2-}]=4.0\times10^{-12}$　$\therefore\ [CrO_4^{2-}]=\mathbf{2.0\times10^{-2}}$ **〔mol/L〕**

26 無機化学

類題 26－1

問１ $CaCO_3 \longrightarrow CaO + CO_2$ …①

$CaO + H_2O \longrightarrow Ca(OH)_2$ …②

$NaCl + H_2O + NH_3 + CO_2 \longrightarrow NaHCO_3 + NH_4Cl$ …③

$2NH_4Cl + Ca(OH)_2 \longrightarrow CaCl_2 + 2H_2O + 2NH_3$ …④

$2NaHCO_3 \longrightarrow Na_2CO_3 + H_2O + CO_2$ …⑤

①＋②＋③×2＋④＋⑤より，

$$\mathbf{2NaCl + CaCO_3 \longrightarrow Na_2CO_3 + CaCl_2}$$

各反応をまとめて全体の反応式をつくらせる問題が多いんだ！

問２ Na に注目して：$2NaCl \longrightarrow 1Na_2CO_3$ より，（$\times\frac{1}{2}$）

$$\frac{100\times10^3}{58.5} \times\frac{1}{2} \times106 \times\frac{1}{10^3} = 90.59 \fallingdotseq \mathbf{90.6}\ \text{[kg]}$$

（NaCl の mol，Na_2CO_3 の mol，Na_2CO_3 の g，Na_2CO_3 の kg）

類題 26－2

移動する電子の物質量は，$\dfrac{1000\times(120\times60)}{9.65\times10^4} = \dfrac{72\times10^3}{965}$〔mol〕

$Al^{3+} + 3e^- \longrightarrow 1Al$ より，（$\times\frac{1}{3}$）

$$\frac{72\times10^3}{965} \times\frac{1}{3} \times27 = 6.715\times10^2 \fallingdotseq \mathbf{6.72\times10^2}\ \text{[g]}$$

（電子の mol，Al の mol，Al の g）

また，$1C + O^{2-} \longrightarrow CO + 2e^-$ より，（$\times\frac{1}{2}$）

$$\frac{72\times10^3}{965} \times\frac{1}{2} \times12 = 4.476\times10^2 \fallingdotseq \mathbf{4.48\times10^2}\ \text{[g]}$$

（電子の mol，C の mol，C の g）

類題 26－3

$1Fe_2O_3 \longrightarrow 2Fe$ より，（×2）

$$\frac{1.00\times10^3\times\frac{75}{100}}{160} \times2 \times56 \times\frac{1}{10^3} = 0.525 \fallingdotseq \mathbf{0.53}\ \text{[kg]}$$

（Fe_2O_3 の g，Fe_2O_3 の mol，Fe の mol，Fe の g，Fe の kg）

応用 類題 26－4

水溶液中に溶け出した不純物の金属を x〔g〕，粗銅中の銅を y〔g〕とすると，

粗銅の減少量

＝「陽極泥」＋「粗銅中から水溶液中に溶け出した銅」

＋「水溶液中に溶け出した不純物の金属」＝67.14〔g〕

つまり，$0.34+y+x=67.14$ …①

純銅の増加量

＝「硫酸銅(Ⅱ)水溶液に溶け出した後，純銅に析出した粗銅中の銅」

＋「硫酸銅(Ⅱ)水溶液から析出した銅」＝66.50〔g〕

つまり，$y+0.0400\times\dfrac{1000}{1000}\times 64=66.50$ …②

②より，$y=63.94$〔g〕　これを①に代入して，

$$0.34+63.94+x=67.14 \quad \therefore \quad x=\mathbf{2.86}\text{〔g〕}$$

類題 26－5

原料→中間物質→目的物の順で「S原子の数に注目」してSの数が同じになるように係数をつけていくと，以下のようになる。

$S \rightarrow SO_2 \rightarrow SO_3 \rightarrow H_2SO_4$ であるので，$1S \longrightarrow 1H_2SO_4$（×1）

$$\frac{\underbrace{98\times10^3}_{\text{(水＋硫酸)のg}}\times\underbrace{\frac{80}{100}}_{\text{硫酸のg}}}{98}\ (\text{硫酸のmol})\ \times1\ (\text{硫黄のmol})\ \times32\ (\text{硫黄のg})\ \times\frac{1}{10^3}\ (\text{硫黄のkg}) = 25.6 \fallingdotseq \mathbf{26}\text{〔kg〕}$$

類題 26－6

$NH_3 \longrightarrow HNO_3$ より，NH_3 と HNO_3 の物質量は等しい。

$$\frac{\underbrace{100\times10^3}_{\text{(水＋硝酸)のg}}\times\underbrace{\frac{40.0}{100}}_{\text{硝酸のg}}}{63}\ (\text{硝酸のmol})\ \times1\ (NH_3\text{のmol})\ \times17\ (NH_3\text{のg})\ \times\frac{1}{10^3}\ (NH_3\text{のkg}) = 10.79 \fallingdotseq \mathbf{10.8}\text{〔kg〕}$$

応用 類題 26－7

(1)　題意より，$[CoCl_m(NH_3)_n]Cl_{(3-m)} \longrightarrow [CoCl_m(NH_3)_n]^{(3-m)+} + (3-m)Cl^-$

$Ag^+ + Cl^- \longrightarrow AgCl$

上の反応式より，Cl^- と Ag^+ の物質量は等しい。

$$\frac{12.525}{250.5}\times\frac{10.0}{1000}\ (\text{Aのmol})\ \times(3-m)\ (Cl^-\text{のmol}) = 0.10\times\frac{10.0}{1000}\ (Ag^+\text{のmol}) \quad \therefore \quad m=1$$

(2) 『化学基礎計算問題エクササイズ』23 **酸と塩基(4)逆滴定**を参照してほしい。

NH_3 からの OH^-〔mol〕＋NaOH からの OH^-〔mol〕＝H_2SO_4 からの H^+〔mol〕

より発生した NH_3 の物質量を n〔mol〕とすると，

$$\underbrace{\frac{12.525}{250.5}\times\frac{10.0}{1000}}_{\text{A の mol}}\underbrace{\times n}_{NH_3\text{ の mol}}\underbrace{\times 1}_{OH^-\text{ の mol}}+\underbrace{0.50\times\frac{5.00}{1000}}_{NaOH\text{ の mol}}\underbrace{\times 1}_{OH^-\text{ の mol}}=\underbrace{0.050\times\frac{50.0}{1000}}_{H_2SO_4\text{ の mol}}\underbrace{\times 2}_{H^+\text{ の mol}}$$

∴ $n=5$

(3) $[CoCl(NH_3)_5]Cl_2$

27 元素分析

類題 27－1

問1 C 原子の質量＝$330.0\times\frac{12}{44}$＝90〔mg〕，H 原子の質量＝$67.5\times\frac{2}{18}$＝7.5〔mg〕

O 原子の質量＝145.6－(90＋7.5)＝48.1〔mg〕

C：H：O＝$\frac{90}{12}:\frac{7.5}{1}:\frac{48.1}{16}$≒7.5：7.5：3≒5：5：2　∴ 組成式は $\mathbf{C_5H_5O_2}$

問2 化合物の分子量は，200 以下であるので，

$(C_5H_5O_2)_n\leqq 200$ より，$97n\leqq 200$　∴ n＝1 または 2

「分子式では，各原子の結合の手の合計が偶数になる」ので，C，H，O で構成される化合物の分子式の場合，H 原子の数は偶数になる。　∴ $n=2$

したがって，分子式は $(C_5H_5O_2)_2=\mathbf{C_{10}H_{10}O_4}$ である。

類題 27－2

ソーダ石灰管で二酸化炭素を，塩化カルシウム管で水を吸収させるので，

C 原子の質量＝$440\times\frac{12}{44}$＝120〔mg〕　H 原子の質量＝$180\times\frac{2}{18}$＝20〔mg〕

O 原子の質量＝140－(120＋20)＝0〔mg〕　∴ この化合物は炭化水素である。

C：H＝$\frac{120}{12}:\frac{20}{1}$＝10：20＝1：2　したがって，組成式は $\mathbf{CH_2}$ である。

類題 27－3

元素の質量百分率が与えてあったら，試料が 100 g あるって計算するとワカルヨ！

(1) $C:H:O=\frac{54.5}{12}:\frac{9.1}{1}:\frac{36.4}{16}$

$\fallingdotseq 4.54:9.1:2.27\fallingdotseq 2:4:1$

したがって，組成式は C_2H_4O (＝44) である。

また，分子量は約 88 であるので，$(C_2H_4O)_n=88$ より $44n=88$　∴　$n=2$

したがって，分子式は $(C_2H_4O)_2=$ **$C_4H_8O_2$** である。

(2) $C:H:O=\frac{53.3}{12}:\frac{11.1}{1}:\frac{35.6}{16}\fallingdotseq 4.44:11.1:2.2\fallingdotseq 2:5:1$

したがって，組成式は C_2H_5O (＝45) である。

また，分子量は 100 以下であるので，

$(C_2H_5O)_n\leqq 100$ より $45n\leqq 100$　∴　$n=1$ または 2

「分子式では，各原子の結合の手の合計が偶数になる」ので，C，H，O で構成される化合物の分子式の場合，H 原子の数は偶数になる。　∴　$n=2$

したがって，分子式は $(C_2H_5O)_2=$ **$C_4H_{10}O_2$** である。

類題 27－4

C_nH_m の燃焼の反応式は次のようになる。

$$C_nH_m + \frac{4n+m}{4}O_2 \longrightarrow nCO_2 + \frac{m}{2}H_2O$$

C 原子の数について　$n=3$

H 原子の数について　$\frac{m}{2}=3$ より　$m=6$　∴　分子式は **C_3H_6**

応用 類題 27－5

$C=\frac{11.44}{44}$ (CO_2 の mmol) $\times 1$ (C の mmol) $=0.26$ mmol　　$H=\frac{1.98}{18}$ (H_2O の mmol) $\times 2$ (H の mmol) $=0.22$ mmol

NH_3 1 mol 中に N 原子は 1 mol 含まれているので，

$N=\frac{0.896}{22.4}$ (NH_3 の mmol) $\times 1$ (8.52 mg 中の N の mmol) $\times\frac{4.26}{8.52}$ (4.26 mg 中の N の mmol) $=0.02$ mmol

$$O=\frac{4.26-(0.26\times 12+0.22\times 1+0.02\times 14)}{16}=0.04 \text{ mmol}$$

$C:H:N:O=0.26:0.22:0.02:0.04=13:11:1:2$ より

組成式は $C_{13}H_{11}NO_2$ (＝213)

分子式を $(C_{13}H_{11}NO_2)_n$ とすると，$213\times n\leqq 300$ より　$n=1$

∴　分子式は **$C_{13}H_{11}NO_2$**

28 有機反応の計算(脂肪族)

類題 28－1

この章の p. 199 **有機反応**(1)の反応式より A と B の物質量は等しい。A の分子式を C_nH_{2n}(分子量 $14n$)とすると，生成物 B の分子量は $14n+160$ となるので，

$$14n \times 3.86 = 14n+160 \qquad n=3.9 \fallingdotseq 4 \qquad \text{A の分子式：} \mathbf{C_4H_8}$$

A の分子量　B の分子量

類題 28－2

$2C_mH_nOH + 2Na \longrightarrow 2C_mH_nONa + 1H_2$ より，鎖式不飽和アルコールの分子量を M とすると，

($\times\frac{1}{2}$)

$$\frac{42}{M} \times \frac{1}{2} = 0.25 \qquad \therefore\ M=84$$

アルコールの mol　H_2 の mol

C_mH_nOH の分子量より $12m+n+17=84$　　$\therefore$　$12m+n=67$　…①

また，$C_mH_nOH \longrightarrow C_mH_{n+1}O$ が飽和アルコールならば，炭素の数が m 個のとき水素の数は $2m+2$ 以下であるので，$2m+2 \geqq n+1$　　$\therefore$　$2m+1 \geqq n$

①を代入して整理すると，$m \geqq \frac{33}{7}$　　$\therefore$　$m \geqq 5$

(i)　$m=5$ のとき，$n=7$　　適する　　(ii)　$m=6$ のとき，$n=-5$　不適

したがって，アルコールの示性式は C_5H_7OH であり，飽和($C_5H_{11}OH$)のときより水素が 4 個少ないので，C=C が 2 個存在する。

C=C 1 コにつき H_2 は 1 コ付加するんだ！

$1C_5H_7OH + 2H_2 \longrightarrow C_5H_{11}OH$ より，

($\times 2$)

$$\frac{21}{84} \times 2 \times 22.4 = 11.2\,[\text{L}] \qquad \therefore\ ③$$

アルコールの mol　H_2 の mol　H_2 の L

類題 28－3

ア：この章の p. 199 **有機反応**(3)の反応式より，$n_{アルデヒド} : n_{Cu_2O} = 1:1$ で反応する。

A の分子量を M とすると，A 1 mol に対して Cu_2O が 1 mol 生じるので，

$$\frac{1.74}{M} \times 1 \times 144 = 4.32 \qquad \therefore\ M=58$$

化合物 A の mol　Cu_2O の mol

イ：この章のp.199 **有機反応(3)**の反応式より，$n_{アルデヒド}:n_{Ag}=1:2$で反応する。

A 1 mol に対して Ag が 2 mol 生じるので，

$$\underset{\text{化合物Aのmol}}{\frac{1.74}{58}} \times \underset{\text{Agのmol}}{2} \times \underset{\text{Agのg}}{108} = 6.48 \fallingdotseq \mathbf{6.5}\,[\mathrm{g}]$$

類題 28−4

カルボキシ基1個につき，R−C(=O)−OH ⟶ R−C(=O)−O−CH_3 の変化で分子量は(−17+31=)14増加する。X をメタノールでエステル化すると分子量が42増加するので，A は −COOH を(42÷14=)3個もつ。∴ **3価**のカルボン酸である。

類題 28−5

カルボキシ基1個につき，R−C(=O)−OH ⟶ R−C(=O)−O−CH_2−CH_3 の変化で分子量は(−17+45=)28増加する。A をエタノールでエステル化すると分子量が56増加するので，A は −COOH を(56÷28=)2個もつ。したがって，A の分子量を M とすると，

$$\underset{\text{Aのmol}}{\frac{17.4}{M}} \times \underset{\text{エチルエステルのmol}}{1} \times \underset{\text{エチルエステルのg}}{(M+56)} = 23.0 \qquad \therefore\ M = \mathbf{174}$$

A は HOOC−R−COOH と表され，その分子量は174であり，−COOH の式量が45より R の式量は174−(45×2)=84で，R は炭素と水素からなるので，−CH_2−(=14)が$\left(\frac{84}{14}=\right)$6個結合している−$(CH_2)_6$−と考えられる。

よって，A の構造式は **HO−C(=O)−$(CH_2)_6$−C(=O)−OH**

応用 類題 28−6

同じ56.0 gの不飽和カルボン酸に臭素および水素を付加させた場合，臭素と水素は同じ物質量付加することができるので，付加した臭素(Br_2)の物質量は，

$$\frac{152-56.0}{160} = 0.6\,[\mathrm{mol}]$$

これと同じ物質量だけ水素も付加することができるので，

$$\underset{H_2\text{のmol}}{0.6} \times \underset{H_2\text{のg}}{2} + \underset{\text{不飽和脂肪酸のg}}{56.0} = 57.2\,[\mathrm{g}]$$

水素の体積は，0.6×22.4=13.44〔L〕　∴ ④

類題 28－7

(1) 鎖式不飽和脂肪酸のメチルエステルを $RCOOCH_3$ とおくと，

$$1RCOOCH_3 + 1NaOH \longrightarrow RCOONa + CH_3OH$$

（$RCOOCH_3$ ← ×1 ― NaOH）

したがって，鎖式不飽和脂肪酸のメチルエステルの物質量は

$$5.00\times\frac{20.0}{1000} \times 1 = 0.1 \text{〔mol〕}$$

（$5.00\times\frac{20.0}{1000}$：NaOH の mol，×1 まで：不飽和脂肪酸のエステルの mol）

また，不飽和脂肪酸メチルエステルを飽和脂肪酸メチルエステルに変えるために必要とした標準状態の水素は 6.72 L(0.3 mol)であるので，

不飽和脂肪酸メチルエステル：水素＝0.1：0.3＝1：3

したがって，不飽和脂肪酸メチルエステル 1 mol に対して 3 mol の水素が必要であるので，飽和脂肪酸に対して不飽和脂肪酸はアルキル基の水素原子が 6 個不足している。飽和脂肪酸は $C_nH_{2n+1}COOH$ であることを考慮して，

C が 15 のとき，炭化水素基に含まれる H は，$(2\times15+1)-6=25$

C が 17 のとき，炭化水素基に含まれる H は，$(2\times17+1)-6=29$

C が 19 のとき，炭化水素基に含まれる H は，$(2\times19+1)-6=33$　　∴ ③

(2) 脂肪酸のエチルエステルの分子量を M とすると，次の反応式より，

$$1R-COOC_2H_5 + 1NaOH \longrightarrow R-COONa + C_2H_5OH$$

（$R-COOC_2H_5$ ― ×1 → NaOH）

$$\frac{153}{M} \times 1 \times 40 = 20 \quad \therefore \quad M=306$$

（$\frac{153}{M}$：エステルの mol，×1 まで：NaOH の mol，×40 まで：NaOH の g）

二重結合の数を x とすると，炭素数は 18 であり，カルボキシ基を除いた炭素数(R の部分)は 17 であるので，

$$C_{17}H_{35-2x}COOC_2H_5=312-2x=306 \quad \therefore \quad x=3 \quad \therefore ③$$

29 油脂の計算

類題 29－1

リノレン酸にはカルボキシ基が 1 個あり，炭素間二重結合が 3 個(飽和脂肪酸よりも－6H)あるので，リノレン酸の示性式を次のように考える。

リノレン酸の R－には C が 17 個あり C=C 結合を 3 個もっているので，C_nH_{2n-5}より R－は $C_{17}H_{29}$－である。また，－COOH を 1 個もつので，$C_{17}H_{29}COOH$ となり，分子量は 278 となる。この油脂は 1 分子のグリセリンに 3 分子のリノレン酸が縮合しているので，加水分解の反応式は

$$\text{油脂} + 3H_2O \longrightarrow \text{グリセリン} + 3\,\text{リノレン酸}$$

油脂の分子量を M とすると，グリセリンの分子量は 92，リノレン酸の分子量は 278，水の分子量は 18 であるので，

$$M+3\times18=92+3\times278 \qquad \therefore\ M=\mathbf{872}$$

油脂 1 mol に KOH が 3 mol 反応するので，けん化価は，

$$\underset{\text{油脂の mol}}{\frac{1}{872}} \ \underset{\text{KOH の mol}}{\times3} \ \underset{\text{KOH の g}}{\times56} \ \underset{\text{KOH の mg}}{\times10^3} =192.6\fallingdotseq\mathbf{193}$$

リノレン酸は炭素間二重結合を 3 個もつので，この油脂は炭素間二重結合を (3×3=)9 個もつ。したがって，ヨウ素価は，

$$\underset{\text{油脂の mol}}{\frac{100}{872}} \ \underset{I_2\text{ の mol}}{\times9} \ \underset{I_2\text{ の g}}{\times254} =262.1\fallingdotseq\mathbf{262}$$

類題 29－2

問 1　脂肪酸 RCOOH の平均分子量は，

$$256\times\frac{3}{3+6+1}+282\times\frac{6}{3+6+1}+280\times\frac{1}{3+6+1}=274$$

油脂の平均分子量を $\overline{M}$ とすると，

$$\text{油脂} + 3H_2O \longrightarrow C_3H_5(OH)_3 + 3RCOOH \quad \text{より，}$$

$$\overline{M}+3\times18=92+3\times274 \qquad \therefore\ \overline{M}=\mathbf{860}$$

問 2　油脂 ＋ 3KOH ⟶ $C_3H_5(OH)_3$ ＋ 3RCOOK　より，

$$\underset{\text{油脂の mol}}{\frac{1}{860}} \ \underset{\text{KOH の mol}}{\times3} \ \underset{\text{KOH の g}}{\times56} \ \underset{\text{KOH の mg}}{\times10^3} =195.3\fallingdotseq\mathbf{195}$$

問 3　脂肪酸 1 分子に含まれる C=C の平均の数は，

$$0\times\frac{3}{3+6+1}+1\times\frac{6}{3+6+1}+2\times\frac{1}{3+6+1}=0.8$$

より，この油脂 1 個中には平均 0.8×3=2.4 個の C=C がある。したがって，油脂 1 mol に対して，I_2(=254) が 2.4 mol 付加するので，

$$\underset{\text{油脂の mol}}{\frac{100}{860}} \ \underset{I_2\text{ の mol}}{\times2.4} \ \underset{I_2\text{ の g}}{\times254} =70.8\fallingdotseq\mathbf{71}$$

類題 29－3

問 1　油脂 1 mol と KOH 3 mol が反応する。油脂 A の分子量を M とすると，

$$\frac{1}{M} \times 3 \times 56 \times 10^3 = 190 \qquad M = 884.2 \fallingdotseq \mathbf{884}$$

油脂の mol　KOH の mol　KOH の g　KOH の mg

問 2　ヨウ素価が 86.2 であるので，油脂中の炭素間二重結合を n 個とすると，

$$\frac{100}{884} \times n \times 254 = 86.2 \qquad \cdots①$$

油脂の mol　I_2 の mol　I_2 の g

また，油脂A 1molに n〔mol〕の H_2 が付加するので，x〔L〕の水素が必要とすると，

$$\frac{100}{884} \times n \times 22.4 = x \qquad \cdots②$$

油脂の mol　H_2 の mol　H_2 の L

①÷②より，$\dfrac{254}{22.4} = \dfrac{86.2}{x}$　　$x = 7.601 \fallingdotseq \mathbf{7.60}$〔L〕

類題 29－4

問 1　ステアリン酸の分子量が 284 より，リノール酸の分子量は 284－4＝280，アラキドン酸の分子量は 284＋12×2－4＝304 となる。したがって，油脂の分子量を M とすると，

$$92 + 284 + 280 + 304 = M + 3 \times 18 \qquad \therefore \quad M = \mathbf{906}$$

問 2　次の 1～3 の手順で C＝C 結合の数を求める。C_nH_m－COOH について，

1．炭素数 n の飽和炭化水素 C_nH_{2n+2} を考える。

2．C_nH_m－H を考えると，その H 原子の数は $m+1$ 個になる。

3．$(2n+2)-(m+1)$ だけ H 原子が少ないので，その $\dfrac{1}{2}$ が炭素間二重結合の数になる。

これより，それぞれの脂肪酸の炭素間二重結合の数は

$$\text{ステアリン酸：}\frac{(2\times17+2)-(35+1)}{2}=0$$

$$\text{リノール酸：}\frac{(2\times17+2)-(31+1)}{2}=2$$

$$\text{アラキドン酸：}\frac{(2\times19+2)-(31+1)}{2}=4$$

したがって，0＋2＋4＝**6〔個〕**

問 3　この油脂 1 分子中には，炭素間二重結合が 6 個存在する。したがって，

$$\frac{100}{906} \times 6 \times 254 = 168.2 \fallingdotseq \mathbf{168}$$

油脂の mol　I_2 の mol　I_2 の g

応用 類題 29－5

問1　油脂 1 mol と KOH 3 mol が反応する。また，硫酸 1 mol と KOH 2 mol が中和する。したがって，

油脂と反応する KOH〔mol〕＋硫酸と反応する KOH〔mol〕＝全 KOH〔mol〕

油脂の平均分子量を M とすると，

$$\underbrace{\underbrace{\frac{4.28}{M}}_{\text{油脂の mol}} \times 3}_{\text{油脂と反応した KOH の mol}} + \underbrace{\underbrace{0.250\times\frac{20.0}{1000}}_{\text{硫酸の mol}} \times 2}_{\text{硫酸と反応した KOH の mol}} = \underbrace{0.500\times\frac{50.0}{1000}}_{\text{全 KOH の mol}} \qquad \therefore\ M = \mathbf{856}$$

問2　油脂 1 mol と KOH 3 mol が反応するので，

$$\underbrace{\frac{1}{856}}_{\text{油脂の mol}} \underbrace{\times 3}_{\text{KOH の mol}} \underbrace{\times 56}_{\text{KOH の g}} \underbrace{\times 10^3}_{\text{KOH の mg}} = 196.2 \fallingdotseq \mathbf{196}$$

問3　脂肪酸の平均分子量を M' とすると，

$$856 + 3\times 18 = 92 + 3\times M' \qquad M' = 272.6 \fallingdotseq \mathbf{273}$$

問4　この油脂中に炭素間二重結合が n 個存在するとすると，油脂 1 mol に I_2 は n〔mol〕付加するので

$$\underbrace{\frac{100}{856}}_{\text{油脂の mol}} \underbrace{\times n}_{I_2\text{ の mol}} \underbrace{\times 254}_{I_2\text{ の g}} = 89 \qquad \therefore\ n = 2.99 \fallingdotseq \mathbf{3〔個〕}$$

油と水はまじりにくいんだ！

(補足)問題文中の「アルコール性」とは油脂と水溶液中のKOHが反応しやすくするためにアルコールを加えているという意味である。

30　有機反応の計算(芳香族)

類題 30－1

ニトロベンゼンからアニリンを生成するとき，次の反応になる。

1 $C_6H_5NO_2$ ⟶ 1 $C_6H_5NH_2$

×1

これより，24.6 g のニトロベンゼンから生成するアニリンの質量は

$$\underbrace{\frac{24.6}{123}}_{\text{ニトロベンゼンの mol}} \underbrace{\times 1}_{\text{アニリンの mol}} \underbrace{\times 93}_{\text{アニリンの g}} = 18.6\ 〔\text{g}〕$$

実際には 13.95 g のアニリンが生成しているので，収率は

$$\frac{\text{実験値}}{\text{理論値}} = \frac{\overbrace{13.95}^{\text{実際に得られたニトロベンゼンの g}}}{\underbrace{18.6}_{\text{反応式より得られるニトロベンゼンの g}}} \times 100 = \mathbf{75}\ 〔\%〕$$

類題 30－2

アニリンからアセトアニリドを生成するとき，次の反応になる。

1 (アニリン，NH_2) ⟶ 1 (アセトアニリド，$NHCOCH_3$)

×1

これより，18.6 g のアニリンがすべて反応するとしたとき生成するアセトアニリドの質量は

$$\frac{18.6}{93} \times 1 \times 135 = 27.0\,\text{〔g〕}$$

アニリンの mol　アセトアニリドの mol　アセトアニリドの g

実際に生成した分の質量を x〔g〕とすると収率が 75 % であるので，

$$\frac{実験値}{理論値} = \frac{x}{27.0} \times 100 = 75 \qquad \therefore\ x = 20.25 \fallingdotseq \mathbf{20.3}\,\text{〔g〕}$$

（x：実際に得られたアセトアニリドの g，27.0：反応式より得られるアセトアニリドの g）

類題 30－3

$$HO-C_6H_4-NH_2 + (CH_3CO)_2O \longrightarrow HO-C_6H_4-N(H)-C(=O)-CH_3 + CH_3COOH$$

p-アミノフェノール　アセトアミノフェン

上の反応より，反応が 100 % 進行すると p-アミノフェノール 1 mol からアセトアミノフェン 1 mol が生成する。

$$\therefore\ 収率〔\%〕= \frac{実験値〔mol〕}{理論値〔mol〕} \times 100 = \frac{\frac{3.02}{151}}{\frac{4.36}{109} \times 1} \times 100 = \mathbf{50}\,〔\%〕$$

類題 30－4

カルボン酸 B を n 価のカルボン酸，分子量を M とすると，

$$\frac{1.00}{M} \times n = 1.00 \times \frac{12.0}{1000} \times 1 \qquad \therefore\ M = 83.3n$$

B の mol　H^+ の mol　NaOH の mol　OH^- の mol

(i) $n=1$ のとき，$M=83.3$。ベンゼン(C_6H_6)の分子量は 78，$-COOH$ の式量は45 であるので，B の分子量は 78－1＋45＝122 となり，分子量 83.3 は不適。

(ii) $n=2$ のとき，$M=166.6$。ベンゼン(C_6H_6)の分子量は 78，$-COOH$ が 2 個分の式量は 90 であるので，B の分子量は 78－2＋45×2＝166 となり，分子量 166.6 は適する。

したがって，B は 2 価のカルボン酸であるので，酸化して 2 価のカルボン酸にすることができる A は，ベンゼン環の 2 か所で炭素原子が直結している構造をもつ⑤である。

応用 類題 30－5

p. 212 **例題 30－3** を参照してほしい。

検査液に対する希硫酸の滴下量は 5.05－0.12＝4.93〔mL〕,

比較液に対する希硫酸の滴下量は 9.53－0.05＝9.48〔mL〕

したがって，アセチルサリチル酸と反応した NaOH に相当する希硫酸の体積は

$$9.48-4.93=4.55\ \text{〔mL〕}$$

アセチルサリチル酸の含有率を x〔%〕とすると，

$$\underbrace{\frac{0.250\times\frac{x}{100}}{180}}_{\text{アセチルサリチル酸の mol}}\ \underbrace{\times 2}_{\text{アセチルサリチル酸と反応した NaOH の mol}}=\underbrace{0.250\times\frac{4.55}{1000}}_{H_2SO_4\text{ の mol}}\ \underbrace{\times 2}_{H_2SO_4\text{ と反応した NaOH の mol}}\qquad x=\mathbf{81.9}\ \text{〔%〕}$$

31 高分子 (1) 糖類

類題 31－1

問 1　グルコース 1 mol からエタノール 2 mol が生成するので,

$$\underbrace{\frac{9.0}{180}}_{C_6H_{12}O_6\text{ の mol}}\ \underbrace{\times 2}_{C_2H_5OH\text{ の mol}}\ \underbrace{\times 46}_{C_2H_5OH\text{ の g}}=\underbrace{x}_{\text{水溶液の g}}\ \underbrace{\times\frac{20}{100}}_{C_2H_5OH\text{ の g}}\qquad \therefore\ x=\mathbf{23}\ \text{〔g〕}$$

問 2　グルコース 1 mol から Ag 2 mol が生成するので,

$$\underbrace{\frac{0.324}{108}}_{Ag\text{ の mol}}\ \underbrace{\times\frac{1}{2}}_{C_6H_{12}O_6\text{ の mol}}\ \underbrace{\times 180}_{C_6H_{12}O_6\text{ の g}}=\mathbf{0.27}\ \text{〔g〕}$$

問 3　セロビオース 1 mol から Cu_2O 1 mol が生成するので,

$$\underbrace{\frac{1.44}{144}}_{Cu_2O\text{ の mol}}\ \underbrace{\times 1}_{C_{12}H_{22}O_{11}\text{ の mol}}\ \underbrace{\times 342}_{C_{12}H_{22}O_{11}\text{ の g}}=3.42\fallingdotseq\mathbf{3.4}\ \text{〔g〕}$$

問 4　重合度 n のデンプン 1 mol からグルコース n〔mol〕が生成するので,

$$\underbrace{\frac{0.81}{162n}}_{\text{デンプンの mol}}\ \underbrace{\times n}_{C_6H_{12}O_6\text{ の mol}}\ \underbrace{\times 180}_{C_6H_{12}O_6\text{ の g}}=\mathbf{0.90}\ \text{〔g〕}$$

問 5　重合度 n のセルロース 1 mol からセロビオース $\frac{n}{2}$〔mol〕が生成するので,

$$\underbrace{\frac{1.71}{342}}_{C_{12}H_{22}O_{11}\text{ の mol}}\ \underbrace{\times\frac{2}{n}}_{\text{セルロースの mol}}\ \underbrace{\times 162n}_{\text{セルロースの g}}=1.62\fallingdotseq\mathbf{1.6}\ \text{〔g〕}$$

問6　重合度 n のセルロース1 molから n〔mol〕のグルコースが生成し，グルコース1 molから Cu_2O 1 molが生成するので，

$$\frac{0.72}{144} \times 1 \times \frac{1}{n} \times 162n = \mathbf{0.81}\ 〔g〕$$

Cu_2O のmol　グルコースのmol　セルロースのmol　セルロースのg

類題 31－2

$$\underset{\text{スクロース}}{C_{12}H_{22}O_{11}} + H_2O \longrightarrow \underset{\text{グルコース}}{C_6H_{12}O_6} + \underset{\text{フルクトース}}{C_6H_{12}O_6}$$

上の反応で生成したグルコースもフルクトースも還元糖で，この章のp 216の1 (1)**還元性による反応**の②より還元糖1 molから Cu_2O は1 mol生成する。加水分解されたスクロースの割合を x〔%〕とすると，$C_{12}H_{22}O_{11}=342$，$Cu_2O=144$ より，

$$\frac{100}{342} \times \frac{x}{100} \times 2 \times 1 \times 144 = 70.0\ 〔g〕\quad x=83.1 \fallingdotseq \mathbf{83}\ 〔\%〕$$

全スクロースのmol　反応したスクロースのmol　還元糖のmol　Cu_2O のmol　Cu_2O のg

類題 31－3

スクロース，マルトース，ラクトースの物質量をそれぞれ，x〔mol〕，y〔mol〕，z〔mol〕とする。スクロースを加水分解するとグルコースが x〔mol〕とフルクトースが x〔mol〕，マルトースを加水分解するとグルコースが $2y$〔mol〕，ラクトースを加水分解するとグルコースが z〔mol〕とガラクトースが z〔mol〕得られる。

加水分解後の物質量比はグルコース：フルクトース：ガラクトース＝$(x+2y+z):x:z=5:3:2$ となる。

ガラクトース＝$z=2a$ …①　とすると，

グルコース＝$x+2y+z=5a$ …③，フルクトース＝$x=3a$ …②，

①＋②＋③より，$2x+2y+2z=10a$ から $x+y+z=5a$ となる。

したがって，混合物中のスクロースの割合は，

$$\frac{x}{x+y+z} \times 100 = \frac{3a}{5a} \times 100 = \mathbf{60}\ 〔\%〕$$

類題 31－4

問1　$(C_6H_{10}O_5)_n=162n$ であるので，$162n=5.67\times10^4$　　∴　$n=\mathbf{350}$

問2　$-O\boxed{H} \longrightarrow -O\boxed{NO_2}$から，□の部分の式量の増加量は46−1=45である。

したがってトリニトロセルロースの繰返し単位の式量は，次のようになる。

$$C_6H_7O_2(ONO_2)_3 = 162 + (45\times3) = 297$$

$$[C_6H_7O_2(OH)_3]_n \longrightarrow [C_6H_7O_2(ONO_2)_3]_n$$

セルロース1 molからトリニトロセルロース1 molが生成するので，

$$\underset{\text{セルロースの mol}}{\frac{48.6}{162n}} \underset{\text{トリニトロセルロースの mol}}{\times 1} \underset{\text{トリニトロセルロースの g}}{\times 297n} = \mathbf{89.1}\ \text{〔g〕}$$

類題 31−5

重合度nのデンプン1 molからn〔mol〕のグルコースが生成する。この章のp. 217 1⑵**アルコール発酵**よりグルコース1 molから，エタノールと二酸化炭素がそれぞれ2 molずつ生成する。したがって，デンプン1 molから$2n$〔mol〕のエタノール，二酸化炭素が生成するので，

$$\underset{\text{デンプンの mol}}{\frac{16.2}{162n}} \underset{C_2H_5OH\text{ の mol}}{\times 2n} \underset{C_2H_5OH\text{ の g}}{\times 46} = \mathbf{9.20}\ \text{〔g〕}$$

$$\underset{\text{デンプンの mol}}{\frac{16.2}{162n}} \underset{CO_2\text{ の mol}}{\times 2n} \underset{CO_2\text{ の L}}{\times 22.4} = \mathbf{4.48}\ \text{〔L〕}$$

類題 31−6

アミロースの重合度をnとする。ファントホッフの式$\varPi V = \frac{w}{M}RT$より，

$$1.92\times10^3\times1.0 = \frac{50}{162n}\times8.3\times10^3\times(27+273) \qquad n = 400.2 \fallingdotseq \mathbf{400}$$

類題 31−7

スクロース1 molからグルコース1 mol，フルクトース1 mol，つまり還元糖2 molが生成する。また，還元糖1 molからCu_2O 1 molが生成するので，

$$\underset{Cu_2O\text{ の mol}}{\frac{0.576}{144}} \underset{\text{還元糖の mol}}{\times 1} \underset{C_{12}H_{22}O_{11}\text{ の mol}}{\times \frac{1}{2}} \underset{C_{12}H_{22}O_{11}\text{ の g}}{\times 342} = 0.684\ \text{〔g〕} \quad \therefore \quad \frac{0.684}{5.70}\times100 = \mathbf{12}\ \text{〔\%〕}$$

応用 類題 31−8

p. 222 **例題 31−3**問3を参照してほしい。

もとのセルロースの繰返し単位中の3個のOH基のうち，x〔個〕$(0 \leqq x \leqq 3)$がエステル化されたとすると，生成物の繰返し単位の式量は$(162+45x)$である。したがって，題意より，

$$162n\times1.67 = (162+45x)n \qquad \therefore \quad x = 2.412$$

よって，3個のOH基のうち，2.412個がエステル化されたことになるので，

$$\frac{2.412}{3}\times100 = 80.4 \fallingdotseq \mathbf{80}\ \text{〔\%〕}$$

応用 類題 31－9

p. 223 **例題 31－4** を参照してほしい。

アミロペクチン1分子に含まれるグルコース単位の数は，$C_6H_{10}O_5 = 162$ より

$$162n = 1.296\times10^6 \qquad n = 8.0\times10^3$$

A，B，Cのうち，Bの質量が最も大きいので，もっとも反応数が大きい。よってBが1位と4位のC原子に結合しているOHが縮合に使われた直鎖部分のグルコース(分子量 236)，Aの質量がCの質量よりわずかに大きいので，Aが左末端にある非還元末端部分のグルコース(分子量 222)，Cが枝分かれ部分のグルコース(分子量 208)となる。

(注)Aの個数はつねにCの個数より1つ多いため，Aの質量はつねにCの質量よりわずかに多い。

A，B，Cの分子数比は，

$$\frac{0.355}{236} : \frac{9.99}{222} : \frac{0.313}{208} = 1.50\times10^{-3} : 4.50\times10^{-2} : 1.50\times10^{-3} = 1 : 30 : 1$$

したがって枝分かれの数は，$8.0\times10^3\times\dfrac{1}{1+30+1} = \mathbf{250}$

32 高分子(2) アミノ酸とタンパク質

類題 32－1

「グリシン(分子量 75)の次に分子量が小さいアミノ酸」はアラニン(分子量 89)である。残りのアミノ酸の分子量を M とすると，

$$M + 89 - 18 = 192 \qquad \therefore\ M = 121$$

アミノ酸の側鎖の部分Rの式量を M_R とすると，$M_R + 74 = 121$ より，$M_R = 47$

また，この章の p. 229 ③**タンパク質の検出反応**の(3)より，残りのアミノ酸にはS(＝32)が含まれる。47－32＝15 より，Cと3Hが考えられる。したがって，Rは $HS-CH_2-$ と CH_3-S- が考えられるが，自然界に存在するのは，p. 228 ①**アミノ酸の構造と性質**の表中の，Rが $HS-CH_2-$ のシステインである。

N末端のアミノ酸の方が分子量は大きいので，**システイン-アラニン**である。

類題 32－2

問1　ジペプチドAの分子量をMとすると，

$$\frac{0.472}{M}\times 1=0.200\times\frac{10.0}{1000}\times 1 \qquad \therefore \quad M=\mathbf{236}$$

問2　アミノ酸Bの分子量をM_Bとすると，フェニルアラニンの分子量は165であるので，

$$165+M_B-18=236 \qquad \therefore \quad M_B=89$$

アミノ酸BのRの式量をM_Rとすると，

$M_R+74=89$　　∴　$M_R=15$ ⇒ メチル基(CH_3-)　　∴　**アラニン**

類題 32－3

問1　Cは中性アミノ酸なので分子中にN原子を1個もつ。したがってn_C〔mol〕$=2n_{N_2}$〔mol〕。Cの分子量をM_Cとすると，C 0.144 gから標準状態で18.2 mLの窒素ガスが得られたので，

$$\frac{0.144}{M_C}=2\times\frac{18.2}{22.4\times 10^3} \qquad \therefore \quad M_C=88.6\fallingdotseq\mathbf{89}$$

問2　Aは不斉炭素原子をもたないので，**グリシン**

アミノ酸CのRの式量をM_Rとすると，

$M_R+74=89$　　∴　$M_R=15$　　∴　Rはメチル基(CH_3-)　Cは**アラニン**

Xはキサントプロテイン反応が陽性であるので，Bはベンゼン環を含む。

Bの分子量をM_Bとすると，

$$M_B+75+89-2\times 18=293 \qquad \therefore \quad M_B=165$$

アミノ酸BのRの式量をM_R'とすると，

$$M_R'+74=165 \qquad \therefore \quad M_R'=91$$

Rはベンゼン環を含むので，

$$91-77=14 \Rightarrow \text{C と 2H}$$

となり，$C_6H_5-CH_2-$と$CH_3-C_6H_4-$が考えられるが，存在するのはこの章のp. 228 ①**アミノ酸の構造と性質**の表中のフェニルアラニンである。

∴　Bは**フェニルアラニン**

問3　A，B，Cを1列に並べるので，3！＝**6〔種類〕**

(注)6種類のXは次のとおりである。

$H_2N-A-B-C-COOH$　　$H_2N-B-C-A-COOH$

$H_2N-A-C-B-COOH$　　$H_2N-C-A-B-COOH$

$H_2N-B-A-C-COOH$　　$H_2N-C-B-A-COOH$

類題 32－4

問１　ポリペプチドの重合度をxとする。加水分解するとx〔個〕のアミノ酸が生成するので，

$$\underbrace{\frac{1.0}{5.0\times10^{4}}\times\frac{10}{100}}_{\text{10 mL 中のポリペプチドの mol}}\times x = 1.41\times10^{-3}\quad \therefore\ x=705\text{〔個〕}$$

10 mL 中の ポリペプチドの mol　　アミノ酸の mol

アミノ酸の分子量Mとすると，

$$M\times705-18\times(705-1)=5.0\times10^{4}\qquad \therefore\ M=88.8\fallingdotseq\mathbf{89}$$

問２　アミノ酸のRの式量をM_{R}とすると，

$M_{\mathrm{R}}+74=89$　　$\therefore$　$M_{\mathrm{R}}=15$　　$\therefore$　Rはメチル基(CH_3-)　　$\therefore$　**アラニン**

類題 32－5

平均の分子量が1.1×10^{2}のアミノ酸3.6個分の分子量は$1.1\times10^{2}\times3.6$。さらに2本のα-ヘリックスがねじれあった構造なので，2本分の分子量は$1.1\times10^{2}\times3.6\times2$となる。このタンパク質の長さを$L$〔nm〕とすると，この一巻きの長さが0.54 nmより

$$1.1\times10^{2}\times3.6\times2 : 0.54 = 7.0\times10^{4} : L\qquad L=47.7\fallingdotseq\mathbf{48}\ \text{〔nm〕}$$

(補足)問題文中の「このタンパク質を構成するアミノ酸１分子の平均の分子量1.1×10^{2}」のアミノ酸１分子とは，このタンパク質が１種類のアミノ酸からなると仮定したときのそのアミノ酸のくり返し単位１個を表している。

類題 32－6

問１　$K_1=\dfrac{[A^{\pm}][H^{+}]}{[A^{+}]}$, $K_2=\dfrac{[A^{-}][H^{+}]}{[A^{\pm}]}$, 等電点では$[A^{+}]=[A^{-}]$になっている。

$$\therefore\quad K_1\times K_2=\frac{[A^{\pm}][H^{+}]}{[A^{+}]}\times\frac{[A^{-}][H^{+}]}{[A^{\pm}]}=[H^{+}]^2$$

$$\therefore\quad [H^{+}]=\sqrt{K_1K_2}=\sqrt{5.0\times10^{-3}\times2.0\times10^{-10}}=1.0\times10^{-6}\qquad \therefore\ \mathrm{pH}=\mathbf{6.0}$$

問２　pH 3.0のとき，$[H^{+}]=10^{-3.0}$ mol/L　これをK_1，K_2に代入すると，

$$K_1=\frac{[A^{\pm}]\times10^{-3.0}}{[A^{+}]}=5.0\times10^{-3}\ \text{より，}\ [A^{+}]=\frac{1}{5}[A^{\pm}]$$

$$K_2=\frac{[A^{-}]\times10^{-3.0}}{[A^{\pm}]}=2.0\times10^{-10}\ \text{より，}\ [A^{-}]=2.0\times10^{-7}[A^{\pm}]$$

$$[A^{+}]:[A^{\pm}]:[A^{-}]=\frac{1}{5}[A^{\pm}]:[A^{\pm}]:2.0\times10^{-7}[A^{\pm}]=1:5:10^{-6}$$

したがって，$\dfrac{[A^{\pm}]}{[A^{+}]+[A^{\pm}]+[A^{-}]}=\dfrac{5}{1+5+10^{-6}}\fallingdotseq\dfrac{5}{1+5}=\dfrac{5}{6}$

$$\therefore\quad \frac{5}{6}\times100=83.3\fallingdotseq\mathbf{83}\ \text{〔\%〕}$$

33 高分子(3) 核酸・ATP

類題 33－1

二重らせん1回転分のDNAは10個の塩基対を含むので，そのヌクレオチドの数は，10×2＝20個である。

20個のヌクレオチドで長さをL〔nm〕(＝$L\times10^{-9}$〔m〕) とすると，20億(2.0×10^9)個のヌクレオチドを含む二重らせんの長さが1.6 mなので，

$20 : L\times10^{-9} = 2.0\times10^9 : 1.6$　$(L\times10^{-9})\times(2.0\times10^9) = 2.0\times1.6$　∴　$L=$**1.6〔nm〕**

類題 33－2

問1　相補性の関係より，AとT，GとCの数がそれぞれ等しくなるので，Cが20％ならば，Gも20％，残りのAとTの数が等しくなるので，AとTは30％

A：**30％**，T：**30％**，G：**20％**

問2　核酸の構成単位，つまりヌクレオチドの平均分子量は，

$$313\times\frac{30}{100}+329\times\frac{20}{100}+289\times\frac{20}{100}+304\times\frac{30}{100}=308.7\fallingdotseq\mathbf{309}$$

問3　細胞1個中に塩基対は30億(3.0×10^9)対存在するので，ヌクレオチドは，$3.0\times10^9\times2$個存在する。

$$\therefore\quad \underbrace{\frac{3.0\times10^9\times2}{6.0\times10^{23}}}_{\text{mol}}\underbrace{\times309}_{\text{g}}=3.09\times10^{-12}\fallingdotseq\mathbf{3.1\times10^{-12}}\text{〔g〕}$$

類題 33－3

グルコース1 molあたりの燃焼で2790 kJの熱が発生し，このうち40％がADPからのATPの合成に使用される。式①より，ADP 1 molからATP 1 molが生成されると30 kJが蓄えられる。ATPがx〔mol〕生じるとすると

$$2790\times\frac{40}{100}=30\times x\qquad\therefore\quad x=\mathbf{37.2}\text{〔mol〕}$$

応用 類題 33－4

問1　ATP 1 molあたり30.5 kJの熱量を発生するので，610 kJのエネルギーを得るためには，$\frac{610}{30.5}$ molのATPを加水分解する必要がある。よって，消費されるATPの質量は，

$$\underbrace{\frac{610}{30.5}}_{\text{mol}}\underbrace{\times507}_{\text{g}}=10140\fallingdotseq\mathbf{1.0\times10^4}\text{〔g〕}$$

問2　1 molのグルコースから36 molのATPが産生され，さらにATP 1 molの加水分解で30.5 kJ/molの熱量が発生する。グルコース1 gから得られる最大の熱量は$C_6H_{12}O_6=180$より，

$$\underbrace{\frac{1}{180}}_{\text{グルコースのmol}}\underbrace{\times36}_{\text{ATPのmol}}\underbrace{\times30.5}_{\text{kJ}}=\mathbf{6.1}\text{〔kJ〕}$$

34 高分子⑷ 合成高分子化合物

類題 34－1

問 1　ポリエチレンの繰返し単位は$-CH_2-CH_2-$と表され，その式量は 28 であるので，重合度 n は $n=\frac{14000}{28}=$**500**

問 2　この章の p. 245 2 **主な高分子化合物**の(1)より，

$$n\,CH_2=CH(Cl) \longrightarrow \left[CH_2-CH(Cl) \right]_n$$

ポリ塩化ビニルの繰返し単位の式量は 62.5 であるので，

$$\underbrace{\frac{100}{62.5n}}_{\text{ポリ塩化ビニルの mol}} \times n_{\text{塩化ビニルの mol}} = \mathbf{1.6\ [mol]}$$

問 3　ポリエチレンテレフタラート(PET)の繰返し単位は

$$-OC-C_6H_4-COO-(CH_2)_2-O-$$

と表され，その式量は 192 であるので，重合度 n は $\frac{96000}{192}=500$

PET は繰返し単位内に 2 個のエステル結合をもつので，2×500＝**1000〔個〕**

問 4　PET は繰返し単位内に 2 個のエステル結合をもつので，この PET は全部で 2n〔個〕のエステル結合をもつことになる。

PET 1.92 kg の物質量は $\frac{1.92\times10^3}{192n}$ mol であるので，

$$\underbrace{\frac{1.92\times10^3}{192n}}_{\text{PET の mol}} \underbrace{\times 2n}_{\text{エステル結合の mol}} \underbrace{\times 6.0\times10^{23}}_{\text{エステル結合の個数}} = \mathbf{1.2\times10^{25}\ [個]}$$

［別解］　この PET の物質量は $\frac{1.92\times10^3}{38400}$ mol

また，この PET 1 分子中にエステル結合は $\frac{38400}{192}\times2$ 個あるので，

$$\frac{1.92\times10^3}{38400}\times6.0\times10^{23}\times\frac{38400}{192}\times2=1.2\times10^{25}\ [個]$$

問 5

$$\frac{n}{2}\ \text{(環状: } -O-CH(CH_3)-C(=O)-O-CH(CH_3)-C(=O)-\text{)} \xrightarrow{\text{開環重合}} \left[O-CH(CH_3)-C(=O) \right]_n$$

ラクチド(分子量 144)　　　ポリ乳酸

ポリ乳酸の繰返し単位中にはエステル結合が1個存在するので，重合度 n のポリ乳酸中のエステル結合の数は n である。したがって

$$\underbrace{\frac{1.44}{144}}_{\text{ラクチドのmol}} \times \underbrace{\frac{2}{n}}_{\text{ポリ乳酸のmol}} \times \underbrace{n}_{\text{エステル結合のmol}} \times 6.0\times10^{23} = \underbrace{\mathbf{1.2\times10^{22}}}_{\text{エステル結合の個数}}〔個〕$$

類題 34−2

塩化カリウム(KCl)水溶液中の K^+ が交換される。この章の p. 247 ③**イオン交換樹脂**(1)の反応式で考えて，

$$R-SO_3H + K^+ \longrightarrow R-SO_3K + H^+$$

となり，KCl の物質量と同量の H^+ が流出する。必要な水酸化ナトリウム水溶液を x mL とすると，中和の公式より，

$$\underbrace{0.10\times\frac{15}{1000}}_{\text{KClのmol}} \times \underbrace{1}_{K^+\text{のmol}} \times \underbrace{1}_{H^+\text{のmol}} = \underbrace{0.30\times\frac{x}{1000}}_{\text{NaOHのmol}} \times \underbrace{1}_{OH^-\text{のmol}} \qquad \therefore\ x=5〔mL〕$$

類題 34−3

問1　この章の p. 246 ②**主な高分子化合物**の(3)の反応経路より，n〔mol〕の酢酸ビニルから 1 mol のポリビニルアルコールが生成する。

ポリビニルアルコールの繰返し単位の式量は $-CH_2-CH(OH)-=44$ である。

また，$CH_3COOCH=CH_2 = 86$ より，

$$\underbrace{\frac{44.0}{44n}}_{\text{ポリビニルアルコールのmol}} \times \underbrace{n}_{\text{酢酸ビニルのmol}} \times \underbrace{86}_{\text{酢酸ビニルのg}} = \mathbf{86}〔g〕$$

応用 問2　p. 250 **例題 34−4** を参照されたい。

n〔個〕のうち an〔個〕$(0<a<1)$ がアセタール化されたとするとアセタール構造は

$$an\times\frac{1}{2}=\frac{a}{2}n〔個〕$$

残りのポリビニルアルコールの繰返し単位は，$(1-a)n$〔個〕

アセタール構造の繰返し単位の式量は 100，ポリビニルアルコールの繰返し単位の式量は 44 であるので，生成したビニロンの分子量は

$$100\times\frac{a}{2}n+44\times(1-a)n=(44+6a)n$$

したがって，
$$\underbrace{\frac{44.0}{44n}}_{\text{ポリビニルアルコールのmol}} \times \underbrace{1}_{\text{ビニロンのmol}} \times \underbrace{(44+6a)n}_{\text{ビニロンのg}} = 45.8$$

$$a=0.3 \qquad \therefore\ \mathbf{30}〔\%〕$$

問3　ポリビニルアルコールの繰返し単位1個にHCHOが$\frac{1}{2}$個反応するので，分子量$44n$のポリビニルアルコール1個に対して$\frac{1}{2}n$個のHCHOが反応する。

$$\therefore\ \underbrace{\frac{44.0}{44n}}_{\text{全ポリビニルアルコールの mol}} \times \underbrace{\frac{30}{100}}_{\text{反応したポリビニルアルコールの mol}} \times \underbrace{\frac{1}{2}n}_{\text{HCHO の mol}} \times \underbrace{30}_{\text{HCHO の g}} = \mathbf{4.5}\ \text{〔g〕}$$

類題 34−4

p. 249 **例題 34−3** を参照してほしい。このPETは両末端にカルボキシ基をもつのでその分子量は$192n+166$とおける。

$$192n+166=1.111\times10^4 \qquad n=57$$

したがって，このPET 1分子中のエステル結合の数は，$2\times57=$**114〔個〕**

類題 34−5

このナイロン66は両末端にアミノ基をもつので，

$n_{\text{ヘキサメチレンジアミン}}:n_{\text{アジピン酸}}=(n+1):n$とおける。

$$n_{\text{ヘキサメチレンジアミン}}:n_{\text{アジピン酸}}=\frac{14.673}{146}:\frac{11.600}{116}=0.1005:0.1000=n+1:n \text{ より}$$

$$\therefore\quad n=200$$

$$\underbrace{H}_{\text{式量 1}}-\underbrace{\left[N(H)-(CH_2)_6-N(H)-C(=O)-(CH_2)_4-C(=O)\right]_n}_{\text{繰返し単位の式量 226}}-\underbrace{N(H)-(CH_2)_6-N(H)-H}_{\text{式量 115}}$$

このナイロン66の分子量は$(1+226n+115=)226n+116$であるので，分子量は$226\times200+116=$**45316**

類題 34−6

このナイロン66は両端にカルボキシ基をもつので2価の酸である。したがって，このナイロン66の平均分子量をMとおくと，中和の公式より

$$\underbrace{\frac{2.0}{M}}_{\text{ナイロン 66 の mol}} \times 2 = \underbrace{1.0\times10^{-2}\times\frac{8.0}{1000}\times1}_{} \qquad M=\mathbf{5.0\times10^4}$$

（$\frac{2.0}{M}\times2$：H^+ の mol）

類題 34−7

この章のp. 246 ②**主な高分子化合物**の(3)の反応経路より，ポリ酢酸ビニル1 molと$n(=1100)$〔mol〕のKOHが反応する。用いたポリ酢酸ビニルの物質量をx〔mol〕とすると，

$$\underbrace{x}_{\text{ポリ酢酸ビニルの mol}} \times n = \underbrace{2.00\times\frac{25.0}{1000}}_{\text{KOH の mol}} \qquad \therefore\quad x=\frac{1}{20n}$$

（$x\times n$：KOH の mol）

したがって$x=\dfrac{1}{20\times1100}=4.54\times10^{-5}\fallingdotseq\mathbf{4.5\times10^{-5}}$ **〔mol〕**

類題 34－8

ブタジエン（分子量 54）x〔個〕とアクリロニトリル（分子量 53）y〔個〕で共重合体を構成しているとすると，

$$x\,CH_2{=}CH{-}CH{=}CH_2 + y\,CH_2{=}CH(CN)$$

ブタジエン（＝54）　アクリロニトリル（＝53）

$$\xrightarrow{\text{共重合}} \left[CH_2{-}CH{=}CH{-}CH_2\right]_x\left[CH_2{-}CH(CN)\right]_y$$

アクリロニトリルブタジエンゴム（＝$54x+53y$）

したがって，　$54x+53y=5.30\times10^4$　…①

N 原子はアクリロニトリルからの繰返し単位中に含まれているので

$$\frac{14y}{5.30\times10^4}\times100=9.25 \quad \cdots②$$

式②より，$y=350.1\fallingdotseq350$　式①に代入して，$x=637.9=638\fallingdotseq$ **6.4×10^2〔個〕**

応用 類題 34－9

問 1　スチレン $4n$〔mol〕と p-ジビニルベンゼン n〔mol〕とが反応したとすると，

$$\left[CH_2{-}CH(C_6H_5)\right]_{4n}\left[CH_2{-}CH(C_6H_4){-}CH_2{-}CH\right]_n$$

スチレンからの繰返し単位の式量は 104，p-ジビニルベンゼンからの繰返し単位の式量は 130 であるので，A の分子量について，

$$104\times4n+130n=546n=1.00\times10^5 \qquad \therefore \quad n=\frac{1.00\times10^5}{546}$$

A 1 分子中にはベンゼン環が $5n$〔個〕含まれているので，

$$5\times\frac{1.00\times10^5}{546}=915.7\fallingdotseq\mathbf{916}\text{〔個〕}$$

問 2　スチレン由来のベンゼン環の物質量は，

$$\underbrace{\frac{1.5}{546n}}_{\text{A の mol}}\times4n=\underbrace{\frac{1}{91}}_{\text{スチレン由来のベンゼン環の mol}}\text{〔mol〕}$$

x% スルホン化されたとすると，

$$\underbrace{\frac{1}{91}}_{\text{全スチレン由来のベンゼン環の mol}}\times\underbrace{\frac{x}{100}}_{\text{反応するベンゼン環の mol}}\times\underbrace{1}_{\text{スルホ基の mol}}\times\underbrace{1}_{H^+\text{の mol}}=1.00\times\underbrace{\frac{6.60}{1000}}_{\text{NaOH の mol}}\times\underbrace{1}_{Na^+\text{の mol}}$$

$x=60.0\fallingdotseq$ **60〔%〕**